里德堡原子接收机的基础理论与实验

唐禹 著

科学出版社
北京

内 容 简 介

里德堡原子接收机是采用里德堡原子作为媒介对微弱微波电场进行接收探测的新理论、新体制、新方法。本书阐述了热里德堡原子电磁感应透明效应及其 A-T 分裂效应机理；对四能级外差里德堡接收机的动态解模型和响应以及里德堡原子接收机的噪声构成进行了系统性的分析。本书对里德堡原子接收机相关的实验环节进行了由浅入深的系统性阐述，包括饱和吸收谱、EIT 效应、EIT A-T 分裂效应以及适用于里德堡实验的激光稳频系统；对四能级外差里德堡接收机的实验系统进行了搭建并且对相关指标进行了测试。

本书可供从事里德堡原子接收机研究的科研人员使用，也可以作为相关研究方向研究生的参考书。

图书在版编目(CIP)数据

里德堡原子接收机的基础理论与实验 / 唐禹著. --北京：科学出版社，2025.8. -- ISBN 978-7-03-082324-3

Ⅰ. TN859

中国国家版本馆 CIP 数据核字第 2025EF8575 号

责任编辑：闫　悦　曹景旭 / 责任校对：胡小洁
责任印制：师艳茹 / 封面设计：蓝正设计

科 学 出 版 社 出版
北京东黄城根北街 16 号
邮政编码：100717
http://www.sciencep.com

北京天宇星印刷厂印刷
科学出版社发行　各地新华书店经销
*

2025 年 8 月第 一 版　　开本：720×1000　1/16
2025 年 8 月第一次印刷　印张：15 3/4
字数：318 000

定价：**148.00 元**
(如有印装质量问题，我社负责调换)

前　言

里德堡原子接收机利用里德堡原子对微波电场的敏感性实现对微波电场的探测与接收,是近年来出现的对微波接收探测的新理论、新体制和新方法。里德堡原子接收机通过微波电场影响稀薄碱金属气体的极化特性,利用稀薄气体对光的吸收特性实现对微波电场的接收探测。自 2012 年该项技术出现以来,其独特的探测体制受到了国内外学者的广泛关注,里德堡原子接收机技术在这些年取得了长足的进步,成为微波接收探测领域热门的研究方向。

本书作者在西安电子科技大学雷达信号处理全国重点实验室和信息感知集成攻关研究院的支持下,对里德堡原子接收机技术进行了系统地研究。本书是作者多年来从事里德堡原子接收机研究积累的成果,重点介绍里德堡原子接收机的基本理论和实验的构建,理论方面包括里德堡原子接收机对微波电场的系统响应的分析和里德堡原子接收机的噪声构成以及噪声对里德堡原子接收机灵敏度的影响分析;实验方面包括对里德堡原子的电磁感应透明(electromagnetically included transparency,EIT)效应、EIT 的奥特勒-汤斯(Autler-Townes,A-T)分裂效应、饱和谱和 EIT 谱的锁频技术、双波长超稳腔的锁频技术以及里德堡原子接收机的性能指标测试等环节进行详细的阐述。

全书共九章。第 1 章介绍传统微波接收机的构成并且回顾里德堡原子对电场探测的发展历史。第 2 章介绍量子力学和里德堡原子的一些基础知识。第 3 章对二能级原子的吸收现象进行详细的阐述,介绍对热原子电极化率的分析方法。第 4 章对多能级原子的电磁诱导透明效应进行讨论,包括三能级的 EIT 效应、四能级的 EIT 效应在微波电场下的分裂现象以及利用这种分裂现象对单频微波电场场强的测量方法。第 5 章对四能级外差里德堡原子接收机对微波电场的响应进行了系统性地分析,包括采用动态解获得微波电场的响应、利用原子气室的吸收系数和色散系数共同恢复被接收微波电场的方法以及对里德堡接收机的带宽特性的分析。第 6 章对四能级外差里德堡接收机的噪声特性进行分析,包括四能级外差里德堡接收机的本征噪声、探测器噪声以及激光器的相位噪声对接收机灵敏度的影响。第 7 章详细阐述与里德堡原子接收机相关的一些基础实验,包括饱和吸收效应、阶梯三能级 EIT 效应的观测、四能级 EIT A-T 分裂效应以及利用 EIT 效应和饱和吸收效应对探测光和耦合光的稳频技术。第 8 章描述如何构建里德堡原子接收机实验中的双波长超稳腔的激光系统,包括超稳腔腔模的匹配、Pound-Drever-

Hall（PDH）稳频技术以及残余幅度调制误差的补偿方法。第 9 章对四能级外差里德堡原子接收机的性能指标进行了测试分析，包括四能级外差里德堡原子接收机的实验系统构建、带宽测量、灵敏度测量，并且也对影响里德堡接收机灵敏度的实验因素进行讨论。

特别感谢西安电子科技大学雷达信号处理全国重点实验室和信息感知集成攻关研究院为里德堡原子接收机的研究提供的实验条件。感谢国内的各位同仁，对我在进行里德堡原子接收机的学习和研究过程中碰到的物理和实验的问题进行了耐心的解惑。感谢我研究小组的学生，他们的实验工作提供了许多示例，并且他们花费了许多时间来阅读并校对书稿。特别感谢博士生任爽和杨创所做的里德堡实验系统的搭建工作，感谢硕士生周涵脿和王思源对公式和文字的校对，感谢硕士生卢晨曦对书中部分插图的绘制。

里德堡原子接收机技术目前还在不断地发展，未来会逐渐走向应用，本书对里德堡原子接收机的基础理论和实验环节进行系统性的阐述，然而由于作者理论和技术水平有限，书中难免存在不足之处，诚挚希望相关领域的专家和读者批评指正。

作 者

2024 年 11 月

目 录

前言

第 1 章 绪论 ········· 1
1.1 传统的微波接收机 ········· 2
1.1.1 天线 ········· 3
1.1.2 超外差接收技术 ········· 4
1.1.3 接收机中的噪声 ········· 5
1.2 里德堡原子对微波电场测量接收技术的发展历史 ········· 8
1.3 本书的内容安排 ········· 14
参考文献 ········· 15

第 2 章 量子力学以及里德堡原子的基础知识 ········· 17
2.1 薛定谔方程 ········· 17
2.2 碱金属里德堡原子的波函数 ········· 20
2.3 原子的精细结构表示与跃迁的选择定则 ········· 26
2.4 里德堡原子的寿命 ········· 30
2.5 态矢 ········· 33
2.5.1 狄拉克符号 ········· 33
2.5.2 算符的矩阵表示 ········· 34
2.6 绘景 ········· 36
2.7 小结 ········· 38
参考文献 ········· 38

第 3 章 二能级原子及其吸收特性 ········· 40
3.1 二能级原子与场的相互作用 ········· 40
3.1.1 弱场模型 ········· 42
3.1.2 强场模型 ········· 44

3.2 密度矩阵方程 ··· 48
　　3.2.1 从薛定谔方程到密度矩阵方程 ·· 48
　　3.2.2 密度矩阵中的光场失谐的表示 ·· 51
　　3.2.3 热原子的密度矩阵方程 ·· 52
3.3 二能级原子的吸收特性 ··· 53
　　3.3.1 电极化率与吸收系数的关系 ··· 54
　　3.3.2 介质对单方向传输的光的吸收现象 ·································· 55
　　3.3.3 介质的饱和吸收谱现象 ·· 60
3.4 能级衰减的讨论 ·· 64
　　3.4.1 概率幅度模型处理能级衰减的困难 ·································· 64
　　3.4.2 衰减矩阵在动态密度矩阵中的描述 ·································· 67
3.5 二能级原子的噪声特性 ··· 69
　　3.5.1 理想二能级原子的量子投影噪声 ····································· 69
　　3.5.2 存在衰减的二能级原子的量子投影噪声 ···························· 71
　　3.5.3 热辐射对 ρ_{ba} 的影响 ··· 72
3.6 关于拉比频率和透射功率的讨论 ·· 74
　　3.6.1 高斯光束平均拉比频率 ··· 74
　　3.6.2 光透过功率的计算 ·· 75
3.7 小结 ·· 76
参考文献 ··· 76

第 4 章 多能级原子的电磁感应透明效应 ·· 77
4.1 三能级原子的 EIT 模型 ··· 77
　　4.1.1 冷原子的 EIT 效应 ··· 78
　　4.1.2 热原子的 EIT 效应 ··· 84
　　4.1.3 激光的线宽与 EIT 效应的相干性 ···································· 86
4.2 热辐射对三能级原子 ρ_{ba} 的影响 ··· 89
4.3 四能级原子的 EIT A-T 分裂效应 ·· 90
　　4.3.1 四能级冷原子 EIT A-T 分裂效应 ···································· 91
　　4.3.2 四能级热原子 EIT A-T 分裂效应 ···································· 99
4.4 热辐射对四能级 ρ_{ba} 的影响 ··· 102

4.5 四能级原子 EIT A-T 的参数估计 ··· 105
    4.5.1 共振频率的估计 ··· 105
    4.5.2 衰减的估计 ·· 106
4.6 小结 ·· 107
参考文献 ·· 107

第5章 四能级外差里德堡原子接收机对微波电场的响应 ········· 108

5.1 四能级外差里德堡原子接收机系统模型 ································· 108
5.2 四能级外差里德堡原子接收机对微波的响应 ························· 111
    5.2.1 四能级外差动态解模型 ··· 112
    5.2.2 对动态解响应的讨论 ··· 119
5.3 级数法分析四能级外差里德堡接收机的动态解 ····················· 124
5.4 四能级外差里德堡原子接收机的带宽 ····································· 129
    5.4.1 接收机的瞬时带宽 ··· 129
    5.4.2 接收机的调节带宽 ··· 132
5.5 微波电场的恢复 ·· 135
5.6 四能级外差里德堡原子接收机的构型 ····································· 139
5.7 小结 ·· 142
参考文献 ·· 142

第6章 四能级外差里德堡原子接收机噪声特性分析 ··················· 143

6.1 四能级外差里德堡接收机的本征噪声 ····································· 143
6.2 探测器噪声对接收机灵敏度的影响 ··· 150
6.3 激光器相位噪声对四能级外差接收机灵敏度的影响 ············· 154
    6.3.1 激光器的相位噪声模型 ··· 154
    6.3.2 激光器的相位噪声与接收机灵敏度的关系 ············ 156
6.4 探测光和耦合光的随机调制对接收机的影响 ························· 160
    6.4.1 接收机对探测光的响应 ··· 160
    6.4.2 接收机对耦合光的响应 ··· 164
    6.4.3 密度矩阵元的功率谱密度 ······································· 167
6.5 小结 ·· 169
参考文献 ·· 170

第 7 章 里德堡原子接收机相关的基础实验 ································ 171
7.1 激光器稳频概述 ································ 171
7.2 饱和吸收谱稳频技术 ································ 175
7.2.1 铯原子能级 ································ 175
7.2.2 铯原子的饱和吸收谱 ································ 177
7.2.3 饱和吸收谱稳频 ································ 181
7.3 EIT 效应观测以及耦合光稳频 ································ 184
7.3.1 EIT 效应的观测 ································ 184
7.3.2 利用 EIT 效应稳定耦合光频率 ································ 190
7.4 四能级原子对单频微波电场的测量 ································ 194
7.5 小结 ································ 197
参考文献 ································ 198

第 8 章 基于双波长超稳腔的激光稳频系统 ································ 199
8.1 双波长超稳腔系统 ································ 199
8.1.1 双波长超稳腔系统概述 ································ 199
8.1.2 超稳腔的腔模匹配 ································ 201
8.1.3 超稳腔零膨胀工作点和精细度测量 ································ 203
8.2 PDH 稳频技术 ································ 205
8.2.1 PDH 稳频基本原理 ································ 205
8.2.2 PDH 稳频的实现 ································ 210
8.3 残余幅度调制的补偿 ································ 213
8.3.1 RAM 的补偿机理 ································ 214
8.3.2 RAM 反馈补偿的实现 ································ 216
8.4 双波长超稳腔任意频率的锁定 ································ 217
8.5 小结 ································ 221
参考文献 ································ 221

第 9 章 四能级外差里德堡原子接收机性能测试 ································ 222
9.1 四能级外差里德堡原子接收机实验系统构建 ································ 222
9.1.1 测量光路系统 ································ 223

  9.1.2 时钟同步系统 …………………………………………………… 224
  9.1.3 微波系统 ………………………………………………………… 224
  9.1.4 移频系统与解调本振信号的产生 ……………………………… 225
  9.1.5 功率稳定系统 …………………………………………………… 227
 9.2 四能级外差里德堡接收机幅频响应特性测量 ……………………… 227
 9.3 线性调频信号的接收与复原 ………………………………………… 231
 9.4 四能级外差里德堡接收机电场灵敏度测量 ………………………… 236
  9.4.1 拉比频率的影响 ………………………………………………… 236
  9.4.2 气室温度的影响 ………………………………………………… 239
  9.4.3 吸收长度的影响 ………………………………………………… 241
  9.4.4 其他影响 ………………………………………………………… 241
 9.5 小结 …………………………………………………………………… 242
参考文献 ……………………………………………………………………… 242

第1章 绪 论

  古人对电的认识始于雷电和摩擦起电等自然现象,并且加入了一些如雷公电母这样的神话色彩,这是古人对电这种物理现象的朴素唯物主义认识,并且其中夹杂着一些唯心主义的成分,随着西方现代科学的发展,人们对电磁现象才有了更系统的认识。

  1820年,法国物理学家安培研究了电流之间相互作用力的规律,提出了电能和磁能可以相互转换的观点,发现了电流之间的相互作用力,也就是安培定律。同年,法国物理学家毕奥和萨伐尔发现了恒定电流对附近小磁针指向的影响规律,也就是毕奥-萨伐尔定律。1821年,安培建议可以使用电磁仪器传输信号。

  1831年8月,英国物理学家法拉第在前人研究的基础上,通过实验发现了电磁感应定律。置于电磁场中的导体两端会产生感应电动势,感应电流是由导体中的感应电动势产生的,并且感应电流与导体的导电能力成正比。1832年,法拉第根据静电和电流的各种效应,用实验证明摩擦电、磁感应电、温差电、动物电等不同来源的电具有"同一性",即各种电的内在本质是统一的。1837年,英国人惠斯通发明了电报机,人类进入了远程有线通信时代。

  1855~1865年的十年间,英国物理学家麦克斯韦对前人和他自己的工作进行综合概括,形成了麦克斯韦方程组,该方程组揭示了电与磁之间最深刻的物理关系。麦克斯韦通过四个方程组成的方程组阐释了电与磁的作用之间的关系,并揭示了电场和磁场相互转化的规律。麦克斯韦方程组从诞生起就一直被人们认为是世界上最美的物理公式。麦克斯韦预言了电磁波的存在,电磁波只可能是横波,速度等于光速。因此得出结论:光就是电磁波。1887年,德国物理学家赫兹通过实验证实了电磁波的存在。

  自赫兹发现电磁波以来,电子学作为一门新兴的学科蓬勃发展,1895年,俄国物理学家波波夫和意大利物理学家马可尼分别成功地进行了无线电通信实验,为人类打开了无线通信世界的大门。1922年,马可尼进行了利用无线电波检测物体的研究,提出了雷达的基本概念,在第二次世界大战中,雷达在欧洲战场中发挥作用。在第二次世界大战后,雷达技术进入了蓬勃发展的时期。

  随着电信号在电报电话、通信、雷达方面的应用,电子学与基础物理学渐行渐远,发展成一个独立的学科。随着技术的发展,电子学又派生出更多的学科。学科的细化是一把双刃剑,一方面,学科的细化使研究更加专业化和精细化,使我们能够更深入地探讨特定领域的问题,有助于在特定领域取得突破性进展;另一方面,学科的细化可能导致研究视野受限，不同学科描述问题使用的工具和语言各异，使跨学科的研究者很难在一起进行深度交流，导致研究者对问题的认识不够全面，并且学科的细化会导致知识的碎片化，忽略各个学科的内在联系和整体性。

电磁波被发现的一百多年来，人们对电磁波的探测和接收都基于偶极子天线理论。然而，近十几年出现的里德堡原子对微波的探测接收技术，也就是利用微波电场影响稀薄碱金属里德堡原子气体的极化特性，从而改变透过该稀薄气体的光的功率实现对微波电场的探测接收。该技术不同于传统的偶极子天线对电磁波的探测接收，采用量子技术为微波的探测接收注入了新的活力。自该项技术出现以来，其独特的探测接收机制受到了国内外学者的广泛关注。里德堡原子接收机技术涉及多个领域的学科，包括基础物理学、光学工程、激光技术以及信息技术，对里德堡原子接收机的研究有助于拓宽我们的视野，融汇各个学科的知识。

1.1 传统的微波接收机

在 20 世纪初，电磁波被发现可以应用于远距离通信和测距之后，电子学技术迎来了蓬勃的发展，微波波段(波长位于 1mm～1m 的电磁波，频率范围处在 300MHz～300GHz)被广泛应用于民用与军事生活中，如无线通信、气象预测、癌症治疗、微波测量与遥感测绘、全球卫星定位系统、测速测距雷达。如图 1.1 所示，微波波段根据其应用场景被划分为各种子频段。在这些通信以及雷达电子系统中，一个最重要的部分是电磁波的接收，接收机对天线接收到的微弱信号进行放大、变频、滤波，以及抑制外部的干扰杂波使信号保留尽可能多的信息，用于进一步的信号处理和数据处理[1]。

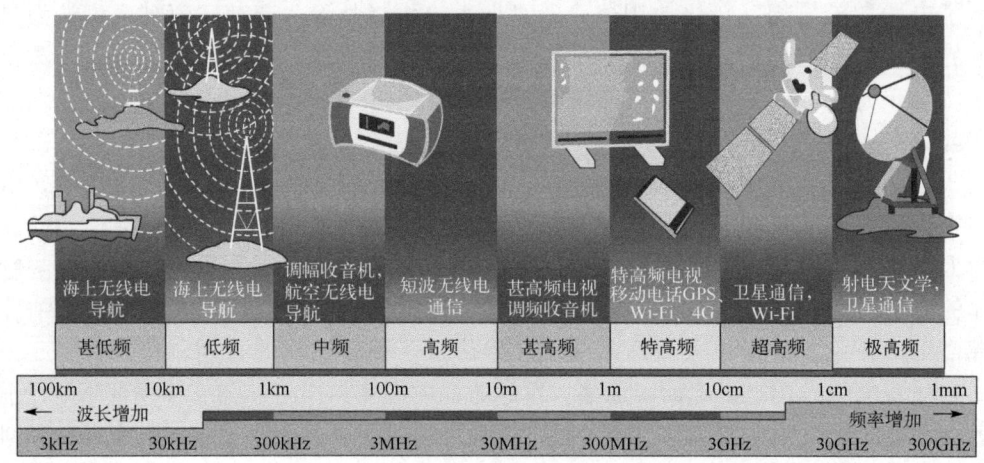

图 1.1 微波波段的频谱范围及其应用场景

1.1.1 天线

现代的通信雷达系统对电磁波接收的基本原理都是基于赫兹进行电磁波试验时的偶极子天线理论。对于传统的通信系统，电磁场本身无法被直接测量，而是需要将电磁场转换为其他的物理量进行探测接收，这个转化接收的过程是由金属天线完成的。金属天线中的自由电子通过感应微波电磁场的电场分量，形成宏观的感应电流，这个电流流经负载电阻转化为易于测量的电压信号，实现了电磁波的接收。

空间中的电磁波以电场和磁场的形式存在，由于金属中存在自由电子，因此在实际中接收电场分量更为方便，假设真空中沿 z 方向传输的电磁波的电场分量形式为

$$E(t) = E_0 \cos(\omega t - kz) \tag{1.1}$$

式中，ω 是电磁波的频率；k 是波数。由此可以得到电场传播的能流密度或者强度(单位为 W/m^2)为

$$I = c\varepsilon_0 E^2(t) = c\varepsilon_0 E_0^2 \cos^2(\omega t - kz) \tag{1.2}$$

式中，c 为光速；ε_0 是真空中的介电常数；$1/c\varepsilon_0$ 具有电阻的量纲，也被称为自由空间的阻抗。在固定位置 z 处测量的是对时间平均后的强度[2]：

$$\langle I \rangle = \frac{c\varepsilon_0}{T} \int_0^T E^2(t) \mathrm{d}t = \frac{1}{2} c\varepsilon_0 E_0^2 \tag{1.3}$$

式中，积分时间 $T \gg 1/\omega$；$\langle \cdot \rangle$ 表示平均值。

上述分析表明，空间中描述电磁场的物理量可以是场强或者是能流密度，而实际中我们在电路中处理的物理量是功率、电压、电流。天线是将能流密度转换为功率的传感器。天线需要工作在与被接收电磁波谐振的状态，才能保证对电磁波的接收效率，当天线的尺寸远远小于被接收电磁波的波长时，接收效率会大大降低，因此，为了保证天线的接收效率，天线的长度至少要达到与被接收电磁波波长相同的数量级。此时被天线接收到的功率可以表示为

$$\langle P \rangle = \langle I \rangle A_\mathrm{e} \tag{1.4}$$

式中，A_e 是天线的有效接收面积。

在许多电子系统中，并不需要接收全向的电磁波，而是只需要接收特定角度的电磁波，此时天线的尺寸会远远大于被接收电磁波的波长，于是就有了天线增益的概念，天线作为一个无源器件，其增益并不是指将接收到的功率放大，而是指相比于全向天线，天线波束被锐化的程度[3]：

$$G_{\text{R}} = \frac{4\pi}{\Omega_{\text{R}}}, \quad \Omega_{\text{R}} = \frac{\lambda^2}{A_{\text{e}}} \tag{1.5}$$

式中，G_{R} 是接收天线的增益；Ω_{R} 是接收的立体角；λ 是被接收电磁波的波长。

从上面的分析可以知道，在采用传统天线的方式对电磁波进行接收时，我们很难对空间中孤立点的场强进行接收，由于天线最少要有 $\lambda/4$ 的物理长度才能保证接收效率(单极子天线)，因此，采用天线接收的空间电磁场的场强是在天线有效接收面积内的一个平均值，无法接收到小于 $\lambda/4$ 空间内的场强。

1.1.2 超外差接收技术

空间中电磁波的电场分量经过天线转换后变成了微弱的电压信号，这个微弱的电压信号包含了有用信息，接收机将这些微弱的电压信号进行放大、检波后，便可以实现信息的提取，这就是最早期的高频放大式接收机，但高频放大式接收机存在着输出信号弱、稳定性差的缺点，后来发展出了超外差接收机(superheterodyne receiver)。

超外差原理于 1918 年由阿姆斯特朗首次提出。它是在外差原理的基础上发展而来的，外差方法是将输入信号频率变换为音频，而阿姆斯特朗提出的方法是将输入信号频率变换为超音频，所以称为超外差。1919 年，阿姆斯特朗利用超外差原理制成超外差接收机，后来被广泛地应用到广播、电视、通信和雷达等各个领域。超外差接收机有效解决了原来高频放大式接收机输出信号弱、稳定性差的问题，并且输出信号具有较高的选择性和较好的频率特性，易于调整。同时超外差接收机也存在镜像频率、组合频率、中频干扰等问题，解决这些问题的主要方法是采取二次变频技术，提高放大器的频率选择性。

图 1.2 是一个典型的超外差接收机工作原理图。超外差接收机的核心部件是一个混频器，将需要接收的微波频率与本地一个特定的频率信号进行混频后，得到差频信号，这个差频信号也被称为中频信号。微波电场经过天线及电阻转化为电压信号，首先进入射频(radio frequency，RF)滤波器以尽可能地减小被天线接收到的其他信号对有用信号的干扰，由于这个滤波器是在射频频段内的无源滤波器，该滤波器很难具备窄带锐截止的特点。经过滤波后的信号功率非常小，需要对这个小信号进行放大，以适应后面混频器的功率水平。放大器在整个链路的前端，不能引入过多的噪声，一般采用低噪声放大器(low noise amplifier，LNA)，由于超外差系统依靠混频器将射频变换为中频，混频器作为非线性器件，会产生镜像频率干扰现象，因此在进入混频器之前，需要通过一个镜像频率干扰抑制滤波器，以减小混频后的镜频干扰现象。经过镜频干扰滤除后的射频信号和本振信号输入混频器后，再利用

中频(intermediate frequency, IF)滤波器提取出差频信号实现外差接收。这个中频信号再经过中频放大、正交解调、低通滤波、模/数(analogue/digital, A/D)转换后就获得了基带的同向通路(I)和正交通路(Q)的原始数据,用于后续的数据处理和信息处理。上面介绍的只是一个简单的超外差接收机的基本结构,实际的超外差接收机根据工作波段的不同,可能采用二次中频技术等复杂的结构[1]。

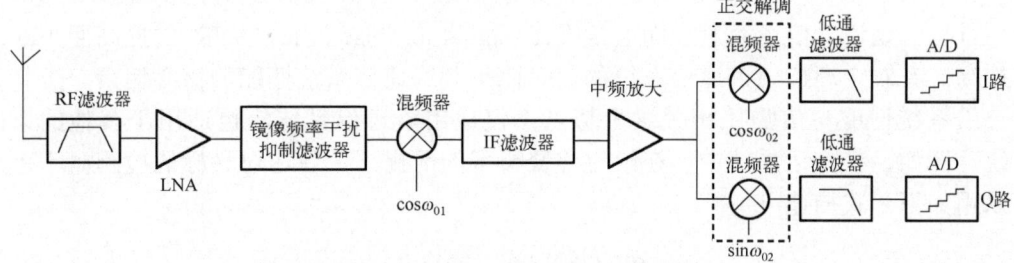

图 1.2 超外差接收机工作原理图

在超外差接收机中,中频滤波器的中心频率是固定的,并且中频频率远低于射频频率,此时中频滤波器可以做成窄带锐截止的形式,能够大大地滤除带外的噪声。利用超外差接收机结构,通过调节本振信号的频率,结合带宽非常窄的中频滤波器,便可以实现以窄带宽测量待测信号中不同频率分量信号的功能,避免了带外噪声的干扰,从而可以实现极高的测量灵敏度,这就是频谱仪进行信号高精度测量的原理。

1.1.3 接收机中的噪声

人们更关心制约雷达和通信系统性能的因素。1928 年,美国电话电报公司(America Telephone and Telegraph,AT&T)工程师奈奎斯特提出了从模拟向数字转化的采样定理,也就是奈奎斯特采样定理,并且指出了理想低通信道的信道容量的极限。1948 年,美国工程师香农在贝尔实验室杂志上发表了长文《通信的数学原理》,他用概率测度和数理统计的方法系统地讨论了通信的基本问题,并由此奠定了现代信息论的基础。香农定理给出了信道信息传输速率(单位为 bit/s)的上限和信道信噪比及信道带宽的关系[4]:

$$C = B\log_2\left(1+\frac{S}{N}\right) = B\log_2\left(1+\frac{S}{n_0 B}\right) \tag{1.6}$$

式中,C 是信道容量;B 是信道的带宽;S 是信号的总功率;N 是噪声的总功率;n_0 是噪声的功率谱密度,单位为 W/Hz。

香农定理指出,通信系统的性能(信道容量)受到 B、S 和 n_0 三个因素的限制,提高信道的带宽能够适当地提高通信系统的性能,但其性能不能随着信道带宽的增大而无限地增大,其存在一个理论的上限:

$$C_{\max} = \lim_{B \to \infty} B \log_2 \left(1 + \frac{S}{N}\right) = 1.44 \frac{S}{n_0} \tag{1.7}$$

也就是说,信道容量会随着信噪比(signal to noise ratio,SNR)的提高而不断提高。香农定理指出,通信系统的信噪比是制约通信系统性能的核心因素。

系统性能与信噪比相关这个特点不仅适用于通信系统,也适用于其他的系统。例如,在雷达系统中,在给定虚警概率的前提下,雷达对目标的检测概率可以用如下公式描述[5]:

$$P_d \approx \Phi(\sqrt{2\mathrm{SNR}} - \sqrt{-2\ln P_{\mathrm{fa}}}) \tag{1.8}$$

式中,$\Phi(x) = (1/\sqrt{2\pi}) \int_{-\infty}^{x} \mathrm{e}^{-\xi^2/2} \mathrm{d}\xi$;$P_{\mathrm{fa}}$ 为虚警概率;P_d 为检测概率。当固定虚警概率时,如 10^{-6},则当信噪比 SNR = 13.2dB 时,检测概率 $P_d = 0.9$;当信噪比 SNR = 16dB 时,检测概率 $P_d = 0.9999$。

雷达和通信系统中的信噪比是接收到的有用信号的功率与信道中总噪声的功率的比值。雷达或通信系统接收到的有用信号的功率直接与系统参数有关,如发射功率、天线形状增益等,真正影响雷达以及通信系统性能的是信道中噪声的功率。对于雷达和通信系统,信道中的噪声功率又可以分为两部分:一部分是空间的噪声功率;一部分是接收机内部的噪声功率。

空间的噪声功率可以认为是天线接收到的空间的特定频带的噪声功率,这种噪声功率一般是由热辐射引起的,热辐射问题一般通过黑体辐射的模型来建模,在微波波段空间中的功率密度可以采用黑体辐射的瑞利-金斯定律近似确定:

$$F = \frac{2k_B T}{\lambda^2} \Omega \tag{1.9}$$

式中,F 是功率密度谱密度或能流密度谱密度,单位为 $\mathrm{W}/(\mathrm{m}^2 \cdot \mathrm{Hz})$;$k_B$ 是玻尔兹曼常数;T 是环境温度;Ω 是黑体辐射的立体角。

假设天线的有效接收面积是 A_e,则由天线接收到的单位带宽噪声功率为

$$N_0 = \frac{2k_B T}{\lambda^2} \Omega A_\mathrm{e} \tag{1.10}$$

天线的有效接收面积和天线增益以及波长的关系为

$$A_e = \frac{G_R \lambda^2}{4\pi}, \quad G_R = \frac{4\pi}{\Omega_R} \tag{1.11}$$

将式(1.11)代入式(1.10)中，可以得到：

$$N_0 = 2k_B T \frac{\Omega}{\Omega_R} \tag{1.12}$$

当天线被一个温度为 T 的热辐射场包围时，热辐射对天线有效的立体角满足 $\Omega = \Omega_R$。并且当接收机电阻与天线电阻相匹配时，带宽为 B 的接收机接收到的噪声总功率为

$$N = k_B T B \tag{1.13}$$

实际上，包围天线的热场并不能看成一个理想的黑体，一般用天线噪声温度 T_A 描述进入天线的噪声的大小，因此被接收机接收到的由天线进入的噪声功率为 $N_A = k_B T_A B$。如果天线指向冷空（天线仰角为 90°），天线噪声温度大约为 3K，一般对空的地基雷达（天线仰角为 5°左右）的天线噪声温度是 100K~150K，对地雷达的天线噪声温度大约为 290K。

上面分析的噪声 N_A 是外部的噪声功率，其伴随着有用信号一起进入接收机，进入天线的信号通过前端放大、滤波、混频、中频放大等一系列操作才能进入信号处理单元，接收机作为有源设备，不可避免地会引入噪声，混频等操作也造成一定的功率损失，这些噪声和损失被称为接收机的内部噪声，通常认为接收机引入的噪声主要是第一级放大器引入的热噪声，其噪声模型为约翰逊-奈奎斯特的白噪声，噪声功率为 $k_B T B$，此处 T 是接收机工作的环境温度。

在很多情况下，接收机内部的噪声要大于天线的噪声，因此微弱的微波信号会被接收机内部的噪声遮挡，限制雷达和通信系统的性能。例如，当环境工作温度是 290K 时，理论上接收机能够接收到的最小单位带宽功率谱密度为-174dBm/Hz，如果是地基雷达，假如天线的噪声温度是 116K，那么进入天线的噪声功率谱密度是-178dBm/Hz，此时接收机内部的噪声会遮挡由天线进入的微弱信号。在实际的接收机中，混频、滤波等操作都会引入有用信号的损失，从而等效为噪声的增加，通常以噪声系数(noise figure, NF)描述。一个实用接收机的 NF 为 5dB~15dB，也就是接收机能够接收到的最小功率谱密度是-169dBm/Hz~159dBm/Hz。

在一些需要接收非常小的微波信号的应用中，如射电望远镜对遥远天体进行观测或者深空通信，观测目标的辐射温度远小于 300K，要求微波接收机具有更小的噪声水平。这要求接收机具有非常低的环境温度，将第一级放大器放入液氮中，减小放大器引入的热噪声，然而，低温环境的难以维护，限制了此类接收机的应

用。如果我们要接收到处于接收机环境热噪声以下的微弱微波信号，需要避免在第一级信号放大器中引入电阻。

1.2 里德堡原子对微波电场测量接收技术的发展历史

自 1887 年赫兹实现对电磁波的观测以来，人们对电磁波的接收都采用谐振偶极子天线的形式。近年来，随着原子物理学以及激光光谱学的发展，研究者利用高能态原子(里德堡原子)对微波电场的敏感性的特点实现了对微波电场的测量。

里德堡原子对微波电场的测量作为一个新兴的研究方向，一经出现就引起了国内外学者的重视。里德堡原子是主量子数非常大的原子，其最外层的电子远离原子核。核外电子轨道主量子数远远大于 1 的状态称为里德堡态，处于里德堡态的原子被称为里德堡原子。碱金属原子最外层只有一个电子，是类氢原子，当最外层电子远离原子实(原子核和其他内层电子)时，碱金属原子处于里德堡态，图 1.3 是氢里德堡原子和碱金属铯里德堡原子的示意图。

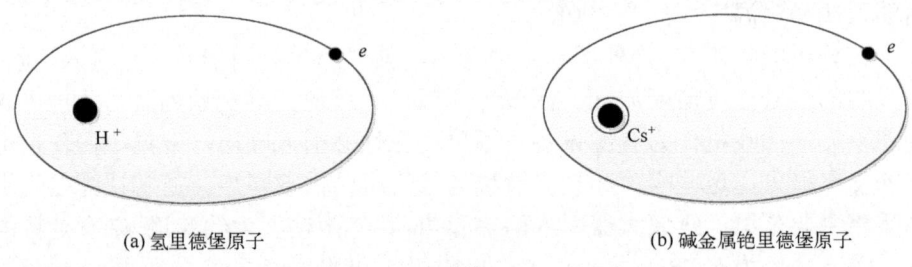

(a) 氢里德堡原子　　　　　　　　(b) 碱金属铯里德堡原子

图 1.3　里德堡原子示意图

处于里德堡态的原子有许多独特的性质，由于原子实对最外层电子的库仑力非常弱，里德堡态的原子非常稳定，具有很长的寿命。最外层电子在两个里德堡态之间跃迁的玻尔频率处于微波频率范围内，并且具有很高的跃迁偶极矩和很高的电极化率，这些特点导致里德堡原子对微波电场非常敏感，极易受外界微波电场的影响[6]。

里德堡态最早是 Livering 和 Dewar 于 1879 年通过对一系列碱金属谱进行观测而发现的，但由于当时技术的限制，产生和检测高里德堡态不易实现，直到激光技术出现，人们对原子能级的操控变得更为容易，对里德堡原子特性才有了非常系统的研究。

2007 年，英国 Adams 小组在室温下的铷泡中观察到了里德堡原子的 EIT 效应，验证了里德堡原子对外场变化极其敏感的特性[7]。2012 年，James Shaffer 研究小组利用四能级的 EIT 效应实现了铷原子的里德堡态间微波跃迁，首次利用了里德堡原子实现对微波电场场强的测量[8]，这被认为是里德堡原子接收机研究的开端。里德堡原子对微波的测量是将碱金属原子封装在玻璃气室内，然后通过激光照射将碱金属原子激发至里德堡态，用微波电场耦合两个里德堡态，通过改变激光频率可以将同一个气室内的碱金属原子激发至不同的里德堡态，从而实现使用同一套测量系统对从 MHz 到 THz 的电磁信号进行接收。传统的天线由于谐振尺寸的限制，可接收的频率范围要比里德堡原子接收微波的频率范围小得多。

美国国家标准与技术研究院(National Institute of Standards and Technology, NIST)的 Holloway 等在 2014 年探讨了采用四能级里德堡原子的 EIT A-T 分裂效应实现对单频电场的幅度测量[9]，利用 EIT 效应对微波电场测量装置及结果如图 1.4 所示。

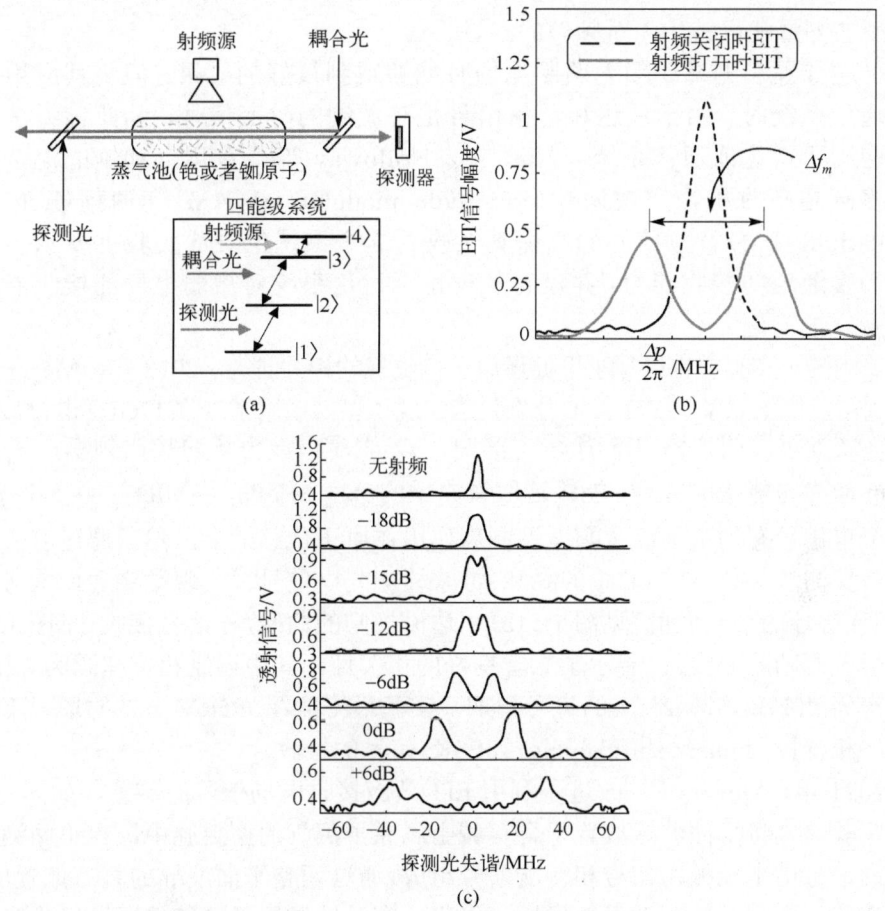

图 1.4 利用 EIT 效应对微波电场测量装置及结果

测量系统由一束探测光和一束耦合光对向传输，将碱金属原子蒸气激发至里德堡态，射频电场耦合于两个里德堡态之间，通过扫描耦合光的频率，采用光电探测器观测探测光穿过原子气室后的功率变化，可观察到里德堡原子的 EIT A-T 分裂效应。射频电场的场强幅度 $|E|$ 和 EIT 谱分裂间隔 Δf_m 有如下关系：

$$|E| = 2\pi \frac{\hbar}{\wp} \frac{\lambda_p}{\lambda_c} \Delta f_m \tag{1.14}$$

式中，$\hbar$ 是约化普朗克常数；$\wp$ 是两个里德堡态之间的跃迁偶极矩；λ_p 和 λ_c 分别是探测光和耦合光的波长；Δf_m 是观测到的 EIT 谱分裂的间隔。从式(1.14)可以看出，不同于传统天线对电磁波的接收，采用里德堡原子对电磁波进行接收时，是对空间内场强的直接测量。由于场强与 EIT 谱分裂的间隔存在线性关系，对电场强度的测量就可转化为对频率的测量。

上述装置在测量单频无调制电场时能够得到很好的效果，但将其应用于雷达或通信系统时，由于雷达和通信信号是有调制的时变信号，因此该方法不能直接应用于雷达或通信系统。2021 年，Holloway 等[10]利用铷和铯的混合原子构成多通道接收机，实现调幅(amplitude modulation，AM)和调频(frequency modulation，FM)音频信号的高保真接收。这个系统主要从实验上展示了原子接收机多通道的接收能力，并没有从理论上讨论系统对微弱电场的接收能力和系统带宽的问题。

美国陆军实验室也进行了里德堡原子接收机的相关研究。2018 年，Meyer 等[11]同样利用里德堡原子的 EIT A-T 分裂效应实现了里德堡原子接收 17GHz 的微波调幅信号，装置示意图如图 1.5 所示。其中，Ω_μ 表示微波电场的拉比频率，δ_p 表示 780nm 激光与能级的失谐。能级选取铷原子的 $5S_{1/2} \rightarrow 5P_{3/2} \rightarrow 50D_{5/2} \rightarrow 51P_{3/2}$，耦合两个里德堡态的电场经过幅度调制后作用在原子传感器上，然后通过直接探测或外差探测法(见图 1.5(a)中的③和④)来检测光电信号，实现数字通信信号的接收。相移键控的信号发射(见图 1.5(b)中边沿规则的曲线)与信号接收(见图 1.5(b)中边沿不规则的曲线)，展示了二者良好的相关性，其中调制相位编码为 8 个态，符号率为 40kHz，即 25μs 的符号周期。实验最终能在 $395\text{mV} \cdot \text{m}^{-1}$ 的场强下实现对 8 移相键控(8 phase shift keying，8PSK)信号的接收。

2021 年，Meyer 等[12]改进了利用 EIT 效应接收电场信号的装置，如图 1.6 所示，实验装置将平面波导放置于含有碱金属原子蒸气的密封腔中，在平面波导中传输的信号由本地振荡信号和待测信号组成，通过调整平面波导的直流偏置电压，利用直流斯塔克效应移动里德堡原子能级，有效地扩展了里德堡原子接收微波的频率范围，使该系统能够从直流(direct current，DC)到 20GHz 的频谱范围中探测微波信号。由于该系统利用了四能级的外差技术,大大提高了接收机的灵敏度,其灵敏度能够达到−120dBm/Hz。

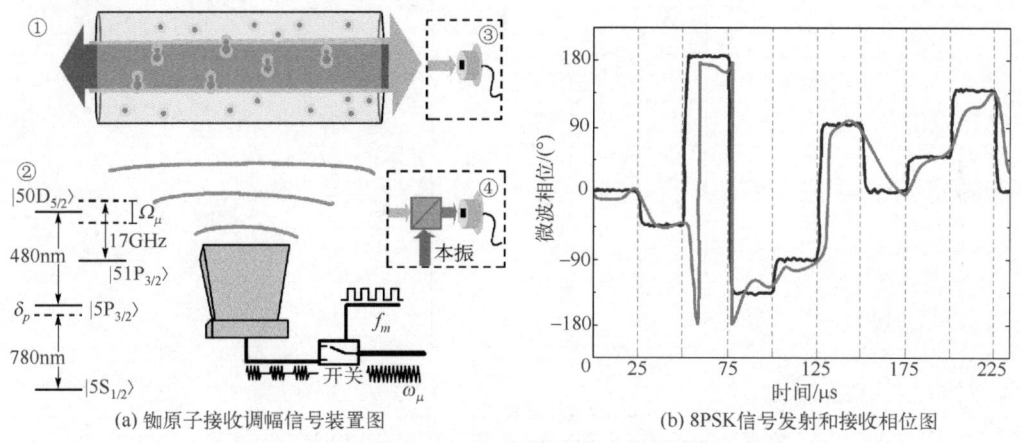

(a) 铷原子接收调幅信号装置图　　　(b) 8PSK信号发射和接收相位图

图 1.5　里德堡原子与调幅电场的数字通信示意图

山西大学激光光谱研究所是国内研究里德堡原子对微波电场测量方向最早的机构,他们从 2014 年开始参照 Holloway 等的研究思路,研究了里德堡原子的 EIT 效应并将其应用到微波电场的测量中。2020 年,景明勇等设计了基于铯原子的里德堡原子超外差接收机,实验装置如图 1.7 所示,主要由激光控制系统、原子传感器及光电探测、同步微波系统组成。激光控制系统利用超低膨胀(ultra low expantion,ULE)玻璃制成的超稳腔和伺服系统控制激光频率,将铯泡内的原子激发至里德堡态,被接收的弱微波电场通过影响铯蒸气的电极化率形成原子传感器,其电场灵敏度可以达到 $5.5\,\mu V/(m\cdot\sqrt{Hz})$ [13,14]。

国内除山西大学外,国防科技大学、中国计量科学研究院、华中科技大学、中国科学技术大学、西安电子科技大学、中国航天科工集团第 23 研究所以及华为技术有限公司等多个高校、工业部门和企业都对里德堡原子接收机技术进行了研究。

采用里德堡原子对微波电场的探测接收,其体制完全不同于现有的电子学接收机,里德堡原子可以实现对空间场强的直接测量,但其结构更为复杂。在采用里德堡原子对微波电场的探测接收过程中,对微波电场的接收放大并不是依靠天线和低噪声放大器实现的,而是利用外界电场改变碱金属气体介质的电极化率,进而改变介质对光的吸收特性,通过对光的探测实现对空间的场强的探测,由于激光光束直径都很小,通常为 1mm 左右,因此采用这种方法,可以实现空间内单点位置场强的探测接收,其空间分辨率会非常高。

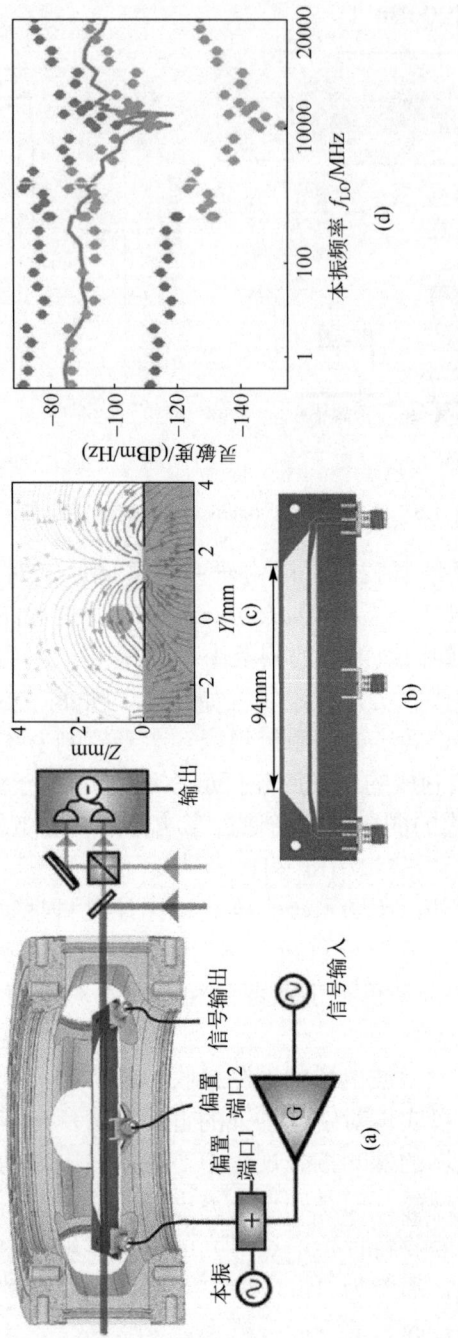

图1.6 波导耦合里德堡传感器示意图

第 1 章 绪 论

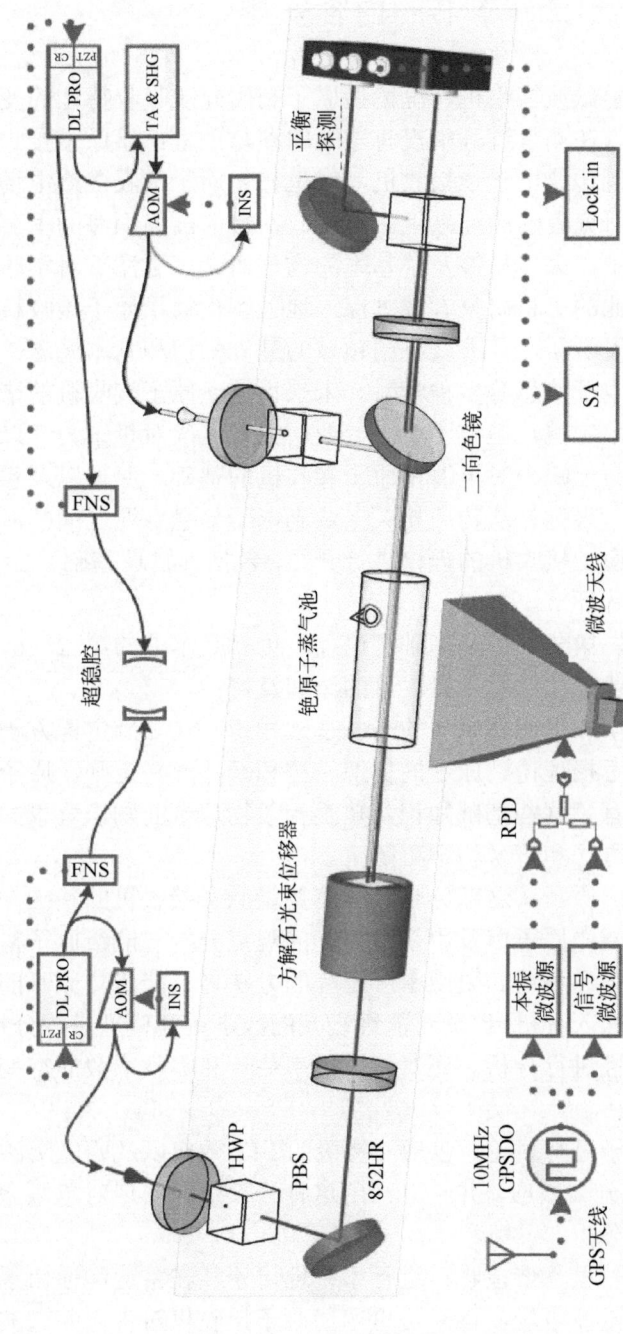

图 1.7 山西大学里德堡原子超外差接收机演示系统

注：DL PRO 为半导体激光器；CR 为半导体激光器的电流调节端口；PZT 为半导体激光器的压电陶瓷调节端口；AOM 为声光调制器；FNS 为频率噪声伺服系统；INS 为强度噪声伺服系统；TA 为锥形半导体激光放大器；SHG 为激光倍频腔系统；HWP 为二分之一波片；PBS 为偏振分束器；HR 为高反射率介质镜；GPSDO 为卫星导航自律铷钟自振荡器；RPD 为电阻式功率分配器；SA 为频谱分析仪；Lock-in 为锁相放大器

1.3 本书的内容安排

不同于传统的电子学微波接收机,里德堡原子利用介质吸收特性的变化实现对微波电场的测量,并且在测量过程中没有电阻的参与,里德堡原子接收机的理论极限灵敏度可能会超越传统电子学接收机,对里德堡原子接收微波电场的研究引起了不同学科领域中研究者的广泛兴趣。然而,在目前浩如烟海的里德堡原子对微波电场探测的文献中,大多只涉及了基本的物理概念,更注重对实验现象的观测,使非物理相关专业的工科研究者很难深入地理解里德堡原子接收机。里德堡原子接收机是一个交叉学科,其涉及不同领域的基础知识和基本概念,包括量子力学、激光技术以及电子信息等多种学科。未来里德堡原子接收机的诸多应用最终落地在电子信息技术领域,但电子信息专业研究者多数对量子力学以及激光技术领域较为陌生。市面上缺少对里德堡原子接收机的基础、原理以及实验方面进行系统性介绍的书籍,来弥补从物理相关专业到电子信息专业之间的鸿沟。本书将系统性地对里德堡原子接收机的理论进行介绍,包括其物理基础、系统特性、噪声构成以及实验搭建等环节。

本书分为两个部分,第一部分是基础理论篇,也就是本书的第 2~6 章,这些基础理论系统性地阐述里德堡原子接收机的原理及特性。

第 2 章介绍量子力学和里德堡原子的一些基础知识,包括薛定谔方程、碱金属原子的波函数、量子亏损理论、原子的精细结构和跃迁选择定则、原子的寿命与态矢及狄拉克符号,有了这些基础知识,缺乏相关物理专业知识背景的读者阅读相关文献时对其表述方法和符号将不再陌生。

第 3 章介绍二能级的原子,这部分是理解里德堡原子接收机的基础,包括用概率幅度的观点分析二能级原子以及用密度矩阵的观点分析二能级原子,并且论述这两种分析方法的优势和不足。采用密度矩阵的方法对二能级热原子的吸收现象和饱和吸收现象进行深入分析。该章对能级衰减的数学统计模型进行分析建模,并且对二能级的噪声特性进行分析。还对拉比频率估计和吸收系数的空变性进行深入地讨论。

第 4 章对多能级原子进行讨论,包括三能级的 EIT 效应以及四能级的 EIT 效应在微波电场下的 A-T 分裂效应。并且对利用这种分裂效应实现对单频微波电场的场强测量进行详尽地分析。

第 5 章对四能级外差里德堡接收机进行系统地讨论,在雷达和通信系统中,需要接收的是带调制的微波电场,该章对里德堡原子接收机对带调制微波电场的响应进行详细地分析,利用密度矩阵方程的动态解分析原子接收机的性能,并且提出利用原子气室的吸收系数和色散系数共同恢复被接收微波信号的方法，通过该动态解能够描述接收机的带宽特性，理论分析表明在铯里德堡原子接收机中，其接收带宽最大可以达到 10MHz 以上。

第 6 章对四能级外差里德堡原子接收机的噪声特性进行分析，包括接收机的本征噪声，也就是在忽略激光器噪声、探测器噪声以及环境振动等条件下里德堡原子接收机的量子噪声，其决定着接收机的极限灵敏度。实际里德堡原子接收机的噪声还会受到探测器噪声、激光器的相位噪声、环境噪声等的影响，该章定量分析这些因素对接收机灵敏度的影响。

第二部分是里德堡原子接收机的实验部分，也就是本书的第 7~9 章。

第 7 章介绍与里德堡原子接收机相关的一些基础实验，包括对铯原子能级的认识，铯原子的饱和吸收谱现象，阶梯三能级的 EIT 效应的观测，利用四能级 EIT 的 A-T 分裂效应对单频微波电场的测量，以及利用饱和吸收谱效应和 EIT 效应对探测光和耦合光的稳频技术。

第 8 章介绍基于双波长超稳腔进行里德堡实验的激光系统，包括超稳腔系统的构成、腔模匹配的方法以及腔的指标的测量，利用 PDH 稳频技术进行激光器稳频的原理和实验，并且详细讨论 PDH 稳频过程中残余幅度调制误差产生的原理以及补偿的方法。

第 9 章介绍四能级外差里德堡原子接收机的性能分析，包括四能级外差里德堡接收机的实验构建、频率响应的测量以及线性调频信号的接收和恢复，对影响接收机灵敏度的因素也进行分析。

参 考 文 献

[1] 弋稳. 雷达接收机技术[M]. 北京: 电子工业出版社, 2005.

[2] 戴姆特瑞德. 激光光谱学, 第一卷: 基础理论[M]. 姬扬, 译. 北京: 科学出版社, 2012.

[3] 张祖稷, 金林, 束咸荣. 雷达天线技术[M]. 7 版. 北京: 电子工业出版社, 2005.

[4] 樊昌信, 曹丽娜. 通信原理[M]. 7 版. 北京: 国防工业出版社, 2012.

[5] 陈伯孝. 现代雷达系统分析与设计[M]. 西安: 西安电子科技大学出版社, 2012.

[6] Fabre C, Haroche S.Observation of giant polarizabilities in atomic sodium Rydberg states[J]. Optics Communications, 1975, 15(2): 254-257.

[7] Mohapatra A K, Jackson T R, Adams C S. coherent optical detection of highly excited Rydberg states using electromagnetically induced transparency[J]. Physical Review Letters, 2007, 98(11): 113003.

[8] Sedlacek J A, Schwettmann A, Kübler H, et al. Microwave electrometry with Rydberg atoms in

a vapour cell using bright atomic resonances[J]. Nature Physics, 2012, 8: 819-824.

[9] Holloway C L, Gordon J A, Jefferts S, et al. Broadband Rydberg atom-based electric-field probe for SI-traceable, self-calibrated measurements[J]. IEEE Transactions on Antennas and Propagation, 2014, 62(12): 6169-6182.

[10] Holloway C, Simons M, Haddab A H, et al. A multiple-band Rydberg atom-based receiver: AM/FM stereo reception[J]. IEEE Antennas and Propagation Magazine, 2021, 63(3): 63-76.

[11] Meyer D H, Cox K C, Fatemi F K, et al. Digital communication with Rydberg atoms and amplitude-modulated microwave fields[J]. Applied Physics Letters, 2018, 112(21): 211108.

[12] Meyer D H, Kunz P D, Cox K C. Waveguide-coupled Rydberg spectrum analyzer from 0 to 20 GHz[J]. Physical Review Applied, 2021, 15: 014053.

[13] Jing M Y, Hu Y, Ma J, et al. Atomic superheterodyne receiver based on microwave-dressed Rydberg spectroscopy[J]. Nature Physics, 2020, 16: 911-915.

[14] 景明勇. 基于里德堡原子的微波超外差精密测量研究[D]. 太原: 山西大学, 2020.

第 2 章 量子力学以及里德堡原子的基础知识

里德堡原子是指原子最外层电子被激发到主量子数很大的高激发态的原子,处于里德堡态的原子最外层电子远离原子核,原子实对最外层电子的束缚力非常弱,两个里德堡态跃迁的玻尔频率恰好位于微波频段,因此,里德堡原子具有原子半径大、寿命长、易受微波电场影响等特点。利用里德堡原子对微波电场接收,需要涉及一点量子力学的基础知识。本章结合里德堡原子对量子力学的基础知识进行简明的阐述,包括薛定谔方程的引出、碱金属里德堡原子的波函数和跃迁偶极矩的计算、利用量子亏损理论计算里德堡原子能级的能量、原子跃迁需要满足的量子数选择定则以及里德堡原子寿命的计算方法,最后介绍量子力学文献中常用的狄拉克符号对态矢的表述以及薛定谔绘景、相互作用绘景和海森伯绘景的概念。

2.1 薛定谔方程

爱因斯坦在 1905 年用光的量子说解释光电效应时,提出了光子的能量表达式:
$$E = h\nu \tag{2.1}$$
式中,h 是普朗克常数;ν 是光的频率。1917 年,爱因斯坦又指出,光子不仅有能量,还有动量:
$$p = \frac{h}{\lambda} \tag{2.2}$$
从而把光具有波动性质的频率 ν 和波长 λ 通过普朗克常数与标准粒子性质中的能量和动量联系起来,这说明了光的粒子性和波动性是一对矛盾统一体。式(2.1)和式(2.2)是光的波粒二象性的数学表达式。1923 年,法国物理学家德布罗意对这个概念进行了扩展,他认为爱因斯坦论述的光的波粒二象性是整个物理世界的一种绝对普遍现象。他把光的波粒二象性推广到所有的物质粒子,从而为创造量子力学迈开了革命性的一步。

德布罗意并没有告诉我们波函数该如何随时间变化,仅仅过了一年多之后,在 1925 年,薛定谔提出了波动方程,也就是薛定谔方程,这个方程如牛顿运动方程一样,不能从更基本的假设中推导出来,它是量子力学的基本方程,其正确性只能靠实验来检验。

对于一个质量为 m,动量为 p,在势场 $V(x)$ 中运动的非相对论粒子(运动速

度远远小于光速)，粒子的能量可以写为

$$E = \frac{p^2}{2m} + V(x) \tag{2.3}$$

利用德布罗意物质波的能量与动量的关系，可以得到：

$$\hbar\omega = \frac{(\hbar k)^2}{2m} + V(x) \tag{2.4}$$

式中，ω 是角频率，k 是波数，$k = 2\pi/\lambda$；$\hbar$ 是约化普朗克常数，$\hbar = h/(2\pi)$。

德布罗意已经论述了自由粒子波函数具有平面波的形式[1,2]：

$$\psi(x,t) = \psi_0 e^{\frac{i}{\hbar}(px - Et)} \tag{2.5}$$

式中，i 是虚数单位。

薛定谔当时需要从自由粒子的平面波方程出发，推演出一个方程，当 $V(x) = 0$ 时，方程的解是德布罗意平面波函数，从自由粒子的平面波对时间和空间进行求导，可以得到：

$$i\hbar \frac{\partial}{\partial t}\psi = E\psi$$
$$-i\hbar \frac{\partial}{\partial x}\psi = p\psi \tag{2.6}$$
$$-\hbar^2 \frac{\partial^2}{\partial x^2}\psi = p^2\psi$$

从式(2.6)中可以观察到波函数的时间导数和空间导数之间有如下关系：

$$i\hbar \frac{\partial}{\partial t}\psi(x,t) = -\frac{\hbar^2}{2m} \frac{\partial^2}{\partial x^2}\psi(x,t) \tag{2.7}$$

由于 $-\frac{\hbar^2}{2m} \frac{\partial^2}{\partial x^2}$ 具有能量的量纲，薛定谔将式(2.7)推广到更为一般的三维含时势场 $V(\boldsymbol{r},t)$，由此可以得到：

$$\left(-\frac{\hbar^2}{2m}\nabla^2 + V(\boldsymbol{r},t)\right)\psi(\boldsymbol{r},t) = i\hbar \frac{\partial}{\partial t}\psi(\boldsymbol{r},t) \tag{2.8}$$

式中，∇^2 为拉普拉斯算子。当 $V(\boldsymbol{r},t) = 0$ 时，式(2.8)的解就是自由粒子的波函数：

$$\psi(\boldsymbol{r},t) = \psi_0 e^{\frac{i}{\hbar}(\boldsymbol{p}\cdot\boldsymbol{r} - Et)} \tag{2.9}$$

此时粒子的能量为

$$E = \frac{p^2}{2m} + V(\boldsymbol{r}) \tag{2.10}$$

算符是指作用在一个函数上得出另一个函数的运算符号。设某种运算把函数 u 变成 v。用算符可以表示为 $\widehat{F}u = v$。这种运算符号 $\widehat{F}$ 就称为算符，从上面的定义可以看出算符涵盖了我们平日所见的一切运算。

由此，式(2.8)可以用哈密顿算符、能量算符和动量算符表达：

$$\widehat{H}\psi(\boldsymbol{r},t) = \widehat{E}\psi(\boldsymbol{r},t)$$
$$\widehat{H} = \frac{\hat{p}^2}{2m} + V(\boldsymbol{r},t) = -\frac{\hbar^2}{2m}\nabla^2 + V(\boldsymbol{r},t), \quad \widehat{E} = \mathrm{i}\hbar\frac{\partial}{\partial t}, \quad \hat{p} = -\mathrm{i}\hbar\nabla \tag{2.11}$$

式(2.8)就是著名的薛定谔方程，它是量子力学的基本方程，但只能看作一个假设，无法从更基本的规律推演出薛定谔方程。

玻恩给出了波函数 ψ 的概率诠释，以 $\mathrm{d}\rho(x,y,z,t)$ 表示在 t 时刻，在坐标 $x \sim x+\mathrm{d}x$、$y \sim y+\mathrm{d}y$、$z \sim z+\mathrm{d}z$ 的无限小区域内找到粒子的概率。这个概率与 $|\psi(x,y,z,t)|^2$ 和体积元 $\mathrm{d}V = \mathrm{d}x\mathrm{d}y\mathrm{d}z$ 的关系为

$$\mathrm{d}\rho(x,y,z,t) = |\psi(x,y,z,t)|^2\,\mathrm{d}V \tag{2.12}$$

由此可见，$|\psi(x,y,z,t)|^2$ 具有概率密度的含义，相应的 $\psi(x,y,z,t)$ 被称为概率幅度。式(2.8)表明，如果波函数 ψ 是微分方程的解，那么 $C\psi$（C 是常数）也是微分方程的解。根据玻恩的概率诠释，薛定谔方程的解必须是满足归一化条件的：

$$\int_{-\infty}^{+\infty} |\psi(\boldsymbol{r},t)|^2\,\mathrm{d}V = 1 \tag{2.13}$$

上述归一化条件隐含着 $\psi(\pm\infty,t) = 0$。

这里需要特别指出，用来描述实物粒子的波函数必须满足三个条件：单值、有限、连续。因为粒子在一个位置出现的概率只能有一个，因此波函数必须是单值的；这个概率显然不可能是无限大，因此波函数必须处处有限；概率不可能发生突变，因此波函数处处连续。以上三个条件是波函数的标准条件。

波函数 ψ 具有概率诠释，量子力学的基本规律便是统计规律了，那么很自然地，对于任何物理量，只有求出它的平均值之后，才能与实验上的测量值相比较，在量子力学中，力学量应写为算符的形式，此时一个力学量 F 的平均值可以由以下关系确定：

$$\overline{F} = \int \psi^*(\boldsymbol{r},t)\widehat{F}\psi(\boldsymbol{r},t)\,\mathrm{d}V \tag{2.14}$$

我们还可以注意到，假设 ψ_1 和 ψ_2 是薛定谔方程的解，那么线性组合 $C_1\psi_1 + C_2\psi_2$（C_1 和 C_2 是常数）也是薛定谔方程的解，这就是波函数的叠加原理。

薛定谔方程是一个偏微分方程，是空间位置和时间的函数，通常情况下，在波函数的解中，空间变量和时间变量是耦合在一起的，当势场函数$V(r,t)$不含时间t时，薛定谔方程可以简化为两个只包含位置和只包含时间的微分方程。当势场函数不含时间时，波函数可以表示为时间函数和位置函数的乘积：

$$\psi(r,t)=\varphi(r)f(t) \quad (2.15)$$

将式(2.15)代入式(2.8)，整理可得

$$\frac{\left(-\frac{\hbar^2}{2m}\nabla^2+V(r)\right)\varphi(r)}{\varphi(r)}=\frac{\mathrm{i}\hbar}{f(t)}\frac{\partial}{\partial t}f(t) \quad (2.16)$$

式(2.16)等号左边是关于空间位置的函数，等号右边是关于时间的函数，如果方程能够成立，它们必定同时等于一个常数，也就是：

$$\left(-\frac{\hbar^2}{2m}\nabla^2+V(r)\right)\varphi(r)=E\varphi(r) \quad (2.17)$$

$$\mathrm{i}\hbar\frac{\mathrm{d}}{\mathrm{d}t}f(t)=Ef(t) \quad (2.18)$$

式中，常数E具有能量的量纲。式(2.18)有如下解：

$$f(t)=\mathrm{e}^{-\mathrm{i}\frac{E}{\hbar}t} \quad (2.19)$$

由于E具有能量的量纲，其不随时间变化，是一个常数，因此式(2.17)也被称作定态薛定谔方程，定态的意思是能量保持恒定的状态。式(2.17)是一个本征方程，E被称为本征能量，由式(2.17)确定的本征解需要满足正交归一化的条件。

2.2 碱金属里德堡原子的波函数

主量子数是量子力学中描述电子在原子中状态的一个量子数，通常用符号n表示。它决定了电子轨道的大小和能量水平，主量子数越大，电子距离原子核就越远，能量也越高。我们常用K、L、M、N、O、P、Q等代表不同的电子层数，这些字母与主量子数n的值相对应，即K层对应$n=1$。里德堡原子是主量子数非常大的原子，理论上任何原子都可以被激发到里德堡态，但在实际操作中，一般都将碱金属原子激发到里德堡态，因为碱金属原子的最外层只有一个电子，是类氢原子，分析起来比较简单，如果最外层电子数多于1个，需要采用多级微扰法或者变分法对其求解，求解难度大。本节我们对碱金属的波函数进行求解，利用碱金属的波函数可以对跃

迁偶极矩等参数进行计算,从而进一步了解碱金属里德堡原子的跃迁性质。

对于无外场作用下的碱金属里德堡原子,其势函数是原子实与最外层电子的相互作用引起的,这个势函数只与最外层电子相对于原子实的位置有关,与时间参量无关,可以用定态薛定谔方程予以描述:

$$\left(-\frac{\hbar^2}{2m}\nabla^2 + V(r)\right)\varphi(r) = E\varphi(r) \tag{2.20}$$

由于碱金属原子最外层只有一个电子,势函数只和最外层电子与原子实的距离有关,和角度无关,也就是势函数是球对称的,此时势函数可以写为 $V(r)$,r 是位置矢量 r 的模,即 $r=|r|$,因此可以在球坐标系下求解定态薛定谔方程,在球坐标系下,拉普拉斯算子可以表示为

$$\nabla^2 = \frac{1}{r^2}\frac{\partial}{\partial r}\left(r^2\frac{\partial}{\partial r}\right) + \frac{1}{r^2\sin\theta}\frac{\partial}{\partial \theta}\left(\sin\theta\frac{\partial}{\partial \theta}\right) + \frac{1}{r^2\sin^2\theta}\frac{\partial^2}{\partial \phi^2} \tag{2.21}$$

将式(2.21)代入式(2.20),可得:

$$-\frac{\hbar^2}{2m}\left(\frac{1}{r^2}\frac{\partial}{\partial r}\left(r^2\frac{\partial}{\partial r}\right) + \frac{1}{r^2\sin\theta}\frac{\partial}{\partial \theta}\left(\sin\theta\frac{\partial}{\partial \theta}\right) + \frac{1}{r^2\sin^2\theta}\frac{\partial^2}{\partial \phi^2}\right)\varphi(r,\theta,\phi) \\ + V(r)\varphi(r,\theta,\phi) = E\varphi(r,\theta,\phi) \tag{2.22}$$

假设 $\varphi(r,\theta,\phi)$ 具有分离变量的形式:

$$\varphi(r,\theta,\phi) = R(r)Y(\theta,\phi) \tag{2.23}$$

将式(2.23)代入式(2.22),可以得到两个含参数 λ 的微分方程:

$$-\frac{1}{Y(\theta,\phi)}\left(\frac{1}{\sin\theta}\frac{\partial}{\partial \theta}\left(\sin\theta\frac{\partial Y(\theta,\phi)}{\partial \theta}\right) + \frac{1}{\sin^2\theta}\frac{\partial^2 Y(\theta,\phi)}{\partial \phi^2}\right) = \lambda \tag{2.24}$$

$$\frac{1}{R(r)}\frac{\partial}{\partial r}\left(r^2\frac{\partial R}{\partial r}\right) + \frac{2mr^2}{\hbar^2}(E - V(r)) = \lambda \tag{2.25}$$

假设 $Y(\theta,\phi)$ 同样也具有分离变量的形式:

$$Y(\theta,\phi) = \Theta(\theta)\Phi(\phi) \tag{2.26}$$

将式(2.26)代入式(2.24),可以得到两个方程:

$$\frac{d^2\Phi(\phi)}{d\phi^2} + \lambda_1\Phi(\phi) = 0 \tag{2.27}$$

$$\sin\theta\frac{\partial}{\partial \theta}\left(\sin\theta\frac{\partial \Theta(\theta)}{\partial \theta}\right) + (\lambda\sin^2\theta - \lambda_1)\Theta(\theta) = 0 \tag{2.28}$$

式(2.27)需要满足周期性的边界条件：
$$\Phi(\phi) = \Phi(\phi + 2\pi) \tag{2.29}$$

因此有：
$$\Phi(\phi) = e^{im\phi}, \quad m = 0, \pm1, \pm2, \cdots \tag{2.30}$$

式(2.28)可以转化为
$$\frac{1}{\sin\theta}\frac{\partial}{\partial\theta}\left(\sin\theta\frac{\partial\Theta(\theta)}{\partial\theta}\right) + \left(\lambda - \frac{m^2}{\sin^2\theta}\right)\Theta(\theta) = 0 \tag{2.31}$$

式(2.31)是连带勒让德微分方程，只有在 $\lambda = l(l+1)$ 时才有解，其中，l 是整数。其解为
$$\Theta(\theta) = P_l^{|m|}(\cos\theta), \quad m = 0, \pm1, \pm2, \cdots \tag{2.32}$$

式中，$P_l^{|m|}$ 是连带勒让德多项式，其与勒让德多项式 $P_l(x)$ 的关系为[2]
$$P_l^{|m|}(x) = (1-x^2)^{\frac{|m|}{2}}\frac{d^{|m|}}{dx^{|m|}}P_l(x), \quad P_l(x) = \frac{1}{2^l l!}\frac{d^l}{dx^l}(x^2-1)^l \tag{2.33}$$

因此，角向波函数的解为
$$Y(\theta,\phi) = P_l^{|m|}(\cos\theta)e^{im\phi}, \quad m = 0, \pm1, \pm2, \cdots, \pm l, \quad l = 0, 1, 2, \cdots \tag{2.34}$$

径向波函数 $R(r)$ 与势函数有关，不同的势函数导致径向波函数的解不同，如果是氢原子，径向波函数的解具有拉盖尔函数的形式，同时 l 的最大值也被限定在 $n-1$。因而薛定谔方程会引出三个量子数即主量子数 n、角量子数 l 和磁量子数 m。

我们可以在原子单位条件下对径向波函数式(2.25)进行简化，也就是将距离用玻尔半径表示，进行如下的变量代换：
$$a_0 = \frac{4\pi\varepsilon_0\hbar^2}{m_e e^2}, \quad \rho = \frac{r}{a_0}, \quad W = \frac{a_0^2 mE}{\hbar^2} \tag{2.35}$$

式中，a_0 是玻尔半径；m_e 是电子的质量；e 是电子电荷，ε_0 是真空中的介电常数，我们再做 $r = \rho$ 的变量代换后，径向波函数可以表示为
$$\frac{\partial^2}{\partial r^2}R(r) + \frac{2}{r}\frac{\partial}{\partial r}R(r) + \left(2W - 2V(r) - \frac{l(l+1)}{r^2}\right)R(r) = 0 \tag{2.36}$$

式中，W 是原子单位下的能量。$V(r)$ 是原子单位制下的势函数，如果是氢原子，原子单位下的势函数为 $V(r) = -1/r$，式(2.36)可以转换为拉盖尔微分方程，拉盖尔微分方程的解限定了原子单位下的能量与主量子数之间有 $W = -1/n^2$ 的关系，对于碱金属元素的里德堡原子，其形式为

$$W = -\frac{1}{(n-\delta_l)^2} \tag{2.37}$$

式中，δ_l 是量子亏损数。

为了求出里德堡原子的波函数，Bhatti 等提出了 $\sqrt{r}$ 方法[3]，也就是将式(2.36)进行如下的变量代换：

$$x = \sqrt{r}, \quad Y(x) = r^{\frac{3}{4}}R(r) \tag{2.38}$$

此时，式(2.36)可以写成如下的形式：

$$\frac{d^2}{dx^2}Y(x) = g(x)Y(x) \tag{2.39}$$

式中：

$$g(x) = \frac{\left(2l+\frac{1}{2}\right)\left(2l+\frac{3}{2}\right)}{x^2} - 8Wx^2 + 8V(r)x^2 \tag{2.40}$$

形如式(2.40)的微分方程，可以用如下的递归方式求解[3]：

$$Y(x-a) = \frac{(2+10T(x))Y(x) - (1-T(x+a))Y(x+a)}{1-T(x-a)} \tag{2.41}$$

式中，a 是步长；$T(x) = a^2 g(x)/12$。

利用式(2.41)，通过反向递推的关系，可以求出里德堡原子的波函数，里德堡原子波函数满足 $R(\infty) = 0$，在递推时起始点可以选择为 $r_{\max} = n(n+15)$。

利用式(2.41)对波函数进行求解时，还需要知道原子单位下里德堡态的能量以及里德堡原子的势函数。里德堡态的能量可以用量子亏损理论求得[4-6]：

$$W = -\frac{1}{(n-\delta_{n,l,j})^2} \tag{2.42}$$

式中，$\delta_{n,l,j}$ 被称为量子亏损数，表示碱金属里德堡态能量与氢原子里德堡态能量的差异，量子亏损数可以用下面的级数计算：

$$\delta_{n,l,j} = \delta_0 + \frac{\delta_2}{(n-\delta_0)^2} + \frac{\delta_4}{(n-\delta_0)^2} + \frac{\delta_6}{(n-\delta_0)^2} + \frac{\delta_8}{(n-\delta_0)^2} + \frac{\delta_{10}}{(n-\delta_0)^2} \tag{2.43}$$

量子亏损数与角量子数 l 有关，一般当 $l>4$ 时，碱金属原子里德堡态的能量与氢原子里德堡态的能量几乎相等，因此当 $l>4$ 时，所有的系数都为 0。表 2.1 给出了铯里德堡原子的量子亏损数。

表 2.1 铯里德堡原子的量子亏损数

	δ_0	δ_2	δ_4	δ_6	δ_8	δ_{10}
$nS_{1/2}$	4.404935665	0.2377037	0.255401	0.00378	0.25486	—
$nP_{1/2}$	3.591589500	0.3609260	0.419050	0.64388	1.45035	—
$nP_{3/2}$	3.559058000	0.3740000	—	—	—	—
$nD_{3/2}$	2.475365000	0.5554000	—	—	—	—
$nD_{5/2}$	2.466315240	0.0135770	−0.374570	−2.18670	−1.55320	−56.6739
$nF_{5/2}$	0.003341424	−0.1986740	0.289530	−0.26010	—	—
$nF_{7/2}$	0.003353700	−0.1910000	—	—	—	—

碱金属原子的势函数可以通过下面的关系进行建模[7]：

$$V_l(r) = -\frac{Z_l(r)}{r} - \frac{\alpha_c}{2r^4}(1 - e^{-(r/r_c)^6}) \tag{2.44}$$

式中：

$$Z_l(r) = 1 + (Z-1)e^{-a_1 r} - r(a_3 + a_4 r)e^{-a_2 r} \tag{2.45}$$

式中，Z 是原子序数，式(2.44)和式(2.45)中的其他参数如表 2.2 所示。

表 2.2 碱金属原子势函数参数

参数		Li	Na	K	Rb	Cs
α_c		0.1923	0.9448	5.3310	9.0760	15.6440
$l=0$	a_1	2.47718079	4.82223117	3.56019437	3.69628474	3.49546309
	a_2	1.84150932	2.45449865	1.83909642	1.64915255	1.47533800
	a_3	−0.02169712	−1.12255048	−1.74701102	−9.86069196	−9.72143084
	a_4	−0.11988362	−1.42531393	−1.03237313	0.19579987	0.02629242
	r_c	0.61340824	0.45489422	0.83167545	1.66242117	1.92046930
$l=1$	a_1	3.45414648	5.08382502	3.65670429	4.44088978	4.69366096
	a_2	2.55151080	2.18226881	1.67520788	1.92828831	1.71398344
	a_3	−0.21645661	−1.19534623	−2.07416615	−16.7959777	−24.65624280
	a_4	−0.06990078	−1.03142861	−0.89030421	−0.81633314	−0.09543125
	r_c	0.61566441	0.45798739	0.85235381	1.50195124	2.13383095
$l=2$	a_1	2.51909839	3.53324124	4.127135694	3.78717363	4.32466196
	a_2	2.43712450	2.48697936	1.79837462	1.57027864	1.61365288
	a_3	0.32505524	−0.75688448	−1.69935174	−11.6558897	−6.70128850
	a_4	0.10602430	−1.27852357	−0.98913582	0.52942835	−0.74095193
	r_c	2.34126273	0.71875312	0.83216907	4.86851938	0.93007296
$l \geq 3$	a_1	2.51909839	1.11056646	1.42310446	2.39848933	3.01048361
	a_2	2.43712450	1.05458759	1.27861156	1.76810544	1.40000001
	a_3	0.32505524	1.73203428	4.77441476	−12.0710678	−3.20036138
	a_4	0.10602430	−0.09265696	−0.94829262	0.77265689	0.00034538
	r_c	2.34126273	28.6735059	6.50294371	4.79831327	1.99969677

在求出里德堡原子的波函数后，可以计算两个里德堡态之间的跃迁偶极矩：

$$\begin{aligned}\wp_{ab} &= -e\int \psi_a^*(r) r \psi_b(r) \, \mathrm{d}V \\ &= -e\int Y_a(\theta,\phi) \sin\theta Y_b(\theta,\phi) \, \mathrm{d}\theta \mathrm{d}\phi \int r^3 R_a(r) R_b(r) \, \mathrm{d}r \\ &= A_{ab} R_{ab}\end{aligned} \qquad (2.46)$$

式中，A_{ab}是跃迁偶极矩的角向分量；R_{ab}是跃迁偶极矩的径向分量。跃迁偶极矩是衡量初态a与末态b之间跃迁难易程度的物理量。一般情况下，跃迁偶极矩是一个包含相位因子的复矢量。它的方向代表跃迁的极性方向，决定了系统如何与给定极性的电磁场间相互作用，它的振幅平方代表了系统内电荷分布导致的相互作用强度。跃迁偶极矩的国际单位为库仑·米（C·m），更为常用的单位为德拜（D）。跃迁偶极矩越大，表示两个态之间的跃迁更容易发生，这意味着该跃迁发生的概率更高，原子更容易受到与两个态共振的电磁场的影响。

图 2.1 是铯里德堡原子的径向波函数，该图表明一些特定里德堡态的径向波函数相似度非常高，它们之间的跃迁偶极矩也非常大，图 2.1(a) 中 $47D_{5/2}$ 态和 $48P_{3/2}$ 态的径向波函数基本是重合的。在众多的碱金属里德堡态的跃迁中，只有 $nD_{5/2}$ 态 $\to (n+1)P_{3/2}$ 态、$nD_{5/2}$ 态 $\to (n-2)F_{7/2}$ 态、$nS_{1/2}$ 态 $\to nP_{3/2}$ 态以及 $nS_{1/2}$ 态 $\to (n-1)P_{3/2}$ 态四种跃迁的径向跃迁偶极矩非常大，量级上正比于 n^2。因此，在后续的四能级里德堡实验中，我们会选择这几种跃迁路径。

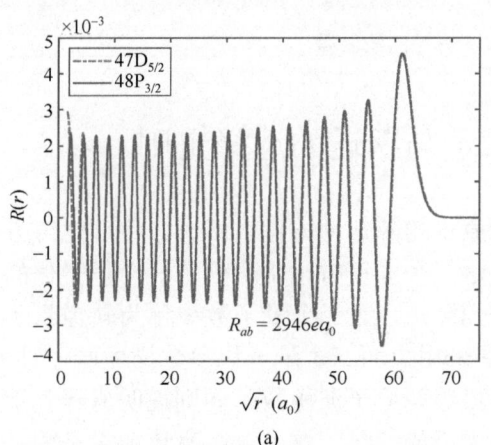
(a)

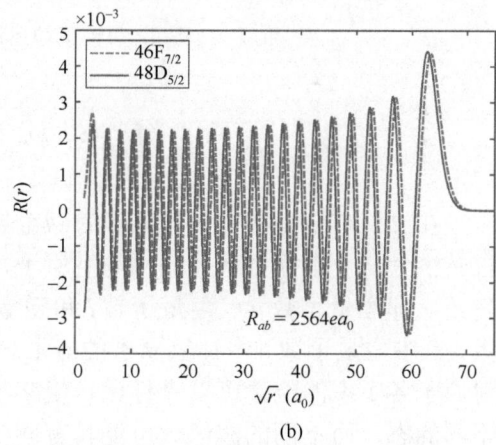
(b)

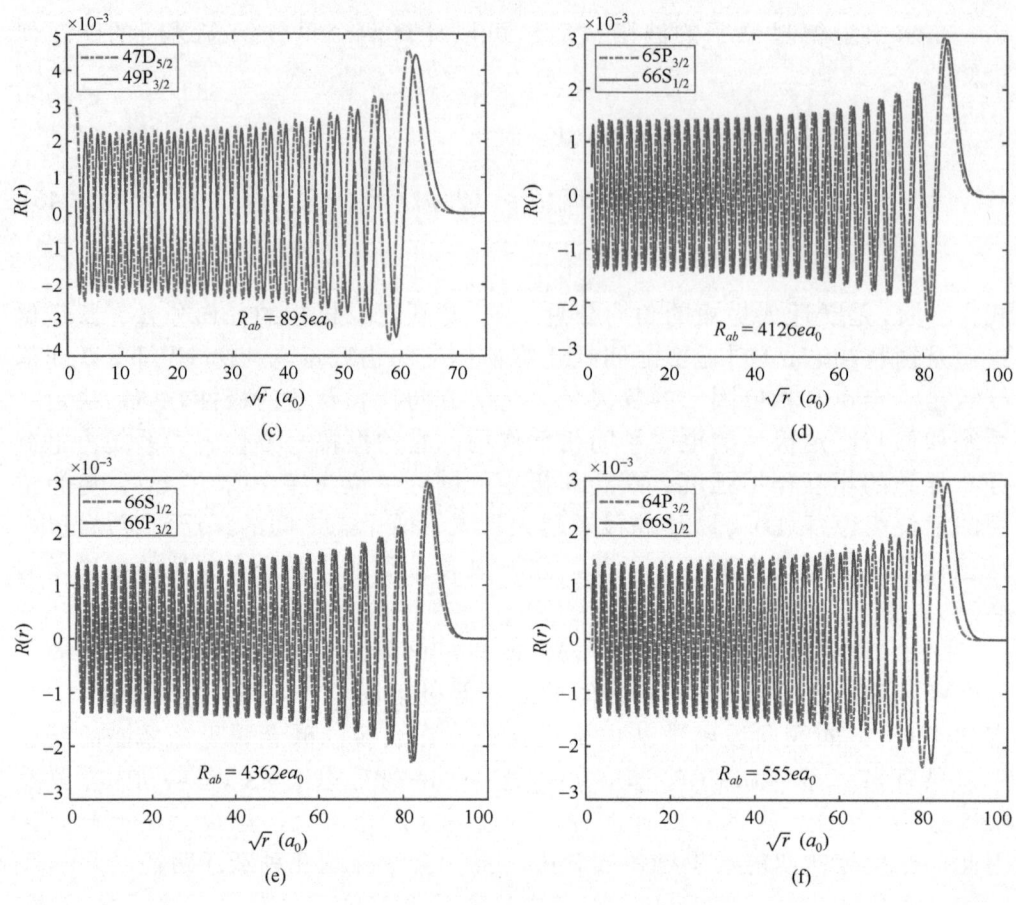

图 2.1　铯里德堡原子的径向波函数

2.3　原子的精细结构表示与跃迁的选择定则

在 2.2 节中，在球坐标系下对碱金属原子的薛定谔方程求解时，将薛定谔方程转换为三个本征方程，如果是氢原子，这三个本征方程将会确定三个量子化的参数，即主量子数 n、角量子数 l 和磁量子数 m。这三个量子数被称为轨道量子数，其中主量子数 n 表征氢原子的能量。在采用上面三个量子化参数描述原子时，对原子各个态的能量可以进行比较粗略的描述。原子波函数不同则说明原子处于不同的态，而不同的波函数可能具有同样大小的能量，这就意味着该能量是简并的，例如，氢原子的能量只跟主量子数 n 有关，而与角量子数 l 和磁量子数 m 无关，此时氢原子的能量就是简并的。关于简并这个概念，可以用特征值和特征向量的概念加以理解。定态薛定谔方程就是一个特征方程，能量对应着该特征方程的特征值，波函数就是特征值对应的特征向量。根据线性代数的知识，我们知道，如果特征值有重根，一个特征值将对应着多个线性无关的特征向量，这就是量子力学中简并的概念。

对原子能量的描述，仅仅靠三个轨道量子数的描述是不够的，电子还具有自旋，也就是电子还具有自旋量子数。例如在 2.2 节介绍的量子亏损理论中，量子亏损数与电子的自旋量子数有关，电子的自旋会使能级的能量产生移动[8]。核外电子角动量量子数与轨道角动量量子数和自旋角动量量子数满足如下的关系：

$$J = L + S \tag{2.47}$$

电子自旋角动量量子数 S 取值为 1/2 和 -1/2，核外电子角动量量子数的取值范围还应该满足如下的关系：

$$|L - S| \leq J \leq L + S \tag{2.48}$$

我们可以看到，由于电子自旋的作用，使得原子在 P 态（$L=1$）被分裂成两个态，$P_{1/2}$ 态（自旋量子数为 -1/2）和 $P_{3/2}$ 态（自旋量子数为 +1/2）。

在原子的超精细结构中，原子态的能量不仅与核外电子总角动量量子数有关，还与原子核的角动量量子数有关，总体原子角动量量子数与核外电子总角动量量子数以及原子核角动量量子数有如下关系：

$$F = J + I \tag{2.49}$$

原子的总体角动量量子数与核外电子角动量和原子核角动量还应该满足如下关系：

$$|J - I| \leq F \leq J + I \tag{2.50}$$

对于铯原子，原子核的角动量量子数 $I=7/2$。由于原子核角动量的影响，铯原子的基态 $6^2S_{1/2}$ 态分裂成两个子能级（$F=3,4$），铯原子的激发态 $6^2P_{3/2}$ 态分裂成四个子能级（$F=2,3,4,5$）。图 2.2 是铯原子能级的精细结构[9]。

当考虑自旋量子数后，磁量子数用 m_J 表示，其取值范围需满足如下关系：

$$-J \leq m_J \leq J \tag{2.51}$$

原子在各个态之间并不是能够随意跃迁的，也就是说，即便我们在满足玻尔跃迁频率的规则下，用激光照射原子，也可能并不会产生跃迁。这意味着原子态的跃迁需要满足某种限制性条件，这个限制性条件也被称为选择定则。原子在外界电场

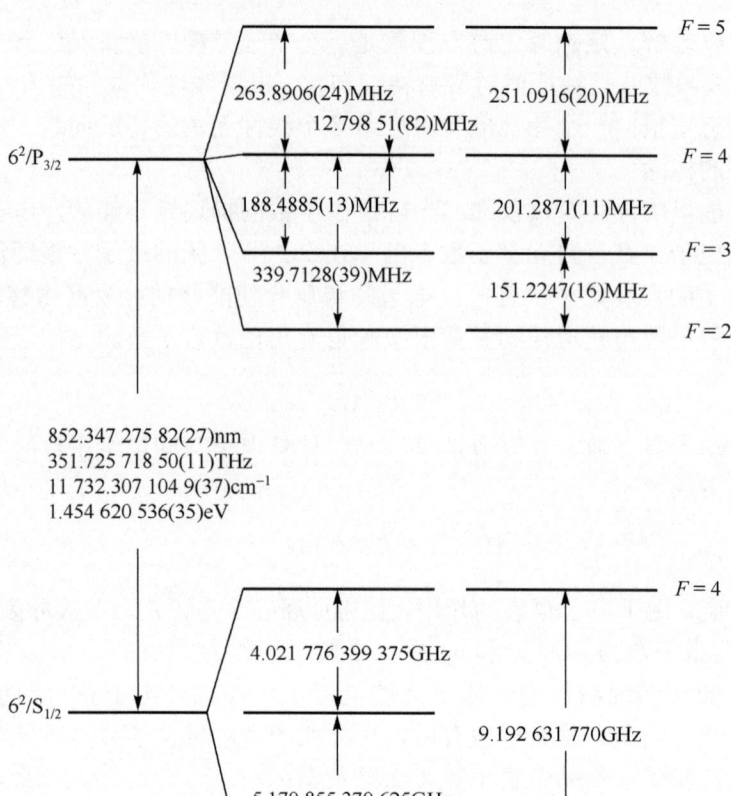

图 2.2　铯原子能级的精细结构

作用下的跃迁都是偶极跃迁。在电场作用下，跃迁的难易程度可以用跃迁偶极矩加以描述，在用球坐标表示时，跃迁偶极矩具有两个分量：一个是径向分量；另一个是角向分量。如果两个态的跃迁偶极矩为 0，就说明这两个态是跃迁禁止的。两个态的径向波函数的积分不会为 0，也就是说在跃迁中对主量子数不存在限制条件。角向分量为 0 的情况主要由两个态的角向波函数积分给予限制[1]，两个态的跃迁偶极矩可以表示为

$$\wp_{ab} = -e\int \psi_a^*(r) r \psi_b(r)\, dV \tag{2.52}$$

我们可以将 r 分解为三个方向：

$$r_x = x = r\sin\theta\cos\phi = r\sin\theta\frac{e^{-i\phi}+e^{i\phi}}{2} \tag{2.53}$$

$$r_y = y = r\sin\theta\sin\phi = r\sin\theta\frac{e^{i\phi}-e^{-i\phi}}{2i} \tag{2.54}$$

$$r_z = z = r\cos\theta \tag{2.55}$$

由此可以得到关于 ϕ 的积分 $\int_0^{2\pi} e^{-im_2\phi} r e^{im_1\phi} d\phi$，于是该积分的 x、y 和 z 的各分量为

$$\int_0^{2\pi} (e^{i(m_1-m_2+1)\phi} + e^{i(m_1-m_2-1)\phi}) d\phi \tag{2.56}$$

$$\int_0^{2\pi} (e^{i(m_1-m_2+1)\phi} - e^{i(m_1-m_2-1)\phi}) d\phi \tag{2.57}$$

$$\int_0^{2\pi} e^{i(m_1-m_2)\phi} d\phi \tag{2.58}$$

上述三个积分不等于零的条件是 $m_1 - m_2 = \pm 1, 0$。

关于 θ 部分，我们需要利用连带勒让德多项式的性质[1]：

$$\cos\theta P_l^{|m|} = \frac{(l-|m|+1)P_{l+1}^{|m|} + (l+|m|)P_{l-1}^{|m|}}{2l+1} \tag{2.59}$$

$$\sin\theta P_l^{|m|} = \frac{P_{l+1}^{|m|+1} + P_{l-1}^{|m|+1}}{2l+1} \tag{2.60}$$

再利用连带勒让德函数的正交性，由此我们可以得到积分：

$$\int_0^{\pi} P_{l_1}^{|m|} \sin\theta P_{l_2}^{|m|} d\theta \tag{2.61}$$

由此，我们可以得到，当 $l_1 - l_2 = \pm 1$ 时，上述积分才不等于 0。

跃迁选择定则表明，原子态之间的跃迁并不是任意的，基态原子只能被激发到 P 态，P 态的原子只能被激发到 S 态或者 D 态，D 态的原子只能被激发到 P 态或者 F 态。磁量子数的改变和光的偏振有关，在线偏振光的作用下，态之间的磁量子数将保持不变；在圆偏振光的作用下，态之间的磁量子数会产生 ±1 的改变。

由于跃迁选择定则，原子跃迁偶极矩的角向分量 A_{ab} 只有在特定的几个态时不为零。表 2.3 是角向分量 A_{ab} 不为零时的数值。

表 2.3 原子跃迁偶极矩角向分量

	S ↔ P	P ↔ D	D ↔ F
A_{ab}	0.4714	0.4899	0.4949

2.4 里德堡原子的寿命

处于高能级的原子在没有外部电磁场的作用下,也会自发地向低能级跃迁,并且释放一个光子,这个过程被称为自发辐射,自发辐射的过程可以用基于全量子模型的韦斯科普夫-维格纳(Weisskopf-Wigner)理论描述[10,11]。在本节中我们利用自发辐射的概念对原子寿命进行解释,本节主要讲述两个问题:一个是原子能级的自然寿命,也就是冷原子条件下,原子能级的自发辐射概率;另外一个问题是热原子的寿命,也就是需要考虑黑体辐射对原子寿命的影响。

2.3 节的分析表明,里德堡原子波函数具有振荡的特点,对于两个态之间跃迁的难易程度,我们可以用振子强度的概念予以描述,虽然利用跃迁偶极矩这个指标也能描述两个态之间的跃迁难易程度,但采用振子强度描述更为方便。从态 nlm 到态 $n'l'm'$ 的振子强度可以用如下的方式定义[12]:

$$f_{n'l'm',nlm} = 2\frac{m}{\hbar}\omega_{n'l'm',nlm}\left|\langle n'l'm'|x|nlm\rangle\right|^2 \tag{2.62}$$

式中,$\langle\cdot|$ 和 $|\cdot\rangle$ 为狄拉克符号,表示量子力学的一个态,$\langle b|x|a\rangle$ 表示从态 $|a\rangle$ 到态 $|b\rangle$ 在 x 方向的跃迁偶极矩,关于狄拉克符号的相关知识,我们将在 2.5 节中详细介绍;$\omega_{n'l'm',nlm}$ 为从 $|n,l,m\rangle$ 态到 $|n',l',m'\rangle$ 态跃迁的玻尔频率。

我们同样可以写出 y 和 z 方向的振子强度,式(2.62)表明振子强度是与磁量子数 m 有关的,在实际中,磁量子数定义的能级是简并的,从一个态到另外一个态的跃迁应该是和 m 无关的。因此,更为方便的是定义一个与 m 无关的平均振子强度 $\overline{f}_{n'l',nl}$[12]:

$$\overline{f}_{n'l',nl} = \frac{2}{3}\omega_{n'l',nl}\frac{l_{\max}}{2l+1}\left|\langle n'l'|r|nl\rangle\right|^2 \tag{2.63}$$

式中,$l_{\max}$ 是 l 和 l' 的最大值。振子强度并不满足交换律,其关系为[12]

$$\overline{f}_{n'l',nl} = -\frac{2l'+1}{2l+1}\overline{f}_{nl,n'l'} \tag{2.64}$$

振子强度满足 Thomas-Reiche-Kuhn 求和规则[12]:

$$\sum_{n'l'm'}f_{n'l'm',nlm} = Z \tag{2.65}$$

式中,Z 是原子序数,也就是原子的核外电子数。振子强度还满足如下求和公式[12]:

$$\sum_{n'}\overline{f}_{n'l-1,nl} = -\frac{1}{3}\times\frac{l(2l-1)}{2l+1} \qquad (2.66)$$

$$\sum_{n'}\overline{f}_{n'l+1,nl} = \frac{1}{3}\times\frac{(l+1)(2l+3)}{2l+1} \qquad (2.67)$$

$$\sum_{n'l'}\overline{f}_{n'l',nl} = 1 \qquad (2.68)$$

我们一般用爱因斯坦 A 系数描述从态 nl 到态 $n'l'$ 的自发辐射衰减率[12]:

$$A_{n'l',nl} = \frac{e^2\omega_{nl,n'l'}^3}{3\pi\varepsilon_0\hbar c^3}\frac{l_{\max}}{2l+1}\left|\langle n'l'|r|nl\rangle\right|^2 \qquad (2.69)$$

如果将其写成与振子强度有关的关系:

$$A_{n'l',nl} = -\frac{e^2\omega_{n'l',nl}^2}{2\pi\varepsilon_0\hbar c^3}\overline{f}_{n'l',nl} \qquad (2.70)$$

式中,等号右侧使用负号的原因是振子强度小于 0。由此,我们可以定义 nl 态的寿命:

$$\tau_{nl} = \left(\sum_{n'l'}A_{n'l',nl}\right)^{-1} \qquad (2.71)$$

式 (2.69) 表明,爱因斯坦 A 系数与玻尔跃迁频率的三次方 $\omega_{nl,n'l'}^3$ 有关,这就意味着跃迁频率最高的两个态的爱因斯坦 A 系数 $A_{n'l',nl}$ 对寿命的贡献最高,如从里德堡态直接跃迁到基态(如果满足跃迁选择定则),这种跃迁对寿命的贡献是最大的,尽管从里德堡态到基态的跃迁偶极矩非常小。

直接由式 (2.71) 计算里德堡原子的寿命,其计算量比较大,在精度要求不高的时候可以利用如下的关系对冷碱金属原子的寿命进行近似估算:

$$\tau = \tau_0(n^*)^\alpha \qquad (2.72)$$

式中,n^* 是有效的主量子数,也就是考虑量子亏损以后的主量子数;τ_0 和 α 的值如表 2.4 所示[13]。

表 2.4 碱金属原子寿命相关参数

元素		S	P	D	F
Li	τ_0 / ns	1.39	5.69	0.59	0.96
	α	2.80	2.78	2.92	3.06
Na	τ_0 / ns	1.38	8.35	0.96	1.13
	α	3.00	3.11	2.99	2.96

续表

元素		S	P	D	F
K	τ_0 / ns	1.32	6.78	5.94	0.83
	α	3.00	2.78	5.94	2.95
Rb	τ_0 / ns	1.43	2.76	2.82	0.76
	α	2.94	3.02	2.09	0.76
Cs	τ_0 / ns	1.43	4.42	2.85	0.69
	α	2.96	2.94	0.96	2.94

以上对原子寿命的分析都是以冷原子为模型的，在分析中，没有考虑温度对原子寿命的影响，温度通过黑体辐射对原子寿命产生影响。温度对里德堡原子的影响主要有两个方面：一个方面是引起原子寿命的变化；另外一个方面是引起能级的移动。此处我们只考虑温度对原子寿命的影响。

根据普朗克的黑体辐射定律，黑体辐射的能量密度在原子单位下可以写为

$$\rho(\nu) = \frac{8\pi h \nu^3}{c^3} \frac{1}{e^{h\nu/k_B T} - 1} \tag{2.73}$$

式中，k_B 为玻尔兹曼常数，是物理学中的一个基本常数，其大小为 $k_B \approx 1.380649 \times 10^{-23}$ J/K。

计算每个辐射模式的平均光子数对计算黑体辐射引起的跃迁率是非常有用的，每个辐射模式的平均光子数可以表示为

$$\bar{n} = \frac{1}{e^{\hbar\omega/k_B T} - 1} \tag{2.74}$$

当辐射频率比较低时，有 $\bar{n} \approx k_B T / \hbar\omega$。

如前所述，从态 nl 到态 $n'l'$ 的自发辐射的衰减率可以用爱因斯坦 A 系数 $A_{n'l',nl}$ 来描述，当存在热辐射时，由于热辐射产生的受激辐射率应该正比于爱因斯坦 A 系数，所以其比例系数应该为该辐射模式的平均光子数，也就是[12]：

$$K_{n'l',nl} = \bar{n} \frac{e^2 \omega_{nl,n'l'}^3}{3\pi\varepsilon_0 \hbar c^3} \frac{l_{\max}}{2l+1} |\langle n'l'|r|nl\rangle|^2 \tag{2.75}$$

由于每个辐射模式的平均光子数 $\bar{n}$ 与跃迁频率有关，因此，与频率有关的受激辐射的系数 $K_{n'l',nl}$ 与爱因斯坦 A 系数 $A_{n'l',nl}$ 呈现出不同的特点。黑体辐射引起原子向最邻近的态跃迁，而自发辐射引起原子向最低能量的态跃迁。

考虑黑体辐射后原子寿命为[12]

$$\frac{1}{\tau_{bb}} = \sum_{n'l'} \bar{n} \frac{e^2 \omega_{nl,n'l'}^3}{3\pi\varepsilon_0 \hbar c^3} \frac{l_{\max}}{2l+1} |\langle n'l'|r|nl \rangle|^2 \tag{2.76}$$

本节对里德堡原子的寿命进行了简要的介绍，包括冷原子的寿命和考虑黑体辐射热效应后热里德堡原子的寿命。式(2.72)是一个近似公式，可以利用该表达式对各个态的里德堡原子的寿命进行估算。在真正的仿真计算时，需要用到式(2.76)对热里德堡原子的寿命进行精确地计算。我们也可以通过开源的碱金属里德堡计算器(alkali Rydberg calculator，ARC)这个计算软件对里德堡原子的寿命和跃迁偶极矩、跃迁频率，以及能级能量进行精确地计算[14]。

2.5 态 矢

在量子力学中，波函数的物理意义是概率幅度，定态薛定谔方程是一个本征方程，求解薛定谔方程的问题会转化为求解本征值和本征函数的问题。由于本征函数的正交归一性和封闭完备性，也就是说本征函数系构成了一个希尔伯特空间中的一组正交规范基，因此，任何波函数都可以用一个本征函数系的线性组合表示，这意味着任意波函数都可以用本征函数展开，展开系数可以用一个矢量表示，来表征系统的状态，因此，这个表征系统状态的矢量也叫态矢。

在经典力学或者几何学中，我们常常采用矢量形式讨论问题，而不用指明坐标系。同样，在量子力学中描写态和力学量，也可以不用指明具体的本征函数系(本征函数系相当于希尔伯特空间中的一组坐标系)。这种描述方式是狄拉克最先引入的，因此这一套符号被称为狄拉克符号。

2.5.1 狄拉克符号

定态薛定谔方程是一个本征方程，它的解是一组本征函数系，空间的任意一个波函数都可以利用本征函数系的正交性进行分解，也就是任意一个波函数都可以表示为本征函数线性叠加的方式，这样我们可以将波函数想象成一个抽象空间的矢量，它的基就是本征函数系的各个本征函数，它的系数就表示为该本征函数的坐标。

我们先看一个最为简单的几何问题，对于二维空间中一个矢量v的表示，标准的方法是引入单位矢量$\hat{e}_x$和$\hat{e}_y$，表示如下：

$$v = v_x \hat{e}_x + v_y \hat{e}_y \tag{2.77}$$

狄拉克符号充分借鉴了内积的书写形式，如b向量向a向量的投影用狄拉克符号表示为$\langle a|b \rangle$，$\langle a|$这一类矢量被称为"左矢"，$|b\rangle$这一类矢量被称为"右矢"。在引入狄拉克符号后，矢量v可以等价地写成

$$|v\rangle = v_x|x\rangle + v_y|y\rangle \tag{2.78}$$

矢量 v 的 x 分量 v_x 可以由内积给出：

$$v_x = \hat{e}_x \cdot v \tag{2.79}$$

采用狄拉克符号，v_x 可以写成：

$$v_x = \langle x|v\rangle \tag{2.80}$$

采用狄拉克符号，矢量 v 可以表示为

$$|v\rangle = |x\rangle\langle x|v\rangle + |y\rangle\langle y|v\rangle \tag{2.81}$$

采用狄拉克符号，可以定义恒等算符：

$$\hat{I} = |x\rangle\langle x| + |y\rangle\langle y| \tag{2.82}$$

一般来讲，在 N 维（包括无穷维）空间中，一个矢量可以按照各单位矢量 $\hat{e}_k$ 的完备集展开，可以表示为

$$v = \sum_k \hat{e}_k (\hat{e}_k \cdot v) \tag{2.83}$$

这些单位矢量都满足正交归一条件，也就是 $\hat{e}_i \cdot \hat{e}_j = \delta_{ij}$，采用狄拉克符号，式(2.83)可以表示为

$$|v\rangle = \sum_k |k\rangle\langle k|v\rangle \tag{2.84}$$

狄拉克单位矢量的内积是 $\langle k|j\rangle = \delta_{kj}$，恒等算符写作 $\hat{I} = \sum_k |k\rangle\langle k|$。$\langle k|v\rangle$ 可以看作态矢 $|v\rangle$ 在基 $|k\rangle$ 上的展开系数或者振幅。左矢 $\langle a|$ 与右矢 $|a\rangle$ 彼此互为伴随矢量，也就是 $\langle a| = |a\rangle^\dagger$，量子力学中伴随的概念对应于矩阵论中矢量的共轭转置。

在量子力学中，展开系数一般是复数。就此而论，一个内积的复数共轭由式(2.85)给出：

$$\langle k|v\rangle = \langle v|k\rangle^* \tag{2.85}$$

2.5.2 算符的矩阵表示

在量子力学中，算符的作用是将一个波函数映射到另一个波函数，由于波函数可以被本征函数系展开，展开系数可以写成一个矢量，波函数就是一个态矢，因此算符 $\hat{O}$ 可以将一个态矢 $|\xi\rangle$ 映射为矢量空间的另一个矢量 $|\zeta\rangle$：

$$|\zeta\rangle = \hat{O}|\xi\rangle \tag{2.86}$$

算符 $\hat{O}$ 的逆算符 $\hat{O}^{-1}$（如果存在）具有如下性质：

$$\hat{O}^{-1}|\varsigma\rangle = |\xi\rangle \tag{2.87}$$

算符 $\hat{O}$ 和其逆算符 $\hat{O}^{-1}$ 有如下关系：

$$\hat{O}\hat{O}^{-1} = \hat{O}^{-1}\hat{O} = \hat{I} \tag{2.88}$$

算符 $\hat{O}$ 可以写成如下形式：

$$\begin{aligned}\hat{O} &= \hat{I}\hat{O}\hat{I} \\ &= \sum_n |n\rangle\langle n|\hat{O}\sum_m |m\rangle\langle m| = \sum_m \sum_n |n\rangle O_{nm}\langle m| = \sum_m \sum_n O_{nm}|n\rangle\langle m|\end{aligned} \tag{2.89}$$

式中，$O_{nm} = \langle n|\hat{O}|m\rangle$ 是一个数。于是式(2.89)可以写成：

$$|\varsigma\rangle = \sum_m \sum_n O_{nm}|n\rangle\langle m|\xi\rangle \tag{2.90}$$

有时将展开系数 $\langle m|\xi\rangle$ 及矩阵元分别简单地表示为列矢量和矩阵是方便的，这样 $|\xi\rangle$ 可以表示为

$$|\xi\rangle \leftrightarrow (\langle 1|\xi\rangle \quad \langle 2|\xi\rangle \quad \cdots \quad \langle n|\xi\rangle \quad \cdots)^{\mathrm{T}} \tag{2.91}$$

算符 $\hat{O}$ 可以表示为

$$\hat{O} \leftrightarrow \begin{pmatrix} O_{11} & O_{12} & \cdots & O_{1m} & \cdots \\ O_{21} & O_{22} & \cdots & O_{2m} & \cdots \\ \vdots & \vdots & & \vdots & \\ O_{n1} & O_{n2} & \cdots & O_{nm} & \\ \vdots & \vdots & & & \end{pmatrix} \tag{2.92}$$

式(2.92)说明，算符经过本征函数系展开后，就变成一个矩阵，也就是说，此时算符与矩阵是等价的，因此，在随后的章节中，我们将与算符有关的和矩阵都用斜体的大写字母表示，算符不再采用"^"的方式表示。

这里构成这些矩阵的矩阵元明显地取决于基矢 $|n\rangle$，基矢有如下的简单形式：

$$|1\rangle \leftrightarrow \begin{pmatrix}1\\0\\0\\0\\\vdots\end{pmatrix}, \quad |2\rangle \leftrightarrow \begin{pmatrix}0\\1\\0\\0\\\vdots\end{pmatrix},\ldots, \quad |n\rangle \leftrightarrow \begin{pmatrix}0\\0\\0\\1\\\vdots\end{pmatrix},\ldots \tag{2.93}$$

在量子力学中,表示可观测物理量的算符具有厄密性这个重要性质。具体地讲,如果对于所有的 $|\xi\rangle$,右矢 $|\zeta\rangle = \hat{O}|\xi\rangle$ 均与左矢 $\langle\zeta| = \langle\xi|\hat{O}$ 相对应,那么算符就是厄密的,也就是说,一个厄密算符等于它自身的伴随算符,有时候也称厄密算符为"自伴"的。换言之,一个厄密算符的表示矩阵等于它自己的共轭转置,也就是 $O_{ij} = O_{ji}^*$。在量子力学中,并非所有的算符都是厄密的,例如,量子力学中的湮灭算符就不满足厄密性,不具有厄密性的算符是不可观测的。

2.6 绘景

光与物质的相互作用可以用哈密顿算符 $\hat{H}$ 描述,它可以表示为一个没有被扰动的哈密顿算符 $\hat{H}_0$ 和一个相互作用能算符 $\hat{V}$ 之和,也就是:

$$\hat{H} = \hat{H}_0 + \hat{V} \tag{2.94}$$

与之相对应的薛定谔方程为

$$i\hbar \frac{\partial}{\partial t}|\psi\rangle = \hat{H}|\psi\rangle = (\hat{H}_0 + \hat{V})|\psi\rangle \tag{2.95}$$

如果 $\hat{V}$ 与时间无关,通过对时间变量 t 积分,可以求出态矢 $|\psi\rangle$ 的表达式[10,11]:

$$|\psi(t)\rangle = \exp\left(-i\frac{\hat{H}_0 + \hat{V}}{\hbar}t\right)|\psi(0)\rangle \tag{2.96}$$

人们最终感兴趣的是某些代表可观察量的算符的期待值,一般一个算符的期待值是时间的函数,算符本身是不含时间的,但态矢是时间的函数,算符的平均值表示为

$$\langle\hat{O}\rangle = \langle\psi(t)|\hat{O}|\psi(t)\rangle \tag{2.97}$$

式(2.97)是算符期待值的薛定谔绘景描述方式。

我们采用两种特别有用的方式将算符期待值的薛定谔绘景加以分解,可以得到相互作用绘景和海森伯绘景。式(2.96)中的态矢包含没有被扰动的哈密顿算符对态矢的贡献部分,在许多情况下,我们更关注相互作用能算符对态矢的贡献。此时可以采用相互作用绘景,相互作用绘景就是将相互作用能算符造成的对时间的依赖性赋予态矢,采用这个思路,式(2.97)可以写成:

$$\langle \hat{O} \rangle = \langle \psi(0) | \exp\left(i\frac{\widehat{H_0} + \hat{V}}{\hbar} t\right) \hat{O} \exp\left(-i\frac{\widehat{H_0} + \hat{V}}{\hbar} t\right) | \psi(0) \rangle$$

$$= \left\langle \psi(0) \exp\left(i\frac{\hat{V}}{\hbar} t\right) \middle| \exp\left(i\frac{\widehat{H_0}}{\hbar} t\right) \hat{O} \exp\left(-i\frac{\widehat{H_0}}{\hbar} t\right) \middle| \exp\left(-i\frac{\hat{V}}{\hbar} t\right) \psi(0) \right\rangle \quad (2.98)$$

$$= \langle \psi^I(t) | \hat{O}^I(t) | \psi^I(t) \rangle$$

相互作用能算符和相互作用的态矢为

$$\hat{O}^I(t) = \exp\left(i\frac{\widehat{H_0}}{\hbar} t\right) \hat{O} \exp\left(-i\frac{\widehat{H_0}}{\hbar} t\right)$$

$$| \psi^I(t) \rangle = \exp\left(-i\frac{\hat{V}}{\hbar} t\right) | \psi(0) \rangle \quad (2.99)$$

将式(2.99)的第二个方程对时间变量微分，得到相互作用态矢的运动方程：

$$\frac{d}{dt} | \psi^I(t) \rangle = -\frac{i}{\hbar} \hat{V} | \psi^I(t) \rangle \quad (2.100)$$

与式(2.95)相比，式(2.100)更为简单一些，如果要求算符 $\hat{O}$ 的期望值，就还需要进一步地计算 $\hat{O}^I(t)$ 。

海森伯绘景就是计算算符 $\hat{O}$ 的期望值时态矢采用 $|\psi(0)\rangle$，将所有与时间相关的项都吸收到算符中，此时算符就变成一个与时间有关的算符：

$$\langle \hat{O} \rangle = \langle \psi(0) | \exp\left(i\frac{\widehat{H_0} + \hat{V}}{\hbar} t\right) \hat{O} \exp\left(-i\frac{\widehat{H_0} + \hat{V}}{\hbar} t\right) | \psi(0) \rangle = \langle \psi(0) | \hat{O}(t) | \psi(0) \rangle \quad (2.101)$$

海森伯算符 $\hat{O}(t)$ 定义为

$$\hat{O}(t) = \exp\left(i\frac{\widehat{H_0} + \hat{V}}{\hbar} t\right) \hat{O} \exp\left(-i\frac{\widehat{H_0} + \hat{V}}{\hbar} t\right) \quad (2.102)$$

对式(2.102)的时间变量微分，可以得到海森伯绘景算符遵循的运动方程：

$$\frac{d}{dt} \hat{O}(t) = \frac{i}{\hbar} (\hat{H}\hat{O} - \hat{O}\hat{H}) = \frac{i}{\hbar} [\hat{H}, \hat{O}] \quad (2.103)$$

本节对薛定谔绘景、相互作用绘景和海森伯绘景的运动方程进行了介绍，在实际问题中，需要根据具体问题选择便于分析问题的绘景，例如，在半经典模型下(电磁场采用的经典模型，仅仅是原子能级进行了量子化)光和原子相互作用的问题中，采用相互作用绘景比较方便。本书从第3章开始讨论的二能级、三能级和四能级原子都是采用相互作用绘景描述的,虽然采用薛定谔绘景也可以得到相同的结果,但采用相互作用绘景更为清晰简单。在光与原子相互作用的全量子模型中(电磁场是量子的,原子能级也是量子化的),对电磁场量子化的描述会用到海森伯绘景,虽然本书没有涉及相关的内容,但感兴趣的读者可以查阅相关的参考文献[15,16]。

2.7 小　　结

本章介绍了一些与里德堡原子相关的量子力学知识,目的是让非物理专业的读者能够快速地了解一些量子力学的概念,并且对里德堡原子的部分特性有一些粗浅的认识。本章首先从德布罗意平面物质波出发,给出了薛定谔方程的形式,并且论述了在势函数与时间无关的情况下定态薛定谔方程求解的方法。其次,我们介绍了利用量子亏损理论对碱金属原子的本征能量进行建模的方法,介绍了碱金属里德堡原子径向波函数的迭代数值解法,由此引出跃迁偶极矩的概念,并且计算了一些铯里德堡态之间的跃迁偶极矩。然后,我们对铯原子的精细能级结构进行了一些简要的介绍,并且介绍了将原子从基态激发到里德堡态时需要满足的角量子数和磁量子数的选择定则。我们还讨论了里德堡原子寿命的相关概念,介绍了考虑黑体辐射时热原子寿命的仿真计算方法。最后介绍了量子力学文献中常用的狄拉克符号的基本原理与其对态矢的表述方法,以及薛定谔绘景、相互作用绘景和海森伯绘景的概念。

参 考 文 献

[1] 周世勋. 量子力学教程[M]. 2版. 北京: 高等教育出版社, 2009.

[2] 顾樵. 量子力学[M]. 2版. 北京: 科学出版社, 2014.

[3] Bhatti S A, Cromer C L, Cooke W E. Analysis of the Rydberg character of the 5d7dD21 state of barium[J]. Physical Review A, 1981, 24(1): 161-165.

[4] Lorenze n C J, Niemax K. Quantum defects of the $n^2P_{1/2,3/2}$ levels in ^{39}K I and ^{85}RbI[J]. Physica Scripta, 1983, 27(4): 300-305.

[5] Weber K H, Sansonetti C J. Accurate energies of nS, nP, nD, nF, and nG levels of neutral cesium[J]. Physical Review A, 1987, 35(11): 4650-4660.

[6] Goy P, Raimond J M, Vitrant G, et al. Millimeter-wave spectroscopy in cesium Rydberg states. Quantum defects, fine- and hyperfine-structure measurements[J]. Physical Review A, 1982, 26(5): 2733-2742.

[7] Marinescu M, Sadeghpour H R, Dalgarno A. Dispersion coefficients for alkali-metal dimers[J]. Physical Review A, 1994, 49(2): 982-988.

[8] 杨福家. 原子物理学[M]. 4版. 北京: 高等教育出版社, 2008.

[9] Steck D A. Cesium D Line Data[R]. Los Alamos: Los Alamos National Laboratory, 2008.

[10] 萨晋, 斯考莱, 兰姆, 等. 激光物理学[M]. 彭放, 译. 北京: 科学出版社, 1982.

[11] Sargent III M, Scully M O, Lamb W E. Laser Physics[M]. London: Addison-Wesley Publishing Company, 1974.

[12] Gallagher T F. Rydberg Atoms[M]. Cambridge: Cambridge University Press, 1994.

[13] Theodosiou C E. Lifetimes of alkali-metal: Atom Rydberg states[J]. Physical Review A, 1984, 30(6): 2881-2909.

[14] Šibalić N, Pritchard J D, Adams C S, et al. ARC: An open-source library for calculating properties of alkali Rydberg atoms[J]. Computer Physics Communications, 2017, 220: 319-331.

[15] 郭光灿. 量子光学[M]. 北京: 高等教育出版社, 1990.

[16] 谭维翰. 量子光学导论[M]. 2版. 北京: 科学出版社, 2012.

第 3 章　二能级原子及其吸收特性

激光器的出现使人们对原子能态的操控变得更为容易，在激光出现之前，原子能态的跃迁基本都是由荧光引起的跃迁，其单位频带内的功率密度非常小，荧光产生的跃迁很难产生大量高激发态的原子。激光的产生使研究者可以获得具有高功率密度的光，从而使对原子的能态操控手段更为丰富，并且可以使用多束激光同时激励原子，使其到达高能量的里德堡态。二能级原子是更为复杂能级原子的基础，本章系统讲述激光激励二能级原子的问题，从密度矩阵的角度解释饱和吸收谱现象以及对气室内吸收系数的空变性进行分析。

3.1　二能级原子与场的相互作用

二能级原子是最简单的原子系统模型，其可以描述激光器的工作原理和物质对激光的吸收特性。在二能级原子中，二能级原子受到一束激光的激励，下能级的原子在激光的激励下产生受激辐射跃迁，从而被激发至上能级，上能级的粒子由于能级寿命的原因，通过自发辐射的方式跃迁至下能级。在光的作用下，达到一种动态的平衡。二能级原子示意图如图 3.1 所示。

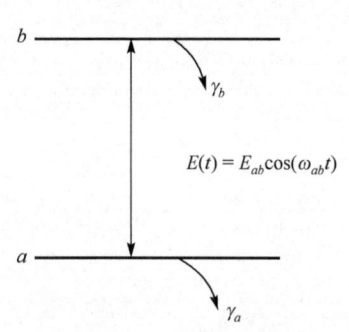

图 3.1　二能级原子系统示意图

在图 3.1 中，a 是下能级，b 是上能级，其能级能量分别为 E_a 和 E_b，其衰减分别是 γ_a 和 γ_b，如果 a 是基态，则 $\gamma_a = 0$。$E(t)$ 是耦合于 a 能级和 b 能级之间的电磁场，其频率在能级共振频率附近。在二能级原子模型中，我们认为耦合于两个能级之间的电磁波的波长要远远大于原子的直径（例如，在可见光谱区，波长约为 500nm，而原子的直径只有大约 0.05nm）。当波长远远大于原子的直径时，电磁波的相位在一个原子体积内的变化可以忽略不计，因此我们可以忽略场振幅的空间微分[1]。对二能级原子的描述一般采用半经典理论，也就是电磁场采用经典理论，而原子模型采用量子理论。本节我们采用能级概率幅度的方法讨论电磁场与二能级原子的相互作用，分别从弱场和强场两个角度讨论，在弱场模型中，我们可以清晰地导出旋波近似；在强场模型中，我们讨论二能级原子与强场的相互作用，也就是缀饰态。在本节中，我们讨论的是理想的二能级原子，也就是说我们忽略能级的衰减。

多能级原子的波函数 $\psi(\boldsymbol{r},t)$ 可以用薛定谔方程加以描述：

$$i\hbar\frac{\partial}{\partial t}\psi(\boldsymbol{r},t) = H\psi(\boldsymbol{r},t) \tag{3.1}$$

式中，H 是系统的哈密顿算符。

在一个封闭的二能级原子模型中，粒子不是在上能级就是在下能级，因此系统的波函数可以写成如下两种形式：

$$\begin{aligned}\psi(\boldsymbol{r},t) &= C_a(t)u_a(\boldsymbol{r}) + C_b(t)u_b(\boldsymbol{r}) \\ \psi(\boldsymbol{r},t) &= c_a(t)e^{-i\frac{E_a}{\hbar}t}u_a(\boldsymbol{r}) + c_b(t)e^{-i\frac{E_b}{\hbar}t}u_b(\boldsymbol{r})\end{aligned} \tag{3.2}$$

式中，$C_a(t)$ 和 $C_b(t)$ 是在薛定谔绘景下处于各自能级的概率幅度；$c_a(t)$ 和 $c_b(t)$ 是在相互作用绘景下处于各自能级的概率幅度；$\psi(\boldsymbol{r},t)$ 满足薛定谔方程（式(3.1)），因此其是薛定谔绘景下的波函数。当采用相互作用绘景下的概率幅度 $c_a(t)$ 和 $c_b(t)$ 时，后续的密度矩阵方程更为简单，因此，本书如没有特殊说明，都采用在相互作用绘景下的概率幅度 $c_a(t)$ 和 $c_b(t)$ 描述二能级原子。

在二能级原子中，系统的哈密顿算符由两部分组成，一部分是系统的本征哈密顿算符 H_0（无光场作用的能量），另一部分是光场激励二能级原子而引入的哈密顿算符 H_1（相互作用能量）。

$$H = H_0 + H_1 \tag{3.3}$$

式中，$H_1 = -\boldsymbol{p}\cdot\boldsymbol{E} = -e\boldsymbol{r}\cdot\boldsymbol{E}$，$\boldsymbol{p}$ 是单个原子的电偶极矩；由于激光电场具有两个方向的偏振分量，$\boldsymbol{E}$ 是激光产生的电场矢量；e 是电子电荷量；$\boldsymbol{r}$ 是原子的位置矢量。本征哈密顿算符是原子没有受到外场作用时的哈密顿算符，本征哈密顿算符对应着本征波函数，本征波函数 u_a、u_b 和能级的本征能量 E_a、E_b 遵循薛定谔方程：

$$\begin{aligned}H_0 u_a &= E_a u_a \\ H_0 u_b &= E_b u_b\end{aligned} \tag{3.4}$$

将式(3.4)、式(3.3)代入式(3.2)的第二个式子和式(3.1)。

$$i\hbar u_a e^{-i\omega_a t}\frac{\partial}{\partial t}c_a(t) + i\hbar u_b e^{-i\omega_b t}\frac{\partial}{\partial t}c_b(t) = c_a(t)e^{-i\omega_a t}H_1 u_a + c_b(t)e^{-i\omega_b t}H_1 u_b \tag{3.5}$$

式中，$\omega_a = E_a/\hbar$；$\omega_b = E_b/\hbar$。

如果我们只考虑一个方向的偏振光，将激光电场写为如下形式：

$$E(t) = \frac{E_{ab}}{2}(e^{-i\omega_{ab}t} + e^{i\omega_{ab}t}) \tag{3.6}$$

式中，ω_{ab} 为激光角频率，E_{ab} 是激光电场的幅度。

用空间本征波函数 u_a^* 和 u_b^* 分别与式(3.6)相乘，并且对整个空间积分，利用空间本征波函数的正交性（$\int u_b^* u_a \mathrm{d}V = 0, \int u_a^* u_b \mathrm{d}V = 0$），归一性（$\int u_a^* u_a \mathrm{d}V = 1$，$\int u_b^* u_b \mathrm{d}V = 1$），以及跃迁选择定则（角量子数跃迁时的奇偶关系），有 $\int u_a^* H_1 u_a \mathrm{d}V = 0$，$\int u_b^* H_1 u_b \mathrm{d}V = 0$，由此可以得到：

$$\begin{aligned}\frac{\mathrm{d}}{\mathrm{d}t}c_a(t) &= -\frac{\mathrm{i}}{2}\frac{\wp_{ab}E_{ab}}{\hbar}c_b(t)(e^{\mathrm{i}(\omega_{ab}-(\omega_b-\omega_a))t} + e^{-\mathrm{i}(\omega_{ab}+(\omega_b-\omega_a))t}) \\ \frac{\mathrm{d}}{\mathrm{d}t}c_b(t) &= -\frac{\mathrm{i}}{2}\frac{\wp_{ab}E_{ab}}{\hbar}c_a(t)(e^{-\mathrm{i}(\omega_{ab}-(\omega_b-\omega_a))t} + e^{\mathrm{i}(\omega_{ab}+(\omega_b-\omega_a))t})\end{aligned} \tag{3.7}$$

式中，$\wp_{ab} = -e\int u_a^* r u_b \mathrm{d}V$ 是从 a 态到 b 态的跃迁偶极矩，可以通过选择本征空间波函数的初始相位，使跃迁偶极矩为实数。下面我们从弱场和强场两个角度来讨论粒子处于上下能级的概率幅度。

3.1.1 弱场模型

式(3.7)是一个一阶线性微分方程组，可以化为二阶线性微分方程，假设耦合于两个能级的电磁场非常弱，弱到我们基本观测不到下能级粒子数的变化，也就是满足 $\mathrm{d}c_a(t)/\mathrm{d}t \approx 0$、$c_a(t) \approx 1$ 和 $c_b(t) \approx 0$。由此条件，式(3.7)可以简化为

$$\frac{\mathrm{d}}{\mathrm{d}t}c_b(t) = -\mathrm{i}\frac{\Omega_p}{2}(e^{-\mathrm{i}(\omega_{ab}-(\omega_b-\omega_a))t} + e^{\mathrm{i}(\omega_{ab}+(\omega_b-\omega_a))t}) \tag{3.8}$$

式中，Ω_p 是拉比频率，满足 $\Omega_p = \wp_{ab}E_{ab}/\hbar$。

式(3.8)是一个一阶微分方程，直接从 0 到 t 积分，就可以得到 $c_b(t)$ 的解：

$$c_b(t) = \frac{\Omega_p}{2}\left(\frac{e^{-\mathrm{i}(\omega_{ab}-(\omega_b-\omega_a))t}-1}{\omega_{ab}-(\omega_b-\omega_a)} - \frac{e^{\mathrm{i}(\omega_{ab}+(\omega_b-\omega_a))t}-1}{\omega_{ab}+(\omega_b-\omega_a)}\right) \tag{3.9}$$

式(3.9)中含有两个指数部分，括号内第一项是差频项，第二项是和频项。耦合于两个能级的电磁场的频率在能级共振频率附近，此时 $\omega_{ab}-(\omega_b-\omega_a) \approx 0$，而 $\omega_{ab}+(\omega_b-\omega_a)$ 的数量级和两个能级的共振频率相当。也就是说，在式(3.9)中，和频项对式(3.9)的贡献可以忽略，相当于对式(3.9)进行了旋转波近似，因此粒子处于上能级的概率幅度为

$$c_b(t) = \frac{\Omega_{ab}}{2}\left(\frac{e^{-i\Delta_p t}-1}{\Delta_p}\right)$$

$$|c_b(t)|^2 = \left(\frac{\Omega_{ab}}{2}\right)^2 \left(\frac{\sin(\Delta_p t/2)}{\Delta_p/2}\right)^2 \tag{3.10}$$

式中，$\Delta_p = \omega_{ab} - (\omega_b - \omega_a)$，表示耦合于两个能级的电磁场频率与能级共振频率的失谐。

如果在失谐为 0 的情况下，也就是所加的电磁场与两个能级完全共振，此时有：

$$\lim_{\Delta_p \to 0} \frac{\sin(\Delta_p t/2)}{\Delta_p/2} = t \tag{3.11}$$

因此式(3.10)的第二个式子可以写成：

$$|c_b(t)|^2 = \left(\frac{\Omega_{ab}}{2}\right)^2 t^2 \tag{3.12}$$

由于我们对式(3.7)进行求解时假设 $c_a(t) \approx 1$，也就是 $|c_b(t)|^2 \ll 1$，等价于

$$\left(\frac{\Omega_{ab}}{2}\right)^2 t^2 \ll 1, \quad t \ll \frac{2}{\Omega_p} \tag{3.13}$$

式(3.12)表明，处于上能级粒子的概率与时间的平方成正比，这个结论是在单频电磁场的条件下得出的，然而，在满足式(3.13)的条件下，也就是说弱场与二能级原子相互作用的时间很短，此时所加的电磁场并不是一个窄带的光源，应该将其看成一个宽带的光源，处于高能级粒子的概率应该表示为积分的形式：

$$\int |c_b(t)|^2 d\omega_{ab} = \frac{\wp_{ab}^2}{2\varepsilon_0 \hbar^2} \int \rho(\omega_{ab}) \left(\frac{\sin((\omega_{ab}-(\omega_b-\omega_a))t/2)}{(\omega_{ab}-(\omega_b-\omega_a))/2}\right)^2 d\omega_{ab} \tag{3.14}$$

式中，$\rho(\omega_{ab})$ 表示所加电磁场的能量密度谱密度(单位是 J/m³Hz)；ε_0 为真空介电常数。

能量密度谱密度 $\rho(\omega_{ab})$ 在共振频率附近时缓慢变化，可以认为是一个常数，它的值就是在能级共振处能量谱密度的值，即满足 $\rho(\omega_{ab}) \approx \rho(\omega_b-\omega_a)$，利用下面的关系：

$$\int_{-\infty}^{+\infty} \frac{\sin^2 xt}{x^2} dx = \pi t \tag{3.15}$$

因此，粒子处于上能级的概率为

$$\int |c_b(t)|^2 \mathrm{d}\omega = \frac{\wp_{ab}^2}{\varepsilon_0 \hbar^2} \rho(\omega_b - \omega_a) t \qquad (3.16)$$

式(3.16)表明，在弱场条件下，粒子处于上能级的概率与观测时间成正比。在弱的窄脉冲激光激励二能级原子时，粒子处于上能级的概率与激光脉冲宽度成正比。这意味着激励时间越长，粒子处于上能级的概率越大，但应用此模型时，激光脉冲宽度不能无限加长，还需要满足式(3.13)的制约。

3.1.2 强场模型

3.1.1节分析了在弱场条件下，粒子处于上能级的概率，在弱场条件下，需要满足两个条件：第一是场强足够弱；第二是场与原子的作用时间足够短。本节我们对更一般的情况，也就是对连续强的电磁场作用于二能级原子的情况进行讨论。此时描述粒子处于两个能级的概率幅度由下面两个微分方程决定：

$$\begin{aligned}\frac{\mathrm{d}}{\mathrm{d}t} c_a(t) &= -\frac{\mathrm{i}}{2} \frac{\wp_{ab} E_{ab}}{\hbar} c_b(t)(\mathrm{e}^{\mathrm{i}(\omega_{ab}-(\omega_b-\omega_a))t} + \mathrm{e}^{-\mathrm{i}(\omega_{ab}+(\omega_b-\omega_a))t}) \\ \frac{\mathrm{d}}{\mathrm{d}t} c_b(t) &= -\frac{\mathrm{i}}{2} \frac{\wp_{ab} E_{ab}}{\hbar} c_a(t)(\mathrm{e}^{-\mathrm{i}(\omega_{ab}-(\omega_b-\omega_a))t} + \mathrm{e}^{\mathrm{i}(\omega_{ab}+(\omega_b-\omega_a))t}) \end{aligned} \qquad (3.17)$$

在强场条件下，我们不能像弱场条件下的式(3.9)那样直接舍弃式(3.17)中的和频项，运用半经典理论，很难对式(3.17)中的和频项进行处理，然而，在全量子理论的解释中，式(3.17)中的和频项对应着能量不守恒项，此能量不守恒项意味着产生一个光子，原子从低能级跃迁至高能级，或者湮灭一个光子，原子从高能级跃迁至低能级[2]。如果舍弃能量不守恒项，也就是此时仍然可以对式(3.17)进行旋波近似，可以得到：

$$\begin{aligned}\frac{\mathrm{d}}{\mathrm{d}t} c_a(t) &= -\frac{\mathrm{i}}{2} \frac{\wp_{ab} E_{ab}}{\hbar} c_b(t) \mathrm{e}^{\mathrm{i}\Delta_p t} \\ \frac{\mathrm{d}}{\mathrm{d}t} c_b(t) &= -\frac{\mathrm{i}}{2} \frac{\wp_{ab} E_{ab}}{\hbar} c_a(t) \mathrm{e}^{-\mathrm{i}\Delta_p t}\end{aligned} \qquad (3.18)$$

在本节中，我们将采用两种方法来分析式(3.18)：一种是用微分方程的方法；另外一种是用矩阵特征值的方法，由此导出缀饰态的概念。我们先从微分方程的角度来讨论，式(3.18)可以消去$c_b(t)$变为关于$c_a(t)$的二阶微分方程：

$$\frac{\mathrm{d}^2}{\mathrm{d}t^2} c_a(t) - \mathrm{i}\Delta_p \frac{\mathrm{d}}{\mathrm{d}t} c_a(t) + \frac{1}{4}\Omega_p^2 c_a(t) = 0 \qquad (3.19)$$

式(3.19)的特征方程为

$$\lambda^2 - \mathrm{i}\Delta_p \lambda + \frac{1}{4}\Omega_p^2 = 0 \qquad (3.20)$$

此二次方程的根为

$$\lambda_{1,2} = \frac{\mathrm{i}\Delta_p \pm \mathrm{i}\sqrt{\Omega_p^2 + \Delta_p^2}}{2} \qquad (3.21)$$

因此可以求得：

$$c_a(t) = C_1 \mathrm{e}^{\frac{\mathrm{i}\Delta_p - \mathrm{i}\sqrt{\Omega_p^2 + \Delta_p^2}}{2}t} + C_2 \mathrm{e}^{\frac{\mathrm{i}\Delta_p + \mathrm{i}\sqrt{\Omega_p^2 + \Delta_p^2}}{2}t} \qquad (3.22)$$

有了 $c_a(t)$ 的表达式后，$c_b(t)$ 的表达式可以将式(3.22)代入式(3.18)的第一个方程求出，由初始条件 $c_a(0)=1$，$c_b(0)=0$，可以求出粒子处于高低能级的概率幅度：

$$c_a(t) = \frac{\Delta_p + \sqrt{\Omega_p^2 + \Delta_p^2}}{2\sqrt{\Omega_p^2 + \Delta_p^2}} \mathrm{e}^{\frac{\mathrm{i}\Delta_p - \mathrm{i}\sqrt{\Omega_p^2 + \Delta_p^2}}{2}t} + \frac{-\Delta_p + \sqrt{\Omega_p^2 + \Delta_p^2}}{2\sqrt{\Omega_p^2 + \Delta_p^2}} \mathrm{e}^{\frac{\mathrm{i}\Delta_p + \mathrm{i}\sqrt{\Omega_p^2 + \Delta_p^2}}{2}t}$$

$$c_b(t) = \frac{\Omega_p}{2\sqrt{\Omega_p^2 + \Delta_p^2}} \mathrm{e}^{\frac{-\mathrm{i}\Delta_p - \mathrm{i}\sqrt{\Omega_p^2 + \Delta_p^2}}{2}t} - \frac{\Omega_p}{2\sqrt{\Omega_p^2 + \Delta_p^2}} \mathrm{e}^{\frac{-\mathrm{i}\Delta_p + \mathrm{i}\sqrt{\Omega_p^2 + \Delta_p^2}}{2}t}$$

$$(3.23)$$

上面是从微分方程的角度来解释理想的二能级原子的，下面我们从矩阵特征值的角度来解释强场条件下电磁场与二能级原子的相互作用。

式(3.18)可以写成矩阵微分方程的形式：

$$\mathrm{i}\hbar \frac{\mathrm{d}}{\mathrm{d}t} \begin{bmatrix} c_a(t) \\ c_b(t) \end{bmatrix} = \frac{\hbar}{2} \begin{bmatrix} 0 & \Omega_p \mathrm{e}^{\mathrm{i}\Delta_p t} \\ \Omega_p \mathrm{e}^{-\mathrm{i}\Delta_p t} & 0 \end{bmatrix} \begin{bmatrix} c_a(t) \\ c_b(t) \end{bmatrix} \qquad (3.24)$$

观察式(3.24)，发现虽然其满足薛定谔方程的形式，但与标准的薛定谔方程不同的是，此时的能量矩阵并不包含体系的本征能量。式(3.24)遵循相互作用绘景态矢运动方程(2.100)的规律，此时 $[c_a(t) \quad c_b(t)]^\mathrm{T}$ 是相互作用绘景的波函数，能量矩阵表示的是场与原子的相互作用能量，也就是式(3.3)中的 H_1，由于本书默认在相互作用绘景下讨论多能级原子，因此我们用 H 表示系统的相互作用能量算符：

$$H = \frac{\hbar}{2} \begin{bmatrix} 0 & \Omega_p \mathrm{e}^{\mathrm{i}\Delta_p t} \\ \Omega_p \mathrm{e}^{-\mathrm{i}\Delta_p t} & 0 \end{bmatrix} \qquad (3.25)$$

二能级原子的相互作用绘景的态矢可以表示为

$$|\psi^I\rangle = \begin{bmatrix} c_a(t) \\ c_b(t) \end{bmatrix} \tag{3.26}$$

我们定义一个新的态矢：

$$|\psi_1^I\rangle = \begin{bmatrix} c_a(t) \\ c_b(t)e^{i\Delta_p t} \end{bmatrix} = \begin{bmatrix} 1 & 0 \\ 0 & e^{i\Delta_p t} \end{bmatrix}\begin{bmatrix} c_a(t) \\ c_b(t) \end{bmatrix} = U|\psi^I\rangle, \quad |\psi^I\rangle = U^\dagger|\psi_1^I\rangle \tag{3.27}$$

式中，算符 $U = \begin{bmatrix} 1 & 0 \\ 0 & e^{i\Delta_p t} \end{bmatrix}$。

我们将式(3.27)代入薛定谔方程，将其写成关于态矢 $|\psi_1\rangle$ 的薛定谔方程形式：

$$\begin{aligned}
&i\hbar\frac{\partial}{\partial t}|\psi^I\rangle = H|\psi^I\rangle \\
&i\hbar\frac{\partial}{\partial t}U^\dagger|\psi_1^I\rangle = HU^\dagger|\psi_1^I\rangle \\
&i\hbar\left(\left(\frac{\partial}{\partial t}U^\dagger\right)|\psi_1^I\rangle + U^\dagger\frac{\partial}{\partial t}|\psi_1^I\rangle\right) = HU^\dagger|\psi_1^I\rangle \\
&i\hbar\left(\frac{\partial}{\partial t}|\psi_1^I\rangle\right) = \left(UHU^\dagger - i\hbar U\left(\frac{\partial}{\partial t}U^\dagger\right)\right)|\psi_1^I\rangle = H_1|\psi_1^I\rangle
\end{aligned} \tag{3.28}$$

由式(3.28)可以写出 H_1 的表达式：

$$H_1 = \frac{\hbar}{2}\begin{bmatrix} 0 & \Omega_p \\ \Omega_p & -2\Delta_p \end{bmatrix} \tag{3.29}$$

对比 H_1 和 H 可知，利用酉变换，我们已经消去了 H 中的指数项，此时的态矢也相应地变化，我们可以求出 H_1 的特征值和特征向量，H_1 的特征值应该满足如下关系：

$$\begin{vmatrix} -\lambda & \dfrac{\hbar\Omega_p}{2} \\ \dfrac{\hbar\Omega_p}{2} & -\Delta_p\hbar - \lambda \end{vmatrix} = 0 \tag{3.30}$$

由此可以求出矩阵 H_1 的特征值为

$$\lambda_1 = \frac{-\Delta_p + \sqrt{\Delta_p^2 + \Omega_p^2}}{2}\hbar, \quad \lambda_2 = \frac{-\Delta_p - \sqrt{\Delta_p^2 + \Omega_p^2}}{2}\hbar \tag{3.31}$$

哈密顿算符的特征值具有能量的量纲，该特征值的物理意义是原子能级移动的大小。由此可以得到 λ_1 和 λ_2 的特征向量为

$$\begin{bmatrix} \dfrac{\Delta_p + \sqrt{\Delta_p^2 + \Omega_p^2}}{\sqrt{\Omega_p^2 + (\Delta_p + \sqrt{\Delta_p^2 + \Omega_p^2})^2}} \\ \dfrac{\Omega_p}{\sqrt{\Omega_p^2 + (\Delta_p + \sqrt{\Delta_p^2 + \Omega_p^2})^2}} \end{bmatrix}, \begin{bmatrix} \dfrac{\Delta_p - \sqrt{\Delta_p^2 + \Omega_p^2}}{\sqrt{\Omega_p^2 + (\Delta_p - \sqrt{\Delta_p^2 + \Omega_p^2})^2}} \\ \dfrac{\Omega_p}{\sqrt{\Omega_p^2 + (\Delta_p - \sqrt{\Delta_p^2 + \Omega_p^2})^2}} \end{bmatrix} \quad (3.32)$$

由此可得到：

$$\begin{bmatrix} c_a(t) \\ c_b(t)\mathrm{e}^{\mathrm{i}\Delta_p t} \end{bmatrix} = \frac{\sqrt{\Omega_p^2 + (\Delta_p + \sqrt{\Delta_p^2 + \Omega_p^2})^2}}{2\sqrt{\Omega_p^2 + \Delta_p^2}} \begin{bmatrix} \dfrac{\Delta_p + \sqrt{\Delta_p^2 + \Omega_p^2}}{\sqrt{\Omega_p^2 + (\Delta_p + \sqrt{\Delta_p^2 + \Omega_p^2})^2}} \\ \dfrac{\Omega_p}{\sqrt{\Omega_p^2 + (\Delta_p + \sqrt{\Delta_p^2 + \Omega_p^2})^2}} \end{bmatrix} \mathrm{e}^{\frac{\mathrm{i}\Delta_p - \mathrm{i}\sqrt{\Omega_p^2 + \Delta_p^2}}{2}t}$$

$$- \frac{\sqrt{\Omega_p^2 + (\Delta_p - \sqrt{\Delta_p^2 + \Omega_p^2})^2}}{2\sqrt{\Omega_p^2 + \Delta_p^2}} \begin{bmatrix} \dfrac{\Delta_p - \sqrt{\Delta_p^2 + \Omega_p^2}}{\sqrt{\Omega_p^2 + (\Delta_p - \sqrt{\Delta_p^2 + \Omega_p^2})^2}} \\ \dfrac{\Omega_p}{\sqrt{\Omega_p^2 + (\Delta_p - \sqrt{\Delta_p^2 + \Omega_p^2})^2}} \end{bmatrix} \mathrm{e}^{\frac{\mathrm{i}\Delta_p + \mathrm{i}\sqrt{\Omega_p^2 + \Delta_p^2}}{2}t} \quad (3.33)$$

式(3.33)中各个系数都是归一化的，其物理含义是概率幅度。式(3.33)描述的状态也被称为缀饰态，"缀饰态"一词(dress state, 也被翻译成穿衣态), 强调了原子与强场的作用，场对原子的作用不仅影响原子在能态之间的跃迁，而且通过式(3.33)随时间变化的相位因子来"修饰"原子内部的能态结构，形成了新的缀饰态。在没有外场作用时，原子处于本征态，也叫"裸态"。式(3.33)表明，在强场条件下，场会导致能级的分裂，上下能级并不是单一的能级，而是每个能级被分裂成两个能级。这个分裂最早由奥特勒和汤斯发现，也被称为奥特勒-汤斯(Autler-Townes, A-T)分裂效应[3]。A-T分裂效应可以理解为原子能级被强场撕裂。式(3.33)表明，当用强场耦合二能级原子时，基态能级将会分裂成两个能级：$E_a + \hbar(-\Delta_p \pm \sqrt{\Omega_p^2 + \Delta_p^2})/2$，激发态能级也将分裂成两个能级：$E_b + \hbar(\Delta_p \pm \sqrt{\Omega_p^2 + \Delta_p^2})/2$。

强场作用下缀饰态可以用三能级原子来观测，例如采用铯原子，可以选为 $6S_{1/2}$ 态、$6P_{3/2}$ 态和 $7D_{5/2}$ 态，耦合于 $6S_{1/2}$ 态和 $6P_{3/2}$ 态的场非常强，电场的频率与能级完全共振，不存在失谐，使这两个态都发生 A-T 分裂效应，而耦合于 $6P_{3/2}$ 态和 $7D_{5/2}$

态的电场非常弱,不会发生分裂,扫描这个光的频率,观察铯原子对这个光的吸收特性,从而确定$6P_{3/2}$态是否产生缀饰态。当耦合于$6S_{1/2}$态和$6P_{3/2}$态的电场足够强时,铯原子对耦合于$6P_{3/2}$态和$7D_{5/2}$态光的吸收系数发生分裂,并且分裂能级的大小约等于耦合于$6S_{1/2}$态和$6P_{3/2}$态电场的拉比频率,仿真结果如图3.2所示。

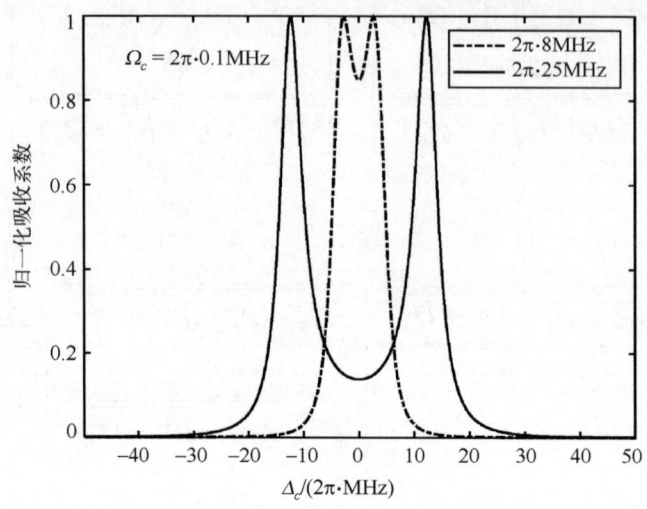

图 3.2 缀饰态仿真

3.2 密度矩阵方程

在3.1节中,我们采用了概率幅度的方式描述理想条件下的二能级原子,并且引出了缀饰态的概念,概率幅度的方法揭示了二能级原子在强场作用下会产生"缀饰"这一最为本质的现象。然而,在实际应用中,我们对能级上原子的概率幅度并不关心,而通常关心的有两个:一个是粒子的布居情况;另一个是光通过介质时,介质对光的吸收情况。当采用概率幅度的方法处理二能级原子的能级衰减问题时会有缺陷(详细讨论见3.3节)。本节我们将以二能级原子为例,介绍如何从薛定谔方程转换到密度矩阵方程。并且讨论在相互作用绘景下,非单频光场失谐在哈密顿算符中的表示方法,本节还讨论热原子的密度矩阵方程的一般形式。

3.2.1 从薛定谔方程到密度矩阵方程

在多能级原子的相互作用绘景下,波函数$\left|\psi^I(t)\right\rangle$可以用相互作用绘景的薛定谔方程描述:

第3章 二能级原子及其吸收特性

$$i\hbar \frac{\partial}{\partial t} |\psi^I(t)\rangle = H |\psi^I(t)\rangle$$
$$-i\hbar \frac{\partial}{\partial t} \langle \psi^I(t)| = \langle \psi^I(t)| H \tag{3.34}$$

式中，H 是系统的相互作用哈密顿算符，该算符是厄密算符。

在一个封闭的二能级原子中，粒子不是在上能级就是在下能级，因此在相互作用绘景下，系统的波函数可以写成如下形式：

$$|\psi^I(t)\rangle = c_a(t)|a\rangle + c_b(t)|b\rangle \tag{3.35}$$

式中，$c_b(t)$ 和 $c_a(t)$ 是处于上下能级的概率幅度，其模的平方表示处于上下能级的概率，在式(3.35)的表示中，$c_a(t)$ 和 $c_b(t)$ 是不包括原子本征能量的含时波函数。在二能级原子中，我们关心两个问题：第一个问题是在一定光功率下，粒子处于上下能级的概率是多少；第二个问题是上下能级的波函数是否存在相关性。

我们重新定义一个算符：

$$\rho = |\psi^I(t)\rangle\langle\psi^I(t)| = \begin{pmatrix} c_a(t)c_a^*(t) & c_a(t)c_b^*(t) \\ c_b(t)c_a^*(t) & c_b(t)c_b^*(t) \end{pmatrix} = \begin{pmatrix} \rho_{aa} & \rho_{ab} \\ \rho_{ba} & \rho_{bb} \end{pmatrix} \tag{3.36}$$

由于这个算符天然地具有矩阵形式，因此我们习惯地将这个算符称为密度矩阵。以上定义表明：该矩阵的对角元素是处于上下能级的概率，而非对角元素表示的是处于上下两个能级概率幅度的相关性，这个矩阵被称为密度矩阵。密度矩阵也有两种定义方法：一种是式(3.36)中的概率幅度采用 $C_a(t)$ 的方式来定义，此时的密度矩阵称为在薛定谔绘景下的密度矩阵；如果密度矩阵的概率幅度采用 $c_a(t)$ 的方式来定义，此时的密度矩阵称为在相互作用绘景下的密度矩阵。在本书中，如果不做特别的说明，密度矩阵都是在相互作用绘景下定义的密度矩阵。在电磁场与原子相互作用的情况下，我们关心的是各个密度矩阵元是如何随时间变化的，也就是希望得到密度矩阵的动态方程，对式(3.36)的时间变量求导可以得到：

$$\begin{aligned} i\hbar \frac{\partial}{\partial t}\rho &= i\hbar \frac{\partial}{\partial t}\left(|\psi^I(t)\rangle\langle\psi^I(t)|\right) \\ &= \left(i\hbar \frac{\partial}{\partial t}|\psi^I(t)\rangle\right)\langle\psi^I(t)| + |\psi^I(t)\rangle\left(i\hbar \frac{\partial}{\partial t}\langle\psi^I(t)|\right) \\ &= H\rho - \rho H \end{aligned} \tag{3.37}$$

式(3.37)表明，只要能够确定系统的哈密顿算符，我们就可以得到密度矩阵的运动方程，进而确定密度矩阵元与时间的演化关系。从3.1节的分析可以知道，

二能级原子相互作用哈密顿算符为

$$H = \frac{\hbar}{2}\begin{bmatrix} 0 & \Omega_p e^{i\Delta_p t} \\ \Omega_p e^{-i\Delta_p t} & 0 \end{bmatrix} \tag{3.38}$$

由此,根据式(3.37)可以很容易地写出无衰减状态下的密度矩阵动态方程。在实际的多能级原子中,由于原子不能长时间稳定地处于高能级,也就是处于高能级的原子会有一定的寿命,即处于高能级的原子会通过自发辐射的方式跃迁至低能级,并且当两个原子相互靠近时,它们之间的碰撞会产生非偶极跃迁,使其中一个或两个原子跃迁至基态,导致失相衰减。在实际中,我们不需要分清楚自发辐射的衰减率是多少,碰撞失相的衰减率是多少,而是把这些衰减总体看成一个综合的衰减率(详细分析见 3.4 节)。在考虑衰减时,密度矩阵动态方程可以表示为[3,4]

$$\frac{d}{dt}\rho = -\frac{i}{\hbar}(H\rho - \rho H) + D \tag{3.39}$$

式中,D 是衰减矩阵,衰减矩阵具有如下的表达式:

$$D = -\frac{1}{2}(\Gamma\rho + \rho\Gamma) + \Lambda \tag{3.40}$$

式中,Γ 称为松弛矩阵,是一个对角矩阵,代表着每个态的松弛率;对角阵 Λ 称为重布居矩阵,代表着粒子重新进入各个能级的速率。

在二能级原子中的松弛矩阵和重布居矩阵具有如下的形式:

$$\Gamma = \begin{bmatrix} \gamma_a + \gamma_t + \gamma_{ca} & 0 \\ 0 & \gamma_b + \gamma_t + \gamma_{cb} \end{bmatrix}, \quad \Lambda = \begin{bmatrix} \gamma_{re} + \gamma_b\rho_{bb} & 0 \\ 0 & 0 \end{bmatrix} \tag{3.41}$$

式中,γ_a 和 γ_b 表示能级的自然衰减率;γ_t 是渡越衰减率[1];γ_{ca} 和 γ_{cb} 是能级的碰撞衰减率[1];γ_{re} 表示非封闭二能级情况下,粒子从二能级外部重新进入二能级的速率。如果 $|a\rangle$ 是基态,$\gamma_a = 0$,并且忽略渡越衰减和碰撞衰减,此时两个能级原子是封闭的,衰减矩阵 D 有如下的形式:

$$D = \begin{bmatrix} \gamma_b\rho_{bb} & -\frac{\gamma_b}{2}\rho_{ab} \\ -\frac{\gamma_b}{2}\rho_{ba} & -\gamma_b\rho_{bb} \end{bmatrix} \tag{3.42}$$

衰减矩阵的对角元素表示能级间粒子数在能级之间分布的变化情况,式(3.42)的衰减矩阵说明,b 能级的粒子数衰减至 a 能级;对角元素之和为零表明这两个能级是封闭的,粒子数只能在二能级中循环。

3.2.2 密度矩阵中的光场失谐的表示

在前面推导二能级原子的哈密顿算符时，我们假设耦合两个能级的光场是幅度恒定的单频光场。式(3.38)假定激励二能级原子的光场为一个单频光场，也就是只存在单频失谐，即 Δ_p 是常数。在很多情况下，激励光场并非只有一个频率，而是包含多个频率分量，这些频率分量都在二能级原子的共振频率附近，在这种情况下，哈密顿算符中的拉比频率应该是包含各个频率分量的级数形式：

$$H = \frac{\hbar}{2}\begin{bmatrix} 0 & \Omega_p \\ \Omega_p^* & 0 \end{bmatrix} \tag{3.43}$$

式中，$\Omega_p = \Omega_1 e^{i\Delta_1 t} + \Omega_2 e^{i\Delta_2 t} + \Omega_3 e^{i\Delta_3 t} + \cdots$，该表达式反映了不同频率分量的失谐与各自拉比频率的叠加和是整个的拉比频率。

如果激励原子系统的光场是一个窄带信号，其可以是调幅、调频或者调相信号，其电场形式为

$$E(t) = A(t)\cos((\omega_b - \omega_a)t + \varphi(t)) \tag{3.44}$$

式中，$A(t)$ 表示电场时变的幅度；$\varphi(t)$ 表示电场时变的相位。式(3.44)表示激励光场的载频是与二能级原子完全共振的形式，所有与能级共振频率的失谐都包含到幅度和相位变化中。因此描述的窄带信号可以表示为如下形式：

$$E(t) = \frac{\mathcal{E}(t)}{2}e^{i(\omega_b - \omega_a)t} + \frac{\mathcal{E}^*(t)}{2}e^{-i(\omega_b - \omega_a)t} \tag{3.45}$$

式中，$\mathcal{E}(t) = A(t)e^{i\varphi(t)}$ 表示信号的包络，$A(t)$ 和 $\varphi(t)$ 都是随时间缓慢变化的量，其变化速率要远远小于 $\omega_b - \omega_a$。在这种情况下，二能级原子的哈密顿算符元素的拉比频率是随时间变化的，可以表示为

$$\Omega_p(t) = \frac{\wp_{ab}\mathcal{E}(t)}{\hbar} \tag{3.46}$$

式中，时变的拉比频率与失谐的关系并不是很直观，我们可以将 $\mathcal{E}(t)$ 展开成傅里叶变换的形式，此时时变的拉比频率可以表示为

$$\Omega_p(t) = \frac{1}{2\pi}\frac{\wp_{ab}\int \mathcal{E}(\omega)e^{i\omega t}d\omega}{\hbar} \tag{3.47}$$

式中，$\mathcal{E}(\omega)$ 是 $\mathcal{E}(t)$ 的傅里叶变换。当拉比频率采用傅里叶变换的形式表示时，频率 ω 恰好是光场频率与能级共振频率的失谐，因此，此时时变的拉比频率可以看成不同频率分量处含有失谐的复拉比频率的求和。此时二能级原子的哈密顿算符

可以写为

$$H = \frac{\hbar}{2}\begin{bmatrix} 0 & \frac{1}{2\pi}\int \Omega_p(\omega)\mathrm{e}^{\mathrm{i}\omega t}\mathrm{d}\omega \\ \frac{1}{2\pi}\int \Omega_p^*(-\omega)\mathrm{e}^{\mathrm{i}\omega t}\mathrm{d}\omega & 0 \end{bmatrix} \quad (3.48)$$

式中，$\Omega_p(\omega) = \frac{\wp_{ab}\mathcal{E}(\omega)}{\hbar}$ 是拉比频率 $\Omega_p(t)$ 的傅里叶变换。

在上面对失谐的分析中，我们认为失谐只是由于光场频率与两个能级共振频率的差引入的。这种情况没有考虑原子的运动速度，也就是说，上面的分析适用于冷原子的情况。当原子存在热运动时，也就是当原子沿着光传播方向的速度为 v 时，存在"红移"现象。当原子运动方向与光传播方向相反时，存在"蓝移"现象。在考虑原子运动时，失谐可以唯象表示为

$$\Delta_{pt} = \Delta_p - \frac{\omega_{ab}}{c}v \quad (3.49)$$

原子沿某一方向的速度服从麦克斯韦-玻尔兹曼分布规律：

$$N(v) = \frac{N_0}{v_p\sqrt{\pi}}\mathrm{e}^{-v^2/v_p^2} \quad (3.50)$$

式中，N_0 是原子浓度；$v_p = \sqrt{2k_B T/m}$，其中，k_B 是玻尔兹曼常数，T 是温度，m 是原子的质量。

虽然原子吸收谱线的宽度很小，如铯原子 D_2 线，其宽度大约是 5.2MHz，但由于原子的运动，当光场存在失谐时，总能够与一些特定速度的原子发生共振，产生受激吸收跃迁。例如，当激励光场的频率比二能级原子共振的频率小 200MHz 时，假设共振频率为 351.722THz，此时运动速度为 –170m/s 的原子会与激励光场发生共振，产生受激吸收跃迁。

3.2.3 热原子的密度矩阵方程

在上面对密度矩阵的分析中，我们略去了式(3.44)表示的电场中由于电磁波传播而引入的与传播位置有关的相位项，这意味着原子是固定不动的，也就是冷原子的情况，此时我们的密度矩阵元 ρ_{ij} 只是时间的函数，与原子的位置无关。当原子沿着光的传播方向运动时，原子位置的变化会导致光到达原子时光场的相位改变，这说明此时密度矩阵不仅是时间的函数，还是空间位置的函数，原子的运动速度应该理解为密度矩阵的参数，密度矩阵动态方程仍然可以表示为

$$\frac{\mathrm{d}}{\mathrm{d}t}\rho(t,x,y,z;v) = -\frac{\mathrm{i}}{\hbar}(H\rho(t,x,y,z;v) - \rho(t,x,y,z;v)H) + D \tag{3.51}$$

由于位置、速度和时间之间并不是相互独立的，位置对时间的微分表示原子在三个坐标方向的速度，因此式(3.51)等号左边对密度矩阵中时间的导数应该理解为全微分的形式，也就是密度矩阵元中的每一个变量都需要对时间求导：

$$\begin{aligned}\frac{\mathrm{d}}{\mathrm{d}t}\rho &= \frac{\partial}{\partial t}\rho + \frac{\partial \rho}{\partial x}\frac{\partial x}{\partial t} + \frac{\partial \rho}{\partial y}\frac{\partial y}{\partial t} + \frac{\partial \rho}{\partial z}\frac{\partial z}{\partial t} \\ &= \frac{\partial}{\partial t}\rho + v_x\frac{\partial \rho}{\partial x} + v_y\frac{\partial \rho}{\partial y} + v_z\frac{\partial \rho}{\partial z} \\ &= \frac{\partial}{\partial t}\rho + \boldsymbol{v}\cdot\nabla\rho\end{aligned} \tag{3.52}$$

式(3.52)表明，如果密度矩阵元是空间位置的函数，那么方程右边包含的哈密顿算符也一定与空间位置有关。假设光沿 z 轴正向传播，那么光的相位是沿着传播方向不断变化的，此时光场可以表示为

$$\begin{aligned}E(t) &= A(t)\cos((\omega_b - \omega_a)t + \varphi(t) - k_p z) \\ &= \frac{\mathcal{E}^*(t)\mathrm{e}^{-\mathrm{i}k_p z}}{2}\mathrm{e}^{\mathrm{i}(\omega_b-\omega_a)t} + \frac{\mathcal{E}(t)\mathrm{e}^{\mathrm{i}k_p z}}{2}\mathrm{e}^{-\mathrm{i}(\omega_b-\omega_a)t}\end{aligned} \tag{3.53}$$

考虑了光场传播方向的相位以后，二能级原子的哈密顿算符可以写成：

$$H = \frac{\hbar}{2}\begin{bmatrix} 0 & \Omega_p \mathrm{e}^{-\mathrm{i}k_p z} \\ \Omega_p^* \mathrm{e}^{\mathrm{i}k_p z} & 0 \end{bmatrix} \tag{3.54}$$

式中，$k_p = \omega_{ab}/c$。此时 Ω_p 的形式仍然可以用式(3.47)描述。

3.3 二能级原子的吸收特性

3.2 节的分析表明，当光场照射热二能级原子时，总能激励一些特定速度的原子产生受激吸收，跃迁到高能态，从而使光场的功率变弱，也就是二能级原子对光有吸收效应。在本节中，我们详细地论述二能级原子对光的吸收效应，我们将分别讨论只有一束光时的吸收效应和存在两束相反方向传播光时的饱和吸收效应。二能级原子对光的吸收现象在《激光光谱学》中进行过非常详细的讨论[4]，本节采用与《激光光谱学》中完全不同的分析方法，也就是采用密度矩阵的方法分析二能级原子对光的吸收现象。

3.3.1 电极化率与吸收系数的关系

3.2 节对密度矩阵的分析表明，在二能级原子密度矩阵的四个元素中，对角元素表示处于两个能级的概率，非对角元素反映上下两个能级波函数的相关性。当我们用一个连续单频光耦合两个能级时，上下两个能级原子的波函数呈现相关性，密度矩阵的非对角元素不为 0。下面我们讨论一下非对角元素密度矩阵元的意义。

对于原子电偶极矩，可以用薛定谔绘景下电偶极矩算符的期望值表示：

$$\langle\psi(t)|er|\psi(t)\rangle$$
$$=\left(c_a^*(t)e^{i\frac{E_a}{\hbar}t}\langle a|+c_b^*(t)e^{i\frac{E_b}{\hbar}t}\langle b|\right)(er)\left(c_a(t)e^{-i\frac{E_a}{\hbar}t}|a\rangle+c_b(t)e^{-i\frac{E_b}{\hbar}t}|b\rangle\right) \quad (3.55)$$
$$=-\rho_{ba}e^{i\Delta_p t}\wp_{ab}e^{-i\omega_{ab}t}-\rho_{ab}e^{-i\Delta_p t}\wp_{ab}^*e^{i\omega_{ab}t}$$

式(3.55)表明，密度矩阵的非对角元素可以看成二能级原子在电磁场的作用下电偶极矩的平均值。

电极化强度的定义为单位体积内电偶极矩的矢量和，假设上下两个能级的原子浓度差为 N，因此二能级原子中的电偶极子有：

$$N\langle\psi(t)|er|\psi(t)\rangle=-N\rho_{ba}e^{i\Delta_p t}\wp_{ab}e^{-i\omega_{ab}t}-N\rho_{ab}e^{-i\Delta_p t}\wp_{ab}^*e^{i\omega_{ab}t}=P+P^* \quad (3.56)$$

根据麦克斯韦方程，电磁场诱导介质的电极化强度可以由下面的关系确定：

$$P+P^*=\frac{\varepsilon_0\chi}{2}E_{ab}e^{-i\omega_{ab}t}+\frac{\varepsilon_0\chi^*}{2}E_{ab}e^{i\omega_{ab}t} \quad (3.57)$$

式中，ε_0 是真空中的介电常数；χ 是电极化响应率，也叫电极化率。

由式(3.56)和式(3.57)，很容易确定电极化率和密度矩阵元的关系：

$$\chi=-\frac{2N\rho_{ba}e^{i\Delta_p t}\wp_{ab}}{\varepsilon_0 E_{ab}}=-\frac{2N\rho_{ba}e^{i\Delta_p t}\wp_{ab}^2}{\varepsilon_0\hbar\Omega_{ab}} \quad (3.58)$$

以上分析没有考虑原子热运动，也就是当密度矩阵元与位置无关时电极化率与密度矩阵元的关系，在考虑原子热运动的情况下，当密度矩阵元与位置有关时，电磁波通过长度为 L 的介质的电极化可以表示为[4,5]

$$P(t)=e^{-i(\omega_{ab}t+\phi)}\wp_{ab}\frac{1}{\mathcal{N}}\int_{-\infty}^{+\infty}N(v)\int_0^L\rho_{ba}(z,v,t)e^{i\Delta_p t}U^*(z)dzdv$$
$$\mathcal{N}=\int_0^L|U(z)|^2dz, \quad U(z)=e^{ik_p z} \quad (3.59)$$

式中，$N(v)$ 是粒子浓度的速度分布函数。与式(3.58)一样，介质的电极化率可

以表示为

$$\chi = -\frac{2\wp_{ab}}{\mathcal{N}\varepsilon_0 E_{ab}} \int_{-\infty}^{+\infty} N(v) \int_0^L \rho_{ba}(z,v,t) e^{i\Delta_p t} U^*(z) dz dv \tag{3.60}$$

电极化率是由介质本身的特性决定的,其虚部是介质的吸收系数 α;实部与介质的色散系数 n_r 是有关的:

$$\begin{aligned} \alpha &= \text{Im}(\chi) \\ n_r &= 1 + \frac{\text{Re}(\chi)}{2} \end{aligned} \tag{3.61}$$

以上分析表明,非对角元素的密度矩阵元与介质的吸收系数和色散系数都有关系。在实际应用中,我们通过计算非对角元素的密度矩阵元来估计介质对光的吸收效应和色散效应,用这种方法比用经典电磁场理论得出的克拉默斯-克勒尼希关系(Kramers-Kronig relation)[1]更为准确。

在式(3.58)和式(3.60)的推导中,假定介质都是各向同性的线性介质,没有考虑介质电极化的非线性效应,如果要考虑介质的非线性效应,在多能级原子中,可能会引入复杂的多波混频问题。

当光场照射到二能级原子时,原子在与光场的相互作用下产生受激吸收跃迁现象,原子从低能态跃迁至高能态,使原子的偶极矩增大。从能量守恒的角度来说,外界光场的一部分能量转化为二能级原子的内能,使光场强度减弱,也就是说,介质存在对光的吸收效应。在下面的分析中,我们讨论两种情况:一种是一束光沿单一方向通过介质,介质对光存在一般的吸收现象;另外一种情况是两束同频的光沿着相反方向通过介质,这两束光的强弱差别很大,强光使二能级之间的粒子数发生显著变化,从而使弱光的吸收系数减弱,也就是说,会产生饱和吸收谱现象。

3.3.2 介质对单方向传输的光的吸收现象

当只有一束光沿 z 方向通过介质时,考虑原子的热运动,二能级原子的相互作用哈密顿算符可以写成:

$$H = \frac{\hbar}{2}\begin{bmatrix} 0 & \Omega_p(t)e^{-ik_p z} \\ \Omega_p^*(t)e^{ik_p z} & 0 \end{bmatrix} \tag{3.62}$$

采用式(3.51)中热原子的密度矩阵动态方程,可以写出密度矩阵的动态方程为

$$2\mathrm{i}\frac{\mathrm{d}}{\mathrm{d}t}\begin{bmatrix} \rho_{aa} & \rho_{ab} \\ \rho_{ba} & \rho_{bb} \end{bmatrix}$$

$$=\begin{bmatrix} \Omega_p(t)\mathrm{e}^{-\mathrm{i}k_p z}\rho_{ba}-\rho_{ab}\Omega_p^*(t)\mathrm{e}^{\mathrm{i}k_p z}+2\mathrm{i}\gamma_b\rho_{bb} & \Omega_p(t)\mathrm{e}^{-\mathrm{i}k_p z}(\rho_{bb}-\rho_{aa})-\mathrm{i}\gamma_b\rho_{ab} \\ \Omega_p^*(t)\mathrm{e}^{\mathrm{i}k_p z}(\rho_{aa}-\rho_{bb})-\mathrm{i}\gamma_b\rho_{ba} & \Omega_p^*(t)\mathrm{e}^{\mathrm{i}k_p z}\rho_{ab}-\rho_{ba}\Omega_p(t)\mathrm{e}^{-\mathrm{i}k_p z}-2\mathrm{i}\gamma_b\rho_{bb} \end{bmatrix}$$

(3.63)

在密度矩阵方程中，密度矩阵的对角元素表示粒子在上下两个能级的布居概率。对角元素和为 0 表示这是一个封闭的二能级模型，也就是说原子只能处于上下两个能级，而没有逃逸到其他能级上。在二能级原子的四个密度矩阵元中，只有两个是独立的，分别是 ρ_{ba} 和 ρ_{aa}，由于只有沿着 z 方向传输的光，哈密顿算符只与 z 有关，与 x 和 y 无关，我们可以写出 ρ_{aa}、ρ_{ba} 和 ρ_{ab} 这三个密度矩阵元的方程为

$$2\mathrm{i}\left(\frac{\partial}{\partial t}\rho_{aa}+v_z\frac{\partial}{\partial z}\rho_{aa}\right)=\Omega_p(t)\mathrm{e}^{-\mathrm{i}k_p z}\rho_{ba}-\rho_{ab}\Omega_p^*(t)\mathrm{e}^{\mathrm{i}k_p z}+2\mathrm{i}\gamma_b\rho_{bb} \quad (3.64)$$

$$2\mathrm{i}\left(\frac{\partial}{\partial t}\rho_{ba}+v_z\frac{\partial}{\partial z}\rho_{ba}\right)=\Omega_p^*(t)\mathrm{e}^{\mathrm{i}k_p z}(\rho_{aa}-\rho_{bb})-\mathrm{i}\gamma_b\rho_{ba} \quad (3.65)$$

$$2\mathrm{i}\left(\frac{\partial}{\partial t}\rho_{ab}+v_z\frac{\partial}{\partial z}\rho_{ab}\right)=\Omega_p(t)\mathrm{e}^{-\mathrm{i}k_p z}(\rho_{bb}-\rho_{aa})-\mathrm{i}\gamma_b\rho_{ab} \quad (3.66)$$

式(3.64)～式(3.66)中的密度矩阵元是 t 和 z 的函数，光的失谐为单频失谐，也就是 $\Omega_p(t)=\Omega_{p0}\mathrm{e}^{\mathrm{i}\Delta_p t}$。由于式(3.64)、式(3.65)和式(3.66)描述的方程是多变量的二阶微分方程，直接求出其完全解比较困难，我们希望得到在光束激励下的特解，也就是系统的零状态响应，由于初始状态决定的响应会随着时间的推移而衰减为 0。对于微分方程的零状态响应，可以用傅里叶变换的方式将微分方程组转化为代数方程组。

将 $\rho_{bb}=1-\rho_{aa}$ 代入式(3.65)和式(3.66)，然后对式(3.65)和式(3.66)进行关于 t 和 z 的傅里叶变换，可以整理得到 ρ_{ab} 和 ρ_{ba} 的频域表达式：

$$\rho_{ba}(\omega,\omega_z)=-4\pi^2\frac{\Omega_{p0}\delta(\omega+\Delta_p,\omega_z-k_p)}{\mathrm{i}\gamma_b+2(\Delta_p-k_p v_z)}+\frac{2\Omega_{p0}\rho_{aa}(\omega+\Delta_p,\omega_z-k_p)}{\mathrm{i}\gamma_b-2(\omega+\omega_z v_z)} \quad (3.67)$$

$$\rho_{ab}(\omega,\omega_z)=-4\pi^2\frac{\Omega_{p0}\delta(\omega-\Delta_p,\omega_z+k_p)}{-\mathrm{i}\gamma_b+2(\Delta_p-k_p v_z)}+\frac{2\Omega_{p0}\rho_{aa}(\omega-\Delta_p,\omega_z+k_p)}{-\mathrm{i}\gamma_b+2(\omega+\omega_z v_z)} \quad (3.68)$$

为了节省变量符号，在本书中，$\rho_{ij}(t)$ 表示密度矩阵元 ρ_{ij} 在时域中的表达式；

$\rho_{ij}(\omega)$ 表示密度矩阵元 ρ_{ij} 在频域中的表达式。

对式(3.64)进行关于 t 和 z 的傅里叶变换,可以整理得到 ρ_{aa} 的频域表达式:

$$\rho_{aa}(\omega,\omega_z) = \frac{\Omega_{p0}\rho_{ba}(\omega-\Delta_p,\omega_z+k_p) - \Omega_{p0}\rho_{ab}(\omega+\Delta_p,\omega_z-k_p) + \mathrm{i}8\pi^2\gamma_b\delta(\omega)\delta(\omega_z)}{2\mathrm{i}\gamma_b - 2(\omega+\omega_z v_z)} \tag{3.69}$$

将式(3.67)、式(3.68)代入式(3.69),并且考虑 $\rho_{aa}(t,z)$ 是实数的特性,可以求出 $\rho_{aa}(t,z,v_z)$ 和 $\rho_{bb}(t,z,v_z)$ 的表达式:

$$\rho_{aa}(t,z,v_z) = \frac{4(\Delta_p - k_p v_z)^2 + \gamma_b^2 + \Omega_{p0}^2}{4(\Delta_p - k_p v_z)^2 + \gamma_b^2 + 2\Omega_{p0}^2} \tag{3.70}$$

$$\rho_{bb}(t,z,v_z) = \frac{\Omega_{p0}^2}{4(\Delta_p - k_p v_z)^2 + \gamma_b^2 + 2\Omega_{p0}^2} \tag{3.71}$$

式(3.70)和式(3.71)表明,用一束恒定功率的光照射二能级原子时,扫描激光频率,不管失谐是多少,总能够选择激发某些特定速度的原子,使这些原子能够到达高能态。当我们用固定强度的光激发二能级原子时,粒子的布居概率与时间 t 和位置坐标 z 都无关,是一个常数。在稳态的过程中,这种布居概率为常数的状态是一个动态平衡的结果,上能级衰减到下能级的概率等于原子在光的作用下由下能级泵浦到上能级的概率。这种动态平衡关系并不是一开始就建立起来的,当二能级原子刚刚接入光的时候,系统的响应由刚刚接入光的时刻的初始状态决定,此时系统响应是微分方程的齐次解,齐次解的系数可以由接入光时刻的二能级原子的初始状态决定(零输入响应)。由于零输入响应会随着时间而逐渐衰减为 0,最后起作用的是零状态响应,也就是系统的稳态解。采用傅里叶变换的方法对微分方程求解会得到系统的零状态响应。如果要得到微分方程组的完全解,可以采用拉普拉斯变换的方法。我们更关心的是在光激励的情况下,系统的特解,也就是零状态响应,因此我们采用了傅里叶变换的方法。

将式(3.70)和式(3.71)代入式(3.67),再利用傅里叶逆变换可以得到:

$$\rho_{ba}(t,z,v_z) = \frac{\Omega_{p0}}{2(\Delta_p - k_p v_z) + \mathrm{i}\gamma_b}\left(\frac{4(\Delta_p - k_p v_z)^2 + \gamma_b^2}{2\Omega_{p0}^2 + 4(\Delta_p - k_p v_z)^2 + \gamma_b^2}\right)\mathrm{e}^{-\mathrm{i}\Delta_p t}\mathrm{e}^{\mathrm{i}k_p z} \tag{3.72}$$

将式(3.72)代入式(3.60),我们可以求出介质的电极化率为

$$\chi = -\frac{2\wp_{ab}^2}{\varepsilon_0 \hbar}\int_{-\infty}^{+\infty}\left(\frac{2(\Delta_p - k_p v_z) - \mathrm{i}\gamma_b}{2\Omega_{p0}^2 + 4(\Delta_p - k_p v_z)^2 + \gamma_b^2}\right)N(v_z)\mathrm{d}v \tag{3.73}$$

将式(3.73)代入式(3.61)，我们可以求出介质对光的吸收系数和色散系数分别是：

$$\alpha = \frac{2\wp_{ab}^2}{\varepsilon_0 \hbar} \int_{-\infty}^{+\infty} \frac{\gamma_b}{2\Omega_{p0}^2 + 4(\Delta_p - k_p v_z)^2 + \gamma_b^2} N(v_z) \, dv \tag{3.74}$$

$$n_r = 1 + \frac{2\wp_{ab}^2}{\varepsilon_0 \hbar} \int_{-\infty}^{+\infty} \left(\frac{\Delta_p - k_p v_z}{2\Omega_{p0}^2 + 4(\Delta_p - k_p v_z)^2 + \gamma_b^2} \right) N(v_z) \, dv \tag{3.75}$$

重新定义一个函数：

$$f(x) = \frac{1}{k_p v_p \sqrt{\pi}} e^{-\left(\frac{x}{k_p v_p}\right)^2} \tag{3.76}$$

此时介质的电极化率可以表示为如下的形式：

$$\chi = \left(\frac{2N_0 \wp_{ab}^2}{\varepsilon_0 \hbar} \frac{-2\Delta_p + i\gamma_b}{2\Omega_{p0}^2 + 4\Delta_p^2 + \gamma_b^2} \right) \otimes f(\Delta_p) \tag{3.77}$$

式中，$\otimes$ 表示卷积操作。式(3.77)表明，热原子介质的电极化率是冷原子介质的电极化率与一个高斯函数的卷积。$k_p v_z$ 是原子速度引起的多普勒频移，因此热原子吸收系数相对于冷原子吸收系数的展宽也被称为多普勒展宽。

由式(3.70)和式(3.71)描述的上下能级粒子数，我们可以求出两个能级粒子数概率差：

$$\rho_{aa}(t,z,v_z) - \rho_{bb}(t,z,v_z) = \frac{4(\Delta_p - k_p v_z)^2 + \gamma_b^2}{4(\Delta_p - k_p v_z)^2 + \gamma_b^2 + 2\Omega_{p0}^2} \tag{3.78}$$

式(3.78)表明，随着拉比频率 Ω_{p0} 的增大，粒子处于两个能级的概率差在减小，如果照射介质的光非常强，在极限情况下，上下两个能级的粒子数之差为零，也就是粒子在上下两个能级分布的概率相等。如果照射介质的光非常弱，满足 $2\Omega_{p0}^2 \ll 4(\Delta_p - k_p v_z)^2 + \gamma_b^2$，粒子在两个能级分布的概率差约等于1，也就是粒子全部集中于低能级，此时的吸收系数与拉比频率 Ω_{p0} 无关，介质的吸收特性满足比尔定律[4]。也就是说，如果粒子被泵浦到高能级的速率远远小于高能级的衰减，平均来看，粒子很难被泵浦到高能级。

式(3.74)表明，介质对光的吸收系数是拉比频率的函数，吸收系数随着照射光功率的增大而减小，当照射介质的光非常弱，满足 $2\Omega_{p0}^2 \ll 4(\Delta_p - k_p v_z)^2 + \gamma_b^2$ 时，介质对光的吸收系数存在最大值：

$$\alpha = \frac{2\wp_{ab}^2}{\varepsilon_0 \hbar} \int_{-\infty}^{+\infty} \frac{\gamma_b}{4(\Delta_p - k_p v_z)^2 + \gamma_b^2} N(v_z)\, dv \tag{3.79}$$

此时，吸收系数与激励原子系统的拉比频率无关，只与失谐和能级的衰减有关，是一个常数，也就是说，当光比较弱时，介质对光的吸收表现为线性吸收，满足比尔定律[4]。由式(3.79)可知，当 Ω_{p0}^2 与 $4(\Delta_p - k_p v_z)^2 + \gamma_b^2$ 可以进行比拟时，吸收系数是关于 Ω_{p0}^2 的函数，也就是吸收系数与输入光的功率有关，此时的吸收为非线性吸收。

在以上对二能级原子的分析中，我们在密度矩阵的方程中引入了与电磁波传播方向有关的相位因子 $\mathrm{e}^{-ik_p z}$，在密度矩阵的求导中，采用了全微分的形式，能够更好地理解热原子密度矩阵方程的内涵。在热原子系统中，一种更为简单的处理方法是先用冷原子的方法求出密度矩阵元的表达式，此时不用考虑与位置有关的相位因子 $\mathrm{e}^{ik_p z}$：

$$\rho_{ba}(t) = \frac{\Omega_{p0}}{2\Delta_p + i\gamma_b} \left(\frac{4\Delta_p^2 + \gamma_b^2}{2\Omega_{p0}^2 + 4\Delta_p^2 + \gamma_b^2} \right) \mathrm{e}^{-i\Delta_p t} \tag{3.80}$$

由于热原子会对探测光的失谐产生红移的影响，因此，我们唯象地采用 $\Delta_p - k_p v_z$ 代替所有复指数信号以外的 Δ_p，这样也能够得到热原子密度矩阵元的表达式，再通过式(3.58)便可以求出介质对光的电极化率。然而，当两束同频光对射通过介质时(如下面的饱和吸收现象)，采用唯象的方法不能得到正确的密度矩阵元和电极化率的表达式。

式(3.77)和式(3.79)都表明，热原子介质对光的吸收特性是一个洛伦兹线型与高斯线型的卷积，这种线型被称为佛赫特(Voigt)线型，佛赫特线型是一个偶函数，也就是相对于最强吸收处，它是左右对称的。在常温下，洛伦兹线型比较窄，一般只有几 MHz，而高斯线型比较宽，有几百 MHz，卷积后产生了一个谱宽非常宽的佛赫特线型。在很多情况下，我们希望将激光器的频率稳定在能级共振处，冷原子对光的吸收系数是一个不错的参考信号，可以指导稳频系统将激光器的频率稳定在吸收峰处。然而，对于热原子而言，其吸收峰并不是一个很好的稳频参考信号，由于热原子的佛赫特型吸收谱线在底部的变化非常平坦，此时难以利用佛赫特线型对激光进行稳频。常温下铯原子的佛赫特线型如图 3.3 所示，铯原子的 $6P_{3/2}$ 态的自然线宽大约是 5.2MHz，常温下铯原子的运动速度约为 190m/s，由此产生的单个的佛赫特线型的线宽约为 450MHz，实际上铯原子的基态 $6S_{1/2}$ 态和第一激发态 $6P_{3/2}$ 态存在精细结构，具有多个子能级，观测到的铯原子的多普勒展宽吸收谱线是多个佛赫特曲线的叠加，因此，相对于吸收最强处，谱线并不是左右对称的，图 3.3 中 852nm 的激光频率的扫描速度为 110MHz/ms。

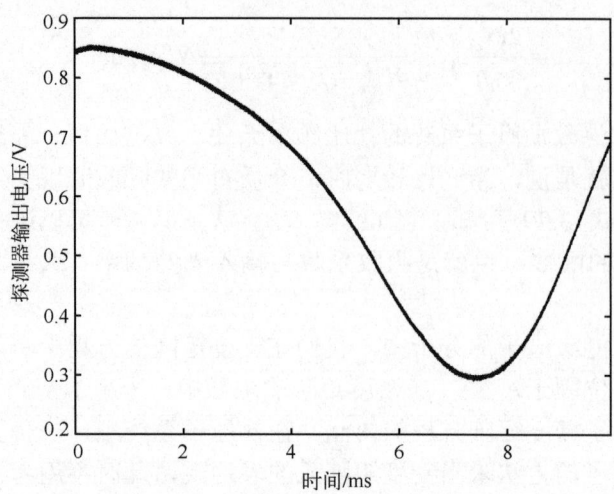

图 3.3　铯原子基态 $6S_{1/2}$ 态到第一激发态 $6P_{3/2}$ 态的多普勒展宽吸收线型

如果我们在热原子的介质中产生一个非常窄的吸收峰作为激光稳频的参考信号，那么就可以利用这个参考吸收峰进行稳频，此时我们可以利用对向传输的同频激光通过介质产生饱和吸收谱，利用饱和吸收谱进行激光的稳频。

3.3.3　介质的饱和吸收谱现象

3.3.2 节的分析表明，热原子介质对光的吸收系数是冷原子介质对光的吸收系数与一个高斯函数的卷积。冷原子的吸收线型是洛伦兹线型，其谱线宽度受两个因素影响：一个因素是上能级的寿命，也就是上能级的衰减率 γ_b，上能级的衰减率包括自发辐射率和碰撞等因素引起的失相衰减；另外一个因素是 Ω_{p0}，其受光功率的影响，当照射功率比较小时，Ω_{p0} 远小于 γ_b，此时吸收线宽就是 γ_b，当 Ω_{p0} 大于 γ_b 时，吸收线型的宽度将会被展宽，也就是饱和展宽。热原子的吸收系数是冷原子的吸收系数与一个高斯函数的卷积，这个高斯函数的 e^{-2} 宽度（从最大值下降到 $1/e^2$ 的宽度）有几百 MHz，实际的铯原子的吸收谱线存在多个精细结构能级的吸收谱线叠加，呈现出非中心对称的现象，并且整体的展宽效应比单个能级的大，如图 3.3 所示。如果我们要利用热原子的吸收特性对光的频率进行稳定，此时需要稳频的参考吸收峰的线宽是非常窄的，因此，单纯利用一束激光的多普勒吸收特性是不能够实现稳频的。

在激光稳频中，我们希望稳频的参考信号是没有多普勒展宽的，也就是希望得到一个与冷原子吸收谱线相似的参考吸收峰。此时可以利用两束传输方向相反的光照射二能级原子，一束光为强的泵浦光，沿 +z 方向传播；另外一束为弱的探测光，沿 −z 方向传播。由于两束光沿相反方向传播，所以这两束光相对于运动原子的频率失谐是不同的(这里所说的失谐包括光本身的失谐以及由原子热运动引起的多普勒频移的失谐)。

此时,二能级原子的哈密顿算符可以表示为

$$H = \frac{\hbar}{2}\begin{bmatrix} 0 & \Omega_{sp}(t)\mathrm{e}^{-\mathrm{i}k_p z} + \Omega_{wp}(t)\mathrm{e}^{\mathrm{i}k_p z} \\ \Omega_{sp}^*(t)\mathrm{e}^{\mathrm{i}k_p z} + \Omega_{wp}^*(t)\mathrm{e}^{-\mathrm{i}k_p z} & 0 \end{bmatrix} \quad (3.81)$$

式中,下标 sp 代表强的泵浦光;下标 wp 代表弱的探测光。

假设光的失谐为单频失谐,泵浦光和探测光频率相同,因此有:

$$\Omega_{sp}(t) = \Omega_{sp0}\mathrm{e}^{\mathrm{i}\Delta_p t}, \quad \Omega_{wp}(t) = \Omega_{wp0}\mathrm{e}^{\mathrm{i}\Delta_p t} \quad (3.82)$$

此时密度矩阵元 ρ_{ba} 的时域动态方程为

$$2\mathrm{i}\left(\frac{\partial}{\partial t} + v_z\frac{\partial}{\partial z}\right)\rho_{ba}(t,z,v_z) = (\Omega_{sp0}\mathrm{e}^{-\mathrm{i}\Delta_p t}\mathrm{e}^{\mathrm{i}k_p z} + \Omega_{wp0}\mathrm{e}^{-\mathrm{i}\Delta_p t}\mathrm{e}^{-\mathrm{i}k_p z})(\rho_{aa} - \rho_{bb}) - \mathrm{i}\gamma_b\rho_{ba}(t,z,v_z)$$

$$(3.83)$$

假设探测光强非常弱,其不影响二能级原子粒子数的分布,二能级原子的粒子数主要由强的泵浦光决定,也就是说,两个能级粒子数的分布由式(3.70)和式(3.71)决定。对式(3.83)进行关于变量 t 和 z 的傅里叶变换,得到 ρ_{ba} 的频域表达式:

$$\rho_{ba}(\omega,\omega_z,v_z) = 4\pi^2\frac{\Omega_{sp0}\delta(\omega+\Delta_p)\delta(\omega_z - k_p) + \Omega_{wp0}\delta(\omega+\Delta_p)\delta(\omega_z + k_p)}{\mathrm{i}\gamma_b - 2(\omega + \omega_z v_z)}(\rho_{aa} - \rho_{bb})$$

$$(3.84)$$

将式(3.70)和式(3.71)中的 Ω_{p0} 用 Ω_{sp0} 代换后代入式(3.84),整理后,再经过傅里叶逆变换,可以求出 $\rho_{ba}(t,z,v_z)$:

$$\rho_{ba}(t,z,v_z) = \frac{4(\Delta_p - k_p v_z)^2 + \gamma_b^2}{4(\Delta_p - k_p v_z)^2 + \gamma_b^2 + 2\Omega_{sp0}^2}\left(\frac{\Omega_{sp0}\mathrm{e}^{-\mathrm{i}\Delta_p t}\mathrm{e}^{\mathrm{i}k_p z}}{2(\Delta_p - k_p v_z) + \mathrm{i}\gamma_b} + \frac{\Omega_{wp0}\mathrm{e}^{-\mathrm{i}\Delta_p t}\mathrm{e}^{-\mathrm{i}k_p z}}{2(\Delta_p + k_p v_z) + \mathrm{i}\gamma_b}\right)$$

$$(3.85)$$

式(3.85)表明,在泵浦光和探测光的共同作用下,二能级原子的密度矩阵元 $\rho_{ba}(t,z,v_z)$ 由两部分组成:一部分是包含 $\mathrm{e}^{-\mathrm{i}k_p z}$ 的项,代表着沿 $+z$ 方向传输的强泵浦光对密度矩阵元的贡献;另一部分是包含 $\mathrm{e}^{\mathrm{i}k_p z}$ 的项,代表着沿 $-z$ 方向传输的弱探测光对密度矩阵元的贡献。式(3.85)等号右边括号外的部分是上下两个能级粒子数布居差对矩阵元 ρ_{ba} 的影响。

将式(3.85)代入式(3.60),可以求出弱探测光对介质的电极化率,由于弱光

沿着 $-z$ 方向传播，因此，此时 $U(z) = \mathrm{e}^{-ik_p z}$，我们注意到积分 $\int \mathrm{e}^{i2k_p z}\mathrm{d}z \approx 0$。

$$\chi = -\frac{2\wp_{ab}^2}{\varepsilon_0 \hbar} \int_{-\infty}^{+\infty} \frac{4(\Delta_p - k_p v_z)^2 + \gamma_b^2}{4(\Delta_p - k_p v_z)^2 + \gamma_b^2 + 2\Omega_{sp0}^2} \left(\frac{1}{2(\Delta_p + k_p v_z) + \mathrm{i}\gamma_b} \right) N(v_z) \mathrm{d}v_z \quad (3.86)$$

将式(3.86)代入式(3.61)，可以得到介质对弱光的吸收系数：

$$\alpha = \frac{\wp_{ab}^2 \gamma_b}{2\varepsilon_0 \hbar} \int_{-\infty}^{+\infty} \left(1 - \frac{S(\gamma_b/2)^2}{(\Delta_p - k_p v_z)^2 + (\gamma_s/2)^2} \right) \frac{1}{(\Delta_p + k_p v_z)^2 + (\gamma_b/2)^2} N(v_z) \mathrm{d}v_z \quad (3.87)$$

式中，$S = \dfrac{2\Omega_{sp0}^2}{\gamma_b^2}$，$\gamma_s = \gamma_b \sqrt{1+S}$，$S$ 也被称为饱和因子。

式(3.87)中的积分涉及高斯函数，我们很难得到它的解析解，一般情况下多普勒展宽要远远大于 γ_b 和 γ_s，我们通常只考虑在共振频率附近的吸收情况，在给定的失谐 Δ_p 处，式(3.87)的分子在速度间隔为 $\Delta v_z = \gamma_s / k_p$ 时变化并不大，此时被激发的原子的速度与光的失谐具有锁定关系：$v_z = \Delta_p / k_p$，因此，此时可以将因子 $N(v_z)$ 提到积分号的外面，变为 $N(\Delta_p / k_p)$，式(3.87)可以近似地表示为

$$\alpha \approx \frac{\wp_{ab}^2 \gamma_b}{2\varepsilon_0 \hbar} N\left(\frac{\Delta_p}{k_p}\right) \int_{-\infty}^{+\infty} \left(1 - \frac{S(\gamma_b/2)^2}{(\Delta_p - k_p v_z)^2 + (\gamma_s/2)^2} \right) \frac{1}{(\Delta_p + k_p v_z)^2 + (\gamma_b/2)^2} \mathrm{d}v_z \quad (3.88)$$

由此，可以求出吸收系数的解析表达式：

$$\alpha \approx \frac{\pi \wp_{ab}^2}{\varepsilon_0 \hbar k_p} N\left(\frac{\Delta_p}{k_p}\right) \left(1 - \frac{S(1+\sqrt{1+S})}{4\sqrt{1+S}} \frac{(\gamma_b/2)^2}{\Delta_p^2 + (\Gamma_s/2)^2} \right) \quad (3.89)$$

式中，$\Gamma_s = (\gamma_b + \gamma_s)/2$。

式(3.89)中的 $\dfrac{\pi \wp_{ab}^2}{\varepsilon_0 \hbar k_p} N(\Delta_p / k_p)$ 是热原子对探测光的一般吸收系数，其近似是一个高斯函数，饱和吸收谱线型与一般吸收线型相比，在共振频率附近减少了一个宽度为 Γ_s、强度为 $S(1+\sqrt{1+S})\big/(4\sqrt{1+S})$ 的洛伦兹线型。也就是说，饱和谱表现的是在共振能级处吸收减弱的现象，饱和吸收谱的宽度和泵浦光的饱和展宽与上能级的衰减有关，如果我们控制泵浦光的强度，可以使 Γ_s 只比 γ_b 略大一点，利用这个特点可以实现高精度的饱和吸收谱稳频技术。饱和吸收谱在共振能级处会呈现吸收减弱的现象，是因为强的泵浦光改变了上下两个能级的粒子数分布，因此，对于探测光，上下两个能级的粒子数之差减少，引起了吸收系数的减小。图 3.4 是饱和吸收谱产生机理的示意图。

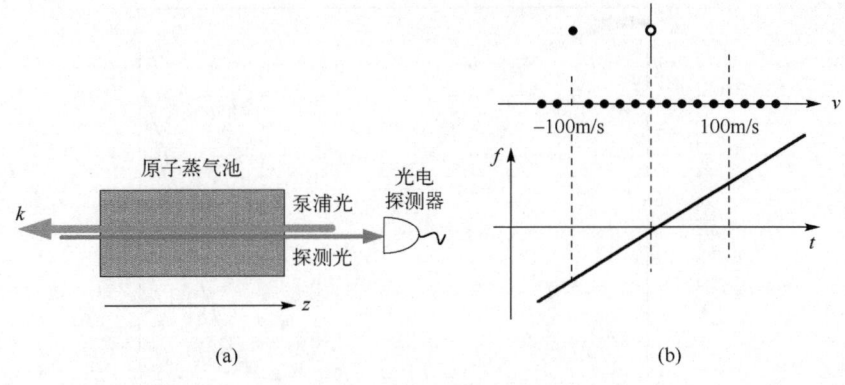

图 3.4　饱和吸收谱产生机理示意图

图 3.4 中的探测光和泵浦光是频率相同的光，泵浦光功率较强，探测光功率较弱，两束光的传播方向不一样，泵浦光从右往左传输，探测光从左往右传输。当我们对激光频率进行扫描时，例如，在某一时刻，假设存在失谐的泵浦光，其频率与速度为-100m/s 的原子共振，由于泵浦光较强，此时速度为-100m/s 的原子中的相当一部分原子被泵浦光从基态泵浦到高能态，处于此速度的上下两个能级的原子数之差会显著减小，如图 3.4(b) 中左边的虚线所示，此时介质对泵浦光的吸收是非线性的饱和展宽吸收。由于探测光的传播方向与泵浦光的传播方向相反，此时速度为 100m/s 的原子与探测光共振，由于探测光功率比较弱，其并不能显著地将基态中速度为 100m/s 的原子泵浦到激发态，也就是说，此时速度为 100m/s 的原子基本还都处于基态，如图 3.4(b) 中右边的虚线所示。并且由于此时泵浦光与速度为 100m/s 的运动原子之间的失谐非常大，因此，泵浦光对速度为 100m/s 的原子上下两个能级粒子数的影响微乎其微，此时介质对探测光的吸收主要是由多普勒效应引起的非饱和吸收。只有当光的失谐为 0 时，如图 3.4(b) 中间的虚线所示，对应的原子运动速度为 0，泵浦光会将速度为 0 的原子从基态泵浦到高能态，上下能级的粒子数之差会显著减小，此时介质对探测光的吸收系数会减小，也就是说，从吸收系数的角度来看，此时会产生一个凹坑。

图 3.5 是铯原子的饱和吸收谱线实际观测图，图中的多普勒背景曲线是没有泵浦光时，铯原子对弱的 852nm 的激光的吸收情况，当加入强泵浦光后，铯原子对探测光的吸收曲线如图 3.5 中的饱和吸收谱曲线所示。图中的横坐标是时间，激光器的扫描速率约为 110MHz/ms，图中的纵坐标是光电探测器的输出电压。图 3.5 表明，当激光器扫描到与能级共振的频率时，正如我们分析的那样，会产生吸收减弱的情况，图中多个吸收减弱的峰值，是铯原子精细能级结构的吸收峰和交叉吸收峰导致的，关于饱和吸收谱的实验搭建和更多的实验细节见第 7 章。

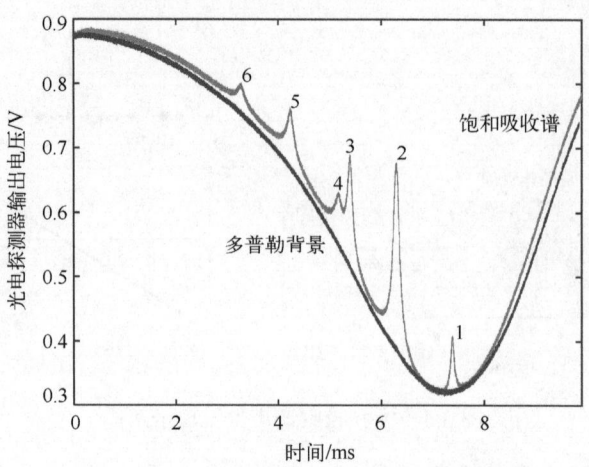

图 3.5　铯原子的饱和吸收谱线实际观测图

当然，式(3.85)描述的密度矩阵元 $\rho_{ba}(t,z,v_z)$ 也包含着介质对泵浦光的吸收特性，如果我们考虑式(3.85)中 $e^{-ik_p z}$ 的部分，其代表着沿 $+z$ 方向传输的强泵浦光对密度矩阵元的贡献，可以得到介质对泵浦光的电极化率，结果与式(3.73)是一致的，不再赘述。

3.4　能级衰减的讨论

我们对理想的二能级原子(无衰减)可以采用概率幅度和密度矩阵的描述方法，二者是统一的，能够得到相同的结论。在 3.3 节中，当能级存在衰减时，我们采用了密度矩阵的方式处理，通过加入一个衰减矩阵来表示衰减对密度矩阵方程的影响。本节将对能级衰减问题进行详细的论述，主要包括两个方面：一方面是论述用概率幅度模型处理能级衰减的局限性；另一方面是论述衰减矩阵在动态密度矩阵方程中是如何表述的。

3.4.1　概率幅度模型处理能级衰减的困难

采用概率幅度模型对理想二能级原子的分析揭示了更为本质的物理特性，如 3.1 节所示，其揭示了能级在电磁场中的分裂特性，以及这种分裂特性是如何影响光的吸收性质的。如果要考虑能级的衰减，我们可以在式(3.18)中唯象地加入衰减，假设两个能级是封闭的，也就是说，上能级的粒子只能衰减到下能级，根据 Demtroder 的《激光光谱学》中唯象地加入衰减的方法[1]，当光与能级完全共振没有失谐时，式(3.18)中加入衰减后的微分方程可以写为

$$\frac{\mathrm{d}}{\mathrm{d}t}c_a(t) = \frac{1}{2}\gamma_b c_b(t) - \frac{\mathrm{i}}{2}\Omega_p c_b(t)$$
$$\frac{\mathrm{d}}{\mathrm{d}t}c_b(t) + \frac{1}{2}\gamma_b c_b(t) = -\frac{\mathrm{i}}{2}\Omega_p c_a(t) \tag{3.90}$$

式(3.90)是一个二阶常系数微分方程，进行简单的变换后，消去$c_a(t)$可以得到关于$c_b(t)$的微分方程：

$$\frac{\mathrm{d}^2}{\mathrm{d}t^2}c_b(t) + \frac{1}{2}\gamma_b \frac{\mathrm{d}}{\mathrm{d}t}c_b(t) + \frac{\mathrm{i}}{4}\gamma_b \Omega_p c_b(t) + \frac{1}{4}\Omega_p^2 c_b(t) = 0 \tag{3.91}$$

由此可以得到式(3.91)的特征根为

$$\lambda_1 = \frac{-\gamma_b + \mathrm{i}\Omega_p}{2}, \quad \lambda_2 = -\frac{\mathrm{i}\Omega_p}{2} \tag{3.92}$$

因此，上能级的概率幅度的通解为

$$c_b(t) = C_1 \mathrm{e}^{\frac{-\gamma_b + \mathrm{i}\Omega_p}{2}t} + C_2 \mathrm{e}^{-\frac{\mathrm{i}\Omega_p}{2}t} \tag{3.93}$$

如果采用密度矩阵描述包含衰减的二能级原子，我们仍然认为能级是封闭的，满足$\rho_{aa} + \rho_{bb} = 1$，则动态的密度矩阵方程为

$$2\mathrm{i}\left(\frac{\mathrm{d}}{\mathrm{d}t}\rho_{bb}\right) = \Omega_p(\rho_{ab} - \rho_{ba}) - 2\mathrm{i}\gamma_b \rho_{bb} \tag{3.94}$$

$$2\mathrm{i}\left(\frac{\mathrm{d}}{\mathrm{d}t}\rho_{ab}\right) = \Omega_p(2\rho_{bb} - 1) - \mathrm{i}\gamma_b \rho_{ab} \tag{3.95}$$

$$2\mathrm{i}\left(\frac{\mathrm{d}}{\mathrm{d}t}\rho_{ba}\right) = \Omega_p(1 - 2\rho_{bb}) - \mathrm{i}\gamma_b \rho_{ba} \tag{3.96}$$

式(3.95)和式(3.96)可以写为

$$\begin{aligned} 2\mathrm{i}\frac{\mathrm{d}}{\mathrm{d}t}\left(\rho_{ba}\mathrm{e}^{\frac{\gamma_b}{2}t}\right) &= \Omega_p(1 - 2\rho_{bb})\mathrm{e}^{\frac{\gamma_b}{2}t} \\ 2\mathrm{i}\frac{\mathrm{d}}{\mathrm{d}t}\left(\rho_{ab}\mathrm{e}^{\frac{\gamma_b}{2}t}\right) &= \Omega_p(2\rho_{bb} - 1)\mathrm{e}^{\frac{\gamma_b}{2}t} \end{aligned} \tag{3.97}$$

将式(3.97)代入式(3.94)并且化简，得到粒子在上能级的布居概率：

$$2\frac{\mathrm{d}^2}{\mathrm{d}t^2}\rho_{bb} + 3\gamma_b \frac{\mathrm{d}}{\mathrm{d}t}\rho_{bb} + (\gamma_b^2 + 2\Omega_p^2)\rho_{bb} = \Omega_p^2 \tag{3.98}$$

由此可以得到式(3.98)的特征方程为

$$2\lambda^2 + 3\gamma_b\lambda + (\gamma_b^2 + 2\Omega_p^2) = 0 \tag{3.99}$$

因此，式(3.98)的特征根为

$$\lambda_{1,2} = \frac{-3\gamma_b \pm \sqrt{\gamma_b^2 - 16\Omega_p^2}}{4} \tag{3.100}$$

对比式(3.100)和式(3.92)，我们发现用概率幅度的方法和用密度矩阵的方法描述含衰减的二能级原子时，所得的特征根并不相等。这就意味着用两种方法描述的上能级布居概率的振荡频率不同。式(3.92)表示，采用概率幅度模型的方式时，上能级粒子布居概率的振荡频率为 Ω_p，保持不变；而采用密度矩阵的描述方法时，上能级粒子布居概率的振荡频率与衰减有关，当能级的衰减非常大时，即 $\gamma_b \geq 4\Omega_p$ 时，上能级粒子的布居概率将只会衰减，不会振荡。

将式(3.93)代入式(3.90)的第二个方程，可以得到下能级粒子布居概率幅度的表达式：

$$c_a(t) = C_1\left(-\mathrm{e}^{\frac{-\gamma_b + \mathrm{i}\Omega_p}{2}t} + \frac{(\mathrm{i}\Omega_p - \gamma_b)}{-\mathrm{i}\Omega_p}\mathrm{e}^{\frac{\mathrm{i}\Omega_p}{2}t}\right) \tag{3.101}$$

由此可以得到粒子在下能级和上能级的布居概率为

$$|c_a(t)|^2 = |C_1|^2\left(\mathrm{e}^{-\gamma_b t} - \frac{(-\mathrm{i}\Omega_p - \gamma_b)}{\mathrm{i}\Omega_p}\mathrm{e}^{\frac{-\gamma_b + \mathrm{i}2\Omega_p}{2}t} + \frac{(\mathrm{i}\Omega_p - \gamma_b)}{\mathrm{i}\Omega_p}\mathrm{e}^{\frac{-\gamma_b - \mathrm{i}2\Omega_p}{2}t} + \frac{\Omega_p^2 + \gamma_b^2}{\Omega_p^2}\right) \tag{3.102}$$

$$|c_b(t)|^2 = |C_1|^2\left(\mathrm{e}^{-\gamma_b t} - 2\mathrm{e}^{\frac{-\gamma_b}{2}t}\cos(\Omega_p t) + 1\right) \tag{3.103}$$

由此可以得到：

$$|c_a(t)|^2 + |c_b(t)|^2 = |C_1|^2\left(2\mathrm{e}^{-\gamma_b t} + 2\mathrm{e}^{\frac{-\gamma_b}{2}t}\left(\frac{\gamma_b}{\Omega_p}\right)\sin\Omega_p t + \frac{2\Omega_p^2 + \gamma_b^2}{\Omega_p^2}\right) \tag{3.104}$$

式(3.104)表明，上下能级粒子数的布居概率和并不等于1，这说明二能级并不是封闭的，与我们开始的假设矛盾。

通过式(3.98)的特征根(式(3.100))，我们很容易求出密度矩阵描述粒子在上下能级的布居概率：

$$\rho_{aa} = \frac{\gamma_b^2 + \Omega_p^2}{\gamma_b^2 + 2\Omega_p^2}\left(\mathrm{e}^{\frac{-3\gamma_b}{4}t}\cos\left(\frac{\sqrt{16\Omega_p^2 - \gamma_b^2}}{4}t\right) + \frac{\Omega_p^2}{\gamma_b^2 + \Omega_p^2}\right) \tag{3.105}$$

$$\rho_{bb} = \frac{\gamma_b^2 + \Omega_p^2}{\gamma_b^2 + 2\Omega_p^2}\left(1 - e^{\frac{-3\gamma_b}{4}t}\cos\left(\frac{\sqrt{16\Omega_p^2 - \gamma_b^2}}{4}t\right)\right) \quad (3.106)$$

式(3.105)和式(3.106)满足 $\rho_{aa} + \rho_{bb} = 1$，表明两个能级是封闭的，与我们开始的假设相同。

以上分析表明，当能级存在衰减时，采用概率幅度模型将不能得到正确的结果，此时必须采用密度矩阵的分析方法。

3.4.2 衰减矩阵在动态密度矩阵中的描述

在 3.4.1 节中，我们揭示了在存在衰减的二能级原子中，利用概率幅度模型的方法是存在缺陷的，并且给出了在考虑能级衰减的情况下，必须用密度矩阵分析方法的结论。在本节中，我们从密度矩阵的方程出发，说明在考虑能级衰减的情况下密度矩阵方程是如何演化的，这里所说的衰减不仅包括能级寿命引起的衰减，还包括原子碰撞引起的失相衰减。

在引入密度矩阵方程的时候，我们对衰减矩阵给出了定义，对于对角元素的衰减矩阵，含义比较清晰，其代表着能级粒子数在各个能级中演化的过程，如果两个能级是封闭的，上能级减少的粒子数一定等于下能级增加的粒子数；而对于衰减矩阵中的非对角元素，其物理意义乍看起来并不是非常明确，但非对角元素表征着介质对光的吸收特性，下面我们分析非对角元素的密度矩阵方程是如何演化的。

在相互作用绘景下，由于碰撞、能级衰减，激励二能级原子的激光频率与原子能级会产生一个失谐量 $\delta\omega(t)$，这个失谐量具有噪声的性质，密度矩阵元 ρ_{ba} 的动态方程为

$$\frac{\mathrm{d}}{\mathrm{d}t}\rho_{ba}^0 = -\frac{\mathrm{i}}{2}\Omega_p(\rho_{aa} - \rho_{bb}) - \mathrm{i}\delta\omega(t)\rho_{ba}^0 \quad (3.107)$$

式中，$\rho_{ba}^0 = \rho_{ba}\mathrm{e}^{\mathrm{i}\delta\omega(t)t}$，失谐量虽然与时间有关，但从瞬态的角度来看，认为这是一个常数。这个微分方程可以理解为在激励为 $\mathrm{i}\Omega_p(\rho_{aa} - \rho_{bb})/2$ 的情况下 ρ_{ba}^0 的演化。我们关心的是式(3.107)的齐次解，其代表着 ρ_{ba}^0 在无激励条件下的自由演化，反映着 ρ_{ba}^0 自身的本质特性。式(3.107)的齐次解可以写为

$$\rho_{ba}^0 = C\mathrm{e}^{-\mathrm{i}\int_0^t \delta\omega(\tau)\mathrm{d}\tau} \quad (3.108)$$

式中，$\delta\omega(t)$ 描述的是 ρ_{ba}^0 随机变化的特征，我们观测到的 ρ_{ba}^0 值是一个系综平均量，运用泰勒级数展开，有如下的关系[5,6]：

$$\left\langle \exp\left(-\mathrm{i}\int_0^t \delta\omega(\tau)\mathrm{d}\tau\right)\right\rangle$$
$$=\left\langle 1-\mathrm{i}\int_0^t \delta\omega(\tau)\mathrm{d}\tau+\frac{(-\mathrm{i})^2}{2}\left(\int_0^t \delta\omega(\tau)\mathrm{d}\tau\right)^2+\cdots+\frac{(-\mathrm{i})^n}{n!}\left(\int_0^t \delta\omega(\tau)\mathrm{d}\tau\right)^n\right\rangle \quad (3.109)$$

我们注意到如下的关系:

$$\left(\int_0^t \delta\omega(\tau)\mathrm{d}\tau\right)^n = \int_0^t \delta\omega(\tau_1)\mathrm{d}\tau_1 \int_0^t \delta\omega(\tau_2)\mathrm{d}\tau_2 \cdots \int_0^t \delta\omega(\tau_n)\mathrm{d}\tau_n \quad (3.110)$$

随机变化量 $\delta\omega(t)$ 取正值和取负值的机会应该一样,也就是说, $\delta\omega(t)$ 的均值为零, 即 $\langle\delta\omega(t)\rangle=0$, 此外, 任意两个时刻的随机变量乘积的平均值为 0, 即 $\langle\delta\omega(t_1)\delta\omega(t_2)\rangle=0$, 除非在 $t_1\approx t_2$ 时, 该乘积的平均值才不为 0, 假设 $\delta\omega(t)$ 的变化是非常迅速的, 存在如下关系:

$$\langle\delta\omega(t_1)\delta\omega(t_2)\rangle = \gamma\delta(t_1-t_2) \quad (3.111)$$

因此,在式(3.109)中,奇次幂项的系综平均(也叫集合平均)都是零,偶次幂项的系综平均不为零,式(3.109)可以重新写为

$$\left\langle \exp\left(-\mathrm{i}\int_0^t \delta\omega(\tau)\mathrm{d}\tau\right)\right\rangle = \left\langle 1+\frac{(-\mathrm{i})^2}{2}\left(\int_0^t \delta\omega(\tau)\mathrm{d}\tau\right)^2+\cdots+\frac{(-\mathrm{i})^{2n}}{(2n)!}\left(\int_0^t \delta\omega(\tau)\mathrm{d}\tau\right)^{2n}+\cdots\right\rangle$$
$$(3.112)$$

$\langle\delta\omega(\tau_1)\delta\omega(\tau_2)\cdots\delta\omega(\tau_{2n})\rangle$ 只有在 $\tau_i\approx\tau_j$ 时才不为零, 由彼此不同的二项乘积的组合给出, 从 $2n$ 项中每次取出两项, 再从剩余的 $2n-2$ 项中取出两项, 以此类推, 直至取完。由于每次取出的两项没有先后关系, 整个的组数还要除以 $n!$, 因此有:

$$\left(\int_0^t \delta\omega(\tau)\mathrm{d}\tau\right)^{2n} = \int_0^t\int_0^t\int_0^t\cdots\int_0^t \langle\delta\omega(\tau_1)\delta\omega(\tau_2)\cdots\delta\omega(\tau_{2n})\rangle \mathrm{d}\tau_1\mathrm{d}\tau_2\cdots\mathrm{d}\tau_{2n}$$
$$= \frac{C_{2n}^2 C_{2n-2}^2 \cdots C_4^2 C_2^2}{n!}(\gamma t)^n \quad (3.113)$$

我们注意到如下关系:

$$C_{2n}^2 C_{2n-2}^2 \cdots C_4^2 C_2^2 = \frac{(2n)!}{(2n-2)!\times 2}\frac{(2n-2)!}{(2n-4)!\times 2}\frac{(2n-4)!}{(2n-6)!\times 2}\cdots\frac{4!}{2!\times 2}\frac{2}{2} = \frac{(2n)!}{2^n} \quad (3.114)$$

因此有:

$$\sum_{n=0}^{\infty}\frac{(-\mathrm{i})^{2n}}{(2n)!}\left\langle\left(\int_0^t \delta\omega(\tau)\mathrm{d}\tau\right)^{2n}\right\rangle = \sum_{n=0}^{\infty}\frac{(-\mathrm{i})^{2n}}{(2n)!}\frac{(2n)!}{2^n n!}(\gamma t)^n = \sum_{n=0}^{\infty}\frac{(-1)^n}{n!}\left(\frac{\gamma}{2}t\right)^n = \exp\left(-\frac{\gamma}{2}t\right)$$
$$(3.115)$$

因此，式(3.107)的齐次解为

$$\rho_{ba}^0(t) = Ce^{-\frac{\gamma}{2}t} \tag{3.116}$$

因此，密度矩阵元 ρ_{ba} 的动态方程为

$$2i\frac{d\rho_{ba}}{dt} = \Omega_p(\rho_{aa} - \rho_{bb}) - i\gamma\rho_{ba} \tag{3.117}$$

式(3.117)就是动态密度矩阵方程含有衰减矩阵的形式，以上分析表明，在密度矩阵中，衰减本质上是由随机失谐引起的，随机失谐的系综平均就构成了衰减，我们在用密度矩阵方程处理能级的衰减时，并不用刻意地区分哪些衰减是由能级寿命决定的，哪些衰减是由碰撞产生的。

3.5 二能级原子的噪声特性

如前所述，非对角元素的密度矩阵元 ρ_{ba} 表征着介质对光的吸收特性和色散特性，相较于对角元素粒子的布居概率，介质对光的吸收特性和色散特性是实实在在可以测量的物理量，对于一个可以测量的物理量，我们对该物理量的噪声特性非常关心，因为其决定着可测量物理量的测量准确程度。本节对密度矩阵元 ρ_{ba} 的噪声特性进行详细的分析，主要包括两个部分：一个是量子投影噪声，这个量子投影噪声是二能级原子所固有的，也可以称为二能级原子的本征噪声；另一个是环境的热辐射噪声对密度矩阵元的影响。

3.5.1 理想二能级原子的量子投影噪声

理想的二能级原子是在没有考虑衰减时的二能级原子，虽然这个模型与实际情况并不相符，但这个模型体现的是二能级原子最为本质的特征。我们采用密度矩阵的方法描述理想的二能级原子，假设激励二能级原子的光与能级完全共振，不存在失谐，粒子在初始时刻全部位于基态。

$$2i\left(\frac{d}{dt}\rho_{aa}\right) = \Omega_p\rho_{ba} - \rho_{ab}\Omega_p \tag{3.118}$$

$$2i\left(\frac{d}{dt}\rho_{ab}\right) = \Omega_p(\rho_{bb} - \rho_{aa}) \tag{3.119}$$

$$2i\left(\frac{d}{dt}\rho_{ba}\right) = \Omega_p(\rho_{aa} - \rho_{bb}) \tag{3.120}$$

由此可以解出密度矩阵元的表达式：

$$\rho_{aa} = \frac{1}{2} + \frac{1}{2}\cos(\Omega_p t), \quad \rho_{bb} = \frac{1}{2} - \frac{1}{2}\cos(\Omega_p t), \quad \rho_{ba} = -\frac{i}{2}\sin(\Omega_p t) \quad (3.121)$$

我们需要求解密度矩阵元 ρ_{ba} 的噪声特性，ρ_{ba} 的表达式只有一个参数，也就是拉比频率 Ω_p，拉比频率的噪声特性决定着 ρ_{ba} 的噪声特性，我们可以重新定义一个变量 Y_{aa-bb}，这是一个随机变量，其均值表示下能级和上能级粒子数的平均差，如果体系的粒子数总共为 N，能级粒子数服从二项分布，上下两个能级粒子数之差的均值表达式为

$$E(Y_{aa-bb}) = N(\rho_{aa} - \rho_{bb}) = N\cos(\Omega_p t) \quad (3.122)$$

由二项分布的分布函数，可以求出上下两个能级粒子数的方差，表示为

$$\sigma^2_{Y_{aa-bb}} = N(1 - (\rho_{aa} - \rho_{bb})^2) = N\sin^2(\Omega_p t) \quad (3.123)$$

因此可以得到随机变量 Y_{aa-bb} 的标准差为

$$\sigma_{Y_{aa-bb}} = \sqrt{N}\sin(\Omega_p t) \quad (3.124)$$

式 (3.124) 表明，Y_{aa-bb} 的标准差是时间的函数，在某些时刻其标准差具有最大值 $\sqrt{N}$，在某些时刻其标准差具有最小值，也就是 0。我们可以用如下的方法定义由 Y_{aa-bb} 的随机性引起的对拉比频率估计的误差：

$$\Delta\Omega_p = \left|\frac{\sigma_{Y_{aa-bb}}}{\frac{d}{d\Omega_p}Y_{aa-bb}}\right| = \frac{1}{t\sqrt{N}} \quad (3.125)$$

式 (3.125) 表明，观测时间越长，对拉比频率估计的精度越高，$\Delta\Omega_p t$ 表示由拉比频率产生的相位噪声：

$$\Delta\phi = \Delta\Omega_p t = \frac{1}{\sqrt{N}} \quad (3.126)$$

在考虑拉比频率产生的相位噪声后，密度矩阵元 ρ_{ba} 的表达式可以写为

$$\rho_{ba} = -\frac{i}{2}\sin(\Omega_p t + \Delta\phi) = -\frac{i}{2}\sin(\Omega_p t)\cos\Delta\phi - \frac{i}{2}\cos(\Omega_p t)\sin\Delta\phi \quad (3.127)$$

假设参与测量的原子数非常多，满足 $\cos\Delta\phi \approx 1$，$\sin\Delta\phi \approx \Delta\phi$，因此密度矩阵元 ρ_{ba} 可以写为

$$\rho_{ba} \approx -\frac{i}{2}\sin(\Omega_p t) - \frac{i}{2\sqrt{N}}\cos(\Omega_p t) \quad (3.128)$$

在理想的二能级原子条件下,密度矩阵元的精度为

$$\Delta\rho_{ba} = -\mathrm{i}\frac{\cos(\Omega_p t)}{2\sqrt{N}} \quad (3.129)$$

从上面的分析可知,理想二能级原子的噪声是由于粒子在两个能级的随机分布引起的,这种噪声也被称为量子投影噪声[7]。

3.5.2 存在衰减的二能级原子的量子投影噪声

当存在衰减的二能级原子被激光照射时,在激光开始照射的时候,ρ_{ba} 的值与接入时刻系统的状态有关,也就是与零输入响应有关,在能级存在衰减的情况下,零输入响应不会一直持续振荡,而是随时间呈指数衰减,经过一段时间后,零输入响应衰减到零,此时系统的响应只与输入信号有关,与系统的初始状态无关,也就是与零状态响应无关,零状态响应一般来说是稳态响应。

当存在衰减,达到稳态时,下能级与上能级的粒子数布居概率为

$$\rho_{aa}(t) = \frac{\gamma_b^2 + \Omega_{p0}^2}{\gamma_b^2 + 2\Omega_{p0}^2} \quad (3.130)$$

$$\rho_{bb}(t) = \frac{\Omega_{p0}^2}{\gamma_b^2 + 2\Omega_{p0}^2} \quad (3.131)$$

式中,Ω_{p0} 是稳态下的拉比频率。

密度矩阵元 ρ_{ba} 的表达式为

$$\rho_{ba}(t) = -\mathrm{i}\frac{\Omega_{p0}}{\gamma_b}(\rho_{aa} - \rho_{bb}) = -\mathrm{i}\Omega_{p0}\frac{\gamma_b}{\gamma_b^2 + 2\Omega_{p0}^2} \quad (3.132)$$

上下两个能级粒子数之差的方差为

$$\sigma_{Y_{aa-bb}}^2 = N\left(1 - \left(\frac{\gamma_b^2}{\gamma_b^2 + 2\Omega_{p0}^2}\right)^2\right) = 4N\frac{\Omega_{p0}^2(\gamma_b^2 + \Omega_{p0}^2)}{(\gamma_b^2 + 2\Omega_{p0}^2)^2} \quad (3.133)$$

结合式(3.132),可知 ρ_{ba} 的标准差为

$$\sigma_{\rho_{ba}} = \frac{\Omega_{p0}}{\mathrm{i}\gamma_b N}\sigma_{Y_{aa-bb}} = \frac{2\Omega_{p0}}{\mathrm{i}\gamma_b\sqrt{N}}\frac{\sqrt{\Omega_{p0}^2(\gamma_b^2 + \Omega_{p0}^2)}}{\gamma_b^2 + 2\Omega_{p0}^2} \quad (3.134)$$

上面的分析针对存在衰减的二能级冷原子,如果是热原子,那么上下两个能级粒子的布居概率为

$$\rho_{aa}(t,z,v_z) = \frac{4k_p^2 v_z^2 + \gamma_b^2 + \Omega_{p0}^2}{4k_p^2 v_z^2 + \gamma_b^2 + 2\Omega_{p0}^2} \tag{3.135}$$

$$\rho_{bb}(t,z,v_z) = \frac{\Omega_{p0}^2}{4k_p^2 v_z^2 + \gamma_b^2 + 2\Omega_{p0}^2} \tag{3.136}$$

对于不同速度的原子，其密度矩阵元是不同的：

$$\rho_{ba}(t,v_z) = -\mathrm{i}\frac{\Omega_{p0}}{\gamma_b N(v_z)} Y_{aa-bb}(v_z) \tag{3.137}$$

式中，Y_{aa-bb} 表示两个能级粒子数的差，因此，对于不同的速度 v_z，密度矩阵元的方差为

$$\sigma_{\rho_{ba}}(t,v_z) = -\mathrm{i}\frac{\Omega_{p0}}{\gamma_b N(v_z)} \sigma_{Y_{aa-bb}}(v_z) \tag{3.138}$$

对于热原子，密度矩阵元观测的标准差为

$$\sigma = \int \sigma_{\rho_{ba}}(t,v_z) f(v_z) \mathrm{d}v_z = -\int \mathrm{i}\frac{\Omega_{p0}}{\gamma_b N(v_z)} \sigma_{Y_{aa-bb}}(v_z) f(v_z) \mathrm{d}v_z = -\mathrm{i}\frac{\Omega_{p0}}{\gamma_b N} \int \sigma_{Y_{aa-bb}}(v_z) \mathrm{d}v_z \tag{3.139}$$

在存在衰减的二能级原子系统中，无论是冷原子还是热原子，观测的标准差都随着原子数的增多、拉比频率的降低而减小，然而，拉比频率并不能任意地减小，其应该有个下限值。ρ_{ba} 反映着介质对光的吸收特性，对光的探测需要采用光电探测器，如果光的强度太小的话，那么探测器的噪声将不可忽略，探测器探测光信号时会产生一个信噪比，光越弱，信噪比越差，这个信噪比必须要达到我们需要的 ρ_{ba} 的信噪比的几倍以上，才能得到比较好的效果，因此，光的强度有一个下限值，这个下限由 ρ_{ba} 的信噪比和探测器的信噪比共同决定。

3.5.3 热辐射对 ρ_{ba} 的影响

当探测光通过气体介质时，介质会对探测光产生吸收作用，在考虑热原子的情况下，周围环境的热场也会对介质的吸收产生影响，热场对探测光吸收的影响是通过热辐射实现的。由于热辐射产生的简谐光的振幅是随机的，因此，热辐射对介质吸收特性的影响呈现出噪声特性。吸收特性与密度矩阵元的虚部相关，因此，我们在本节研究密度矩阵元的热噪声特性。热辐射能够生成覆盖整个电磁波谱范围内各种频率的信号，可以用辐射的功率谱表示，因此，本节讨论密度矩阵元 ρ_{ba} 的功率谱与热辐射功率谱的关系。密度矩阵元的方程可以写为

$$2\mathrm{i}\left(\frac{\mathrm{d}}{\mathrm{d}t}\rho_{ba}\right) = \Omega_p^*(t)(\rho_{aa}-\rho_{bb}) - \mathrm{i}\gamma_b\rho_{ba} \tag{3.140}$$

此时整体拉比频率的表达式为

$$\Omega_p(t) = \Omega_{p0}\mathrm{e}^{\mathrm{i}\Delta_p t} + \sum_k \frac{\wp_{ab}}{\hbar}\xi_k \mathrm{e}^{\mathrm{i}\Delta_k t} \tag{3.141}$$

式中，$\Delta_k = \omega_k - (\omega_b - \omega_a)$，表示热辐射频率为 ω_k 的简谐波与能级共振频率的失谐；ξ_k 表示频率为 ω_k 的简谐波的振幅。因此，式(3.140)可以表示为

$$\left(\frac{\mathrm{d}}{\mathrm{d}t}\rho_{ba}\right) = -\frac{\mathrm{i}}{2}(\rho_{aa}-\rho_{bb})\Omega_{p0}\mathrm{e}^{-\mathrm{i}\Delta_p t} - \frac{\gamma_b}{2}\rho_{ba} + f(t) \tag{3.142}$$

式中：

$$f(t) = -\frac{\mathrm{i}}{2}(\rho_{aa}-\rho_{bb})\sum_k \frac{\wp_{ab}}{\hbar}\xi_k^* \mathrm{e}^{-\mathrm{i}\Delta_k t} \tag{3.143}$$

式中，$f(t)$ 是热引起的噪声项对密度矩阵方程的影响，$f(t)$ 具有零均值特性。因此，密度矩阵元的均值满足下列方程：

$$\left(\frac{\mathrm{d}}{\mathrm{d}t}\langle\rho_{ba}\rangle\right) = -\frac{\mathrm{i}}{2}(\rho_{aa}-\rho_{bb})\Omega_{p0}\mathrm{e}^{-\mathrm{i}\Delta_p t} - \frac{\gamma_b}{2}\langle\rho_{ba}\rangle \tag{3.144}$$

假设热辐射的功率非常弱，没有改变两个能级的粒子数分布，为了方便，我们假设激励二能级原子的光是弱光，满足 $\rho_{aa} - \rho_{bb} \approx 1$。式(3.144)对应的密度矩阵元均值的解为

$$\langle\rho_{ba}\rangle = \frac{\Omega_{p0}\mathrm{e}^{-\mathrm{i}\Delta_p t}}{-\mathrm{i}\gamma_b - 2\Delta_p} \tag{3.145}$$

考虑红移现象，热原子的密度矩阵元的均值的解为

$$\langle\rho_{ba}\rangle = \frac{\Omega_{p0}\mathrm{e}^{\mathrm{i}\Delta_p t}}{-\mathrm{i}\gamma_b - 2(\Delta_p - k_p v_z)} \tag{3.146}$$

现在考虑 $f(t)$ 的自相关函数：

$$\begin{aligned} R(\tau) &= E(f(t)f^*(t+\tau)) \\ &= E\left[\left(-\frac{\mathrm{i}}{2}\sum_k \Omega_{\xi k}\mathrm{e}^{\mathrm{i}\Delta_{\xi k}t}\right)\left(\frac{\mathrm{i}}{2}\sum_k \Omega_{\xi k}^* \mathrm{e}^{-\mathrm{i}\Delta_{\xi k}(t+\tau)}\right)\right] \\ &= \frac{1}{4}\left(\frac{\wp_{ab}}{\hbar}\right)^2 E\left[\left(\sum_k \xi_k \mathrm{e}^{\mathrm{i}\Delta_{\xi k}t}\right)\left(\sum_k \xi_k^* \mathrm{e}^{-\mathrm{i}\Delta_{\xi k}(t+\tau)}\right)\right] \end{aligned} \tag{3.147}$$

式中，$\sum_k \xi_k e^{i\Delta_k t}$ 为总体热辐射的幅度，其大小等于不同热辐射频率幅度的叠加，因此，$R(\tau)$ 的傅里叶变换为

$$F(\omega) = \frac{1}{4}\left(\frac{\wp_{ab}}{\hbar}\right)^2 \frac{I(\omega)}{c\varepsilon_0} \tag{3.148}$$

式中，$I(\omega)$ 表示热辐射的能流密度谱，单位为 W/m^2。

因此，密度矩阵元的噪声功率谱为

$$N_{\rho_{ab}}(\omega) = \frac{1}{4}\left(\frac{\wp_{ab}}{\hbar}\right)^2 \frac{1}{4(\Delta_p - k_p v_z)^2 + \gamma_b^2} \frac{I(\omega)}{c\varepsilon_0} \tag{3.149}$$

由于旋转波近似，热辐射的电磁波频率只有在二能级共振频率附近才能对二能级原子产生影响，$I(\omega)$ 应该理解为在共振频率处的能流密度谱。

3.6 关于拉比频率和透射功率的讨论

在上面介质对光的吸收作用的分析中，都假设拉比频率 Ω_{p0} 是一个常数，这与实际情况不太相符，光在介质中传输，光功率不断地被介质吸收，导致拉比频率不断地变小。并且在高斯光束内，拉比频率并不是一个常数。

3.6.1 高斯光束平均拉比频率

在二能级原子中，吸收系数与拉比频率有关，根据拉比频率的定义 $\Omega_p = \wp_{ab} E_{ab}/\hbar$，拉比频率与电场强度成正比。照射到探测器单位面积上的辐射流称为入射流，在光谱学文献中称为光强 I，单位为 W/m^2，光强也被称为功率密度或能流密度。光波入射的平均强度为

$$\langle I \rangle = \frac{1}{2} c \varepsilon_0 E_0^2 \tag{3.150}$$

式中，$1/(c\varepsilon_0)$ 具有电阻的量纲，也被称为自由空间阻抗。

在激光光斑内，光强并不是一个常数，它是随空间变化的，光斑内的位置不同，光强也不同。常见的激光光束是高斯光束，在波束中心处，具有最大值。高斯光束的强度可以表示为

$$I(x,y) = P_0 \frac{2}{\pi W_x W_y} \exp\left(-\frac{2x^2}{W_x^2}\right) \exp\left(-\frac{2y^2}{W_y^2}\right) \tag{3.151}$$

式中，P_0 是光功率；W_x 和 W_y 是高斯光束在 x 方向和 y 方向的 e^{-2} 半径（衰减到最大值的 e^{-2} 时的半径）。因此，拉比频率可以表示为

$$\Omega_p(x,y) = \frac{\wp_{ab}\sqrt{2I(x,y)/(c\varepsilon_0)}}{\hbar} \tag{3.152}$$

式(3.152)表明，采用高斯光束照射介质时，拉比频率是在光斑内空间中变化的，因此吸收系数在 xy 平面内也是空间变化的。实际中测量到的拉比频率，应该是空变拉比频率的平均值：

$$\overline{\Omega} = \iint_{x,y} \Omega_p(x,y) f(x,y) \mathrm{d}x\mathrm{d}y$$

$$f(x,y) = \frac{2}{\pi W_x W_y} \exp\left(-\frac{2x^2}{W_x^2}\right)\exp\left(-\frac{2y^2}{W_y^2}\right) \tag{3.153}$$

由此可以计算出在光束内一个截面的平均拉比频率为

$$\overline{\Omega} = \frac{4\wp_{ab}\sqrt{P_0}}{3\hbar\sqrt{c\varepsilon_0 \pi W_x W_y}} \tag{3.154}$$

我们利用 ARC 软件计算的是光束内拉比频率的最大值：

$$\Omega_{\max} = \frac{2\wp_{ab}\sqrt{P_0}}{\hbar\sqrt{c\varepsilon_0 \pi W_x W_y}} \tag{3.155}$$

由此可见，光束内拉比频率的平均值是最大值的 2/3。

3.6.2 光透过功率的计算

迄今为止，我们都认为光束在通过介质时的拉比频率是不变的，然而，当光进入介质后，随着光的传播，由于介质对光的吸收作用，光的光强会逐渐降低，也就是说，整体的吸收系数会随着光的传输而发生变化。此时，为了计算光透过介质后的功率，我们可以将介质沿着传输方向分成 M 个等份，认为光强在每一个子份内是保持不变的，此时透过介质的光功率可以用表示为

$$P_t = P_0 \exp\left(\frac{2N\wp_{ab}^2}{\varepsilon_0 \hbar} \sum_i \frac{\mathrm{Im}(\rho_{ba\_i}\mathrm{e}^{\mathrm{i}\Delta_p t})}{\overline{\Omega_{p\_i}}} k_p \mathrm{d}z\right) \tag{3.156}$$

式中，ρ_{ba_i} 和 $\overline{\Omega_{p\_i}}$ 分别是第 i 个子份内的密度矩阵元和平均拉比频率；$\mathrm{d}z$ 是子份长度。第 i 个子份内的平均拉比频率可以用如下关系计算：

$$\overline{\Omega_{p\_i}} = \frac{4\wp_{ab}\sqrt{P_i}}{3\hbar\sqrt{c\varepsilon_0 \pi W_x W_y}} \tag{3.157}$$

式中，P_i 是第 i 个子份内的光功率，其和第 $i-1$ 个子份内的光功率存在如下关系：

$$P_i = P_{i-1} \exp\left(\frac{2N\wp_{ab}^2}{\varepsilon_0 \hbar} \frac{\mathrm{Im}(\rho_{ba\_i}\mathrm{e}^{\mathrm{i}\Delta_p t})}{\overline{\Omega_{p\_i}}} k_p \mathrm{d}z\right) \tag{3.158}$$

利用上述三个关系式，我们可以很方便地计算出光透过介质的功率。

3.7 小　　结

本章对二能级原子进行了系统的讲解，首先从薛定谔方程出发，引入了二能级原子相互作用时系统的哈密顿矩阵，并且详细介绍了二能级原子的薛定谔方程的解法，从概率幅度的角度讨论了"缀饰态"的概念。其次引入了密度矩阵的动态方程，密度矩阵同概率幅度相比，物理意义更强，其对角元素表征能级粒子数的布居概率，非对角元素可以表征电介质的极化。我们详细论述了能级的随机失谐在统计意义上等效于能级衰减。我们利用热原子的密度矩阵动态方程深入地分析了二能级原子对光的吸收特性，包括一般的吸收现象，以及存在强泵浦光和弱探测光的饱和吸收现象。我们还论述了二能级原子的噪声特性，包括密度矩阵元的量子投影噪声以及热辐射噪声对密度矩阵元的影响。最后我们介绍了光束内拉比频率和光透过功率的计算方法。

参　考　文　献

[1] 戴姆特瑞德. 激光光谱学，第一卷：基本理论[M]. 姬扬，译. 北京：科学出版社，2012.

[2] 萨晋，斯考莱，兰姆，等. 激光物理学[M]. 彭放，译. 北京：科学出版社，1982.

[3] Autler S H, Townes C H. Stark effect in rapidly varying fields[J]. Physical Review, 1955, 100(2): 703-722.

[4] 戴姆特瑞德. 激光光谱学，第二卷：实验技术[M]. 姬扬，译. 北京：科学出版社，2012.

[5] Sargent III M, Scully M O, Lamb W E. Laser Physics[M]. London: Addison-Wesley Publishing Company, 1974.

[6] Meystre P, Sargent M III. Elements of Quantum Optics[M]. Heidelberg: Springer, 2007.

[7] Itano W M, Bergquist J C, Bollinger J J, et al. Quantum projection noise: Population fluctuations in two-level systems[J]. Physical Review A, 1993, 47(5): 3554-3570.

第 4 章　多能级原子的电磁感应透明效应

如第 3 章分析所示,光照射二能级原子会诱发粒子从低能级向高能级的跃迁,此时二能级原子会吸收光的能量,导致光的功率减弱。当存在多束不同频率的激光照射多能级原子时,若照射光的频率在一些能级的共振频率处,会使多个能级之间产生相关性,这种相关性会导致吸收系数产生许多有趣的现象:在三能级原子中,当入射光的频率在能级共振频率附近时,介质对探测光的吸收效应会减弱,呈现一个相对的透明峰;在四能级原子中,这个透明峰会产生分裂,利用这种分裂可以实现对微波电场的测量。本章共分为五节,4.1 节讲述三能级原子的 EIT 效应;4.2 节讲述热辐射对三能级原子 EIT 效应的影响;4.3 节讲述四能级原子的 EIT A-T 分裂效应,并且分析冷原子和热原子的差别;4.4 节分析四能级 EIT A-T 效应的噪声特性;4.5 节讲述对四能级原子的主要参数进行估计的方法。

4.1　三能级原子的 EIT 模型

三能级原子是最基本的多能级原子,采用相干激发的方式,可以观测到 EIT 效应,也就是介质对激光的吸收效应减弱的特性。三能级原子有不同的构型,包括 Λ 型、V 型和阶梯型,如图 4.1 所示。

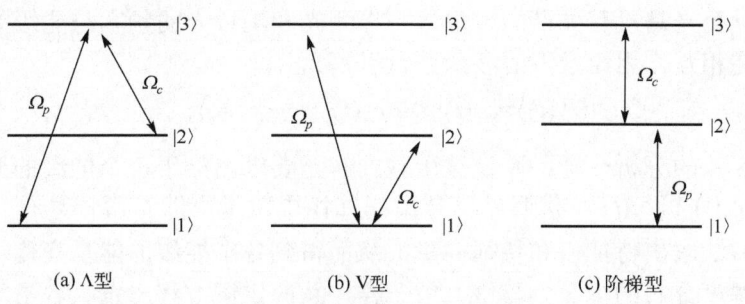

图 4.1　三能级原子的三种构型

本章研究里德堡原子的 EIT 特性,里德堡原子的能量非常高,直接从基态激发至里德堡态的跃迁偶极矩非常小,也就是说,原子很难从基态跃迁至里德堡态,因此里德堡原子制备时一般都采用阶梯激发的方式,即首先将基态原子激发至中间态(如果采用铷原子,中间态一般为 $5P_{3/2}$ 态;如果采用铯原子,中间态为 $6P_{3/2}$

态),然后将原子从中间态激发到里德堡态。采用阶梯激发实现里德堡原子还有一个原因,根据跃迁选择定则,我们从基态 S 态出发,直接激发到里德堡态,只能得到 P 态的里德堡原子,而如果采用阶梯激发,我们可以得到 S 态和 D 态的里德堡原子,因此采用阶梯激发,可以获得的里德堡原子种类更加丰富。因此,在本章中,除非特别说明,我们在三能级原子中都是研究的阶梯型 EIT 效应。

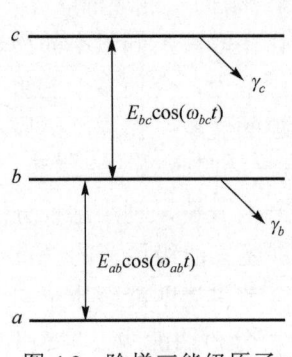

图 4.2 阶梯三能级原子系统模型

在阶梯三能级原子中,该原子受到两束共振的激光的激励,基态能级的原子受到探测光的激励而跃迁至中间能级,中间能级的粒子受到耦合光的激励而跃迁至高能级。高能级的粒子由于能级寿命原因不能长时间稳定地处于高能级状态,会通过自发辐射的方式跃迁至下能级,在泵浦光的作用下,达到一种动态的平衡。阶梯三能级原子的模型如图 4.2 所示,其中,a 是基态,b 是中间态,c 是里德堡态。γ_b 和 γ_c 分别是 b 态和 c 态的衰减,三能级原子被两束激光激励,耦合于 a 态和 b 态的激光称为探测光,耦合于 b 态和 c 态的激光称为耦合光。ω_{ab} 和 ω_{bc} 分别是探测光和耦合光的角频率。下面我们分别从冷原子和热原子的角度来讨论 EIT 效应。对于 EIT 效应的讨论,我们分别从理想能级原子和考虑衰减的能级原子进行分析。

4.1.1 冷原子的 EIT 效应

对于三能级原子的 EIT 效应,我们首先考虑一种理想的情况,在这种情况下探测光和耦合光是没有失谐的,也就是探测光和耦合光的频率与能级完全共振,此时系统在相互作用绘景下的波函数可以写为

$$\left|\psi^I(t)\right\rangle = c_a(t)\left|a\right\rangle + c_b(t)\left|b\right\rangle + c_c(t)\left|c\right\rangle \tag{4.1}$$

与第 3 章的分析一样,系统波函数的解是要求出处于每个能级的概率幅度,即 $c_a(t)$、$c_b(t)$ 和 $c_c(t)$,我们可以写出相互作用绘景下的哈密顿算符,通过特征值分解的方法求出特征值和特征向量,从而得到各个能级的能量变化,以及各个能级概率幅度分布的情况。与 3.1 节一样,从薛定谔方程出发很容易写出三能级原子在相互作用绘景下的哈密顿算符:

$$H = \frac{\hbar}{2}\begin{bmatrix} 0 & \Omega_p & 0 \\ \Omega_p & 0 & \Omega_c \\ 0 & \Omega_c & 0 \end{bmatrix} \tag{4.2}$$

对式(4.2)求解特征值可以得到如下方程:

$$\begin{vmatrix} -\lambda & \dfrac{\hbar\Omega_p}{2} & 0 \\ \dfrac{\hbar\Omega_p}{2} & -\lambda & \dfrac{\hbar\Omega_c}{2} \\ 0 & \dfrac{\hbar\Omega_c}{2} & -\lambda \end{vmatrix} = 0 \tag{4.3}$$

可以求出哈密顿算符的三个特征值为

$$\lambda_1 = 0, \quad \lambda_2 = -\frac{\hbar}{2}\sqrt{\Omega_p^2 + \Omega_c^2}, \quad \lambda_3 = \frac{\hbar}{2}\sqrt{\Omega_p^2 + \Omega_c^2} \tag{4.4}$$

由此对应的三个特征向量为

$$|\psi_1^I\rangle = \begin{bmatrix} \dfrac{\Omega_c}{\sqrt{\Omega_p^2 + \Omega_c^2}} \\ 0 \\ -\dfrac{\Omega_p}{\sqrt{\Omega_p^2 + \Omega_c^2}} \end{bmatrix}, \quad |\psi_2^I\rangle = \begin{bmatrix} \dfrac{1}{\sqrt{2}}\dfrac{\Omega_p}{\sqrt{\Omega_p^2 + \Omega_c^2}} \\ -\dfrac{1}{\sqrt{2}} \\ \dfrac{1}{2}\dfrac{\Omega_c}{\sqrt{\Omega_p^2 + \Omega_c^2}} \end{bmatrix}, \quad |\psi_3^I\rangle = \begin{bmatrix} \dfrac{1}{\sqrt{2}}\dfrac{\Omega_p}{\sqrt{\Omega_p^2 + \Omega_c^2}} \\ \dfrac{1}{\sqrt{2}} \\ \dfrac{1}{2}\dfrac{\Omega_c}{\sqrt{\Omega_p^2 + \Omega_c^2}} \end{bmatrix} \tag{4.5}$$

联立初始条件：$c_a(0) = 1$，$c_b(0) = 0$，$c_c(0) = 0$。由此可以得到粒子处于三个能级的概率幅度向量为

$$\begin{bmatrix} c_a(t) \\ c_b(t) \\ c_c(t) \end{bmatrix} = \frac{\Omega_c}{\sqrt{\Omega_p^2 + \Omega_c^2}} \begin{bmatrix} \dfrac{\Omega_c}{\sqrt{\Omega_p^2 + \Omega_c^2}} \\ 0 \\ -\dfrac{\Omega_p}{\sqrt{\Omega_p^2 + \Omega_c^2}} \end{bmatrix} + \frac{\Omega_p \mathrm{e}^{\frac{\mathrm{i}\hbar\sqrt{\Omega_p^2 + \Omega_c^2}}{2}t}}{\sqrt{2}\sqrt{\Omega_p^2 + \Omega_c^2}} \begin{bmatrix} \dfrac{1}{\sqrt{2}}\dfrac{\Omega_p}{\sqrt{\Omega_p^2 + \Omega_c^2}} \\ -\dfrac{1}{\sqrt{2}} \\ \dfrac{1}{2}\dfrac{\Omega_c}{\sqrt{\Omega_p^2 + \Omega_c^2}} \end{bmatrix}$$

$$+ \frac{\Omega_p \mathrm{e}^{\frac{\mathrm{i}\hbar\sqrt{\Omega_p^2 + \Omega_c^2}}{2}t}}{\sqrt{2}\sqrt{\Omega_p^2 + \Omega_c^2}} \begin{bmatrix} \dfrac{1}{\sqrt{2}}\dfrac{\Omega_p}{\sqrt{\Omega_p^2 + \Omega_c^2}} \\ \dfrac{1}{\sqrt{2}} \\ \dfrac{1}{2}\dfrac{\Omega_c}{\sqrt{\Omega_p^2 + \Omega_c^2}} \end{bmatrix} \tag{4.6}$$

下面对三能级原子 EIT 效应的特征值和特征向量进行简要的分析，相互作用绘景下哈密顿算符的特征值表示能级能量的变化情况。如式(4.4)所示，三能级原子中存在三个不相等的特征值，这说明在三能级原子中，每个能级都会在探测光和耦合光电磁场的作用下分裂成为三个子能级，其中一个子能级的能量为初始能级的能量，保持不变，另外两个子能级与这个子能级呈现对称分布。

这三个特征值对应的三个特征向量是三能级原子的三个本征态，三能级原子最终的状态是这三个本征态的线性叠加，其叠加系数是每个本征态发生的概率。特征值为 0 对应的特征向量显示此时处于 b 能级的粒子布局概率为 0，即此时没有粒子处于 b 能级，就不会存在粒子被探测光从 a 能级激发到 b 能级，那么该本征态不会对探测光产生吸收，似乎处于基态 a 能级的粒子被直接激发到了 c 能级的里德堡态，此时 b 能级像不存在一样，呈现透明状态。因此，特征值为 0 的本征态也叫"暗态"，另外两个本征态被称为"明态"。三能级原子的明态与二能级原子的缀饰态一样，粒子分布的概率会在三个态中变化，此时"明态"对探测光会存在吸收现象。

在实际的三能级原子中，能级的衰减始终存在，不可以被忽略，下面我们在考虑能级衰减的情况下对冷原子进行分析。冷原子的运动速度为 0，在分析冷原子时，无须考虑原子速度对 EIT 效应的影响，如同第 3 章一样，采用密度矩阵的方法分析三能级原子时，关键是要写出三能级原子的哈密顿算符，与第 3 章采用相同的方法，在考虑旋转波近似的条件下，三能级原子的相互作用哈密顿算符可以写成：

$$H = \frac{\hbar}{2} \begin{pmatrix} 0 & \Omega_p e^{i\Delta_p t} & 0 \\ \Omega_p e^{-i\Delta_p t} & 0 & \Omega_c e^{i\Delta_c t} \\ 0 & \Omega_c e^{-i\Delta_c t} & 0 \end{pmatrix} \quad (4.7)$$

式中，Ω_p 是探测光的拉比频率；Ω_c 是耦合光的拉比频率；Δ_p 是探测光的失谐；Δ_c 是耦合光的失谐。在这里我们认为光是单频的非调制光，因此探测光的拉比频率和耦合光的拉比频率都是实数。

在三能级原子中，a 是基态，其衰减为 0，在偶极跃迁的条件下，由于跃迁选择定则的限制，c 态的原子会直接衰减（自发辐射）至 b 态，而不会直接衰减至 a 态，b 态的原子会衰减至 a 态，也就是说，c 态的原子会通过 b 态衰减到基态。因此，在不考虑渡越时间衰减和碰撞衰减的条件下，三能级原子的衰减矩阵可以写成如下形式：

$$D = \begin{pmatrix} \gamma_b \rho_{bb} & -\dfrac{\gamma_b}{2}\rho_{ab} & -\dfrac{\gamma_c}{2}\rho_{ac} \\ -\dfrac{\gamma_b}{2}\rho_{ba} & -\gamma_b \rho_{bb} + \gamma_c \rho_{cc} & -\dfrac{\gamma_{bc}}{2}\rho_{bc} \\ -\dfrac{\gamma_c}{2}\rho_{ca} & -\dfrac{\gamma_{bc}}{2}\rho_{cb} & -\gamma_c \rho_{cc} \end{pmatrix} \tag{4.8}$$

式中，$\gamma_{bc} = \gamma_b + \gamma_c$；$\rho_{ij}$ 是密度矩阵元。

假定高能级的原子由于衰减的作用，最终将回到基态。当 c 态是里德堡态时，由于里德堡原子有很长的寿命，其衰减比 b 态的衰减小 2～3 个数量级。

三能级原子的密度矩阵方程为

$$\frac{\mathrm{d}}{\mathrm{d}t}\rho = -\frac{\mathrm{i}}{\hbar}(H\rho - \rho H) + D \tag{4.9}$$

将式(4.7)和式(4.8)代入式(4.9)，可以写出上述密度矩阵的方程中独立的方程为

$$2\mathrm{i}\frac{\mathrm{d}}{\mathrm{d}t}\rho_{ba} = \Omega_p \mathrm{e}^{-\mathrm{i}\Delta_p t}(\rho_{aa} - \rho_{bb}) + \Omega_c \mathrm{e}^{\mathrm{i}\Delta_c t}\rho_{ca} - \mathrm{i}\gamma_b \rho_{ba} \tag{4.10}$$

$$2\mathrm{i}\frac{\mathrm{d}}{\mathrm{d}t}\rho_{ca} = \Omega_c \mathrm{e}^{-\mathrm{i}\Delta_c t}\rho_{ba} - \rho_{cb}\Omega_p \mathrm{e}^{-\mathrm{i}\Delta_p t} - \mathrm{i}\gamma_c \rho_{ca} \tag{4.11}$$

$$2\mathrm{i}\frac{\mathrm{d}}{\mathrm{d}t}\rho_{cb} = \Omega_c \mathrm{e}^{-\mathrm{i}\Delta_c t}(\rho_{bb} - \rho_{cc}) - \rho_{ca}\Omega_p \mathrm{e}^{\mathrm{i}\Delta_p t} - \mathrm{i}\gamma_{bc}\rho_{cb} \tag{4.12}$$

$$2\mathrm{i}\frac{\mathrm{d}}{\mathrm{d}t}\rho_{aa} = \Omega_p \mathrm{e}^{\mathrm{i}\Delta_p t}\rho_{ba} - \rho_{ab}\Omega_p \mathrm{e}^{-\mathrm{i}\Delta_p t} + 2\mathrm{i}\gamma_b \rho_{bb} \tag{4.13}$$

$$2\mathrm{i}\frac{\mathrm{d}}{\mathrm{d}t}\rho_{bb} = \Omega_p \mathrm{e}^{-\mathrm{i}\Delta_p t}\rho_{ab} + \Omega_c \mathrm{e}^{\mathrm{i}\Delta_c t}\rho_{cb} - \rho_{ba}\Omega_p \mathrm{e}^{\mathrm{i}\Delta_p t} - \rho_{bc}\Omega_c \mathrm{e}^{-\mathrm{i}\Delta_c t} - 2\mathrm{i}(\gamma_b \rho_{bb} - \gamma_c \rho_{cc}) \tag{4.14}$$

在 EIT 效应中，我们分析的是原子气室对探测光的吸收，从第 3 章可以知道，原子气室对探测光的电极化率可以写成：

$$\chi = -\frac{2N\rho_{ba}\mathrm{e}^{\mathrm{i}\Delta_p t}\wp_{ab}}{\varepsilon_0 E_{ab}} \tag{4.15}$$

因此，在求解上述密度矩阵元方程时，可以将 $\rho_{ba}\mathrm{e}^{\mathrm{i}\Delta_p t}$ 看成一个整体，也就是进行如下的变量代换：$\rho_{ba}^0 = \rho_{ba}\mathrm{e}^{\mathrm{i}\Delta_p t}$，$\rho_{ca}^0 = \rho_{ca}\mathrm{e}^{\mathrm{i}(\Delta_p + \Delta_c)t}$，$\rho_{cb}^0 = \rho_{cb}\mathrm{e}^{\mathrm{i}\Delta_c t}$，$\rho_{ii}^0 = \rho_{ii}$。

因此，下三角密度矩阵元方程的稳态解 $\dfrac{\mathrm{d}\rho_{ij}^0}{\mathrm{d}t}=0$ 可以写成

$$\Omega_p(\rho_{aa}^0-\rho_{bb}^0)+\Omega_c\rho_{ca}^0-(\mathrm{i}\gamma_b+2\Delta_p)\rho_{ba}^0=0 \tag{4.16}$$

$$\Omega_c\rho_{ba}^0-\rho_{cb}^0\Omega_p-(\mathrm{i}\gamma_c+2(\Delta_p+\Delta_c))\rho_{ca}^0=0 \tag{4.17}$$

$$\Omega_c(\rho_{bb}^0-\rho_{cc}^0)-\rho_{ca}^0\Omega_p-(\mathrm{i}\gamma_{bc}+2\Delta_c)\rho_{cb}^0=0 \tag{4.18}$$

当探测光非常弱时，粒子基本都处于基态能级，此时 $\rho_{aa}^0\approx 1$。式(4.17)等号左边满足 $\Omega_p\rho_{cb}^0 \ll \rho_{ba}^0\Omega_c$。当采用单频光激励三能级原子时，系统稳定后，各个密度矩阵元将保持恒定，不随时间发生改变，由此，我们通过求解式(4.16)和式(4.17)，可以得到密度矩阵元 ρ_{ba}^0：

$$\rho_{ba}^0=\dfrac{-\mathrm{i}\Omega_p(-\mathrm{i}2(\Delta_p+\Delta_c)+\gamma_c)}{(-\mathrm{i}2\Delta_p+\gamma_b)(-\mathrm{i}2(\Delta_p+\Delta_c)+\gamma_c)+\Omega_c^2} \tag{4.19}$$

如果 c 能级是里德堡能级，γ_c 非常小，此时探测光和耦合光与能级完全共振，也就是探测光和耦合光的频率不存在失谐，有 $\rho_{ba}^0\approx 0$，也就是说，原子气室对探测光基本是完全透明的。这种透明效应是加入耦合光引起的，也就是被耦合光的电磁场所感应出的透明现象，因此称为电磁感应透明效应。

当探测光的功率比较强时，粒子不完全集中于基态，此时，密度矩阵元 ρ_{ba}^0 的稳态解由三能级原子的 9 个密度矩阵元方程求得。该方程较为复杂，不易写出 ρ_{ba}^0 的解析表达式，我们可以通过数值计算的方法求出密度矩阵元的数值解。将密度矩阵元方程改写为如下矩阵形式：

$$\begin{pmatrix} 0 & -\Omega_p & 0 & \Omega_p & 2\mathrm{i}\gamma_b & 0 & 0 & 0 & 0 \\ -\Omega_p & 2\Delta_p-\mathrm{i}\gamma_b & -\Omega_c & 0 & \Omega_p & 0 & 0 & 0 & 0 \\ 0 & -\Omega_c & 2\Delta_{pc}-\mathrm{i}\gamma_c & 0 & 0 & \Omega_p & 0 & 0 & 0 \\ \Omega_p & 0 & 0 & -2\Delta_p-\mathrm{i}\gamma_b & -\Omega_p & 0 & \Omega_c & 0 & 0 \\ 0 & \Omega_p & 0 & -\Omega_p & -2\mathrm{i}\gamma_b & -\Omega_c & 0 & \Omega_c & 2\mathrm{i}\gamma_c \\ 0 & 0 & \Omega_p & 0 & -\Omega_c & 2\Delta_c-\mathrm{i}\gamma_{bc} & 0 & 0 & \Omega_c \\ 0 & 0 & 0 & \Omega_c & 0 & 0 & -2\Delta_{pc}-\mathrm{i}\gamma_c & -\Omega_p & 0 \\ 0 & 0 & 0 & 0 & \Omega_c & 0 & -\Omega_p & -2\Delta_c-\mathrm{i}\gamma_{bc} & -\Omega_c \\ 1 & 0 & 0 & 0 & 1 & 0 & 0 & 0 & 1 \end{pmatrix}\begin{pmatrix}\rho_{aa}^0\\\rho_{ab}^0\\\rho_{ac}^0\\\rho_{ba}^0\\\rho_{bb}^0\\\rho_{bc}^0\\\rho_{ca}^0\\\rho_{cb}^0\\\rho_{cc}^0\end{pmatrix}=\begin{pmatrix}0\\0\\0\\0\\0\\0\\0\\0\\1\end{pmatrix}$$

$$\tag{4.20}$$

式中，$\Delta_{pc}=\Delta_p+\Delta_c$。通过矩阵求逆的方式，很容易求得各个密度矩阵元的数值解。利用式(4.15)，很容易求出探测光对原子气室的电极化率，从第 3 章我们可以知道，

电极化率是一个复数,其虚部就是介质的吸收系数,实部是与色散系数有关,在本章中,我们主要讨论的是介质的吸收特性,所以主要对其虚部进行分析。

由式(4.20)刻画的 ρ_{ba}^0 通常没有解析解,如果我们只考虑里德堡原子的 EIT 效应,由于里德堡原子的寿命非常长,因此有 $\gamma_c \approx 0$,并且,我们固定探测光的频率,让其完全与能级共振,也就是当 $\Delta_p = 0$,只考虑耦合光有失谐的时候,可以求出 ρ_{ba}^0 的解析解:

$$\mathrm{Im}(\rho_{ba}^0) = -\frac{\gamma_b \Omega_p}{\gamma_b^2 + 2\Omega_p^2} \frac{\Delta_c^2}{\Delta_c^2 + ((\Omega_c^2 + \Omega_p^2)/(2\sqrt{\gamma_b^2 + 2\Omega_p^2}))^2} \tag{4.21}$$

$$\mathrm{Re}(\rho_{ba}^0) = \frac{\Omega_c^2}{\Delta_c \gamma_b} \mathrm{Im}(\rho_{ba}^0) = -\frac{\Omega_c^2 \Omega_p}{\gamma_b^2 + 2\Omega_p^2} \frac{\Delta_c}{\Delta_c^2 + ((\Omega_c^2 + \Omega_p^2)/(2\sqrt{\gamma_b^2 + 2\Omega_p^2}))^2} \tag{4.22}$$

式中,$(\Omega_c^2 + \Omega_p^2)/(2\sqrt{\gamma_b^2 + 2\Omega_p^2})$ 是吸收系数的谱线宽度,表明里德堡原子 EIT 效应的吸收系数是一个洛伦兹线型。我们对式(4.21)和式(4.20)求出的三能级原子的密度矩阵元 ρ_{ba}^0 进行仿真,图 4.3 表明,当上能级的衰减很小时,由式(4.21)求得的近似解与式(4.20)求得的精确解基本没有差别;当上能级的衰减较大时,近似解和精确解的差别较大。里德堡原子的能级寿命很长,也就是在冷原子里德堡 EIT 效应中,我们可以用近似解的解析形式来分析里德堡原子的 EIT 效应。

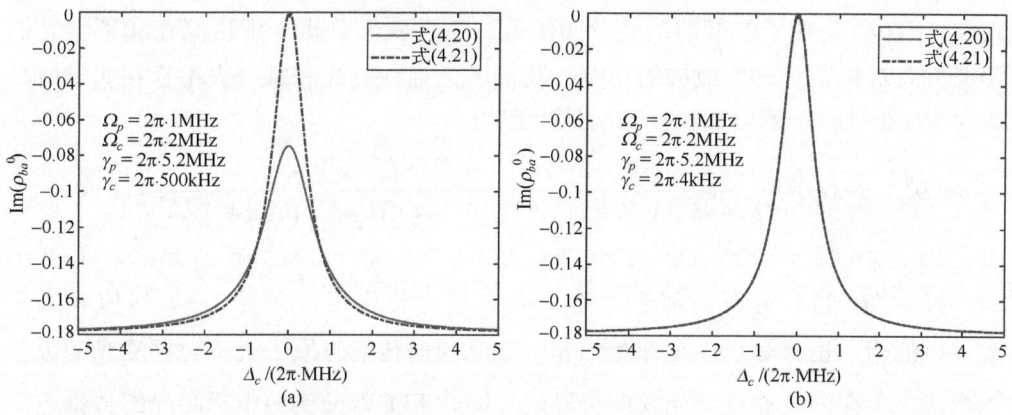

图 4.3　式(4.20)和式(4.21)表示的密度矩阵元 ρ_{ba}^0

从图 4.3 中可以看到,在三能级原子中,介质对探测光的吸收系数在能级共振处呈现最小值,此时的吸收系数最小,当上能级是里德堡能级时,吸收系数约等于 0,介质呈现几乎完全透明的状态。

4.1.2 热原子的 EIT 效应

在 4.1.1 节对 EIT 效应的讨论中,都假定原子是冷原子。然而,在常温下进行 EIT 效应实验时,温度会影响原子气室中原子的运动速度,由于多普勒效应,此时探测光和耦合光与原子能级共振频率之间的失谐由两部分组成:一部分是探测光和耦合光的频率与原子能级共振频率之间的差;一部分是由多普勒效应引入的额外的频率差。因此,在热原子中,探测光和耦合光的失谐可以表示为

$$\Delta_p = \Delta_{p0} \pm k_p v_z, \quad \Delta_c = \Delta_{c0} \pm k_c v_z \tag{4.23}$$

式中,k_p 和 k_c 是探测光和耦合光的波数,如果光的传播方向和原子运动方向相反,则取"−",如果光的传播方向和原子运动方向相同,则取"+"。由此,当探测光与原子运动方向一致时,我们可以得到当原子速度为 v_z 时原子的密度矩阵元 $\rho_{ba}^0(v_z)$ 为

$$\rho_{ba}^0(v_z) = \frac{-\mathrm{i}\Omega_p(-\mathrm{i}2(\Delta_{p0} + \Delta_{c0} - (k_p \pm k_c)v_z) + \gamma_c)}{(-\mathrm{i}2(\Delta_{p0} - k_p v_z) + \gamma_b)(-\mathrm{i}2(\Delta_{p0} + \Delta_{c0} - (k_p \pm k_c)v_z) + \gamma_c) + \Omega_c^2} \tag{4.24}$$

因此,探测光对原子气室的电极化率为

$$\chi = -\frac{2\wp_{ab}}{\varepsilon_0 E_{ab}} \int \frac{-\mathrm{i}\Omega_p(-\mathrm{i}2(\Delta_{p0} + \Delta_{c0} - (k_p \pm k_c)v_z) + \gamma_c)}{(-\mathrm{i}2(\Delta_{p0} - k_p v_z) + \gamma_b)(-\mathrm{i}2(\Delta_{p0} + \Delta_{c0} - (k_p \pm k_c)v_z) + \gamma_c) + \Omega_c^2} N(v_z) \mathrm{d}v_z \tag{4.25}$$

式中,$N(v_z)$ 是粒子浓度的速度分布函数。下面我们分析一下探测光和耦合光的传播方向对热原子 EIT 效应的影响,我们考虑当探测光和耦合光不存在失谐时,式(4.19)经过粒子速度加权平均后的虚部为

$$\mathrm{Im}(\rho_{ba}^0) = -\Omega_p \int \frac{\Omega_c^2 \gamma_c + \gamma_b \gamma_c^2 + 4(k_p \pm k_c)^2 v_z^2 \gamma_b}{(\Omega_c^2 - 4k_p(k_p \pm k_c)v_z^2 + \gamma_b \gamma_c)^2 + 4v_z^2(k_p \gamma_c + (k_p \pm k_c)\gamma_b)^2} N(v_z) \mathrm{d}v_z \tag{4.26}$$

式(4.26)的分母有两部分,第一部分起主要作用,并且 $k_p + k_c$ 的值要大于 $k_p - k_c$ 的值,也就是说,在探测光和耦合光同向传输时原子气室对探测光的吸收系数要大于探测光和耦合光反向传输时。因此 EIT 效应实验中探测光的传播方向都要与耦合光的传播方向相反。

在观测 EIT 效应时,存在两种途径:一种是固定耦合光的频率,在一定范围内扫描探测光的频率;另外一种是固定探测光的频率,在一定范围内扫描耦合光的频率。当在弱探测光条件下,固定耦合光频率,扫描探测光频率时,密度矩阵元 $\rho_{ba}^0(v_z)$ 的表达式为

$$\rho_{ba}^0(v_z) = \frac{-\mathrm{i}\Omega_p(-\mathrm{i}2(\Delta_{p0}-(k_p-k_c)v_z)+\gamma_c)}{(-\mathrm{i}2(\Delta_{p0}-k_pv_z)+\gamma_b)(-\mathrm{i}2(\Delta_{p0}-(k_p-k_c)v_z)+\gamma_c)+\Omega_c^2} \quad (4.27)$$

可以将式(4.27)整理为

$$\rho_{ba}^0(v_z) = \frac{-\mathrm{i}\Omega_p}{(-\mathrm{i}2(\Delta_{p0}-k_pv_z)+\gamma_b)}\left(1 - \frac{\dfrac{\Omega_c^2}{-\mathrm{i}2(\Delta_{p0}-k_pv_z)+\gamma_b}}{(-\mathrm{i}2(\Delta_{p0}-(k_p-k_c)v_z)+\gamma_c)+\dfrac{\Omega_c^2}{-\mathrm{i}2(\Delta_{p0}-k_pv_z)+\gamma_b}}\right)$$
(4.28)

式中，ρ_{ba}^0 由两个部分组成：括号外是二能级原子的多普勒吸收线型；括号中的第二项描述的是耦合光对 ρ_{ba}^0 的贡献。式(4.28)表明，当扫描探测光频率时，ρ_{ba}^0 呈现为一个多普勒背景上面叠加一个透明峰。

当固定探测光的频率，扫描耦合光的频率时，在弱探测光条件下，密度矩阵元 $\rho_{ba}^0(v_z)$ 的表达式为

$$\rho_{ba}^0(v_z) = \frac{-\mathrm{i}\Omega_p(-\mathrm{i}2(\Delta_{c0}-(k_p-k_c)v_z)+\gamma_c)}{(\gamma_b+2\mathrm{i}k_pv_z)(-\mathrm{i}2(\Delta_{c0}-(k_p-k_c)v_z)+\gamma_c)+\Omega_c^2} \quad (4.29)$$

式(4.29)表明，当扫描耦合光频率时，吸收系数存在一个透明峰，并没有多普勒背景。

上面的论述是基于弱探测光假设的，也就是粒子基本完全处于低能级。当不满足弱探测光假设时，我们通过式(4.20)对密度矩阵元 ρ_{ba}^0 进行求解。图 4.4 是在强探测光条件下热原子的 EIT 效应，图 4.4(a) 是当固定耦合光频率，扫描探测光频率时，EIT 效应叠加在多普勒背景之上。图 4.4(b) 是固定探测光频率，扫描耦

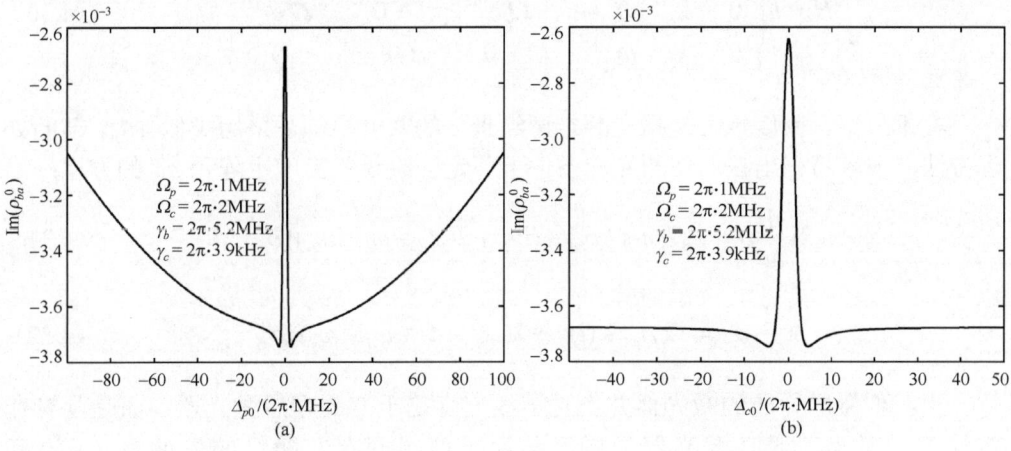

图 4.4 扫描探测光频率和扫描耦合光频率的热原子 EIT 效应

合光频率时,热原子的 EIT 效应与冷原子的类似,但线型不再是洛伦兹线型。对比热原子和冷原子的 EIT 效应,我们可以看出,对于冷原子的 EIT 效应,在能级完全共振处,其密度矩阵元 ρ_{ba}^0 的值约为零,即此时介质对探测光是基本无吸收的,处于完全透明的状态;而对于热原子的 EIT 效应,密度矩阵元 ρ_{ba}^0 不会为零,但是在探测光和耦合光无失谐时,存在一个局部的最小值,也就是此时介质对探测光的吸收系数最小,介质处于一个相对透明的状态。

里德堡冷原子 EIT 效应的密度矩阵元可以用式(4.21)近似地解析求出,然而,我们不能从式(4.21)简单地扩展得到扫描耦合光频率时 EIT 效应的表达式,原因是在热原子系统中,所有原子都在运动,当固定探测光频率时,所有原子对于该探测光频率都会存在一个基于其运动速度的失谐,因此式(4.21)认为原子对探测光频率的失谐等于 0 的条件不再成立。要计算强探测光条件下的三能级原子的密度矩阵元,需要利用式(4.20),并且式(4.20)中的失谐需要用式(4.23)的失谐表达式代替。

4.1.3 激光的线宽与 EIT 效应的相干性

里德堡原子的 EIT 效应需要两束激光采用阶梯激励的方式将原子从基态激发到里德堡态,本节讨论激光器的线宽对 EIT 效应的影响,我们知道在弱探测光响应的情况下,三能级原子的密度矩阵元 ρ_{ba}^0 有解析表达式,因此在本节中,我们假设是在弱探测光条件下观测 EIT 效应。我们采用薛定谔绘景讨论激光线宽对 EIT 相干性的影响,此时系统的哈密顿算符由两部分组成:一部分是系统的本征能量;另外一部分是由于相互作用引入的能量。

$$H = \hbar \begin{pmatrix} \omega_a & 0 & 0 \\ 0 & \omega_b & 0 \\ 0 & 0 & \omega_c \end{pmatrix} + \frac{\hbar}{2} \begin{pmatrix} 0 & \Omega_p \mathrm{e}^{\mathrm{i}\Delta_p t} & 0 \\ \Omega_p \mathrm{e}^{-\mathrm{i}\Delta_p t} & 0 & \Omega_c \mathrm{e}^{\mathrm{i}\Delta_c t} \\ 0 & \Omega_c \mathrm{e}^{-\mathrm{i}\Delta_c t} & 0 \end{pmatrix} \quad (4.30)$$

在本节中,密度矩阵是指在薛定谔绘景下的密度矩阵,采用类似 4.1.1 节的处理方法,很容易列出在弱探测光的条件下薛定谔绘景的密度矩阵元 ρ_{ba}^0 的方程:

$$2\mathrm{i}\frac{\mathrm{d}}{\mathrm{d}t}\rho_{ba}^0 = \Omega_p + \Omega_c \rho_{ca}^0 - (\mathrm{i}\gamma_b + 2(\Delta_p + \omega_a - \omega_b))\rho_{ba}^0 \quad (4.31)$$

$$2\mathrm{i}\frac{\mathrm{d}}{\mathrm{d}t}\rho_{ca}^0 = \Omega_c \rho_{ba}^0 - (\mathrm{i}\gamma_c + 2(\Delta_p + \Delta_c + \omega_a - \omega_c))\rho_{ca}^0 \quad (4.32)$$

当我们激励原子的激光器并不是谱线宽度趋于 0 的理想激光器,而是具有一定线宽的激光器时,激光器的频率与原子能级间存在随机的失谐为 $\delta\omega_p(t)$ 和 $\delta\omega_c(t)$,此处虽然用了时间坐标 t,但并不是说它与时间之间有一个固定的表达式,此处应该将其理解为噪声的形式，每个时刻都有一个随机值。当存在这种随机失谐时，密度矩阵元 ρ_{ba}^0 可以由下面两个方程确定：

$$2i\frac{d}{dt}\rho_{ba}^0 = \Omega_p + \Omega_c\rho_{ca}^0 - (i\gamma_b + 2(\Delta_p + \omega_a - \omega_b + \delta\omega_p(t)))\rho_{ba}^0 \tag{4.33}$$

$$2i\frac{d}{dt}\rho_{ca}^0 = \Omega_c\rho_{ba}^0 - (i\gamma_c + 2(\Delta_p + \delta\omega_p(t) + \omega_a - \omega_c + \Delta_c + \delta\omega_c(t)))\rho_{ca}^0 \tag{4.34}$$

式(4.33)和式(4.34)表明包含随机失谐的密度矩阵元的微分方程是比较复杂的，薛定谔绘景下的哈密顿能量是由能级的本征能量与相互作用的哈密顿能量相加构成的，并且相互作用的哈密顿能量要远远小于能级的本征能量。因此，这时我们考虑将 $\Omega_p = \Omega_c = 0$ 时的解当作式(4.35)和式(4.36)的近似解：

$$2i\frac{d}{dt}\rho_{ba}^0 = -(i\gamma_b + 2(\Delta_p + \omega_a - \omega_b + \delta\omega_p(t)))\rho_{ba}^0 \tag{4.35}$$

$$2i\frac{d}{dt}\rho_{ca}^0 = -(i\gamma_c + 2(\Delta_p + \omega_a - \omega_c + \delta\omega_p(t) + \Delta_c + \delta\omega_c(t)))\rho_{ca}^0 \tag{4.36}$$

由此可以得到密度矩阵元的集合平均：

$$\begin{aligned}\rho_{ba}^0 &= \rho_{ba}^0(0)e^{-i(\omega_b-\omega_a)t}\exp\left(-\frac{\gamma_b}{2}t+i\Delta_p t\right)\left\langle\exp\left(i\int\delta\omega_p(t)dt\right)\right\rangle \\ \rho_{ca}^0 &= \rho_{ca}^0(0)e^{-i(\omega_c-\omega_a)t}\exp\left(-\frac{\gamma_c}{2}t+i(\Delta_p+\Delta_c)t\right)\left\langle\exp\left(i\int(\delta\omega_p(t)+\delta\omega_c(t))dt\right)\right\rangle\end{aligned} \tag{4.37}$$

我们将集合平均用泰勒级数展开：

$$\begin{aligned}&\left\langle\exp\left(-i\int_0^t\delta\omega(\tau)d\tau\right)\right\rangle\\&=\left\langle 1-i\int_0^t\delta\omega(\tau)d\tau+\frac{(-i)^2}{2}\left(\int_0^t\delta\omega(\tau)d\tau\right)^2+\cdots+\frac{(-i)^n}{n!}\left(\int_0^t\delta\omega(\tau)d\tau\right)^n\right\rangle\end{aligned} \tag{4.38}$$

$\delta\omega_{p,c}$ 是根据下标可以选择的，表示 $\delta\omega_p$ 或 $\delta\omega_c$。随机变化量 $\delta\omega_{p,c}(t)$ 取正值和取负值的机会应该一样，也就是说 $\delta\omega_{p,c}(t)$ 是一个零均值的随机变量，即 $\langle\delta\omega_{p,c}(t)\rangle=0$，此外，任意两个时刻的随机变化量乘积的平均 $\langle\delta\omega_{p,c}(t_1)\delta\omega_{p,c}(t_2)\rangle=0$，除非在 $t_1\approx t_2$ 时，该乘积的平均值才显著不为0，假设 $\delta\omega_{p,c}(t)$ 变化是非常迅速的，有

$$\begin{aligned}\langle\delta\omega_p(t_1)\delta\omega_p(t_2)\rangle &= \gamma_{\text{laser}_p}\delta(t_1-t_2)\\ \langle\delta\omega_c(t_1)\delta\omega_c(t_2)\rangle &= \gamma_{\text{laser}_c}\delta(t_1-t_2)\end{aligned} \tag{4.39}$$

与第 3 章中对能级衰减的处理思路类似，可以求出密度矩阵元的统计平均值为

$$\rho_{ba}^0(t) = Ce^{-\mathrm{i}(\omega_b-\omega_a)t}e^{-\frac{\gamma_b+\gamma_{\mathrm{laser}_p}}{2}t} \tag{4.40}$$

$$\rho_{ca}^0(t) = Ce^{-\mathrm{i}(\omega_c-\omega_a)t}e^{-\frac{\gamma_c+\gamma_{\mathrm{laser}_p}+\gamma_{\mathrm{laser}_c}}{2}t} \tag{4.41}$$

由此可见，激光器的线宽在集合平均的意义上与能级衰减的影响是相同的，也就是说，考虑激光器的线宽时，密度矩阵元的衰减项应该加上激光器线宽的影响。在弱光的三能级原子 EIT 效应中，中间态的衰减应该加上探测光激光器的线宽，里德堡态的衰减应该加上探测光和耦合光激光器的线宽。因此，在弱光条件下，密度矩阵元 ρ_{ba}^0 的表达式为

$$\rho_{ba}^0 = \frac{-\mathrm{i}\Omega_p(-\mathrm{i}2(\Delta_p+\Delta_c)+\gamma_c+\gamma_{\mathrm{laser}_p}+\gamma_{\mathrm{laser}_c})}{(-\mathrm{i}2\Delta_p+\gamma_b+\gamma_{\mathrm{laser}_p})(-\mathrm{i}2(\Delta_p+\Delta_c)+\gamma_c+\gamma_{\mathrm{laser}_p}+\gamma_{\mathrm{laser}_c})+\Omega_c^2} \tag{4.42}$$

图 4.5 是激光器线宽对 EIT 效应的影响，图 4.5(a) 是扫描探测光频率时的 EIT 效应，图 4.5(b) 是扫描耦合光频率时的 EIT 效应，图中实线表示当激光器的线宽无限窄时的 EIT 效应，点划线表示当探测激光器和耦合激光器的线宽都是 1MHz 时的 EIT 效应。图 4.5 表明，当激光器的线宽不为 0 时，EIT 效应的峰值会显著下降，也就是说，激光器的线宽会影响原子系统的相干性，导致 EIT 效应显著下降。当激光器的线宽远大于里德堡能级的衰减速率时，三能级原子系统的 EIT 效应会退相干，不再由里德堡原子的衰减决定，而是取决于探测光和耦合光的线宽之和。当探测光不满足弱光条件时，利用本节所述的思想，很容易写出包含激光器线宽参数的三能级原子 EIT 效应的稳态矩阵方程。

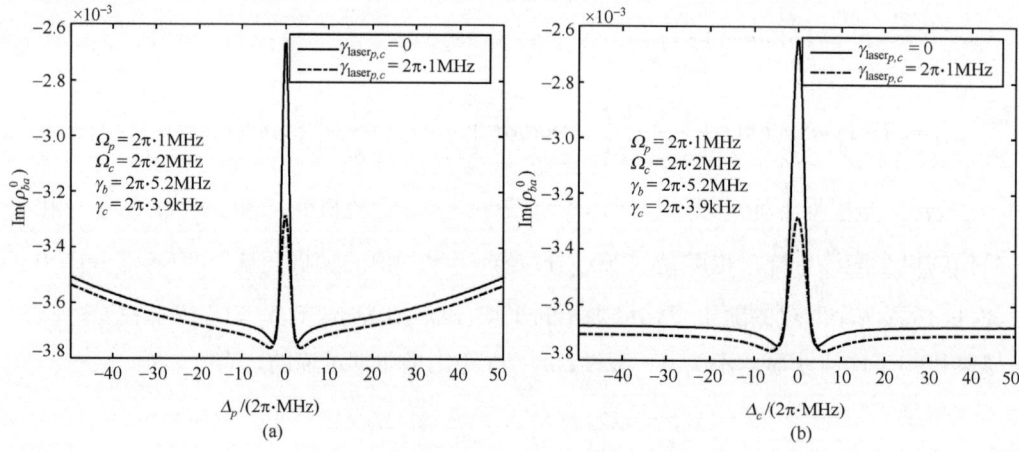

图 4.5 激光器线宽对 EIT 效应的影响

4.2 热辐射对三能级原子 ρ_{ba} 的影响

本节我们讨论热辐射噪声在三能级原子中的传导对 EIT 效应产生的影响。当探测光和耦合光同时照射介质时，由于环境中存在热辐射，这种热辐射会对 EIT 效应产生噪声，EIT 效应存在多种噪声源，如激光器的相位噪声和探测器的噪声等。我们这里讨论噪声时认为激光器具有无限窄的线宽，探测器具有零噪声。此时 EIT 效应的噪声仅仅是环境中热辐射对 EIT 效应的影响。

热辐射会产生覆盖整个电磁频谱的全频带电场，其中包含各个频率成分的电场，当三能级原子被置于热场中时，激励三能级原子的不仅包含探测光和耦合光，还包括由于热辐射产生的电场对三能级原子的影响，在这种情况下，激励三能级原子的拉比频率可以写成：

$$\Omega_p(t) = \Omega_p \mathrm{e}^{\mathrm{i}\Delta_p t} + \sum_k \frac{\wp_{ab}}{\hbar} \xi_k \mathrm{e}^{\mathrm{i}\Delta_k t} \tag{4.43}$$

$$\Omega_c(t) = \Omega_c \mathrm{e}^{\mathrm{i}\Delta_c t} + \sum_l \frac{\wp_{bc}}{\hbar} \varsigma_l \mathrm{e}^{\mathrm{i}\Delta_l t} \tag{4.44}$$

式中，$\Delta_k = \omega_k - (\omega_b - \omega_a)$，表示热辐射频率为 ω_k 的简谐波与 a 能级和 b 能级共振频率之间的失谐；ξ_k 表示频率为 ω_k 的简谐波的振幅；$\Delta_l = \omega_l - (\omega_c - \omega_b)$ 表示频率为 ω_l 的简谐波与 b 能级和 c 能级共振频率之间的失谐，ς_l 是频率为 ω_l 的简谐波的振幅。在弱探测光的条件下，密度矩阵元的微分方程为

$$2\mathrm{i}\frac{\mathrm{d}\rho_{ba}^0}{\mathrm{d}t} = \Omega_p + f(t) + (\Omega_c + g^*(t))\rho_{ca}^0 - (\mathrm{i}\gamma_b + 2\Delta_p)\rho_{ba}^0 \tag{4.45}$$

$$2\mathrm{i}\frac{\mathrm{d}\rho_{ca}^0}{\mathrm{d}t} = (\Omega_c + g(t))\rho_{ba}^0 - (\mathrm{i}\gamma_c + 2(\Delta_p + \Delta_c))\rho_{ca}^0 \tag{4.46}$$

式中，$f(t)$ 和 $g(t)$ 是零均值的噪声项，具有如下表达式：

$$f(t) = \sum_k \frac{\wp_{ab}}{\hbar} \xi_k^* \mathrm{e}^{-\mathrm{i}(\Delta_k - \Delta_p)t} \tag{4.47}$$

$$g(t) = \sum_l \frac{\wp_{bc}}{\hbar} \varsigma_l^* \mathrm{e}^{-\mathrm{i}(\Delta_l - \Delta_c)t} \tag{4.48}$$

$f(t)$ 和 $g(t)$ 是环境辐射对三能级原子的影响，$f(t)$ 表示探测光附近的热辐射对 ρ_{ba}^0 的影响；$g(t)$ 表示耦合光附近的热辐射对 ρ_{ba}^0 的影响。式(4.45)和式(4.46)

是一个随机微分方程组，该微分方程组表明，$f(t)$ 和 $g(t)$ 对 ρ_{ba}^0 的影响是不一样的。$f(t)$ 直接影响着 ρ_{ba}^0，由于 $f(t)$ 是零均值的噪声，因此 $f(t)$ 不会影响 ρ_{ba}^0 的均值。$g(t)$ 对 ρ_{ba}^0 的影响是通过改变 ρ_{ca}^0 来实现的，并且方程中存在 ρ_{ba}^0 和 $g(t)$ 的乘积项，直接对式(4.45)和式(4.46)进行精确的求解比较困难，我们可以采用下面近似的方法。通过式(4.19)，我们可以写出存在热辐射时密度矩阵元 ρ_{ba}^0 的表达式：

$$\rho_{ba}^0 = \frac{-\mathrm{i}(\Omega_p + f(t))(-\mathrm{i}2(\Delta_p + \Delta_c) + \gamma_c)}{(-\mathrm{i}2\Delta_p + \gamma_b)(-\mathrm{i}2(\Delta_p + \Delta_c) + \gamma_c) + (\Omega_c + g(t))(\Omega_c + g^*(t))} \tag{4.49}$$

存在以下关系式：

$$\frac{\partial \rho_{ba}^0}{\partial g} = -\frac{-\mathrm{i}(\Omega_p + f(t))(-\mathrm{i}2(\Delta_p + \Delta_c) + \gamma_c)}{((-\mathrm{i}2\Delta_p + \gamma_b)(-\mathrm{i}2(\Delta_p + \Delta_c) + \gamma_c) + (\Omega_c + g(t))(\Omega_c + g^*(t)))^2}(\Omega_c + g^*(t)) \tag{4.50}$$

因此，式(4.49)经过泰勒级数展开后可以近似为

$$\rho_{ba}^0 \approx \frac{-\mathrm{i}\Omega_p(-\mathrm{i}2(\Delta_p + \Delta_c) + \gamma_c)}{(-\mathrm{i}2\Delta_p + \gamma_b)(-\mathrm{i}2(\Delta_p + \Delta_c) + \gamma_c) + \Omega_c^2} + \frac{-\mathrm{i}(-\mathrm{i}2(\Delta_p + \Delta_c) + \gamma_c)}{(-\mathrm{i}2\Delta_p + \gamma_b)(-\mathrm{i}2(\Delta_p + \Delta_c) + \gamma_c) + \Omega_c^2}f(t)$$
$$-\frac{-\mathrm{i}\Omega_p(-\mathrm{i}2(\Delta_p + \Delta_c) + \gamma_c)}{((-\mathrm{i}2\Delta_p + \gamma_b)(-\mathrm{i}2(\Delta_p + \Delta_c) + \gamma_c) + \Omega_c^2)^2}\Omega_c(g(t) + g^*(t)) \tag{4.51}$$

由于 $f(t)$ 和 $g(t)$ 相互独立，$f(t)$ 和 $g(t)$ 的自相关函数可以通过式(3.147)很方便地写出，参考式(3.148)，ρ_{ba}^0 的噪声功率谱密度可以写成

$$N_{\rho_{ba}}(\omega) = \frac{1}{4}\left(\frac{\wp_{ab}}{\hbar}\right)^2 \left|\frac{-\mathrm{i}(-\mathrm{i}2(\Delta_p + \Delta_c) + \gamma_c)}{(-\mathrm{i}2\Delta_p + \gamma_b)(-\mathrm{i}2(\Delta_p + \Delta_c) + \gamma_c) + \Omega_c^2}\right|^2 \frac{I_{ab}(\omega)}{c\varepsilon_0}$$
$$+ \left(\frac{\wp_{bc}}{\hbar}\right)^2 \left|\frac{-\mathrm{i}\Omega_p(-\mathrm{i}2(\Delta_p + \Delta_c) + \gamma_c)}{((-\mathrm{i}2\Delta_p + \gamma_b)(-\mathrm{i}2(\Delta_p + \Delta_c) + \gamma_c) + \Omega_c^2)^2}\Omega_c\right|^2 \frac{I_{bc}(\omega)}{c\varepsilon_0} \tag{4.52}$$

4.3 四能级原子的 EIT A-T 分裂效应

4.2 节对三能级原子的 EIT 效应进行了详细的分析，分析表明，无论是冷原子还是热原子，都在探测光和耦合光的共振频率处表现出介质对探测光的吸收效应减弱的情况，也就是会产生一个相对的透明峰。

如果我们在三能级原子的基础上再引入一个能级，这样就构成了一个四能级

原子，此时第四个能级会对 EIT 效应产生影响，导致 EIT A-T 分裂效应。本书研究的是里德堡原子对微波电场的测量，因此本节所指的四能级的 EIT A-T 分裂效应是指四能级里德堡原子的 EIT A-T 分裂效应。四能级里德堡原子存在如图 4.6 所示的两种构型。在图 4.6(a) 中，c 和 d 两个里德堡能级的能量之间有 $E_d > E_c$；在图 4.6(b) 中，两个里德堡能级的能量之间有 $E_d < E_c$。无论是图 4.6(a) 的构型还是图 4.6(b) 的构型，两个里德堡能级之间被一个微波电场耦合。如果没有微波电场，四能级原子将退化为三能级原子，此时介质对探测光的吸收在谐振处表现为相对透明效应。随后我们将看到，引入耦合于两个里德堡能级的微波电场，将产生非常有趣的现象，EIT 效应的透明峰会在微波电场的作用下分裂。在考虑原子的热运动时，这种分裂效应在扫描探测光频率和扫描耦合光频率时的表现略有不同。

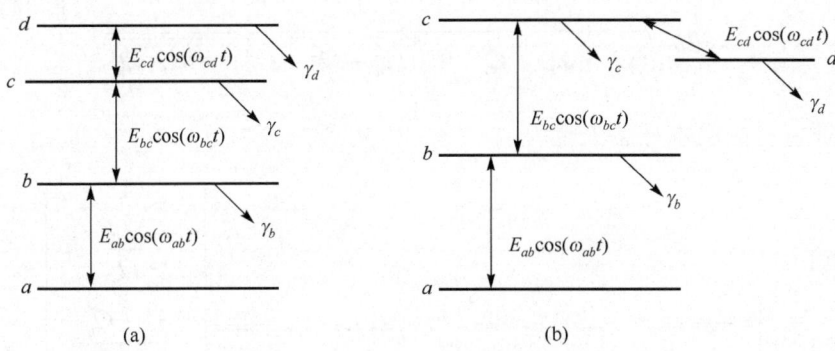

图 4.6　四能级的 EIT 效应构型图

4.3.1　四能级冷原子 EIT A-T 分裂效应

我们先讨论在理想条件下四能级的 EIT 效应，此时我们不考虑每个能级的衰减，认为每个能级具有无穷大的寿命，假设耦合于各个能级的电磁波与能级完全共振，也就是不存在失谐的情况，在相互作用绘景下的系统哈密顿算符为

$$H = \frac{\hbar}{2} \begin{pmatrix} 0 & \Omega_p & 0 & 0 \\ \Omega_p & 0 & \Omega_c & 0 \\ 0 & \Omega_c & 0 & \Omega_m \\ 0 & 0 & \Omega_m & 0 \end{pmatrix} \qquad (4.53)$$

Ω_m 是耦合于 c 能级和 d 能级之间的微波电场的拉比频率。我们可以通过求解哈密顿算符 H 的本征值来了解四能级原子系统的能量变化情况，四能级原子系统的本征值方程为

$$\frac{1}{2}\begin{vmatrix} -2\lambda & \hbar\Omega_p & 0 & 0 \\ \hbar\Omega_p & -2\lambda & \hbar\Omega_c & 0 \\ 0 & \hbar\Omega_c & -2\lambda & \hbar\Omega_m \\ 0 & 0 & \hbar\Omega_m & -2\lambda \end{vmatrix} = \lambda^4 - \lambda^2(\Omega_m^2 + \Omega_c^2 + \Omega_p^2)\frac{\hbar^2}{4} + \frac{\hbar^4}{16}\Omega_p^2\Omega_m^2 = 0 \qquad (4.54)$$

由此可以求出式(4.54)的四个本征值为

$$\begin{aligned} \lambda_1 &= \frac{\sqrt{2}\hbar}{4}\sqrt{(\Omega_m^2 + \Omega_c^2 + \Omega_p^2) - \sqrt{(\Omega_m^2 + \Omega_c^2 + \Omega_p^2)^2 - 4\Omega_p^2\Omega_m^2}} \\ \lambda_2 &= -\frac{\sqrt{2}\hbar}{4}\sqrt{(\Omega_m^2 + \Omega_c^2 + \Omega_p^2) - \sqrt{(\Omega_m^2 + \Omega_c^2 + \Omega_p^2)^2 - 4\Omega_p^2\Omega_m^2}} \\ \lambda_3 &= \frac{\sqrt{2}\hbar}{4}\sqrt{(\Omega_m^2 + \Omega_c^2 + \Omega_p^2) + \sqrt{(\Omega_m^2 + \Omega_c^2 + \Omega_p^2)^2 - 4\Omega_p^2\Omega_m^2}} \\ \lambda_4 &= -\frac{\sqrt{2}\hbar}{4}\sqrt{(\Omega_m^2 + \Omega_c^2 + \Omega_p^2) + \sqrt{(\Omega_m^2 + \Omega_c^2 + \Omega_p^2)^2 - 4\Omega_p^2\Omega_m^2}} \end{aligned} \qquad (4.55)$$

本征值对应的本征态矢量为

$$\begin{pmatrix} c_a(\lambda_i) \\ c_b(\lambda_i) \\ c_c(\lambda_i) \\ c_d(\lambda_i) \end{pmatrix} = \frac{1}{\sqrt{1+\left(\dfrac{\lambda_i}{\Omega_p}\right)^2 + \left(\dfrac{\lambda_i^2-\Omega_p^2}{\Omega_c\Omega_p}\right)^2 + \left(\dfrac{\Omega_m(\lambda_i^2-\Omega_p^2)}{\lambda_i\Omega_c\Omega_p}\right)^2}} \begin{pmatrix} 1 \\ \dfrac{\lambda_i}{\Omega_p} \\ \dfrac{\lambda_i^2-\Omega_p^2}{\Omega_c\Omega_p} \\ \Omega_m\dfrac{\lambda_i^2-\Omega_p^2}{\lambda_i\Omega_c\Omega_p} \end{pmatrix} \qquad (4.56)$$

式(4.56)表示每个本征态在各个能级粒子布居的概率幅度，其概率记为$|c_k(\lambda_i)|^2$。其中，k可以取a,b,c,d；i可以取1,2,3,4。式(4.55)显示$\lambda_1^2 = \lambda_2^2$，$\lambda_3^2 = \lambda_4^2$，因此，式(4.56)中显示的四个能级的概率有如下关系：$|c(\lambda_1)|^2 = |c(\lambda_2)|^2$，$|c(\lambda_3)|^2 = |c(\lambda_4)|^2$。因此我们只画出了第一本征态粒子和第三本征态粒子处于四个能级的概率图，如图4.7所示。该图表明，当耦合的微波电场非常弱的时候，即在Ω_m近似为零的情况下，就是三能级的EIT效应，此时b能级的粒子数主要由第三本征态和第四本征态贡献，第一本征态和第二本征态对b能级的粒子数贡献基本为0，此时第一本征态和第二本征态是暗态。当耦合的微波电场比较强时，可以看到第一本征态和第二本征态对a、b能级粒子数的贡献基本都是50%，第三本征态和第四本征态对b能级的粒子数贡献为0。

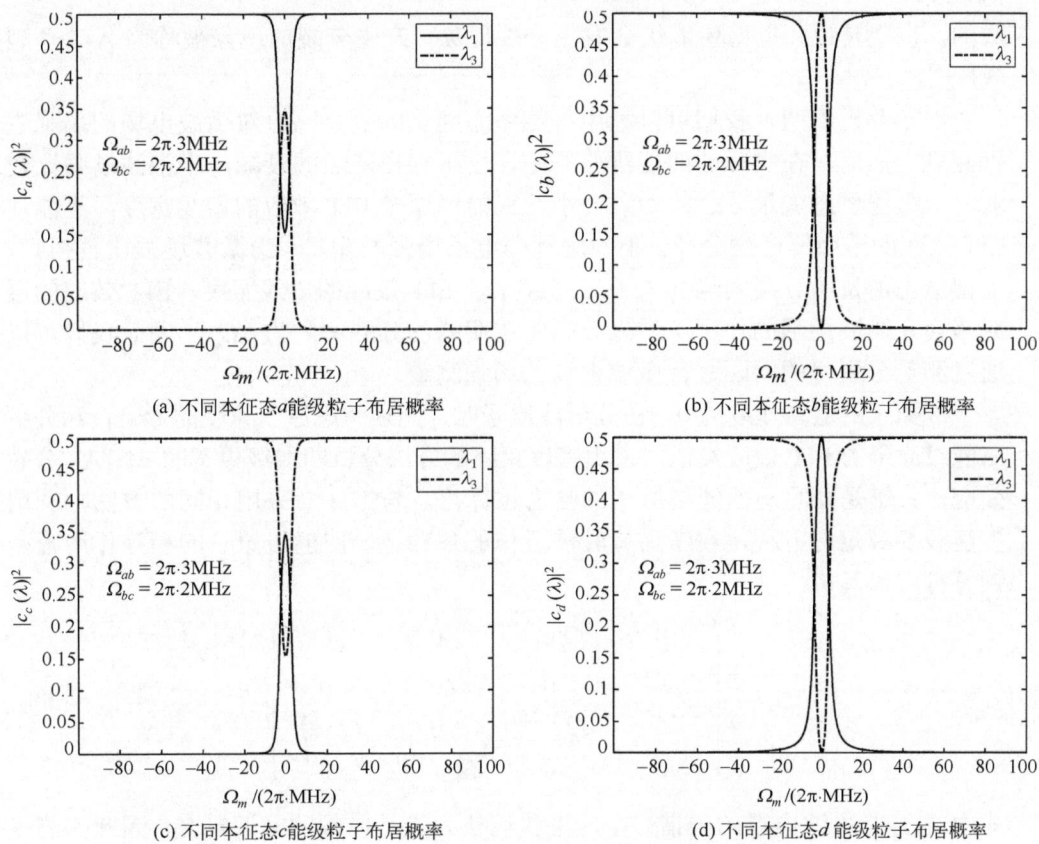

图 4.7 各能级在不同本征态时粒子数的布居概率

上面的分析表明，当 $\Omega_m = 0$ 时，也就是没有微波场时，四能级原子将退化到三能级原子，此时有 $\lambda_1 = \lambda_2 = 0$，对应于三能级 EIT 效应的暗态。当加入微波电场后，λ_1 有如下关系：

$$\lambda_{1,2} \approx \pm \frac{\hbar}{2} \frac{\Omega_p}{\sqrt{\Omega_c^2 + \Omega_p^2}} \Omega_m, \quad \Omega_m \ll \sqrt{\Omega_c^2 + \Omega_p^2} \tag{4.57}$$

当加入的微波电场比较小时，三能级原子 EIT 效应的暗态会产生分裂，也就是"暗态"能级在微波缀饰下产生分裂，暗态的分裂导致了粒子的重新布居，根据式(4.56)，此时的布居概率会与 Ω_m^2 相关。

当加入的微波电场比较强的时候，若 $\Omega_m \gg \sqrt{\Omega_c^2 + \Omega_p^2}$，可以忽略 Ω_p 和 Ω_c 的拉比频率，此时有 $\lambda_{1,2} \approx 0$，$\lambda_{3,4} \approx \pm \hbar \Omega_m / 2$（此处的第一个本征值和第二个本征值约等于 0 是相对于第三个本征值和第四个本征值而言），此时四能级原子可以等效于一个二能级原子。此时的里德堡态能级能量是由原里德堡态能量与 $\lambda_{3,4}$ 相加构成的，也就是说，里德堡能级会发生分裂现象，产生分裂的现象被称为 A-T 分裂效应[1]。

以上分析表明，我们可以利用里德堡态能量间隔（分裂）对微波电场的场强进行测量。然而，在实际的四能级原子中，由于存在能级的衰减，当微波场强比较弱时，里德堡态能量分裂的间隔会小于三能级原子 EIT 效应的谱线宽度，不能使 EIT 效应的透明峰产生分裂，不能进行弱电场场强的测量；当微波场强比较强时，里德堡态能量的分裂间隔会大于三能级原子 EIT 效应的谱线宽度，EIT 效应的透明峰会在微波场强的作用下产生分裂，透明峰的分裂间隔为 $\hbar\Omega_m$，因此我们可以通过测量分裂峰的间隔进行微波电场的场强测量。

冷原子的运动速度为 0，在分析冷原子时，无须考虑原子速度的影响，和分析三能级原子的 EIT 效应类似，采用密度矩阵的方法分析四能级原子的 EIT-AT 分裂效应，关键是要写出四能级原子的哈密顿算符，与第 3 章采用相同的方法，利用多能级的薛定谔方程，在考虑旋转波近似的条件下，四能级原子的相互作用哈密顿算符可以写成：

$$H = \frac{\hbar}{2} \begin{pmatrix} 0 & \Omega_p e^{i\Delta_p t} & 0 & 0 \\ \Omega_p e^{-i\Delta_p t} & 0 & \Omega_c e^{i\Delta_c t} & 0 \\ 0 & \Omega_c e^{-i\Delta_c t} & 0 & \Omega_m e^{i\Delta_m t} \\ 0 & 0 & \Omega_m e^{-i\Delta_m t} & 0 \end{pmatrix} \quad (4.58)$$

式中，Δ_m 是微波电场的失谐。在这里我们认为光是单频的非调制光，因此探测光的拉比频率和耦合光的拉比频率都是实数。

和三能级原子的情况类似，在四能级原子的衰减中，我们考虑跃迁选择定则的影响，d 能级能够衰减至 a 能级，c 能级只能衰减到 b 能级，因此，四能级的衰减矩阵可以写成如下的形式：

$$D = \frac{1}{2} \begin{pmatrix} 2\gamma_b \rho_{bb} + 2\gamma_d \rho_{dd} & -\gamma_b \rho_{ab} & -\gamma_c \rho_{ac} & -\gamma_d \rho_{ad} \\ -\gamma_b \rho_{ba} & -2\gamma_b \rho_{bb} + 2\gamma_c \rho_{cc} & -\gamma_{bc} \rho_{bc} & -\gamma_{bd} \rho_{bd} \\ -\gamma_c \rho_{ca} & -\gamma_{cb} \rho_{cb} & -2\gamma_c \rho_{cc} & -\gamma_{cd} \rho_{cd} \\ -\gamma_d \rho_{da} & -\gamma_{db} \rho_{db} & -\gamma_{dc} \rho_{cd} & -2\gamma_d \rho_{dd} \end{pmatrix} \quad (4.59)$$

式中，$\gamma_{ij} = \gamma_i + \gamma_j$；$\rho_{ij}$ 是密度矩阵元。

四能级原子的密度矩阵方程为

$$\frac{d}{dt}\rho = -\frac{i}{\hbar}(H\rho - \rho H) + D \quad (4.60)$$

将式 (4.58) 和式 (4.59) 代入式 (4.60)，可以写出式 (4.60) 的密度矩阵的方程中

独立的方程为

$$2\mathrm{i}\frac{\mathrm{d}}{\mathrm{d}t}\rho_{aa} = \Omega_p \rho_{ba} \mathrm{e}^{\mathrm{i}\Delta_p t} - \rho_{ab} \mathrm{e}^{-\mathrm{i}\Delta_p t}\Omega_p + 2\mathrm{i}(\gamma_b \rho_{bb} + \gamma_d \rho_{dd}) \tag{4.61}$$

$$2\mathrm{i}\frac{\mathrm{d}}{\mathrm{d}t}\rho_{ab} = \Omega_p \mathrm{e}^{\mathrm{i}\Delta_p t}(\rho_{bb} - \rho_{aa}) - \rho_{ac}\Omega_c \mathrm{e}^{-\mathrm{i}\Delta_c t} - \mathrm{i}\gamma_b \rho_{ab} \tag{4.62}$$

$$2\mathrm{i}\frac{\mathrm{d}}{\mathrm{d}t}\rho_{ac} = \Omega_p \mathrm{e}^{\mathrm{i}\Delta_p t}\rho_{bc} - \rho_{ab}\Omega_c \mathrm{e}^{\mathrm{i}\Delta_c t} - \rho_{ad}\Omega_m \mathrm{e}^{-\mathrm{i}\Delta_m t} - \mathrm{i}\gamma_c \rho_{ac} \tag{4.63}$$

$$2\mathrm{i}\frac{\mathrm{d}}{\mathrm{d}t}\rho_{ad} = \Omega_p \mathrm{e}^{\mathrm{i}\Delta_p t}\rho_{bd} - \rho_{ac}\Omega_m \mathrm{e}^{\mathrm{i}\Delta_m t} - \mathrm{i}\gamma_d \rho_{ad} \tag{4.64}$$

$$2\mathrm{i}\frac{\mathrm{d}}{\mathrm{d}t}\rho_{ba} = \Omega_p \mathrm{e}^{-\mathrm{i}\Delta_p t}(\rho_{aa} - \rho_{bb}) + \Omega_c \mathrm{e}^{\mathrm{i}\Delta_c t}\rho_{ca} - \mathrm{i}\gamma_b \rho_{ba} \tag{4.65}$$

$$2\mathrm{i}\frac{\mathrm{d}}{\mathrm{d}t}\rho_{bb} = \Omega_p \rho_{ab} \mathrm{e}^{-\mathrm{i}\Delta_p t} + \Omega_c \rho_{cb} \mathrm{e}^{\mathrm{i}\Delta_c t} - \rho_{ba}\mathrm{e}^{\mathrm{i}\Delta_p t}\Omega_p - \rho_{bc}\mathrm{e}^{-\mathrm{i}\Delta_c t}\Omega_c - 2\mathrm{i}(\gamma_b \rho_{bb} - \gamma_c \rho_{cc}) \tag{4.66}$$

$$2\mathrm{i}\frac{\mathrm{d}}{\mathrm{d}t}\rho_{bc} = \Omega_p \mathrm{e}^{-\mathrm{i}\Delta_p t}\rho_{ac} + \Omega_c \mathrm{e}^{\mathrm{i}\Delta_c t}(\rho_{cc} - \rho_{bb}) - \rho_{bd}\Omega_m \mathrm{e}^{-\mathrm{i}\Delta_m t} - \mathrm{i}\gamma_{bc}\rho_{bc} \tag{4.67}$$

$$2\mathrm{i}\frac{\mathrm{d}}{\mathrm{d}t}\rho_{bd} = \Omega_p \mathrm{e}^{-\mathrm{i}\Delta_p t}\rho_{ad} + \Omega_c \mathrm{e}^{\mathrm{i}\Delta_c t}\rho_{cd} - \rho_{bc}\Omega_m \mathrm{e}^{\mathrm{i}\Delta_m t} - \mathrm{i}\gamma_{bd}\rho_{bd} \tag{4.68}$$

$$2\mathrm{i}\frac{\mathrm{d}}{\mathrm{d}t}\rho_{ca} = \Omega_c \mathrm{e}^{-\mathrm{i}\Delta_c t}\rho_{ba} + \Omega_m \mathrm{e}^{\mathrm{i}\Delta_m t}\rho_{da} - \rho_{cb}\Omega_p \mathrm{e}^{-\mathrm{i}\Delta_p t} - \mathrm{i}\gamma_c \rho_{ca} \tag{4.69}$$

$$2\mathrm{i}\frac{\mathrm{d}}{\mathrm{d}t}\rho_{cb} = \Omega_c \mathrm{e}^{-\mathrm{i}\Delta_c t}(\rho_{bb} - \rho_{cc}) + \Omega_m \mathrm{e}^{\mathrm{i}\Delta_m t}\rho_{db} - \rho_{ca}\Omega_p \mathrm{e}^{\mathrm{i}\Delta_p t} - \mathrm{i}\gamma_{bc}\rho_{cb} \tag{4.70}$$

$$2\mathrm{i}\frac{\mathrm{d}}{\mathrm{d}t}\rho_{cc} = \Omega_c \rho_{bc} \mathrm{e}^{-\mathrm{i}\Delta_c t} + \Omega_m \rho_{dc} \mathrm{e}^{\mathrm{i}\Delta_m t} - \rho_{cb}\mathrm{e}^{\mathrm{i}\Delta_c t}\Omega_c - \rho_{cd}\mathrm{e}^{-\mathrm{i}\Delta_m t}\Omega_m - 2\mathrm{i}\gamma_c \rho_{cc} \tag{4.71}$$

$$2\mathrm{i}\frac{\mathrm{d}}{\mathrm{d}t}\rho_{cd} = \Omega_c \mathrm{e}^{-\mathrm{i}\Delta_c t}\rho_{bd} + \Omega_m \mathrm{e}^{\mathrm{i}\Delta_m t}(\rho_{dd} - \rho_{cc}) - \mathrm{i}\gamma_{cd}\rho_{cd} \tag{4.72}$$

$$2\mathrm{i}\frac{\mathrm{d}}{\mathrm{d}t}\rho_{da} = \Omega_m \mathrm{e}^{-\mathrm{i}\Delta_m t}\rho_{ca} - \rho_{db}\Omega_p \mathrm{e}^{-\mathrm{i}\Delta_p t} - \mathrm{i}\gamma_d \rho_{da} \tag{4.73}$$

$$2\mathrm{i}\frac{\mathrm{d}}{\mathrm{d}t}\rho_{db} = \Omega_m \mathrm{e}^{-\mathrm{i}\Delta_m t}\rho_{cb} - \rho_{da}\Omega_p \mathrm{e}^{\mathrm{i}\Delta_p t} - \rho_{dc}\Omega_c \mathrm{e}^{-\mathrm{i}\Delta_c t} - \mathrm{i}\gamma_{bd}\rho_{db} \tag{4.74}$$

$$2\mathrm{i}\frac{\mathrm{d}}{\mathrm{d}t}\rho_{dc} = \Omega_m \mathrm{e}^{-\mathrm{i}\Delta_m t}(\rho_{cc} - \rho_{dd}) - \rho_{db}\Omega_c \mathrm{e}^{\mathrm{i}\Delta_c t} - \mathrm{i}\gamma_{cd}\rho_{dc} \tag{4.75}$$

$$2\mathrm{i}\frac{\mathrm{d}}{\mathrm{d}t}\rho_{dd} = \Omega_m \rho_{cd} \mathrm{e}^{-\mathrm{i}\Delta_m t} - \rho_{dc}\mathrm{e}^{\mathrm{i}\Delta_m t}\Omega_m - 2\mathrm{i}\gamma_d \rho_{dd} \tag{4.76}$$

对式(4.61)～式(4.76)进行如下的变量代换：

$$\rho_{ab}^0 = \rho_{ab}e^{-i\Delta_p t}, \quad \rho_{ac}^0 = \rho_{ac}e^{-i(\Delta_p+\Delta_c)t}, \quad \rho_{ad}^0 = \rho_{ad}e^{-i(\Delta_p+\Delta_c+\Delta_m)t}$$
$$\rho_{ba}^0 = \rho_{ba}e^{i\Delta_p t}, \quad \rho_{bc}^0 = \rho_{bc}e^{-i\Delta_c t}, \quad \rho_{bd}^0 = \rho_{bd}e^{-i(\Delta_c+\Delta_m)t} \quad (4.77)$$
$$\rho_{ca}^0 = \rho_{ca}e^{i(\Delta_p+\Delta_c)t}, \quad \rho_{cb}^0 = \rho_{cb}e^{i\Delta_c t}, \quad \rho_{cd}^0 = \rho_{cd}e^{-i\Delta_m t}$$
$$\rho_{da}^0 = \rho_{da}e^{i(\Delta_p+\Delta_c+\Delta_m)t}, \quad \rho_{db}^0 = \rho_{db}e^{i(\Delta_c+\Delta_m)t}, \quad \rho_{dc}^0 = \rho_{dc}e^{i\Delta_m t}, \quad \rho_{ii}^0 = \rho_{ii}$$

$\dfrac{d\rho_{ij}^0}{dt} \approx 0$ 代表着密度矩阵元 ρ_{ij}^0 已经稳定,不随时间变化,所以 ρ_{ij}^0 被称为密度矩阵方程的静态解。此时式(4.61)~式(4.76)可以化简为

$$\Omega_p \rho_{ba}^0 - \rho_{ab}^0 \Omega_p + 2i(\gamma_b \rho_{bb}^0 + \gamma_d \rho_{dd}^0) = 0 \tag{4.78}$$

$$\Omega_p(\rho_{bb}^0 - \rho_{aa}^0) - \rho_{ac}^0 \Omega_c + (2\Delta_p - i\gamma_b)\rho_{ab}^0 = 0 \tag{4.79}$$

$$\Omega_p \rho_{bc}^0 - \rho_{ab}^0 \Omega_c - \rho_{ad}^0 \Omega_m + (2(\Delta_p + \Delta_c) - i\gamma_c)\rho_{ac}^0 = 0 \tag{4.80}$$

$$\Omega_p \rho_{bd}^0 - \rho_{ac}^0 \Omega_m + (2(\Delta_p + \Delta_c + \Delta_m) - i\gamma_d)\rho_{ad}^0 = 0 \tag{4.81}$$

$$\Omega_p(\rho_{aa}^0 - \rho_{bb}^0) + \Omega_c \rho_{ca}^0 - (i\gamma_b + 2\Delta_p)\rho_{ba}^0 = 0 \tag{4.82}$$

$$\Omega_p \rho_{ab}^0 + \Omega_c \rho_{cb}^0 - \rho_{ba}^0 \Omega_p - \rho_{bc}^0 \Omega_c - 2i(\gamma_b \rho_{bb}^0 - \gamma_c \rho_{cc}^0) = 0 \tag{4.83}$$

$$\Omega_p \rho_{ac}^0 + \Omega_c(\rho_{cc}^0 - \rho_{bb}^0) - \rho_{bd}^0 \Omega_m + (2\Delta_c - i\gamma_{bc})\rho_{bc}^0 = 0 \tag{4.84}$$

$$\Omega_p \rho_{ad}^0 + \Omega_c \rho_{cd}^0 - \rho_{bc}^0 \Omega_m + (2(\Delta_c + \Delta_m) - i\gamma_{bd})\rho_{bd}^0 = 0 \tag{4.85}$$

$$\Omega_c \rho_{ba}^0 + \Omega_m \rho_{da}^0 - \rho_{cb}^0 \Omega_p - (i\gamma_c + 2(\Delta_p + \Delta_c))\rho_{ca}^0 = 0 \tag{4.86}$$

$$\Omega_c(\rho_{bb}^0 - \rho_{cc}^0) + \Omega_m \rho_{db}^0 - \rho_{ca}^0 \Omega_p - (i\gamma_{bc} + 2\Delta_c)\rho_{cb}^0 = 0 \tag{4.87}$$

$$\Omega_c \rho_{bc}^0 + \Omega_m \rho_{dc}^0 - \rho_{cb}^0 \Omega_c - \rho_{cd}^0 \Omega_m - 2i\gamma_c \rho_{cc}^0 = 0 \tag{4.88}$$

$$\Omega_c \rho_{bd}^0 + \Omega_m(\rho_{dd}^0 - \rho_{cc}^0) + (2\Delta_m - i\gamma_{cd})\rho_{cd}^0 = 0 \tag{4.89}$$

$$\Omega_m \rho_{ca}^0 - \rho_{db}^0 \Omega_p - (i\gamma_d + 2(\Delta_p + \Delta_c + \Delta_m))\rho_{da}^0 = 0 \tag{4.90}$$

$$\Omega_m \rho_{cb}^0 - \rho_{da}^0 \Omega_p - \rho_{dc}^0 \Omega_c - (i\gamma_{bd} + 2(\Delta_c + \Delta_m))\rho_{db}^0 = 0 \tag{4.91}$$

$$\Omega_m(\rho_{cc}^0 - \rho_{dd}^0) - \rho_{db}^0 \Omega_c - (i\gamma_{cd} + 2\Delta_m)\rho_{dc}^0 = 0 \tag{4.92}$$

$$\rho_{aa}^0 + \rho_{bb}^0 + \rho_{cc}^0 + \rho_{dd}^0 = 1 \tag{4.93}$$

在四能级原子的 EIT A-T 分裂效应中,如果探测光的功率很弱,粒子数基本都集中于基态,其他能级的粒子数近似为 0,在这种情况下,有 $\rho_{aa} \approx 1$ 且 $\rho_{bb}, \rho_{cc}, \rho_{dd} \approx 0$,并且 $\Omega_m \rho_{da}^0 \gg \rho_{cb}^0 \Omega_p$,即 $\rho_{cb}^0 \Omega_p \approx 0$。此时密度矩阵元 ρ_{ba}^0 的值直接可以由式(4.82)、式(4.86)、式(4.90)求出,可以得到密度矩阵元 ρ_{ba}^0 的解析表达式:

$$\rho_{ba}^0 = -i\Omega_p \frac{(-2i\Delta_{pc} + \gamma_c)(-2i\Delta_{pm} + \gamma_d) + \Omega_m^2}{(-2i\Delta_p + \gamma_b)(-2i\Delta_{pc} + \gamma_c)(-2i\Delta_{pm} + \gamma_d) + (-2i\Delta_p + \gamma_b)\Omega_m^2 + (-2i\Delta_{pm} + \gamma_d)\Omega_c^2}$$
(4.94)

式中,$\Delta_{pc} = \Delta_p + \Delta_c$;$\Delta_{pm} = \Delta_p + \Delta_c + \Delta_m$。

假设微波电场频率不存在失谐,也就是 $\Delta_m=0$,由于 c 和 d 是里德堡能级,其寿命很长,衰减很小,其衰减率远远小于 Δ_{pc},即 $\gamma_c,\gamma_d \approx 0$。因此,式(4.94)的分子可以近似地表示为

$$(-2\mathrm{i}\Delta_{pc}+\gamma_c)(-2\mathrm{i}\Delta_{pm}+\gamma_d)+\Omega_m^2 \approx \Omega_m^2 - 4\Delta_{pc}^2 \tag{4.95}$$

由式(4.95)可知,密度矩阵元 ρ_{ba}^0 在 $\Delta_{pc}=\pm\Omega_m/2$ 时为 0,也就是说,介质对探测光的吸收系数在 $\Delta_{pc}=\Omega_m/2$ 时存在透明峰,透明峰的间隔为 Ω_m。在冷原子的四能级 EIT 效应中,无论固定探测光频率扫描耦合光频率观测 EIT 效应,还是固定耦合光频率扫描探测光频率观测 EIT 效应,介质对探测光的透明峰的间隔都是 Ω_m。

当探测光的功率比较强时,粒子不完全集中于基态,密度矩阵元 ρ_{ba}^0 的稳态解由四能级稳态方程(4.78)~方程(4.93)中的 16 个密度矩阵元方程求得,此时很难得到 ρ_{ba}^0 的解析表达式。与三能级原子一样,四能级原子的稳态方程可以写成矩阵方程的形式:

$$\mathbf{A}\mathbf{x}=\mathbf{y} \tag{4.96}$$

式中,$\mathbf{A}$ 是一个 16×16 的矩阵;$\mathbf{x}$ 和 $\mathbf{y}$ 都是 16×1 的列向量。$\mathbf{x}$ 和 $\mathbf{y}$ 以及 $\mathbf{A}$ 的非零元素有下列的形式:

$$\mathbf{x}=(\rho_{aa}^0\ \rho_{ab}^0\ \rho_{ac}^0\ \rho_{ad}^0\ \rho_{ba}^0\ \rho_{bb}^0\ \rho_{bc}^0\ \rho_{bd}^0\ \rho_{ca}^0\ \rho_{cb}^0\ \rho_{cc}^0\ \rho_{cd}^0\ \rho_{da}^0\ \rho_{db}^0\ \rho_{dc}^0\ \rho_{dd}^0)^\mathrm{T}$$

$$\mathbf{y}=(0\ 0\ 0\ 0\ 0\ 0\ 0\ 0\ 0\ 0\ 0\ 0\ 0\ 0\ 0\ 1)^\mathrm{T}$$

$A_{1,2}=-\Omega_p$ $A_{1,5}=\Omega_p$ $A_{1,6}=2\mathrm{i}\gamma_b$ $A_{1,16}=2\mathrm{i}\gamma_d$

$A_{2,1}=-\Omega_p$ $A_{2,2}=-\mathrm{i}\gamma_b+2\Delta_p$ $A_{2,3}=-\Omega_c$ $A_{2,6}=\Omega_p$

$A_{3,2}=-\Omega_c$ $A_{3,3}=-\mathrm{i}\gamma_c+2\Delta_{pc}$ $A_{3,4}=-\Omega_m$ $A_{3,7}=\Omega_p$

$A_{4,3}=-\Omega_m$ $A_{4,4}=-\mathrm{i}\gamma_d+2\Delta_{pm}$ $A_{4,8}=\Omega_p$

$A_{5,1}=\Omega_p$ $A_{5,5}=-\mathrm{i}\gamma_b-2\Delta_p$ $A_{5,6}=-\Omega_p$ $A_{5,9}=\Omega_c$

$A_{6,2}=\Omega_p$ $A_{6,5}=-\Omega_p$ $A_{6,6}=-2\mathrm{i}\gamma_b$ $A_{6,7}=-\Omega_c$ $A_{6,10}=\Omega_c$ $A_{6,11}=2\mathrm{i}\gamma_c$

$A_{7,3}=\Omega_p$ $A_{7,6}=-\Omega_c$ $A_{7,7}=-\mathrm{i}\gamma_{bc}+2\Delta_c$ $A_{7,8}=-\Omega_m$ $A_{7,11}=\Omega_c$

$A_{8,4}=\Omega_p$ $A_{8,7}=-\Omega_m$ $A_{8,8}=-\mathrm{i}\gamma_{bd}+2\Delta_{cm}$ $A_{8,12}=\Omega_c$

$A_{9,5}=\Omega_c$ $A_{9,9}=-\mathrm{i}\gamma_c-2\Delta_{pc}$ $A_{9,10}=-\Omega_p$ $A_{9,13}=\Omega_m$

$A_{10,6}=\Omega_c$ $A_{10,9}=-\Omega_p$ $A_{10,10}=-\mathrm{i}\gamma_{bc}-2\Delta_c$ $A_{10,11}=-\Omega_c$ $A_{10,14}=\Omega_m$

$A_{11,7}=\Omega_c$ $A_{11,10}=-\Omega_c$ $A_{11,11}=-2\mathrm{i}\gamma_c$ $A_{11,12}=-\Omega_m$ $A_{11,15}=\Omega_m$

$A_{12,8}=\Omega_c$ $A_{12,11}=-\Omega_m$ $A_{12,12}=-\mathrm{i}\gamma_{cd}+2\Delta_m$ $A_{12,16}=\Omega_m$

$A_{13,9}=\Omega_m$ $A_{13,13}=-\mathrm{i}\gamma_d-2\Delta_{pm}$ $A_{13,14}=-\Omega_p$

$A_{14,10}=\Omega_m$ $A_{14,13}=-\Omega_p$ $A_{14,14}=-\mathrm{i}\gamma_{bd}-2\Delta_{cm}$ $A_{14,15}=-\Omega_c$

$A_{15,11}=\Omega_m$ $A_{15,14}=-\Omega_c$ $A_{15,15}=-\mathrm{i}\gamma_{cd}-2\Delta_m$ $A_{15,16}=-\Omega_m$

$A_{16,1}=1$ $A_{16,6}=1$ $A_{16,11}=1$ $A_{16,16}=1$

式中,$\Delta_{pc}=\Delta_p+\Delta_c$;$\Delta_{pm}=\Delta_p+\Delta_c+\Delta_m$;$\Delta_{cm}=\Delta_c+\Delta_m$。因此,我们可以通过 $\mathbf{x}=\mathbf{A}^{-1}\mathbf{y}$ 求出各个密度矩阵元的值。

和弱探测光时的情况一样,当探测光比较强时,由于存在微波电场的作用,EIT 效应的透明峰会产生分裂,此时的透明峰分裂的间隔是 Ω_m。在冷原子中,扫描探测光频率和扫描耦合光频率观测的 EIT A-T 分裂效应的分裂峰的间隔是相同的,其间隔大小是 Ω_m。

图 4.8 是冷原子的 EIT A-T 分裂效应,图 4.8(a) 是在弱探测光模式下扫描探测光频率的 EIT A-T 分裂效应,图 4.8(b) 是在强探测光模式下扫描探测光频率的 EIT A-T 分裂效应。在扫描探测光频率的模式下,不管在强探测光条件还是在弱探测光条件下,密度矩阵元 ρ_{ba}^0 的虚部在 $\pm\Omega_m/2$ 处都会产生零点。然而,当探测光的拉比频率比较高时,也就是在强探测光模式下,ρ_{ba}^0 虚部的绝对值要比弱探测光时大得多,EIT 效应更为明显,并且谱线宽度要比弱探测光时的谱线宽度宽,这种谱线宽度的变化在强微波场时表现得尤为明显,如图 4.8(b) 所示。扫描耦合光频率的 EIT A-T 分裂效应与扫描探测光频率的 EIT A-T 分裂效应既有相似又略有不同。与扫描

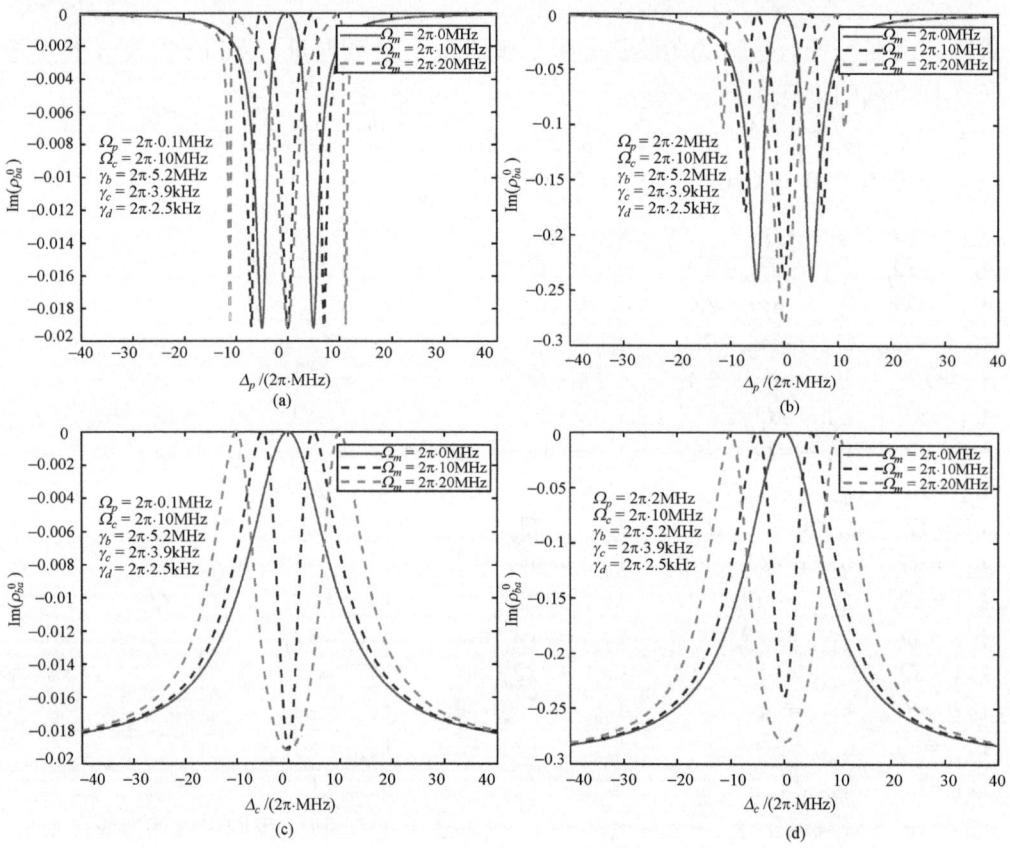

图 4.8 扫描探测光频率和扫描耦合光频率的 EIT A-T 分裂效应

探测光频率类似，扫描耦合光频率时密度矩阵元 ρ_{ba}^0 的虚部在 $\pm\Omega_m/2$ 处会产生零点，如图 4.8(c) 和图 4.8(d) 所示。当扫描探测光频率时，若探测光失谐比较大，此时的 $\mathrm{Im}(\rho_{ba}^0)\approx 0$，介质对探测光不会产生吸收效应；当扫描耦合光频率时，若耦合光失谐非常大，此时 $\mathrm{Im}(\rho_{ba}^0)\neq 0$，介质对探测光仍然存在吸收效应。当采用强探测光时（图 4.8(d)），由于 EIT A-T 分裂效应形成的透明峰的相对高度[$\mathrm{Im}(\rho_{ba}^0)$ 变化的绝对数值]比弱探测光模式（图 4.8(c)）下的相对高度高，其透明效应也更为显著如图 4.8(c) 和图 4.8(d) 所示。

以上对 EIT A-T 分裂效应的分析都是以线性电极化模型为基础的，忽略了介质中的非线性电极化效应，这个模型在探测光和耦合光的拉比频率都不太高时是非常准确的。当探测光和耦合光的功率密度非常大时，如探测光和耦合光的拉比频率都大于 10MHz，介质的非线性极化效应将不能被忽略，其会产生里德堡态的衰减率与里德堡态粒子数有关的现象并且也会产生里德堡原子的多体效应，以及多波混频的问题。

4.3.2 四能级热原子 EIT A-T 分裂效应

在上面对四能级原子 EIT A-T 分裂效应的讨论中，我们没有考虑粒子速度对 EIT A-T 分裂效应的影响，也就是采用了冷原子模型。当我们考虑原子热运动的 EIT A-T 分裂效应时，假设探测光和耦合光沿 z 轴以相反方向传播，微波电场沿 y 方向传播，蒸气介质有三个方向的速度分量 v_x、v_y 和 v_z。由于探测光、耦合光以及微波电场的传播方向与 x 轴垂直，因此，蒸气介质在 x 方向的运动分量 v_x 对 EIT A-T 分裂效应没有影响。本节只分析蒸气介质沿 z 方向运动、速度为 v_z 时对四能级 EIT A-T 分裂效应的影响。

在常温下进行四能级原子的 EIT A-T 分裂效应实验时，探测光和耦合光沿 z 轴以相反方向传播，此时蒸气介质沿 z 方向的速度 v_z 对探测光和耦合光的失谐影响是不一样的，假设探测光与 v_z 的传播方向一致，耦合光与蒸气介质的运动速度方向相反。此时探测光和耦合光的失谐由两部分组成：一部分是由于探测光频率和耦合光频率与冷原子共振频率之间的差异导致的失谐；另一部分是由于原子沿 z 方向的运动速度引入的多普勒效应引起的失谐，其总的失谐可以表示为

$$\Delta_p = \Delta_{p0} - k_p v_z, \quad \Delta_c = \Delta_{c0} + k_c v_z \tag{4.97}$$

在考虑弱探测光的情况下，微波电场频率与两个里德堡能级是完全共振的，也就是微波电场不存在失谐，此时密度矩阵元 ρ_{ba}^0 是 v_z 的函数：

$$\rho_{ba}^0(v_z) = -i\Omega_p \frac{(-2i\Delta_{pc0}+(k_c-k_p)v_z)+\gamma_c)(-2i\Delta_{pc0}+(k_c-k_p)v_z)+\gamma_d)+\Omega_m^2}{\begin{pmatrix}(-2i(\Delta_{p0}-k_pv_z)+\gamma_b)(-2i(\Delta_{pc0}+(k_c-k_p)v_z)+\gamma_c)(-2i(\Delta_{pc0}+(k_c-k_p)v_z)\\+\gamma_d)+(-2i(\Delta_{p0}-k_pv_z)+\gamma_b)\Omega_m^2+(-2i(\Delta_{pc0}+(k_c-k_p)v_z)+\gamma_d)\Omega_c^2\end{pmatrix}}$$

(4.98)

式中，$\Delta_{pc0}=\Delta_{p0}+\Delta_{c0}$。

因此，探测光引起的原子气室的电极化率为

$$\chi = -\frac{2\wp_{ab}}{\varepsilon_0 E_{ab}}\int \rho_{ba}^0(v_z)N(v_z)dv_z \qquad (4.99)$$

观测四能级原子的 EIT A-T 分裂效应有两种途径：一种是通过固定耦合光频率扫描探测光频率观测 EIT A-T 分裂效应；另外一种是固定探测光频率，扫描耦合光频率观测 EIT A-T 分裂效应。当固定耦合光频率，扫描探测光频率时，密度矩阵元可以写成

$$\rho_{ba}^0(v_z) = \frac{-i\Omega_p}{-2i(\Delta_p-k_pv_z)+\gamma_b}\left(1 - \frac{\frac{\Omega_c^2}{-2i(\Delta_{p0}-k_pv_z)+\gamma_b}}{\begin{pmatrix}(-2i(\Delta_{p0}+(k_c-k_p)v_z)+\gamma_c)+\frac{1}{(-2i(\Delta_{p0}-k_pv_z)+\gamma_b)}\Omega_c^2\\+\frac{\Omega_m^2}{(-2i(\Delta_{p0}+(k_c-k_p)v_z)+\gamma_d)}\end{pmatrix}}\right)$$

(4.100)

式(4.100)表明，当固定耦合光频率，扫描探测光频率时，密度矩阵元分为两个部分：一部分是二能级热原子的密度矩阵元；另一部分是引入耦合光和微波电场对密度矩阵元的影响。因此，当通过扫描探测光的方式观测四能级原子的 EIT A-T 分裂效应时，EIT A-T 分裂效应的分裂峰是附加在多普勒背景之上的。

当通过固定探测光频率，扫描耦合光频率观测 EIT A-T 分裂效应时，密度矩阵元可以写成：

$$\rho_{ba}^0(v_z) = -i\Omega_p \frac{(-2i(\Delta_{c0}+(k_c-k_p)v_z)+\gamma_c)(-2i(\Delta_{c0}+(k_c-k_p)v_z)+\gamma_d)+\Omega_m^2}{\begin{pmatrix}(-2i(-k_pv_z)+\gamma_b)(-2i(\Delta_{c0}+(k_c-k_p)v_z)+\gamma_c)(-2i(\Delta_{c0}+(k_c-k_p)v_z)\\+\gamma_d)+(-2i(-k_pv_z)+\gamma_b)\Omega_m^2+(-2i(\Delta_{c0}+(k_c-k_p)v_z)+\gamma_d)\Omega_c^2\end{pmatrix}}$$

(4.101)

式(4.101)表明，此时密度矩阵元不存在二能级时探测光产生的多普勒背景

第4章 多能级原子的电磁感应透明效应

项,也就是扫描耦合光频率时,观测探测光频率的吸收系数,只存在两个透明峰,不存在多普勒背景。对比式(4.100)和式(4.101),我们可以看到,探测光失谐与原子运动速度有关的项,在式(4.100)中有两项,分别是 $k_p v_z$ 和 $(k_c - k_p)v_z$ 项,而在式(4.101)中耦合光失谐与原子运动速度有关的项只有 $(k_c - k_p)v_z$ 项,正是由于这个差异,扫描探测光频率和扫描耦合光频率时透明峰的间距不同。

下面我们讨论热原子四能级 EIT A-T 分裂效应的透明峰出现的位置,我们考虑的第一种情况是固定耦合光频率使其与能级完全共振,扫描探测光频率,观测 EIT 效应,根据式(4.95)可知,当探测光的失谐和耦合光的失谐以及原子速度 v_z 满足如下关系时,密度矩阵元 ρ_{ba}^0 出现最大值:

$$\Delta_{p0} - k_p v_z + \Delta_{c0} + k_c v_z = \pm \frac{\Omega_m}{2} \tag{4.102}$$

此时,由于探测光和耦合光存在失谐,k_p 和 k_c 的表达式为

$$k_p = \frac{\omega_{p0} + \Delta_{p0}}{c}, \quad k_c = \frac{\omega_{c0} + \Delta_{c0}}{c} \tag{4.103}$$

式中,ω_{p0} 和 ω_{c0} 是探测光和耦合光与能级无失谐时的角频率,因此,满足下面速度关系的原子才能被激发到中间态:

$$v_z = \frac{c\Delta_{p0}}{\omega_{p0} + \Delta_{p0}} \tag{4.104}$$

当我们扫描探测光频率,固定耦合光频率于能级共振处时,根据式(4.102)和式(4.104),存在如下关系:

$$\Delta_{p0} - k_p \frac{c\Delta_{p0}}{\omega_{p0} + \Delta_{p0}} + k_c \frac{c\Delta_{p0}}{\omega_{p0} + \Delta_{p0}} = \pm \frac{\Omega_m}{2} \tag{4.105}$$

化简可以得到:

$$\Delta_{p0} = \pm \frac{\frac{\omega_{p0}\Omega_m}{2}}{\omega_{c0} \mp \frac{\Omega_m}{2}} \approx \pm \frac{\lambda_c}{\lambda_p} \frac{\Omega_m}{2} \tag{4.106}$$

如果固定探测光频率,扫描耦合光频率,此时能够激发到中间态的原子都是速度约等于 0 的原子,有:

$$\Delta_{c0} = \pm \frac{\Omega_m}{2} \tag{4.107}$$

当采用固定探测光频率,扫描耦合光频率的方式观测 EIT A-T 分裂效应时,

由于探测光的频率被调整到能级共振频率处，也就是说只有低速的原子才能够被激发到中间态，此时展现出来的 EIT A-T 分裂效应更像冷原子的 EIT A-T 分裂效应；而扫描探测光频率时，不同运动速度的原子都可以被激发到中间态，也就是会产生一个多普勒的背景，由于耦合光频率固定，此时只有低速的原子才能够被激发到里德堡态，然后在微波电场的作用下产生分裂，因此，此时观测到的 EIT A-T 分裂效应必然会存在于多普勒背景之上。

图 4.9 是四能级热原子的 EIT A-T 分裂效应，系统的参数如图中所示，图 4.9(a) 是扫描探测光时的 EIT A-T 分裂效应，图 4.9(b) 是扫描耦合光时的 EIT A-T 分裂效应，图中的点划线是二能级原子系统扫描探测光得到的多普勒吸收曲线。和我们分析的一样，在扫描探测光频率观测 EIT A-T 分裂效应时，EIT A-T 分裂的透明峰是叠加在多普勒背景上的，而扫描耦合光频率时观测的 EIT A-T 分裂效应是与多普勒背景无关的。图中的 $\Delta_{p,c}^{p-p}$ 表示密度矩阵元两个峰值之间的间隔。

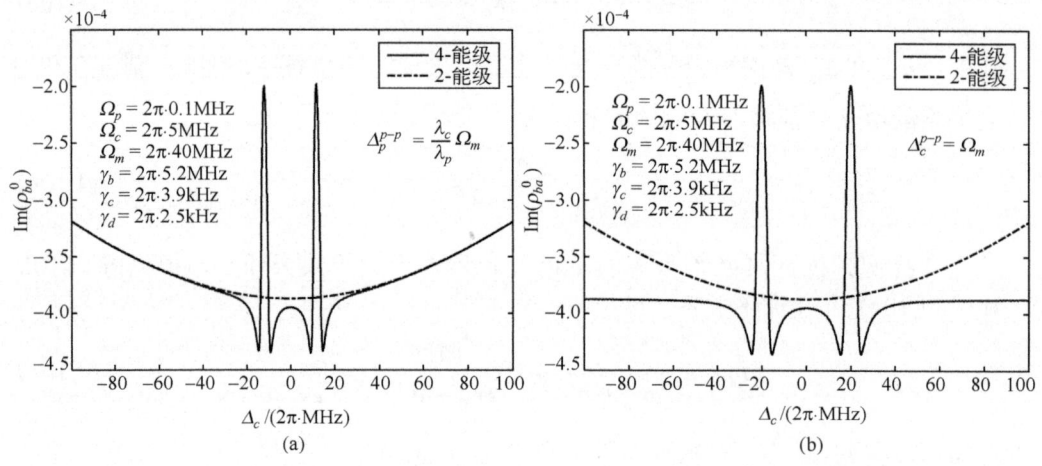

图 4.9 四能级热原子的 EIT A-T 分裂效应

由于在弱探测光条件下密度矩阵元存在解析表达式，因此，上面的分析是在弱探测光情况下讨论的，在强探测光情况下也有类似的结论，在强探测光条件下，利用式(4.96)便可求出密度矩阵元的数值解。

4.4 热辐射对四能级 ρ_{ba} 的影响

在常温下的四能级 EIT 效应中，探测光、耦合光和微波电场同时照射原子气室，周围环境的热辐射也会对探测光的吸收系数产生影响，热辐射对四能级 EIT

效应的影响是通过热辐射激发出的各个频率的简谐光子对密度矩阵元 ρ_{ba} 的影响实现的。在这种情况下，激励四能级 EIT 效应的拉比频率为

$$\Omega_p(t) = \Omega_p e^{i\Delta_p t} + \sum_k \frac{\wp_{ab}}{\hbar} \xi_k e^{i\Delta_k t} \tag{4.108}$$

$$\Omega_c(t) = \Omega_c e^{i\Delta_c t} + \sum_l \frac{\wp_{bc}}{\hbar} \varsigma_l e^{i\Delta_l t} \tag{4.109}$$

$$\Omega_m(t) = \Omega_m e^{i\Delta_m t} + \sum_n \frac{\wp_{cd}}{\hbar} \zeta_n e^{i\Delta_n t} \tag{4.110}$$

上式中 $\Delta_n = \omega_n - |\omega_d - \omega_c|$ 表示为热辐射频率为 ω_n 的简谐波与 c 能级和 d 能级共振频率之间的失谐，ζ_n 是频率为 ω_n 的简谐波的振幅。因此，在弱探测光条件下，密度矩阵元的微分方程可以表示为

$$2i\frac{d}{dt}\rho_{ba}^0 = \Omega_p + f(t) + (\Omega_c + g^*(t))\rho_{ca}^0 - (i\gamma_b + 2\Delta_p)\rho_{ba}^0 = 0 \tag{4.111}$$

$$2i\frac{d}{dt}\rho_{ca}^0 = (\Omega_c + g(t))\rho_{ba}^0 + (\Omega_m + h^*(t))\rho_{da}^0 - \rho_{cb}^0(\Omega_p + f(t)) - (i\gamma_c + 2(\Delta_p + \Delta_c))\rho_{ca}^0 \tag{4.112}$$

$$2i\frac{d}{dt}\rho_{da}^0 = (\Omega_m + h(t))\rho_{ca}^0 - \rho_{db}^0(\Omega_p + f(t)) - (i\gamma_d + 2(\Delta_p + \Delta_c + \Delta_m))\rho_{da}^0 = 0 \tag{4.113}$$

式中，$f(t) = \sum_k \frac{\wp_{ab}}{\hbar} \xi_k^* e^{-i(\Delta_k - \Delta_p)t}$；$g(t) = \sum_l \frac{\wp_{bc}}{\hbar} \varsigma_l^* e^{-i(\Delta_l - \Delta_c)t}$；$h(t) = \sum_n \frac{\wp_{cd}}{\hbar} \zeta_n^* e^{-i(\Delta_n - \Delta_m)t}$。

式(4.111)~式(4.113)是一个随机微分方程组，直接求解比较困难。$f(t)$、$g(t)$ 和 $h(t)$ 都会影响密度矩阵元 ρ_{ba}^0 的值，$f(t)$ 直接影响 ρ_{ba}^0 的值，而 $g(t)$ 和 $h(t)$ 都是通过影响 ρ_{ca}^0 和 ρ_{da}^0 的值间接影响 ρ_{ba}^0 的值，并且 $g(t)$、$h(t)$ 与 ρ_{ba}^0 并不独立。与三能级类似，我们可以通过泰勒级数展开法对密度矩阵元的噪声进行分析。含有 $f(t)$、$g(t)$ 和 $h(t)$ 的密度矩阵元表达式为

$$\rho_{ba}^0 = \frac{-i(\Omega_p + f(t))((-2i\Delta_{pc} + \gamma_c)(-2i\Delta_{pm} + \gamma_d) + |\Omega_m + h(t)|^2)}{\begin{array}{l}(-2i\Delta_p + \gamma_b)(-2i\Delta_{pc} + \gamma_c)(-2i\Delta_{pm} + \gamma_d) + (-2i\Delta_p + \gamma_b)|\Omega_m + h(t)|^2 \\ + (-2i\Delta_{pm} + \gamma_d)|\Omega_c + g(t)|^2\end{array}} \tag{4.114}$$

对式(4.114)进行泰勒级数展开，$h(t)$ 在分子和分母中都出现，分子部分对密度矩阵元的影响更为显著，因此我们忽略 $h(t)$ 在分母中的部分，得到：

$$\rho_{ba}^0 \approx -\mathrm{i}\Omega_p \frac{(-2\mathrm{i}\Delta_{pc}+\gamma_c)(-2\mathrm{i}\Delta_{pm}+\gamma_d)+\Omega_m^2}{\begin{pmatrix}(-2\mathrm{i}\Delta_p+\gamma_b)(-2\mathrm{i}\Delta_{pc}+\gamma_c)(-2\mathrm{i}\Delta_{pm}+\gamma_d)+(-2\mathrm{i}\Delta_p+\gamma_b)\Omega_m^2\\+(-2\mathrm{i}\Delta_{pm}+\gamma_d)\Omega_c^2\end{pmatrix}}$$

$$-\mathrm{i}\frac{(-2\mathrm{i}\Delta_{pc}+\gamma_c)(-2\mathrm{i}\Delta_{pm}+\gamma_d)+\Omega_m^2}{\begin{pmatrix}(-2\mathrm{i}\Delta_p+\gamma_b)(-2\mathrm{i}\Delta_{pc}+\gamma_c)(-2\mathrm{i}\Delta_{pm}+\gamma_d)+(-2\mathrm{i}\Delta_p+\gamma_b)\Omega_m^2\\+(-2\mathrm{i}\Delta_{pm}+\gamma_d)\Omega_c^2\end{pmatrix}}f(t)$$

$$+\frac{\mathrm{i}\Omega_p[(-2\mathrm{i}\Delta_{pc}+\gamma_c)(-2\mathrm{i}\Delta_{pm}+\gamma_d)+\Omega_m^2]}{\begin{pmatrix}((-2\mathrm{i}\Delta_p+\gamma_b)(-2\mathrm{i}\Delta_{pc}+\gamma_c)(-2\mathrm{i}\Delta_{pm}+\gamma_d)+(-2\mathrm{i}\Delta_p+\gamma_b)\Omega_m^2\\+(-2\mathrm{i}\Delta_{pm}+\gamma_d)\Omega_c^2)^2\end{pmatrix}}\Omega_c(g(t)+g^*(t))$$

$$-\frac{\mathrm{i}\Omega_p\Omega_m}{\begin{pmatrix}(-2\mathrm{i}\Delta_p+\gamma_b)(-2\mathrm{i}\Delta_{pc}+\gamma_c)(-2\mathrm{i}\Delta_{pm}+\gamma_d)+(-2\mathrm{i}\Delta_p+\gamma_b)\Omega_m^2\\+(-2\mathrm{i}\Delta_{pm}+\gamma_d)\Omega_c^2\end{pmatrix}}(h(t)+h^*(t))$$

(4.115)

与二能级和三能级的处理方法类似，密度矩阵元 ρ_{ab}^0 的噪声功率谱密度为

$$N_{\rho_{ba}}(\omega)=$$

$$\frac{1}{4}\left(\frac{\wp_{ab}}{\hbar}\right)^2\left|\frac{(-2\mathrm{i}\Delta_{pc}+\gamma_c)(-2\mathrm{i}\Delta_{pm}+\gamma_d)+\Omega_m^2}{\begin{pmatrix}(-2\mathrm{i}\Delta_p+\gamma_b)(-2\mathrm{i}\Delta_{pc}+\gamma_c)(-2\mathrm{i}\Delta_{pm}+\gamma_d)+(-2\mathrm{i}\Delta_p+\gamma_b)\Omega_m^2\\+(-2\mathrm{i}\Delta_{pm}+\gamma_d)\Omega_c^2\end{pmatrix}}\right|^2\frac{I_{ab}(\omega)}{c\varepsilon_0}$$

$$+\left(\frac{\wp_{bc}}{\hbar}\right)^2\left|\frac{\Omega_p((-2\mathrm{i}\Delta_{pc}+\gamma_c)(-2\mathrm{i}\Delta_{pm}+\gamma_d)+\Omega_m^2)\Omega_c}{\begin{pmatrix}((-2\mathrm{i}\Delta_p+\gamma_b)(-2\mathrm{i}\Delta_{pc}+\gamma_c)(-2\mathrm{i}\Delta_{pm}+\gamma_d)+(-2\mathrm{i}\Delta_p+\gamma_b)\Omega_m^2\\+(-2\mathrm{i}\Delta_{pm}+\gamma_d)\Omega_c^2)^2\end{pmatrix}}\right|^2\frac{I_{bc}(\omega)}{c\varepsilon_0}$$

$$+\left(\frac{\wp_{cd}}{\hbar}\right)^2\left|\frac{\Omega_p\Omega_m}{\begin{pmatrix}(-2\mathrm{i}\Delta_p+\gamma_b)(-2\mathrm{i}\Delta_{pc}+\gamma_c)(-2\mathrm{i}\Delta_{pm}+\gamma_d)+(-2\mathrm{i}\Delta_p+\gamma_b)\Omega_m^2\\+(-2\mathrm{i}\Delta_{pm}+\gamma_d)\Omega_c^2\end{pmatrix}}\right|^2\frac{I_{cd}(\omega)}{c\varepsilon_0}$$

(4.116)

式中，$I_{ab}(\omega)$、$I_{bc}(\omega)$ 和 $I_{cd}(\omega)$ 是热辐射在 a、b 能级，b、c 能级和 c、d 能级共振频率附近的热辐射能流密度谱。

在四能级的里德堡原子系统中，$\wp_{bc}$ 的值要远远小于 $\wp_{ab}$ 和 $\wp_{cd}$，因此，$I_{bc}(\omega)$ 的系数要远远小于 $I_{ab}(\omega)$ 和 $I_{cd}(\omega)$ 的系数。由此可见，在热辐射噪声对四能级 EIT 效应的影响中，占主导地位的是 $I_{ab}(\omega)$ 和 $I_{cd}(\omega)$ 引入的噪声。

4.5 四能级原子 EIT A-T 的参数估计

在四能级原子 EIT A-T 中，系统参数会影响探测光的吸收情况，也会影响吸收谱线的形状，本节将从共振频率的估计、衰减的估计两个方面来讨论四能级 EIT A-T 参数估计问题，四能级原子系统中拉比频率的估计参见 3.6 节。

4.5.1 共振频率的估计

在四能级原子的 EIT A-T 中，探测光、耦合光以及微波电场的频率必须在共振频率附近，在扫描探测光频率和耦合光频率时，我们希望以共振频率为中心进行对称扫描，微波电场则需要工作在共振频率处。

探测光的频率要工作在 a、b 能级的共振频率附近，我们在对 EIT 效应进行观测时，一般都是采用碱金属原子，如铯原子和铷原子，我们可以通过铯原子和铷原子的特性参数来确定探测光的共振频率。

探测光的共振频率也可以通过观测饱和吸收谱的方法来确定，根据第 3 章中饱和谱吸收系数的公式，有：

$$\alpha \approx \frac{\pi \wp_{ab}^2}{\varepsilon_0 \hbar k_p} N \left(\frac{\Delta_p}{k_p}\right) \left(1 - \frac{S(1+\sqrt{1+S})}{4\sqrt{1+S}} \frac{(\gamma_b/2)^2}{\Delta_p^2 + (\Gamma_s/2)^2}\right) \quad (4.117)$$

式 (4.117) 表明，饱和谱的吸收系数是一个含有多普勒背景的吸收系数减去一个饱和展宽的谱线，在观测中，我们可以调整泵浦光的功率，使谱线只有微小的展宽，以便得到更为精确的结果。此时通过扫描探测光频率来观察计算饱和谱吸收峰值的位置，确定探测光的共振频率。

耦合光将耦合中间能级和里德堡能级，对于耦合光的共振频率，我们可以通过量子亏损理论进行估算，但实验中我们一般采用热原子，热效应会引起里德堡能级的移位，用量子亏损理论计算的耦合光会与中间态和里德堡态的共振频率值有几 MHz 的误差。我们可以通过将探测光的频率固定在 a、b 能级的共振频率处，在量子亏损理论计算的共振频率周围扫描耦合光频率，观测三能级原子 EIT 谱的峰值，由此来确定耦合光的共振频率。

微波电场耦合两个里德堡能级，用量子亏损理论并不能很精确地计算出两个里德堡能级的共振频率，我们通常需要对两个里德堡能级的共振频率进行估计，由 4.3 节分析可以知道，扫描耦合光频率观测四能级原子的 EIT A-T 分裂效应，当微波频率与两个能级完全共振时，两个分裂峰呈对称形态，左右两个分裂峰的高度一样，然而，当微波频率存在失谐时，会破坏这种对称性，使 A-T 分裂峰左右两边的高度不一致，因此，我们可以通过调整微波频率使 A-T 分裂峰左右高度一致来确定两个里德堡能级的共振频率。

4.5.2 衰减的估计

除基态外，四能级原子 EIT A-T 中，包含三个能级的衰减，观测里德堡原子的 EIT A-T 分裂时，我们都采用碱金属原子，最常用的是铷原子和铯原子。在采用铷原子和铯原子进行 EIT A-T 分裂效应的实验时，中间能级为 $5P_{3/2}$ 态和 $6P_{3/2}$ 态。铯原子的 $6P_{3/2}$ 态的衰减率大约是 $2\pi \cdot 5.2\text{MHz}$。

由于里德堡原子的核外电子远离原子实，受到的束缚库仑力很弱，所以其具有比较长的寿命，里德堡原子的寿命可以由式(4.118)进行估算：

$$\gamma = \frac{1}{\tau^0 (n^*)^\alpha} \tag{4.118}$$

式中，n^* 是考虑量子亏损后的主量子数；α 和 τ^0 的值由表 4.1 确定[2,3]。

表 4.1　铷原子和铯原子寿命的简易计算参数

原子种类	参数	S	P	D	F
Rb	τ^0 / ns	1.43	2.76	2.09	0.76
	α	2.94	3.02	2.85	2.95
Cs	τ^0 / ns	1.43	4.42	0.96	0.69
	α	2.96	2.94	2.93	2.94

对于实际的热原子的里德堡态寿命，其还会受到黑体辐射的影响，更精确的里德堡态的寿命可以利用开源的 ARC 软件计算。

里德堡态的波函数可以通过第 2 章介绍的里德堡原子波函数的数值计算方法来计算，随后根据波函数进行数值积分，可以计算出里德堡态之间的跃迁偶极矩。高斯光束内探测光和耦合光的拉比频率计算方法如 3.6 节所示。探测光沿着原子气室传播过程的衰减处理与 3.6 节中的方法一样，由于从中间能级到里德堡能级的跃迁偶极矩非常小，例如，从 $6P_{3/2}$ 态到 $47D_{5/2}$ 态的跃迁偶极矩仅为 $0.0187ea_0$，因此，耦合光在介质的传播过程中功率损失非常小，可以忽略，此时认为耦合光的光强在介质中保持不变。

4.6 小　　结

本章对多能级原子的 EIT 效应进行了分析，由于多能级的量子相干效应，多能级原子比二能级原子展现出更多的特点，此时，由于多能级的引入，介质对探测光的吸收特性发生了改变，三能级表现为 EIT 效应，四能级表现为 EIT A-T 分裂效应。我们对冷原子和热原子的 EIT 效应以及 EIT A-T 分裂效应进行了系统的阐述，包括扫描探测光频率和扫描耦合光频率时的 EIT A-T 分裂效应的差异以及热辐射对 EIT 效应和 EIT A-T 分裂效应的影响。

我们可以利用透明峰的分裂特性对外界的微波电场进行测量，本章的分析表明，采用四能级的 EIT A-T 分裂效应对微波电场进行测量时要求微波电场是一个单频的无调制的电场，并且电场强度要足够强，才能够使透明峰产生分裂效应。这两个缺点限制了利用 EIT A-T 分裂效应对微波电场进行接收。因为我们实际中接收的微波信号都是带调制的信号，如通信信号和雷达信号基本都是相位调制；并且要接收的信号功率都很弱，不能够使透明峰产生分裂。如果让里德堡原子能够接收微弱的电场，就需要采用新的结构。

参 考 文 献

[1] Autler S H，Townes C H. Stark effect in rapidly varying fields[J]. Physical Review, 1955, 100(2): 703-722.

[2] Gallagher T F. Rydberg Atoms[M]. Cambridge: Cambridge University Press, 1994.

[3] Theodosiou C E. Lifetimes of alkali-metal: Atom Rydberg states[J]. Physical Review A, 1984, 30(6): 2881-2909.

第5章　四能级外差里德堡原子接收机对微波电场的响应

第 4 章分析了多能级原子的 EIT 效应,在三能级时,介质对探测光的吸收特性表现出相对透明的现象,产生相对透明峰;加入微波电场构成四能级原子后,透明峰会在微波电场的作用下产生 EIT A-T 分裂效应,形成两个透明峰,并且这两个透明峰的间隔与微波电场的拉比频率成正比,而拉比频率与微波电场的场强成正比,因此,我们可以利用四能级原子的 EIT A-T 分裂效应测量微波电场的场强。但是利用四能级原子的 EIT A-T 分裂效应测量微波电场有两个局限性:第一,第 4 章的 EIT A-T 分裂模型是基于单频的微波电场进行分析的,其理想情况是测量单频的无调制电场,然而,实际中的微波电场都是带调制电场,直接采用第 4 章的方法会引入比较大的误差,并且该方法只能测量场强的幅度,在实际应用中我们更关心对场强相位的测量;第二,用第 4 章的方法测量场强时,必须要求场强有足够的强度,使透明峰产生分裂,因此,该方法不适用于弱的电场的测量。

本章我们采用两个微波电场耦合于两个里德堡能级之间,一个是强的单频的本振电场,一个是弱的带调制的电场,它们构成了外差结构的里德堡原子接收机,在本章中,我们详细讨论利用四能级外差里德堡原子接收机(简称四能级外差接收机或接收机)对带调制的弱微波电场进行精确测量的原理,分析四能级外差接收机的系统响应及其在微波信号无失真恢复中的作用。研究表明,在对时变微波电场进行恢复和分析时,介质对探测光的吸收效应和色散效应都至关重要。最后,本章介绍四能级外差里德堡原子接收机的具体构型。

5.1　四能级外差里德堡原子接收机系统模型

在传统的电子学接收机中,外差技术被广泛应用于微弱目标的接收,引入外差技术时,需要一个强的本振信号,强的本振信号与弱的被接收信号进行混频后,可以获得被接收信号的幅度和相位信息。在 2018 年后,研究者也借鉴这种思路,在里德堡原子对微波电场的测量中引入了两个电场、一个是强的本振电场;另一个是弱的待接收的微波电场。这两个电场共同耦合于两个里德堡能级之间[1,2]。因此,在四能级外差里德堡原子接收机中,存在四个电场:探测光电场、耦合光电场、强本振微波电场和弱的需要接收的微波电场,其能级构型如图 5.1 所示。

第 5 章 四能级外差里德堡原子接收机对微波电场的响应

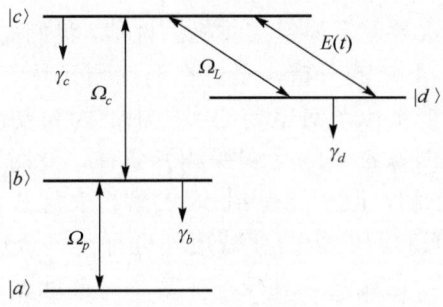

图 5.1 四能级外差里德堡接收机能级构型

在四能级外差里德堡原子接收机中，耦合两个里德堡能级的有两个微波电场：一个微波电场的拉比频率为 Ω_L，这个拉比频率由强的本振电场决定，强的本振电场与两个里德堡能级的频率共振；另一个是弱的电场 $E(t)$，这个弱的电场通常是幅度调制或者相位调制的电场，承载着有用的信息，我们需要对这个调制电场进行接收恢复。在本节中，我们先定性地分析四能级外差里德堡原子接收机的性能，假定 $E(t)$ 是一个单频电场，其与两个里德堡能级的共振频率失谐为 δ_s，拉比频率为 Ω_s。探测光、耦合光和本振微波电场是无失谐的，在冷原子的情况下，四能级外差里德堡原子接收机的哈密顿算符可以写成：

$$H = \frac{\hbar}{2} \begin{pmatrix} 0 & \Omega_p & 0 & 0 \\ \Omega_p & 0 & \Omega_c & 0 \\ 0 & \Omega_c & 0 & \Omega_L + \Omega_s e^{i\delta_s t} \\ 0 & 0 & \Omega_L + \Omega_s e^{-i\delta_s t} & 0 \end{pmatrix} \quad (5.1)$$

密度矩阵的动态方程为

$$\frac{d}{dt}\rho = -\frac{i}{\hbar}(H\rho - \rho H) + D \quad (5.2)$$

衰减矩阵为

$$D = \begin{pmatrix} \gamma_b \rho_{bb} + \gamma_d \rho_{dd} & -\frac{\gamma_b}{2}\rho_{ab} & -\frac{\gamma_c}{2}\rho_{ac} & -\frac{\gamma_d}{2}\rho_{ad} \\ -\frac{\gamma_b}{2}\rho_{ba} & -\gamma_b \rho_{bb} + \gamma_c \rho_{cc} & -\frac{\gamma_{bc}}{2}\rho_{bc} & -\frac{\gamma_{bd}}{2}\rho_{bd} \\ -\frac{\gamma_c}{2}\rho_{ca} & -\frac{\gamma_{cb}}{2}\rho_{cb} & -\gamma_c \rho_{cc} & -\frac{\gamma_{cd}}{2}\rho_{cd} \\ -\frac{\gamma_d}{2}\rho_{da} & -\frac{\gamma_{db}}{2}\rho_{db} & -\frac{\gamma_{dc}}{2}\rho_{dc} & -\gamma_d \rho_{dd} \end{pmatrix} \quad (5.3)$$

式中，$\gamma_{ij} = \gamma_i + \gamma_j$；$\rho_{ij}$ 是密度矩阵元。

要定性地分析四能级外差里德堡接收机的性能，我们需要知道密度矩阵元 ρ_{ba} 的解析表达式，根据第 4 章的分析，虽然在弱探测光时，密度矩阵元 ρ_{ba} 具有解析表达式，然而，在里德堡原子对电场的实验中，因为要使处于里德堡态的原子具有一定的数量，大多时候都不满足弱探测光条件，此时可以利用式(4.96)对密度矩阵元 ρ_{ba} 进行数值求解，但不能得到 ρ_{ba} 的解析表达式。为了得到密度矩阵元 ρ_{ba} 的解析表达式，我们对四能级的衰减矩阵进行一些合理的近似，我们知道，里德堡能级的寿命很长，也就是其衰减率非常小，要远远小于 b 能级的衰减率，有 $\gamma_c, \gamma_d \ll \gamma_b$，因此，我们将 γ_c、γ_d 忽略，求出冷原子密度矩阵方程的静态解的近似解[3]：

$$\rho_{ba} = -i\frac{\gamma_b \Omega_p |\Omega_m|^2}{\gamma_b^2|\Omega_m|^2 + 2\Omega_p^2(\Omega_c^2 + |\Omega_m|^2 + \Omega_p^2)} \tag{5.4}$$

式中，$\Omega_m = \Omega_L + \Omega_s e^{i\delta_s t}$，是本振电场和待接收电场共同作用的拉比频率。

$$\begin{aligned}|\Omega_m|^2 &= (\Omega_L + \Omega_s e^{i\delta_s t})(\Omega_L + \Omega_s e^{-i\delta_s t})\\ &= \Omega_L^2(1 + x^2 + 2x\cos(\delta_s t))\end{aligned} \tag{5.5}$$

式中，$x = \Omega_s/\Omega_L$。$|\Omega_m|^2$ 表示由于本振微波电场和待接收电场共同作用产生的干涉项，该干涉项正比于待接收的微波电场。

由于弱微波电场的拉比频率要远远小于强本振微波电场的拉比频率。即满足 $x \ll 1$。此时可以将式(5.4)用泰勒级数展开，可以求得密度矩阵元的虚部为

$$\text{Im}(\rho_{ba}) \approx \text{Im}(\rho_{ba}^0) - \frac{4\gamma_b \Omega_p^3 \Omega_L(\Omega_c^2 + \Omega_p^2)}{(\gamma_b^2 \Omega_L^2 + 2\Omega_p^2(\Omega_c^2 + \Omega_L^2 + \Omega_p^2))^2}\Omega_s \cos(\delta_s t) \tag{5.6}$$

式中，ρ_{ba}^0 是当 $\Omega_s = 0$ 时密度矩阵元的静态解，$\text{Im}(\rho_{ba}^0) = -\frac{\gamma_b \Omega_p \Omega_L^2}{\gamma_b^2 \Omega_L^2 + 2\Omega_p^2(\Omega_c^2 + \Omega_L^2 + \Omega_p^2)}$。

探测光透过介质后的光功率会随着弱信号电场的变化而变化，具有如下的关系：

$$P(t) = P_0 \exp\left(2\frac{k_p N \wp_{ab}^2}{\varepsilon_0 \hbar \Omega_p}\text{Im}[\rho_{ba}]L\right) \tag{5.7}$$

上式中 L 是介质的长度，透射光功率是拉比频率 $\Omega_L + \Omega_s e^{i\delta_s t}$ 的函数，当同时存在 Ω_L 和 Ω_s，并且满足 $\Omega_s \ll \Omega_L$ 时，用一阶泰勒展开可以得到四能级外差里德堡原子接收机的功率表达式：

$$P(\Omega_L + \Omega_s \mathrm{e}^{\mathrm{i}\delta_s t}) = \overline{P_0}(\Omega_L) + \frac{\partial \overline{P_0}(\Omega_L)}{\partial \Omega_L} \Omega_s \cos(\delta_s t + \phi_s) \tag{5.8}$$

式中，$\overline{P_0}(\Omega_L)$是探测光透过介质后的平均功率，其可以从密度矩阵方程的静态解得到；一阶泰勒级数展开系数$\partial \overline{P_0}(\Omega_L)/\partial \Omega_L$与系统参数（拉比频率和能级衰减）有关，代表了接收机对待接收电场的增益，其由密度矩阵方程的静态解对本振拉比频率的导数决定。式(5.8)表明，四能级外差接收机的输出信号与待接收的弱微波电场成正比。由于式(5.8)中$\partial \overline{P_0}(\Omega_L)/\partial \Omega_L$与$\delta_s$无关，其增益与待接收电场的基带频率无关，这显然不符合实际情况，对于一个接收机而言，其增益与待接收电场的频率的关系决定了接收机的带宽。因此，采用静态解的分析方法只能够定性地了解接收机，而不能对接收机进行定量的分析。

式(5.6)表明，在本振微波电场和待接收微波电场共同耦合两个里德堡能级的情况下，介质的吸收系数与输入的电场存在线性关系，这就暗示我们可以通过利用介质的吸收特性，对弱的微波电场进行接收。同时式(5.6)表明，此时密度矩阵元ρ_{ba}是随时间变化的，是一个时间的函数，这与静态解$\mathrm{d}\rho_{ba}/\mathrm{d}t = 0$的条件相矛盾，这就意味着在存在本振微波电场和待接收微波电场的条件下没有严格意义上的静态解。当待接收微波电场不是单频电场时，如雷达信号或通信信号都是典型的相位调相信号，在介质是热原子的接收机中，确定的介质吸收特性与输入的待接收机的微波电场的关系也是里德堡原子接收机的一个关键问题。

5.2 四能级外差里德堡原子接收机对微波的响应

在四能级外差的里德堡接收机中，当弱的带调制的微波电场输入到接收机时，介质的吸收系数必定会随着这个弱微波电场的变化而变化，在5.1节中，我们以冷原子为例，在忽略里德堡能级衰减的条件下得到了四能级外差里德堡接收机的透射光功率与待接收微弱微波电场强度成正比这一定性的结论。但5.1节的分析不能给出透射光功率与待接收微波频率的关系，无法给出系统带宽等指标，并且热原子的多普勒效应导致探测光和耦合光的失谐都不等于0，因此，5.1节的方法很难迁移到热原子的四能级外差里德堡原子接收机的分析中。

造成5.1节的分析方法无法描述里德堡原子接收机带宽的根本原因是四能级外差里德堡原子并没有静态解，其密度矩阵元始终会随时间变化，接收机的频域特性是通过密度矩阵元随时间的变化规律决定的，也就是我们需要得到密度矩阵方程的动态解。

如果将四能级外差里德堡原子接收机看成一个系统，输入的弱的带调制的微波电场可以看成这个系统的激励，那么密度矩阵元ρ_{ba}与弱调制电场之间的变化规律决定着四能级外差里德堡接收机对待接收微波电场的响应。本节在探测光、耦合光以及微波本振与能级是完全共振的情况下，讨论热原子四能级外差里德堡接收机的动态解，由此得到该接收机对待接收微波电场的响应。

5.2.1 四能级外差动态解模型

接收机接收的电场，一般来说是带调制的电场，其形式可以表示为

$$E(t) = A(t)\cos(\omega_{cd} t + \varphi(t)) \tag{5.9}$$

幅度随时间变化的信号一般称为调幅信号，相位随时间变化的信号称为调相信号，无论何种调制信号，其电场形式都可以写成如下形式：

$$E(t) = \frac{\mathcal{E}(t)\mathrm{e}^{\mathrm{i}|\omega_c - \omega_d|t} + \mathcal{E}^*(t)\mathrm{e}^{-\mathrm{i}|\omega_c - \omega_d|t}}{2} \tag{5.10}$$

式中，$\mathcal{E}(t)$ 吸收了微波电场与两个里德堡能级之间的失谐，即 $\mathcal{E}(t) = A(t)\mathrm{e}^{\mathrm{i}(\omega_{cd} - |\omega_c - \omega_d|)t}\mathrm{e}^{\mathrm{i}\varphi(t)}$。探测光和耦合光分别沿 $+z$ 方向和 $-z$ 方向传输，且探测光和耦合光的光强并没有随着传输而减小，强的本振微波电场沿 $+x$ 的方向传输，弱的待接收微波电场的方向沿 $-x$ 的方向传输，其传输方向图如图 5.2 所示。

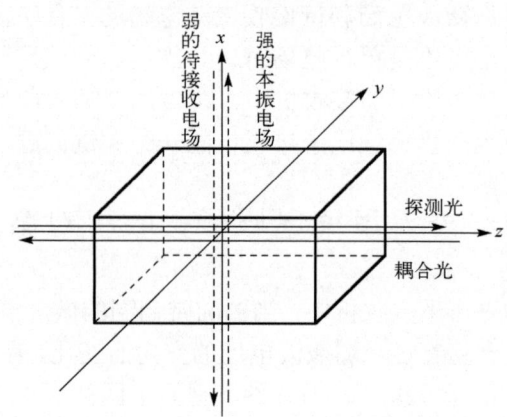

图 5.2　四能级原子各电场传输方向

此时，在相互作用绘景下，四能级外差里德堡原子接收机的哈密顿算符为

$$H = \frac{\hbar}{2}\begin{pmatrix} 0 & \Omega_p \mathrm{e}^{-\mathrm{i}k_p z} & 0 & 0 \\ \Omega_p \mathrm{e}^{\mathrm{i}k_p z} & 0 & \Omega_c \mathrm{e}^{\mathrm{i}k_c z} & 0 \\ 0 & \Omega_c \mathrm{e}^{-\mathrm{i}k_c z} & 0 & \Omega_L \mathrm{e}^{-\mathrm{i}k_m x} + \frac{\mathrm{e}^{\mathrm{i}k_m x}}{2\pi}\int \Omega_s(\omega)\mathrm{e}^{\mathrm{i}\omega t}\mathrm{d}\omega \\ 0 & 0 & \Omega_L \mathrm{e}^{\mathrm{i}k_m x} + \frac{\mathrm{e}^{-\mathrm{i}k_m x}}{2\pi}\int \Omega_s^*(-\omega)\mathrm{e}^{\mathrm{i}\omega t}\mathrm{d}\omega & 0 \end{pmatrix}$$

$$\tag{5.11}$$

式中，$\Omega_s(\omega)$ 是 $\wp_{cd}\mathcal{E}(t)/\hbar$ 的傅里叶变换。采用式(5.11)形式最大的好处是 $\mathcal{E}(t)$ 的傅里叶变换的频率坐标 ω 刚好对应着微波电场与两个里德堡能级的失谐。

我们考虑热原子的情况，此时密度矩阵不仅是时间的函数，还是空间位置的函数（详细分析见3.2.3节），此时密度矩阵的动态方程为

$$\left(\frac{\partial}{\partial t}+\boldsymbol{v}\cdot\nabla\right)\rho=-\frac{\mathrm{i}}{\hbar}(H\rho-\rho H)+D \tag{5.12}$$

密度矩阵元的动态方程中有16个独立方程，包括上三角6个方程、下三角6个方程和对角线4个方程，直接求解这16个方程是不现实的。由于待接收的微波电场很弱，其场强远远小于本振微波电场，它不会改变粒子数在各个能级的分布，因此，可以近似地认为能级粒子数与弱的待接收微波电场无关，能级粒子数由 $\Omega_s=0$ 时的静态解决定。上三角的密度矩阵元和下三角的密度矩阵元互为共轭，因此，我们只需要写出下三角的密度矩阵元动态方程为

$$2\mathrm{i}\left(\frac{\partial}{\partial t}+\boldsymbol{v}\cdot\nabla\right)\rho_{ba}=\Omega_p\mathrm{e}^{\mathrm{i}k_p z}(\rho_{aa}-\rho_{bb})+\Omega_c\mathrm{e}^{\mathrm{i}k_c z}\rho_{ca}-\mathrm{i}\gamma_b\rho_{ba} \tag{5.13}$$

$$2\mathrm{i}\left(\frac{\partial}{\partial t}+\boldsymbol{v}\cdot\nabla\right)\rho_{ca}=\Omega_c\mathrm{e}^{-\mathrm{i}k_c z}\rho_{ba}+\left(\Omega_L\mathrm{e}^{-\mathrm{i}k_m x}+\frac{\mathrm{e}^{-\mathrm{i}k_m x}}{2\pi}\int\Omega_s(\omega)\mathrm{e}^{\mathrm{i}\omega t}\mathrm{d}\omega\right)\rho_{da}-\rho_{cb}\Omega_p\mathrm{e}^{\mathrm{i}k_p z}-\mathrm{i}\gamma_c\rho_{ca} \tag{5.14}$$

$$2\mathrm{i}\left(\frac{\partial}{\partial t}+\boldsymbol{v}\cdot\nabla\right)\rho_{da}=\left(\Omega_L\mathrm{e}^{\mathrm{i}k_m x}+\frac{\mathrm{e}^{-\mathrm{i}k_m x}}{2\pi}\int\Omega_s^*(-\omega)\mathrm{e}^{\mathrm{i}\omega t}\mathrm{d}\omega\right)\rho_{ca}-\rho_{db}\Omega_p\mathrm{e}^{\mathrm{i}k_p z}-\mathrm{i}\gamma_d\rho_{da} \tag{5.15}$$

$$2\mathrm{i}\left(\frac{\partial}{\partial t}+\boldsymbol{v}\cdot\nabla\right)\rho_{cb}=\Omega_c\mathrm{e}^{-\mathrm{i}k_c z}(\rho_{bb}-\rho_{cc})-\rho_{ca}\Omega_p\mathrm{e}^{-\mathrm{i}k_p z}-\mathrm{i}\gamma_{bc}\rho_{cb}+\left(\Omega_L\mathrm{e}^{-\mathrm{i}k_m x}+\frac{\mathrm{e}^{\mathrm{i}k_m x}}{2\pi}\int\Omega_s(\omega)\mathrm{e}^{\mathrm{i}\omega t}\mathrm{d}\omega\right)\rho_{db} \tag{5.16}$$

$$2\mathrm{i}\left(\frac{\partial}{\partial t}+\boldsymbol{v}\cdot\nabla\right)\rho_{db}=\left(\Omega_L\mathrm{e}^{\mathrm{i}k_m x}+\frac{\mathrm{e}^{-\mathrm{i}k_m x}}{2\pi}\int\Omega_s^*(-\omega)\mathrm{e}^{\mathrm{i}\omega t}\mathrm{d}\omega\right)\rho_{cb}-\rho_{da}\Omega_p\mathrm{e}^{-\mathrm{i}k_p z}-\rho_{dc}\Omega_c\mathrm{e}^{-\mathrm{i}k_c z}-\mathrm{i}\gamma_{bd}\rho_{db} \tag{5.17}$$

$$2\mathrm{i}\left(\frac{\partial}{\partial t}+\boldsymbol{v}\cdot\nabla\right)\rho_{dc}=\left(\Omega_L\mathrm{e}^{\mathrm{i}k_m x}+\frac{\mathrm{e}^{-\mathrm{i}k_m x}}{2\pi}\int\Omega_s^*(-\omega)\mathrm{e}^{\mathrm{i}\omega t}\mathrm{d}\omega\right)(\rho_{cc}-\rho_{dd})-\rho_{db}\Omega_c\mathrm{e}^{\mathrm{i}k_c z}-\mathrm{i}\gamma_{cd}\rho_{dc} \tag{5.18}$$

由于探测光和耦合光的光束直径都很小,一般为 1~2mm,此时光束直径远远小于微波的波长,满足 $e^{\pm ik_m x} \approx 1$。由于待接收的微波电场非常弱,故而四能级外差模式的能级粒子数 ρ_{ii} 近似等于没有待接收微波电场时的能级粒子数 ρ_{ii}^0,因此满足 $\rho_{ii} = \rho_{ii}^0$。各个能级的粒子数分布是实数,并且与位置 z 无关,只与沿传播方向的粒子运动速度 v_z 有关(参见第 3.3.2 节关于二能级的分析式(3.70)和式(3.71))。

上述的六个方程是多元的非齐次变系数的一阶微分方程组,如果是多元的一阶常系数微分方程,则可以很方便地求解,观察上述方程,包含如下的乘积项:

$$\rho_{ij}\frac{e^{ik_m x}}{2\pi}\int \Omega_s^*(-\omega)e^{i\omega t}d\omega \tag{5.19}$$

式中,ρ_{ij} 是随时间变化的函数,式(5.19)本质上是两个随时间变化函数的相乘,其导致式(5.13)~式(5.18)不是常系数线性方程,精确求解式(5.13)~式(5.18)存在困难。因此,我们需要将式(5.13)~式(5.18)进行合理近似,使其转化为多元一阶常系数的微分方程。

ρ_{ij} 是存在时变电场时的密度矩阵元,由于待测量的微波电场非常弱,其远远小于本振微波电场,可以表示为静态解和时变部分的相加:

$$\rho_{ij} = \rho_{ij}^{\tilde{0}} + e(t) \tag{5.20}$$

式中,$\rho_{ij}^{\tilde{0}}$ 是没有弱微波电场情况下的非对角密度矩阵元,与第 4 章中的 ρ_{ij}^0 不同的是,$\rho_{ij}^{\tilde{0}}$ 是包含关于 z 的相位项,由于存在弱的微波电场,ρ_{ij} 必然随着微波电场的变化而变化,$e(t)$ 表示这种变化,其必定与 $\mathcal{E}(t)$ 有关,那么此时 $e(t)\int \Omega_{cd}^*(-\omega)e^{i\omega t}d\omega$ 代表着与 $\mathcal{E}(t)$ 有关的高阶项;$\rho_{ij}^{\tilde{0}}\int \Omega_{cd}^*(-\omega)e^{i\omega t}d\omega$ 对应着输出信号与 $\mathcal{E}(t)$ 呈线性变化的部分。四能级外差里德堡原子接收机有用的输出信号应当与被接收电场呈线性关系,其他的非线性项都应该看成对接收机输出的有用信号的干扰。ρ_{ij} 主要由探测光、耦合光和强本振电场决定,满足 $\left|\rho_{ij}^{\tilde{0}}\right| \gg |e(t)|$,这表明四能级外差系统的非线性项要远远小于线性项。因此式(5.18)可以近似地表示为

$$\rho_{ij}\frac{e^{ik_m x}}{2\pi}\int \Omega_s^*(-\omega)e^{i\omega t}d\omega \approx \rho_{ij}^{\tilde{0}}\frac{e^{ik_m x}}{2\pi}\int \Omega_s^*(-\omega)e^{i\omega t}d\omega \tag{5.21}$$

我们用式(5.21)对式(5.13)~式(5.18)进行代换,完成微分方程组的线性化,因此,密度矩阵元的动态方程可以近似地表示为

$$2\mathrm{i}\left(\frac{\partial}{\partial t}+\mathbf{v}\cdot\nabla\right)\rho_{ba}=\Omega_p\mathrm{e}^{\mathrm{i}k_pz}(\rho_{aa}^0-\rho_{bb}^0)+\Omega_c\mathrm{e}^{\mathrm{i}k_cz}\rho_{ca}-\mathrm{i}\gamma_b\rho_{ba} \tag{5.22}$$

$$2\mathrm{i}\left(\frac{\partial}{\partial t}+\mathbf{v}\cdot\nabla\right)\rho_{ca}=\Omega_c\mathrm{e}^{-\mathrm{i}k_cz}\rho_{ba}+\rho_{da}\Omega_L$$
$$+\frac{\rho_{da}^{\tilde{0}}}{2\pi}\int\Omega_s(\omega)\mathrm{e}^{\mathrm{i}\omega t}\mathrm{d}\omega-\rho_{cb}\Omega_p\mathrm{e}^{\mathrm{i}k_pz}-\mathrm{i}\gamma_c\rho_{ca} \tag{5.23}$$

$$2\mathrm{i}\left(\frac{\partial}{\partial t}+\mathbf{v}\cdot\nabla\right)\rho_{da}=\rho_{ca}\Omega_L+\frac{\rho_{ca}^{\tilde{0}}}{2\pi}\int\Omega_s^*(-\omega)\mathrm{e}^{\mathrm{i}\omega t}\mathrm{d}\omega-\rho_{db}\Omega_p\mathrm{e}^{\mathrm{i}k_pz}-\mathrm{i}\gamma_d\rho_{da} \tag{5.24}$$

$$2\mathrm{i}\left(\frac{\partial}{\partial t}+\mathbf{v}\cdot\nabla\right)\rho_{cb}=\Omega_c\mathrm{e}^{-\mathrm{i}k_cz}(\rho_{bb}^0-\rho_{cc}^0)+\rho_{db}\Omega_L$$
$$+\frac{\rho_{db}^{\tilde{0}}}{2\pi}\int\Omega_s(\omega)\mathrm{e}^{\mathrm{i}\omega t}\mathrm{d}\omega-\rho_{ca}\Omega_p\mathrm{e}^{-\mathrm{i}k_pz}-\mathrm{i}\gamma_{bc}\rho_{cb} \tag{5.25}$$

$$2\mathrm{i}\left(\frac{\partial}{\partial t}+\mathbf{v}\cdot\nabla\right)\rho_{db}=\rho_{cb}\Omega_L$$
$$+\frac{\rho_{cb}^{\tilde{0}}}{2\pi}\int\Omega_s^*(-\omega)\mathrm{e}^{\mathrm{i}\omega t}\mathrm{d}\omega-\rho_{da}\Omega_p\mathrm{e}^{-\mathrm{i}k_pz}-\rho_{dc}\Omega_c\mathrm{e}^{-\mathrm{i}k_cz}-\mathrm{i}\gamma_{bd}\rho_{db} \tag{5.26}$$

$$2\mathrm{i}\left(\frac{\partial}{\partial t}+\mathbf{v}\cdot\nabla\right)\rho_{dc}=\left(\Omega_L+\frac{1}{2\pi}\int\Omega_s^*(-\omega)\mathrm{e}^{\mathrm{i}\omega t}\mathrm{d}\omega\right)(\rho_{cc}^0-\rho_{dd}^0)-\rho_{db}\Omega_c\mathrm{e}^{\mathrm{i}k_cz}-\mathrm{i}\gamma_{cd}\rho_{dc} \tag{5.27}$$

式中,没有弱的待接收微波电场的密度矩阵元可以由式(4.96)计算,由于我们考虑的是热原子,因此,在用式(4.96)计算时需要考虑由于原子热运动造成的探测光频率和耦合光频率的红移和蓝移。

对角线的密度矩阵元 ρ_{ii}^0 是实数,并且它与原子的坐标无关,只与原子沿探测光传播方向的运动速度有关,所以可以直接将 ρ_{ii} 替换为 ρ_{ii}^0。非对角线的密度矩阵元 $\rho_{ij}^{\tilde{0}}$ 可以分为两部分:一部分是和位置 z 无关的项,此项也是复数;另一部分是与 z 有关的相位因子。利用式(4.96)只能计算出和位置 z 无关的项,因此,我们还需要确定无微波电场时密度矩阵非对角元素的相位因子。在无微波场时,各个密度矩阵元的相位因子可以通过令 $\Omega_s(\omega)=0$,对式(5.22)~式(5.27)求解得到,具体推导过程如下。

将 $\Omega_s(\omega)=0$ 代入式(5.22)中,得:

$$2\mathrm{i}\left(\frac{\partial}{\partial t}+\mathbf{v}\cdot\nabla\right)\rho_{ba}=\Omega_p\mathrm{e}^{\mathrm{i}k_pz}(\rho_{aa}^0-\rho_{bb}^0)+\Omega_c\mathrm{e}^{\mathrm{i}k_cz}\rho_{ca}-\mathrm{i}\gamma_b\rho_{ba} \tag{5.28}$$

此时由于待接收微波电场为 0，式中，$\rho_{ca} = \rho_{ca}^{\tilde{0}} + e(t) = \rho_{ca}^{\tilde{0}}$，$\rho_{ba} = \rho_{ba}^{\tilde{0}} + e(t) = \rho_{ba}^{\tilde{0}}$，则式(5.28)可修改为

$$2\mathrm{i}\left(\frac{\partial}{\partial t} + \boldsymbol{v}\cdot\nabla\right)\rho_{ba} = \Omega_p \mathrm{e}^{\mathrm{i}k_p z}(\rho_{aa}^0 - \rho_{bb}^0) + \Omega_c \mathrm{e}^{\mathrm{i}k_c z}\rho_{ca}^{\tilde{0}} - \mathrm{i}\gamma_b \rho_{ba}^{\tilde{0}} = 0 \tag{5.29}$$

对比第 4 章中式(4.82)：$\Omega_p(\rho_{aa}^0 - \rho_{bb}^0) + \Omega_c\rho_{ca}^0 - (\mathrm{i}\gamma_b + 2\Delta_p)\rho_{ba}^0 = 0$，可以很容易得到 $\rho_{ba}^{\tilde{0}} = \rho_{ba}^0 \mathrm{e}^{\mathrm{i}k_p z}$，$\rho_{ca}^{\tilde{0}} = \rho_{ca}^0 \mathrm{e}^{-\mathrm{i}(k_c - k_p)z}$，同理可得剩余的非对角密度矩阵元：

$$\begin{aligned}
\rho_{ba}^{\tilde{0}} &= \rho_{ba}^0 \mathrm{e}^{\mathrm{i}k_p z}, & \rho_{ca}^{\tilde{0}} &= \rho_{ca}^0 \mathrm{e}^{-\mathrm{i}(k_c - k_p)z}, & \rho_{da}^{\tilde{0}} &= \rho_{da}^0 \mathrm{e}^{-\mathrm{i}(k_c - k_p)z} \\
\rho_{cb}^{\tilde{0}} &= \rho_{cb}^0 \mathrm{e}^{-\mathrm{i}k_c z}, & \rho_{db}^{\tilde{0}} &= \rho_{db}^0 \mathrm{e}^{-\mathrm{i}k_c z}, & \rho_{cd}^{\tilde{0}} &= \rho_{cd}^0
\end{aligned} \tag{5.30}$$

式中，$\rho_{ij}^{\tilde{0}}$ 包含与位置 z 有关的相位项，式(5.30)等号右边的 ρ_{ij}^0 由第 4 章的式(4.96)计算得到。并且，由于探测光和耦合光的光束直径很小，远远小于微波的波长，虽然微波电场沿 x 方向传播，但由于 $\mathrm{e}^{\pm \mathrm{i}k_m x} \approx 1$，所以密度矩阵元 $\rho_{cd}^{\tilde{0}}$ 中与位置有关的相位因子可以被忽略。

利用四能级外差里德堡原子接收微波电场时，我们通过观测介质与弱的微波电场有关联的吸收特性，实现对微波电场的测量接收。也就是我们需要得到 ρ_{ba} 与电场 $\mathcal{E}(t)$ 和 $\mathcal{E}^*(t)$ 的关系，该关系被微分方程式(5.22)～式(5.27)刻画。关于 ρ_{ba} 的方程是多变量的线性微分方程组，直接对 ρ_{ba} 求解比较困难。式(5.22)～式(5.27)是一组多元常系数线性微分方程组，其刻画了一个线性时不变系统，接收机的全响应可以分成零输入响应和零状态响应，对于一个系统而言，零输入响应完全由初始状态决定，零状态响应完全由外部的输入决定。初始状态对系统的影响会随着时间的流逝而渐渐地趋近于 0，即此时零输入响应会趋近于 0，系统的输出完全由零状态响应完全决定，也就是零状态响应描述的是系统经过长时间稳定后，系统稳定的输出。我们如果将四能级外差里德堡接收机看成一个系统的话，我们希望得到的是系统的零状态响应，零状态响应可以通过傅里叶变换进行求解。

式(5.22)～式(5.27)的等号左边虽然和气体介质 x、y、z 都有关，但其等号右边只和时间与 z 有关，因此，我们只需对式(5.22)～式(5.27)进行关于变量 t 和 z 的二维傅里叶变换，为了节省变量，密度矩阵元的频域表示不采用新的变量，都是用 ρ_{ij} 表示，$\rho_{ij}(\omega, \omega_z)$ 表示密度矩阵元的频域表达式，ρ_{ij} 或 $\rho_{ij}(t, z, v_z)$ 表示密度矩阵元的时域表达式，$\rho_{ij}(\omega, \omega_z)$ 也是和 v_z 有关的，为了使公式更为精炼，我们在书写时将 v_z 省略了。因此密度矩阵元的二维频域表达式的方程组为

$$(\mathrm{i}\gamma_b - 2(\omega+\omega_z v_z))\rho_{ba}(\omega,\omega_z) = (2\pi)^2 \Omega_p \delta(\omega)\delta(\omega_z - k_p)(\rho_{aa}^0 - \rho_{bb}^0)$$
$$+ \Omega_c \rho_{ca}(\omega, \omega_z - k_c) \tag{5.31}$$

$$(\mathrm{i}\gamma_c - 2(\omega+\omega_z v_z))\rho_{ca}(\omega,\omega_z) = \rho_{ba}(\omega,\omega_z + k_c)\Omega_c - \Omega_p \rho_{cb}(\omega,\omega_z - k_p)$$
$$+ \Omega_L \rho_{da}(\omega,\omega_z) + 2\pi \rho_{da}^0 \Omega_s(\omega)\delta(\omega_z - k_p + k_c) \tag{5.32}$$

$$(\mathrm{i}\gamma_d - 2(\omega+\omega_z v_z))\rho_{da}(\omega,\omega_z) = -\Omega_p \rho_{db}(\omega,\omega_z - k_p) + \Omega_L \rho_{ca}(\omega,\omega_z)$$
$$+ 2\pi \rho_{ca}^0 \Omega_s^*(-\omega)\delta(\omega_z - k_p + k_c) \tag{5.33}$$

$$(\mathrm{i}\gamma_{cb} - 2(\omega+\omega_z v_z))\rho_{cb}(\omega,\omega_z) = (2\pi)^2 \Omega_c (\rho_{bb}^0 - \rho_{cc}^0)\delta(\omega)\delta(\omega_z + k_c)$$
$$- \Omega_p \rho_{ca}(\omega,\omega_z + k_p) + \Omega_L \rho_{db}(\omega,\omega_z)$$
$$+ 2\pi \rho_{db}^0 \Omega_s(\omega)\delta(\omega_z + k_c) \tag{5.34}$$

$$(\mathrm{i}\gamma_{db} - 2(\omega+\omega_z v_z))\rho_{db}(\omega,\omega_z) = -\Omega_p \rho_{da}(\omega,\omega_z + k_p) - \Omega_c \rho_{dc}(\omega,\omega_z + k_c)$$
$$+ \Omega_L \rho_{cb}(\omega,\omega_z) + 2\pi \rho_{cb}^0 \Omega_s^*(-\omega)\delta(\omega_z + k_c) \tag{5.35}$$

$$(\mathrm{i}\gamma_{cd} - 2(\omega+\omega_z v_z))\rho_{dc}(\omega,\omega_z) = (2\pi)^2 (\rho_{cc}^0 - \rho_{dd}^0)\Omega_L \delta(\omega)\delta(\omega_z)$$
$$- \Omega_c \rho_{db}(\omega,\omega_z - k_c)$$
$$+ 2\pi(\rho_{cc}^0 - \rho_{dd}^0)\Omega_s^*(-\omega)\delta(\omega_z) \tag{5.36}$$

式(5.31)～式(5.36)是六元一次代数方程组，因此，我们可以得到 ρ_{ba} 的频域表达式为

$$\rho_{ba}(\omega,\omega_z) = (2\pi)^2 \rho_{ba}^0 \delta(\omega_z)\delta(\omega_z - k_p)$$
$$+ 2\pi H_{1v}(\omega_z)\Omega_s(\omega_z)\delta(\omega_z - k_p) + 2\pi H_{2v}(\omega)\Omega_s^*(-\omega)\delta(\omega_z - k_p) \tag{5.37}$$

式中：

$$\rho_{ba}^0 = \frac{\Omega_p\left((\rho_{aa}^0 - \rho_{bb}^0) - \dfrac{\Omega_c}{E(0,k_p-k_c)}\left(C_0 + \dfrac{\Omega_L^2}{A(0,-k_c)D(0,k_p-k_c)}\right)\cdot\left(1 + \dfrac{\Omega_p^2}{A(0,-k_c)B(0,-k_c)}\right)\left(C_0 - \dfrac{(\rho_{cc}^0-\rho_{dd}^0)\Omega_c}{(\mathrm{i}\gamma_{cd})}\right)\right)}{\left(\mathrm{i}\gamma_b - 2k_p v_z - \dfrac{\Omega_c^2}{E(0,k_P-k_c)}\right)}$$

$$H_{2v}(\omega) = \Omega_c \Omega_L \frac{\begin{pmatrix} \dfrac{1}{D(\omega,k_p-k_c)}\left(1+\dfrac{\Omega_p^2}{A(\omega,-k_c)B(\omega,-k_c)}\right)\rho_{ca}^0 \\ -\dfrac{\Omega_p}{A(\omega,-k_c)}\left(\dfrac{1}{D(\omega,k_p-k_c)}\left(1+\dfrac{\Omega_p^2}{A(\omega,-k_c)B(\omega,-k_c)}\right)\right. \\ \left.\cdot\left(1+\dfrac{\Omega_L^2}{A(\omega,-k_c)B(\omega,-k_c)}\right)+\dfrac{1}{B(\omega,-k_c)}\right) \\ \left(\rho_{cb}^0 - \dfrac{\Omega_c(\rho_{cc}^0-\rho_{dd}^0)}{(\mathrm{i}\gamma_{cd}-2\omega)}\right) \end{pmatrix}}{E(\omega,k_p-k_c)\left(\mathrm{i}\gamma_b - 2(\omega+k_p v_z) - \dfrac{\Omega_c^2}{E(\omega,k_p-k_c)}\right)}$$

$$H_{1v}(\omega) = \frac{\Omega_c\left(\rho_{da}^0 - \dfrac{\Omega_p \rho_{db}^0}{B(\omega,-k_c)}\left(1+\dfrac{\Omega_L^2}{D(\omega,k_p-k_c)A(\omega,-k_c)}\left(1+\dfrac{\Omega_p^2}{A(\omega,-k_c)B(\omega,-k_c)}\right)\right)\right)}{E(\omega,k_p-k_c)\left(\mathrm{i}\gamma_b - 2(\omega+k_p v_z) - \dfrac{\Omega_c^2}{E(\omega,k_p-k_c)}\right)}$$

$$A(\omega,\omega_z) = \mathrm{i}\gamma_{bd} - 2(\omega+\omega_z v_z) - \frac{\Omega_c^2}{\mathrm{i}\gamma_{cd} - 2(\omega+(\omega_z+k_c)v_z)}$$

$$B(\omega,\omega_z) = \mathrm{i}\gamma_{bc} - 2(\omega+\omega_z v_z) - \frac{\Omega_L^2}{A(\omega,\omega_z)}$$

$$C_0 = \frac{\Omega_c}{B(0,-k_c)}\left((\rho_{bb}^0-\rho_{cc}^0) - \frac{(\rho_{cc}^0-\rho_{dd}^0)\Omega_L^2}{\mathrm{i}\gamma_{cd}A(0,-k_c)}\right)$$

$$D(\omega,\omega_z) = \mathrm{i}\gamma_d - 2(\omega+\omega_z v_z) - \frac{\Omega_p^2}{A(\omega,\omega_z-k_p)}\left(1+\frac{\Omega_L^2}{A(\omega,\omega_z-k_p)B(\omega,\omega_z-k_p)}\right)$$

$$E(\omega,\omega_z) = \mathrm{i}\gamma_c - 2(\omega+\omega_z v_z) - \frac{\Omega_p^2}{B(\omega,\omega_z-k_p)} - \frac{\Omega_L^2}{D(\omega,\omega_z)}\left(1+\frac{\Omega_p^2}{A(\omega,\omega_z-k_p)B(\omega,\omega_z-k_p)}\right)^2$$

如果系统工作在弱探测光的条件下，粒子基本上全部集中于基态，那么系统的动态解只由式(5.22)～式(5.24)决定，此时有 $\rho_{cb}\approx 0$，$\rho_{db}\approx 0$。密度矩阵元 ρ_{ba} 的频域表达式可由下面三个方程确定：

$$(\mathrm{i}\gamma_b - 2(\omega+\omega_z v_z))\rho_{ba}(\omega,\omega_z) = (2\pi)^2 \Omega_p \delta(\omega)\delta(\omega_z-k_p) + \Omega_c \rho_{ca}(\omega,\omega_z-k_c) \quad (5.38)$$

$$(i\gamma_c - 2(\omega+\omega_z v_z))\rho_{ca}(\omega,\omega_z) = \rho_{ba}(\omega,\omega_z+k_c)\Omega_c + \Omega_L\rho_{da}(\omega,\omega_z)$$
$$+ 2\pi\rho_{da}^0\Omega_s(\omega)\delta(\omega_z - k_p + k_c) \tag{5.39}$$

$$(i\gamma_d - 2(\omega+\omega_z v_z))\rho_{da}(\omega,\omega_z) = \Omega_L\rho_{ca}(\omega,\omega_z)$$
$$+ 2\pi\rho_{ca}^0\Omega_s^*(-\omega)\delta(\omega_z - k_p + k_c) \tag{5.40}$$

密度矩阵元 ρ_{ba} 的频域表达式也可以写成式(5.37)的形式，式中：

$$\rho_{ba}^0 = \frac{\Omega_p}{B_w(0,k_p)}$$

$$H_{1v}(\omega) = \frac{\Omega_p\Omega_c^2\Omega_L}{C_w(\omega)C_w(0)(i\gamma_d - 2((k_p-k_c)v_z))} \tag{5.41}$$

$$H_{2v}(\omega) = \frac{\Omega_p\Omega_c^2\Omega_L}{C_w(\omega)C_w(0)(i\gamma_d - 2(\omega+(k_p-k_c)v_z))}$$

式中，$C_w(\omega)$ 的表达式由式(5.42)确定：

$$C_w(\omega) = B_w(\omega,k_p)A_w(\omega,k_p-k_c)$$
$$A_w(\omega,\omega_z) = i\gamma_c - 2(\omega+\omega_z v_z) - \frac{\Omega_L^2}{(i\gamma_d - 2(\omega+\omega_z v_z))} \tag{5.42}$$
$$B_w(\omega,\omega_z) = i\gamma_b - 2(\omega+\omega_z v_z) - \frac{\Omega_c^2}{A_w(\omega,\omega_z-k_c)}$$

对式(5.37)做关于 ω 和 ω_z 的二维傅里叶变换，可以得到 $\rho_{ba}(t,z,v_z)$：

$$\rho_{ba}(t,z,v_z) = \rho_{ba}^0 e^{ik_p z} + \frac{\wp_{cd}}{\hbar}h_{1v}(t)\otimes\mathcal{E}(t)e^{ik_p z} + \frac{\wp_{cd}}{\hbar}h_{2v}(t)\otimes\mathcal{E}^*(t)e^{ik_p z} \tag{5.43}$$

式中，$h_{1v}(t)$ 和 $h_{2v}(t)$ 是 $H_{1v}(\omega)$ 和 $H_{2v}(\omega)$ 的逆傅里叶逆变换。

5.2.2 对动态解响应的讨论

图 5.3 是不同参数下、不同运动速度的原子对微波电场的幅频响应。图 5.3(a) 和图 5.3(c) 是不同参数下、不同运动速度的原子的幅频响应 $H_{1v}(\omega)$，图 5.3(b) 和图 5.3(d) 是不同参数下、不同运动速度的原子的幅频响应 $H_{2v}(\omega)$。$H_{1v}(\omega)$ 和 $H_{2v}(\omega)$ 与探测光的拉比频率有关，当探测光功率较弱时，响应的幅度也较小。处于速度为 0 附近的低速原子对微波电场的响应主要由 $H_{2v}(\omega)$ 决定，图 5.3(b) 和图 5.3(d) 中虚线的峰值要远远地大于图 5.3(a) 和图 5.3(c) 中虚线的峰值。图 5.3 表明，由于四能级的 EIT A-T 分裂效应，从频域上看，当原子速度为零时，四能级外差

里德堡原子接收机对 $\pm \Omega_L/2$ 的电场响应幅度最大,如图 5.3(b) 和图 5.3(d) 中的虚线所示,当原子运动速度不为零时,由原子运动速度引起的多普勒频移使幅频响应曲线左右移动,尖峰移动的角频率和速度的关系大约为 $\omega \approx (k_p - k_c)v_z$。当探测光的拉比频率和耦合光的拉比频率较小时,幅频响应曲线的宽度非常窄,表现为两个尖锐的冲击;当探测光的拉比频率和耦合光的拉比频率较大时,幅频响应的曲线有所展宽。

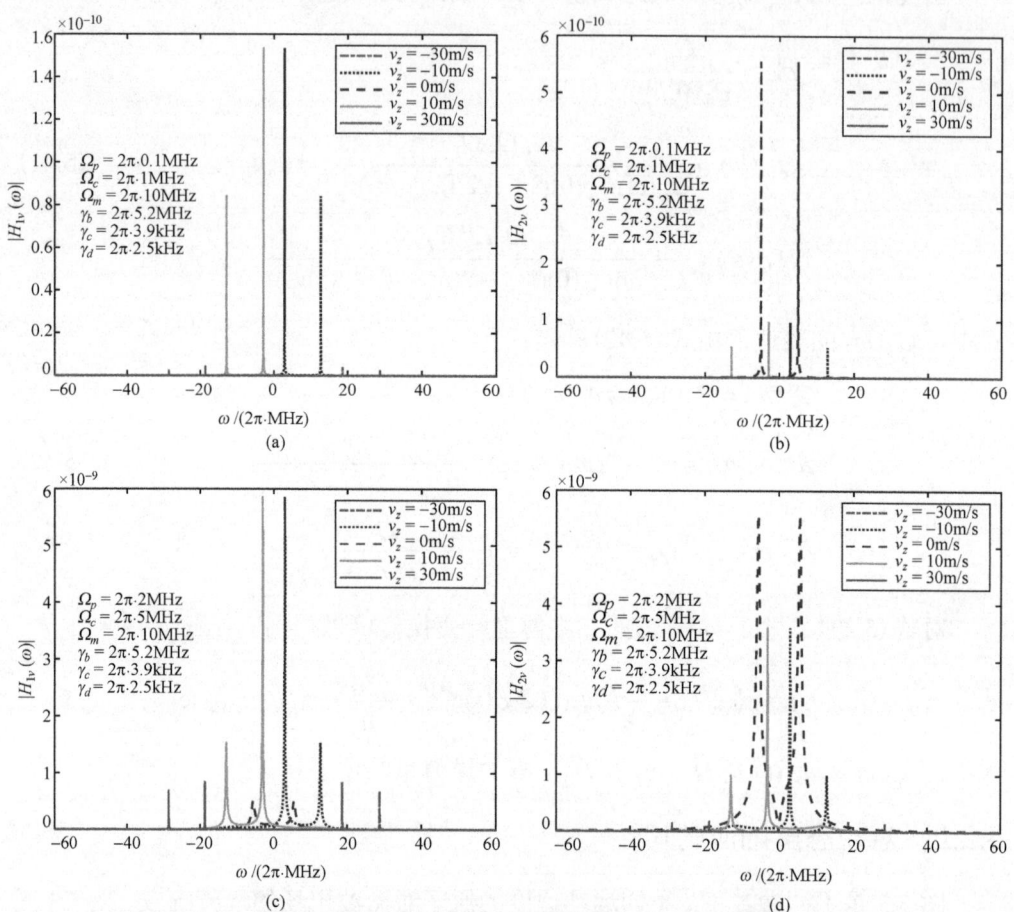

图 5.3 不同运动速度的原子对微波电场的幅频响应

如图 5.3 所示,不同运动速度的原子对微波电场的幅频响应是不同的,不同的运动速度会使幅频响应产生移动并且使响应的大小产生变化,原子运动速度越大,其幅频响应的幅度越小。因此,热原子的四能级外差接收机的响应是各个速度分量的各个原子综合作用的总体结果。由于原子运动速度越大,其对整体接收机的幅频响应贡献越小，因此接收机的幅频响应主要由低速原子决定。原子气室中不同速度的原子数符合麦克斯韦-玻尔兹曼分布，因此，系统的电极化率可以写成

$$\chi = \int N(v_z)\chi_v(v_z)\,\mathrm{d}v_z = -\frac{2\wp_{ab}}{\mathcal{N}\varepsilon_0 E_{ab}}\int_{-\infty}^{+\infty} N(v_z)\int_0^L \rho_{ba}(z,v_z,t)U^*(z)\mathrm{d}z\mathrm{d}v_z \quad (5.44)$$

式中：

$$\chi_v(v_z) = -\frac{2\wp_{ab}}{\mathcal{N}\varepsilon_0 E_{ab}}\int_0^L \rho_{ba}(z,v_z,t)U^*(z)\mathrm{d}z, \quad \mathcal{N} = \int_0^L |U(z)|^2 \mathrm{d}z, \quad U(z) = \mathrm{e}^{\mathrm{i}k_p z}$$

由此可得速度为 v_z 的介质对探测光的电极化率为

$$\chi_v(v_z) = -\frac{2\wp_{ab}^2}{\varepsilon_0 \hbar \Omega_p}\left(\rho_{ba}^0 + \frac{\wp_{cd}}{\hbar}h_{1v}(t)\otimes\mathcal{E}(t) + \frac{\wp_{cd}}{\hbar}h_{2v}(t)\otimes\mathcal{E}^*(t)\right) \quad (5.45)$$

因此，热原子对微波的电极化率为

$$\chi(t) = -\frac{2N_0\wp_{ab}^2}{\varepsilon_0 \hbar \Omega_p}\left(\overline{\rho_{ba}^0} + \frac{\wp_{cd}}{\hbar}h_1(t)\otimes\mathcal{E}(t) + \frac{\wp_{cd}}{\hbar}h_2(t)\otimes\mathcal{E}^*(t)\right) \quad (5.46)$$

式中，$\overline{\rho_{ba}^0} = \int \rho_{ba}^0 f(v_z)\mathrm{d}v_z$；$h_1(t) = \int h_{1v}(t)f(v_z)\mathrm{d}v_z$；$h_2(t) = \int h_{2v}(t)f(v_z)\mathrm{d}v_z$。其中，$f(v_z)$ 是高斯分布，$f(v_z)$ 与 $N(v_z)$ 的关系是 $N(v_z) = N_0 f(v_z)$，N_0 是原子浓度。

式(5.45)和式(5.46)表明，介质的电极化率可以分成两个部分：一部分是跟微波电场无关的项，这部分只与激励四能级原子的探测光、耦合光和本振电场的拉比频率有关，这部分由四能级原子密度矩阵方程的静态解决定，其决定着探测光透过介质后的平均功率；另一部分是时变项，这部分与输入的弱的微波电场有关，这部分的电极化率和输入电场并不是简单的线性关系，而是表现为输入电场的解析形式及其解析形式共轭的线性卷积和。

式(5.46)与式(5.6)对比有很大的变化，如果 $\mathcal{E}(t)$ 是一个单频电场，式(5.46)意味着探测光通过碱金属介质后，由于弱微波电场的作用，会产生正频率和负频率两个边带，其功率并不相等；而式(5.6)意味着通过介质后探测光的左右两个边带具有相同的功率。式(5.46)中的 $h_1(t)$ 和 $h_2(t)$ 在本质上反映着密度矩阵元的频域特性，而式(5.6)缺乏描述四能级外差里德堡接收机频域特性的能力。因此，式(5.46)更能揭示原子接收机对微波响应的本质，该响应必定是和输入电场与里德堡能级的失谐频率有关，式(5.37)描述了这种关系。

在对弱的微波电场进行接收时，我们希望接收机响应更为灵敏一些，也就是对于微小的 $\mathcal{E}(t)$，我们希望电极化率 $\chi_v(v_z)$ 变化更为剧烈一些。此时接收机的敏

感程度完全取决于系统的参数，也就是激励接收机的 Ω_p、Ω_c 和 Ω_L。图 5.4 描述的是不同参数下四能级外差里德堡原子接收机的频率响应，图 5.4 表明，不同参数的接收机的频率响应差别非常大，总体来说，接收机在大部分参数下的幅度响应表现出低通滤波器的性质，然而其相位特性在通带内展现出非线性的特点。图 5.4(a)、图 5.4(b)中曲线是 $H_1(\omega)$ 和 $H_2(\omega)$ 的实部和虚部，从图中可以看出，其实部为奇函数，虚部为偶函数。从图 5.4(c)、图 5.4(d)中可以看出，当耦合光的拉比频率较大时，系统的频率响应 $H_1(\omega)$ 和 $H_2(\omega)$ 呈现为近似的低通特性，从图 5.4(g)、图 5.4(h)中可以看出，当 Ω_c 较小时，其幅度响应会产生剧烈的波动，相位响应也会随着幅度的起伏而产生剧烈的起伏。系统的频率响应还与微波本振的拉比频率有关，本振微波电场使三能级原子的 EIT 效应产生分裂，如果本振微波电场过大，会使系统的带宽变大，并且在通带内产生分裂，如图 5.4(c)、图 5.4(d)和图 5.4(i)、图 5.4(j)所示。

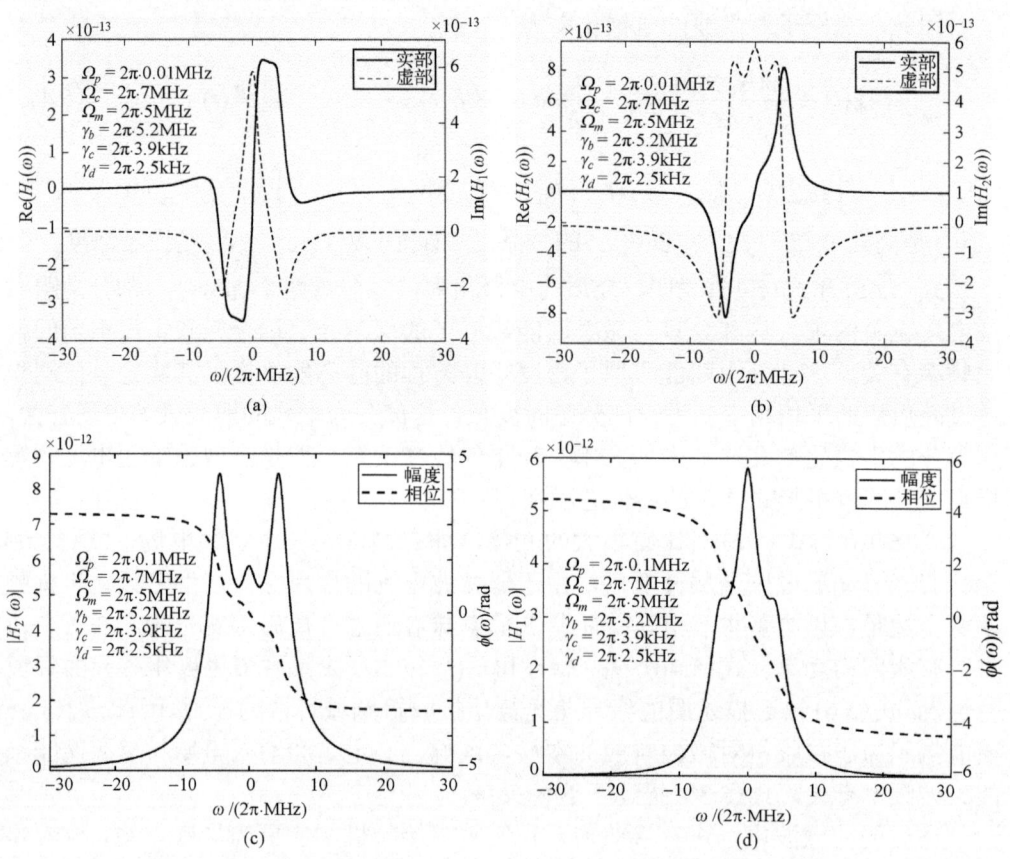

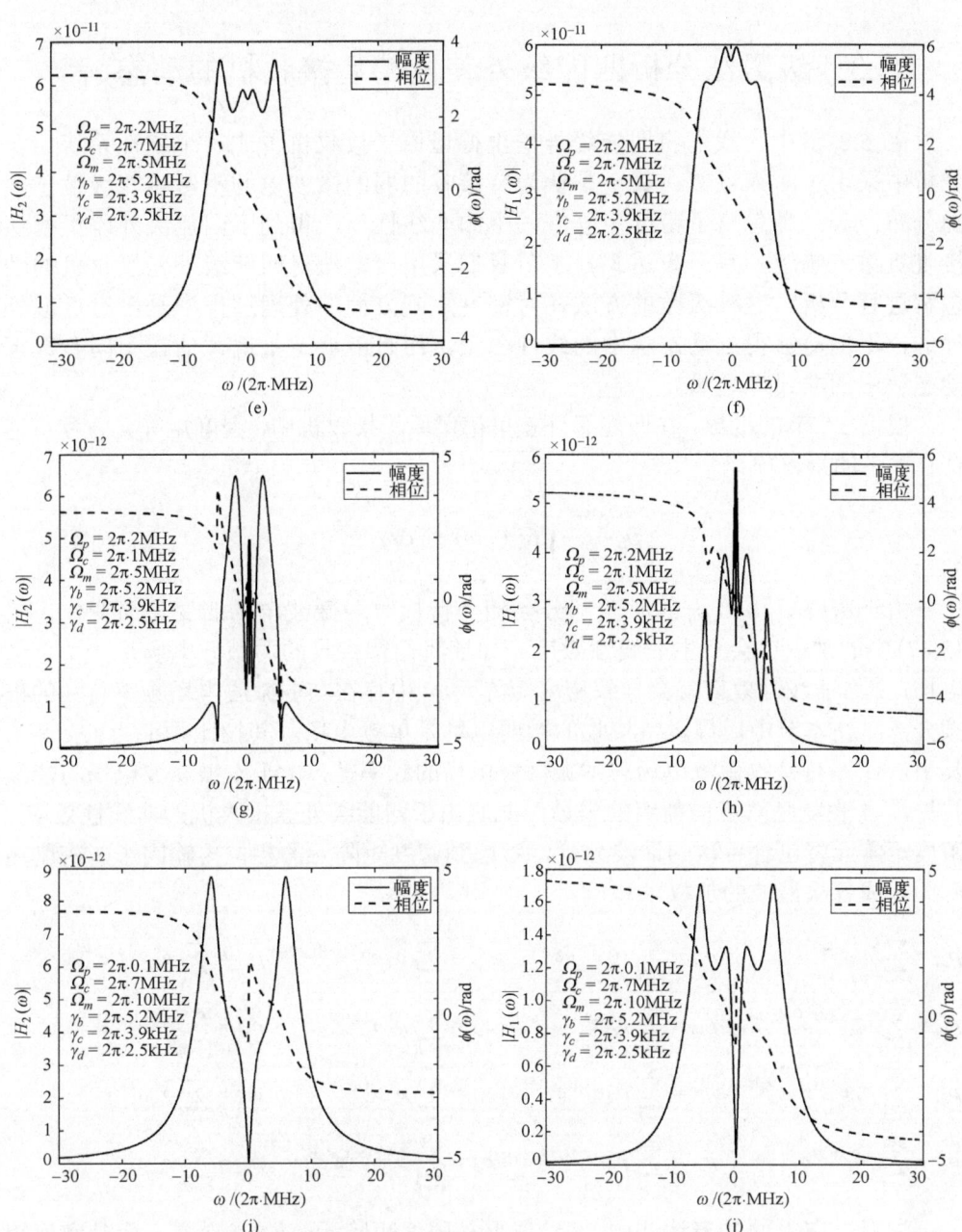

图 5.4 四能级外差里德堡原子接收机的幅相响应

5.3 级数法分析四能级外差里德堡接收机的动态解

在 5.2 节中，我们将四能级外差里德堡原子接收机看成一个线性系统，在分析中采用了两点近似：其一是认为待接收的弱的微波电场不影响能级粒子数的分布；其二是忽略了密度矩阵方程中的非线性项，得到了四能级外差里德堡接收机系统响应的解析表达式。本节我们采用级数法对四能级外差接收机的动态解进行分析，这种级数的方法在对密度矩阵方程的处理过程中是没有近似处理的，不但能够得到动态解中的线性分量，而且能够定量地评估在不同参数下动态解中的非线性分量。

根据 5.2 节的推导，在四能级外差里德堡原子接收机中，密度矩阵元方程可能存在如下的乘积项：

$$\rho_{ij} \frac{e^{ik_m x}}{2\pi} \int \Omega_s^*(-\omega) e^{i\omega t} d\omega \tag{5.47}$$

由于密度矩阵元 ρ_{ij} 的时变部分会随着待接收弱微波电场的变化而变化，式 (5.47) 中的乘积项会产生非线性效应。如果我们待接收的弱微波电场是一个单频电场，那么非线性效应就会导致密度矩阵元 ρ_{ij} 中存在与弱微波电场频率有关的倍频分量。在本节中，假设待接收的微弱电场是单频电场，其拉比频率为 $\Omega_s e^{i\Delta_s t}$，其中，Δ_s 是待接收微波电场与本振微波电场的频率差，由于本振微波电场与能级共振，Δ_s 也就是对应的能级的失谐。此时由于四能级外差接收机的非线性效应，密度矩阵元将包含各次的谐波分量，考虑到密度矩阵元的相位传输因子，密度矩阵元写成各次谐波的加权求和：

$$\rho_{aa} = \sum_{k=-K}^{K} \rho_{aa}^k e^{ik\Delta_s t} \qquad \rho_{ab} = \sum_{k=-K}^{K} \rho_{ab}^k e^{ik\Delta_s t} e^{-ik_p z} \qquad \rho_{ac} = \sum_{k=-K}^{K} \rho_{ac}^k e^{ik\Delta_s t} e^{-i(k_p-k_c)z} \qquad \rho_{ad} = \sum_{k=-K}^{K} \rho_{ad}^k e^{ik\Delta_s t} e^{-i(k_p+k_m-k_c)z}$$

$$\rho_{ba} = \sum_{k=-K}^{K} \rho_{ba}^k e^{ik\Delta_s t} e^{ik_p z} \qquad \rho_{bb} = \sum_{k=-K}^{K} \rho_{bb}^k e^{ik\Delta_s t} \qquad \rho_{bc} = \sum_{k=-K}^{K} \rho_{bc}^k e^{ik\Delta_s t} e^{ik_c z} \qquad \rho_{bd} = \sum_{k=-K}^{K} \rho_{bd}^k e^{ik\Delta_s t} e^{-i(k_m-k_c)z}$$

$$\rho_{ca} = \sum_{k=-K}^{K} \rho_{ca}^k e^{ik\Delta_s t} e^{i(k_p-k_c)z} \qquad \rho_{cb} = \sum_{k=-K}^{K} \rho_{cb}^k e^{ik\Delta_s t} e^{-ik_c z} \qquad \rho_{cc} = \sum_{k=-K}^{K} \rho_{cc}^k e^{ik\Delta_s t} \qquad \rho_{cd} = \sum_{k=-K}^{K} \rho_{cd}^k e^{ik\Delta_s t} e^{-ik_m z}$$

$$\rho_{da} = \sum_{k=-K}^{K} \rho_{da}^k e^{ik\Delta_s t} e^{i(k_p+k_m-k_c)z} \qquad \rho_{db} = \sum_{k=-K}^{K} \rho_{db}^k e^{ik\Delta_s t} e^{i(k_m-k_c)z} \qquad \rho_{dc} = \sum_{k=-K}^{K} \rho_{dc}^k e^{ik\Delta_s t} e^{ik_m z} \qquad \rho_{dd} = \sum_{k=-K}^{K} \rho_{dd}^k e^{ik\Delta_s t}$$

注意，在上面的表达式中，ρ_{ij}^k 并不是密度矩阵元 ρ_{ij} 的 k 次方，而是密度矩阵元 ρ_{ij} 的 k 次谐波分量的权系数。当 $k=0$ 时，其代表着密度矩阵元 ρ_{ij} 的静态解。在上面的模型中，我们认为微波的传输方向与探测光的传输方向是一致的，如果要表示微波传输方向与探测光传输方向垂直的情况，可以令 $k_m=0$（因为在这种情况下，$e^{-ik_m x}=1$，与 $k_m=0$ 时的 $e^{-ik_m z}$ 值相等）。将上述密度矩阵元的表达式代入式 (5.12)，可以得到密度矩阵元方程，我们以 ρ_{ca} 为例，探寻这种各次谐波方程的一般规律。ρ_{ca} 的密度矩阵方程为

$$2i\left(\frac{\partial}{\partial t}+\boldsymbol{v}\cdot\nabla\right)\rho_{ca}=\Omega_c e^{-ik_c z}\rho_{ba}+(\Omega_L+\Omega_s e^{i\Delta_s t})e^{-ik_m z}\rho_{da}-\rho_{cb}\Omega_p e^{ik_p z}-i\gamma_c\rho_{ca} \quad (5.48)$$

将 ρ_{ca} 的谐波级数形式代入式 (5.48) 可以得到：

$$\sum_{k=-K}^{K}(\Omega_c\rho_{ba}^k+(\Omega_L+\Omega_s e^{i\Delta_s t})\rho_{da}^k-\Omega_p\rho_{cb}^k+\rho_{ca}^k(2k\Delta_s+2(k_p-k_c)v_z-i\gamma_c))e^{ik\Delta_s t}=0$$

$$\sum_{k=-K}^{K}(\Omega_c\rho_{ba}^k e^{ik\Delta_s t}+(\Omega_L\rho_{da}^k e^{ik\Delta_s t}+\Omega_s\rho_{da}^k e^{i(k+1)\Delta_s t})-\Omega_p\rho_{cb}^k e^{ik\Delta_s t}+\rho_{ca}^k e^{ik\Delta_s t}(2k\Delta_s+2(k_p-k_c)v_z-i\gamma_c))=0$$

$$\sum_{k=-K}^{K}(\Omega_c\rho_{ba}^k+(\Omega_L\rho_{da}^k)-\Omega_p\rho_{cb}^k+\rho_{ca}^k(2k\Delta_s+2(k_p-k_c)v_z-i\gamma_c))e^{ik\Delta_s t}+\sum_{k_1=-K+1}^{K+1}\Omega_s\rho_{da}^{k_1-1}e^{ik_1\Delta_s t}=0$$
(5.49)

因此，如果式 (5.49) 成立，其对应于每个谐波分量的等式都应该成立，例如，如果 $K=2$，高于二次谐波的权系数都应该为 0。因此，式 (5.49) 中的第三个式子对应五个代数方程：

$$\begin{aligned}
k=-2,\quad &\Omega_c\rho_{ba}^{-2}+(\Omega_L\rho_{da}^{-2}+0)-\Omega_p\rho_{cb}^{-2}+\rho_{ca}^{-2}(-4\Delta_s+2(k_p-k_c)v_z-i\gamma_c)=0\\
k=-1,\quad &\Omega_c\rho_{ba}^{-1}+(\Omega_L\rho_{da}^{-1}+\Omega_s\rho_{da}^{-2})-\Omega_p\rho_{cb}^{-1}+\rho_{ca}^{-1}(-2\Delta_s+2(k_p-k_c)v_z-i\gamma_c)=0\\
k=0,\quad &\Omega_c\rho_{ba}^{0}+(\Omega_L\rho_{da}^{0}+\Omega_s\rho_{da}^{-1})-\Omega_p\rho_{cb}^{0}+\rho_{ca}^{0}(2(k_p-k_c)v_z-i\gamma_c)=0 \quad (5.50)\\
k=1,\quad &\Omega_c\rho_{ba}^{1}+(\Omega_L\rho_{da}^{1}+\Omega_s\rho_{da}^{0})-\Omega_p\rho_{cb}^{1}+\rho_{ca}^{1}(2\Delta_s+2(k_p-k_c)v_z-i\gamma_c)=0\\
k=2,\quad &\Omega_c\rho_{ba}^{2}+(\Omega_L\rho_{da}^{2}+\Omega_s\rho_{da}^{1})-\Omega_p\rho_{cb}^{2}+\rho_{ca}^{2}(4\Delta_s+2(k_p-k_c)v_z-i\gamma_c)=0
\end{aligned}$$

式 (5.50) 可以写成一个矩阵的形式：

$$\Omega_c\boldsymbol{I}_0\boldsymbol{\rho}_{ba}+(\Omega_L\boldsymbol{I}_0+\Omega_s\boldsymbol{I}_{-1})\boldsymbol{\rho}_{da}-\Omega_p\boldsymbol{I}_0\boldsymbol{\rho}_{cb}+\boldsymbol{\Lambda}_{ca}\boldsymbol{\rho}_{ca}=0 \quad (5.51)$$

式中：

$$\boldsymbol{\rho}_{ij}=\begin{pmatrix}\rho_{ij}^{-2} & \rho_{ij}^{-1} & \rho_{ij}^{0} & \rho_{ij}^{1} & \rho_{ij}^{2}\end{pmatrix}^T,\quad \boldsymbol{\Lambda}_{ca}=(2(k_p-k_c)v_z-i\gamma_c)\boldsymbol{I}_0+2\Delta_s$$

$$\boldsymbol{I}_0=\begin{pmatrix}1&0&0&0&0\\0&1&0&0&0\\0&0&1&0&0\\0&0&0&1&0\\0&0&0&0&1\end{pmatrix},\quad \boldsymbol{I}_{-1}=\begin{pmatrix}0&0&0&0&0\\1&0&0&0&0\\0&1&0&0&0\\0&0&1&0&0\\0&0&0&1&0\end{pmatrix}$$

$$I_{+1} = \begin{pmatrix} 0 & 1 & 0 & 0 & 0 \\ 0 & 0 & 1 & 0 & 0 \\ 0 & 0 & 0 & 1 & 0 \\ 0 & 0 & 0 & 0 & 1 \\ 0 & 0 & 0 & 0 & 0 \end{pmatrix}, \quad \Delta_s = \begin{pmatrix} -2\Delta_s & 0 & 0 & 0 & 0 \\ 0 & -\Delta_s & 0 & 0 & 0 \\ 0 & 0 & 0 & 0 & 0 \\ 0 & 0 & 0 & \Delta_s & 0 \\ 0 & 0 & 0 & 0 & 2\Delta_s \end{pmatrix}$$

我们重新列出第 4 章的式 (4.86) 关于 ρ_{ca}^0 的密度矩阵元方程为

$$\Omega_c \rho_{ba}^0 + \Omega_m \rho_{da}^0 - \rho_{cb}^0 \Omega_p - (i\gamma_c + 2(\Delta_p + \Delta_c))\rho_{ca}^0 = 0 \tag{5.52}$$

对比式 (5.51) 和式 (5.52) 发现,这两个方程具有完美的对称的形式,只需要将式 (5.52) 的变量全部用矩阵表达。我们很容易观察出这种矩阵的替代规律,对于密度矩阵方程中的系数 Ω_p、Ω_c 和 Ω_m,用矩阵 $\Omega_p I_0$、$\Omega_c I_0$ 和 $\Omega_L I_0 + \Omega_s I_{-1}$ 代替; Ω_m^* 用 $\Omega_L I_0 + \Omega_s I_{+1}$ 代替;所列的 ρ_{ij} 方程的系数用矩阵 Λ_{ij} 代替。因此,密度矩阵元的各次谐波权系数也可以写成矩阵的形式:

$$Ax = y \tag{5.53}$$

式中,矩阵 A 是一个 $16(2K+1) \times 16(2K+1)$ 维的矩阵;向量 x 和向量 y 都是 $16(2K+1) \times 1$ 维列向量。

$$x = (\rho_{aa} \rho_{ab} \rho_{ac} \rho_{ad} \rho_{ba} \rho_{bb} \rho_{bc} \rho_{bd} \rho_{ca} \rho_{cb} \rho_{cc} \rho_{cd} \rho_{da} \rho_{db} \rho_{dc} \rho_{dd})^T$$

$$\rho_{ij} = [\rho_{ij}^{-K} \rho_{ij}^{-K+1} \cdots \rho_{ij}^{K-1} \rho_{ij}^K]^T$$

$A_{1,1} = \Lambda_{aa}$ $\quad A_{1,2} = -\Omega_p$ $\quad A_{1,5} = \Omega_p$ $\quad A_{1,6} = 2i\gamma_b I_0$ $\quad A_{1,16} = 2i\gamma_d I_0$

$A_{2,1} = -\Omega_p$ $\quad A_{2,2} = \Lambda_{ab}$ $\quad A_{2,3} = -\Omega_c$ $\quad A_{2,6} = \Omega_p$

$A_{3,2} = -\Omega_c$ $\quad A_{3,3} = \Lambda_{ac}$ $\quad A_{3,4} = -\Omega_L - \Omega_{s-1}$ $\quad A_{3,7} = \Omega_p$

$A_{4,3} = -\Omega_L - \Omega_{s-1}$ $\quad A_{4,4} = \Lambda_{ad}$ $\quad A_{4,8} = \Omega_p$

$A_{5,1} = \Omega_p$ $\quad A_{5,5} = \Lambda_{ba}$ $\quad A_{5,6} = -\Omega_p$ $\quad A_{5,9} = \Omega_c$

$A_{6,2} = \Omega_p$ $\quad A_{6,5} = -\Omega_p$ $\quad A_{6,6} = \Lambda_{bb}$ $\quad A_{6,7} = -\Omega_c$ $\quad A_{6,10} = \Omega_c$ $\quad A_{6,11} = 2i\gamma_c I_0$

$A_{7,3} = \Omega_p$ $\quad A_{7,6} = -\Omega_p$ $\quad A_{7,7} = \Lambda_{bc}$ $\quad A_{7,8} = -\Omega_L - \Omega_{s+1}$ $\quad A_{7,11} = \Omega_c$

$A_{8,4} = \Omega_p$ $\quad A_{8,7} = -\Omega_L - \Omega_{s-1}$ $\quad A_{8,8} = \Lambda_{bd}$ $\quad A_{8,12} = \Omega_c$

$A_{9,5} = \Omega_c$ $\quad A_{9,9} = \Lambda_{ca}$ $\quad A_{9,10} = -\Omega_p$ $\quad A_{9,13} = \Omega_L + \Omega_{s-1}$

$A_{10,6} = \Omega_c$ $\quad A_{10,9} = -\Omega_p$ $\quad A_{10,10} = \Lambda_{cb}$ $\quad A_{10,11} = -\Omega_c$ $\quad A_{10,14} = \Omega_L + \Omega_{s-1}$

$A_{11,7} = \Omega_c$ $\quad A_{11,10} = -\Omega_c$ $\quad A_{11,11} = \Lambda_{cc}$ $\quad A_{11,12} = -\Omega_L - \Omega_{s+1}$ $\quad A_{11,15} = \Omega_L + \Omega_{s-1}$

$A_{12,8} = \Omega_c$ $\quad A_{12,11} = -\Omega_L - \Omega_{s-1}$ $\quad A_{12,12} = \Lambda_{cd}$ $\quad A_{12,16} = \Omega_L + \Omega_{s-1}$

$A_{13,9} = \Omega_L + \Omega_{s+1}$ $\quad A_{13,13} = \Lambda_{da}$ $\quad A_{13,14} = -\Omega_p$

$A_{14,10} = \Omega_L + \Omega_{s+1}$ $\quad A_{14,13} = -\Omega_p$ $\quad A_{14,14} = \Lambda_{db}$ $\quad A_{14,15} = -\Omega_c$

$A_{15,11} = \Omega_L + \Omega_{s+1}$ $\quad A_{15,14} = -\Omega_c$ $\quad A_{15,15} = \Lambda_{dc}$ $\quad A_{15,16} = -\Omega_L - \Omega_{s+1}$

$A_{16,12} = \Omega_L + \Omega_{s+1}$ $\quad A_{16,15} = -\Omega_L - \Omega_{s-1}$ $\quad A_{16,16} = \Lambda_{dd}$

式中,$\Omega_p = \Omega_p I_0$;$\Omega_c = \Omega_c I_0$;$\Omega_L = \Omega_L I_0$;$\Omega_{s+1} = \Omega_s I_{+1}$;$\Omega_{s-1} = \Omega_s I_{-1}$;$\Lambda_{ij} = \lambda_{ij} I_0 + 2\Delta_s$,$\Lambda_{ij}$ 的表达式为

$$\Lambda_{aa} = 0 \qquad \Lambda_{ab} = -i\gamma_b - 2k_p v_z \qquad \Lambda_{ac} = -i\gamma_c - 2k_{pc} v_z \qquad \Lambda_{ad} = -i\gamma_d - 2k_{pm} v_z$$
$$\Lambda_{ba} = -i\gamma_b + 2k_p v_z \qquad \Lambda_{bb} = -2i\gamma_b \qquad \Lambda_{bc} = -2i\gamma_{bc} + 2k_c v_z \qquad \Lambda_{bd} = -i\gamma_{bd} + 2k_{cm} v_z$$
$$\Lambda_{ac} = -i\gamma_c + 2k_{pc} v_z \qquad \Lambda_{cb} = -i\gamma_{bc} - 2k_c v_z \qquad \Lambda_{cc} = -2i\gamma_c \qquad \Lambda_{cd} = -i\gamma_{cd} - 2k_m v_z$$
$$\Lambda_{ad} = -i\gamma_c + 2k_{pm} v_z \qquad \Lambda_{db} = -i\gamma_{bd} - 2k_{cm} v_z \qquad \Lambda_{dc} = -i\gamma_{cd} + 2k_m v_z \qquad \Lambda_{dd} = -2i\gamma_d$$

式中，$k_{pc} = k_p - k_c$；$k_{pm} = k_p - k_c + k_m$；$k_{cm} = k_c - k_m$。

由于外差接收机的四个能级是封闭的，需要满足粒子数守恒，即 $\rho_{aa}^0 + \rho_{bb}^0 + \rho_{cc}^0 + \rho_{dd}^0 = 1$，因此，矩阵 A 的第 $15 \times (2K+1) + K + 1$ 行元素需要重新定义，该行的非零元素为

$$A_{15\times(2K+1)+K+1,0\times(2K+1)+K+1} = 1, \quad A_{15\times(2K+1)+K+1,5\times(2K+1)+K+1} = 1$$
$$A_{15\times(2K+1)+K+1,10\times(2K+1)+K+1} = 1, \quad A_{15\times(2K+1)+K+1,15\times(2K+1)+K+1} = 1$$

向量 y 中只有一个元素非零，即 $y_{15\times(2K+1)+K+1} = 1$。因此，密度矩阵元各次谐波的权值可以通过 $x = A^{-1}y$ 求出。

以上分析表明，利用级数法求密度矩阵元各次谐波权值的计算量是非常巨大的，例如，我们求二次谐波的各个权值，则需要计算 80×80 矩阵的逆；如果我们要计算三次谐波的各个权值，则需要计算 112×112 矩阵的逆。

以上分析表明，相对于待接收微波场来说，四能级外差里德堡接收机是一个非线性系统，其会出现各阶倍频量。我们最关心的是一阶的系数，这部分代表着有用的信号项。在 5.2 节中，我们采用响应法，对密度矩阵方程进行了线性近似，得到了两个响应函数 $H_1(\omega)$ 和 $H_2(\omega)$，幅度 $|H_1(\omega) + H_2(\omega)|$ 正比于有用的功率（具体分析可以参见 5.4 节）。$|\rho_{ba}^{-1} + \rho_{ba}^{1}|/\Omega_s$ 的物理意义与 $|H_1(\omega) + H_2(\omega)|$ 相同，都表示接收机对微波电场的响应。本节方法得到的一阶的系数与 5.2.1 节方法所得的曲线如图 5.5 所示，图 5.5

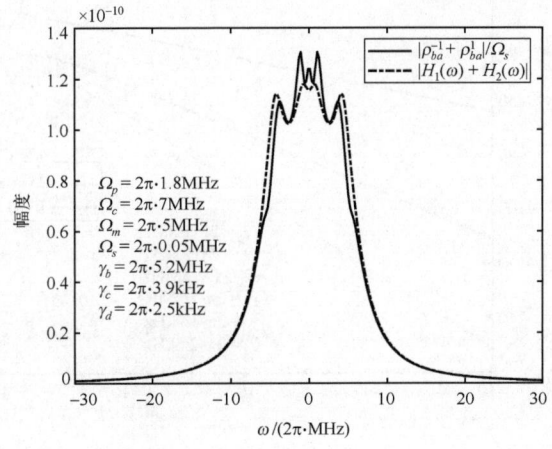

图 5.5 级数法一次倍频系数曲线与接收机的响应曲线的对比

表明，两种方法得到的曲线一致性非常强，只在细节上有些许差别，这是由于我们在 5.2 节的方法中对密度矩阵元的方程进行了简化，只采用了下三角的六个方程进行计算，并且认为密度矩阵元的对角元素是常数，不随弱微波电场的变化而变化。这些近似都会产生细微的误差。但总的来看，这些近似引入的误差非常小，基本可以忽略。然而，5.2 节得到的响应函数 $H_1(\omega)$ 和 $H_2(\omega)$ 具有解析表达式，在仿真计算中计算量非常小，具有快速的优点。

在 5.2 节介绍的响应法中，我们只能定性地了解到四能级外差接收机的密度矩阵方程具有非线性项，而无法对这些非线性效应进行评估。本节的级数法列出密度矩阵元的全部方程，可以实现对各阶系数的计算。响应法认为密度矩阵元的静态解就是没有待接收微波电场时密度矩阵元的稳态解，该稳态解必定与 Ω_s 无关。而在级数法中，例如，关于 ρ_{ac} 零阶系数的方程为

$$\Omega_c \rho_{ba}^0 + (\Omega_L \rho_{da}^0 + \Omega_s \rho_{da}^{-1}) - \Omega_p \rho_{cb}^0 + \rho_{ca}^0 (2(k_p - k_c) v_z - \mathrm{i}\gamma_c) = 0 \tag{5.54}$$

式 (5.54) 中含有 ρ_{da}^{-1} 项，并且其系数中包含 Ω_s。由此可以断定 ρ_{ca}^0 必定与 Ω_s 有关，这个跟 Ω_s 有关的项会传导到 ρ_{ba}^0 中，也就是 ρ_{ba}^0 必定与 Ω_s 有关。我们知道，在四能级外差接收机的密度矩阵方程中，不存在严格意义的静态解。此时运用级数法得到的密度矩阵元 ρ_{ij}^0 应当理解为密度矩阵元 ρ_{ij} 的平均值。

四能级外差接收机的非线性与 Ω_s 的大小有关，当 Ω_s 比较大时，非线性效应会比较明显，图 5.6 描述的是各阶倍频功率与 Ω_s 的关系。$|\rho_{ba}^{-k} + \rho_{ba}^{k}|$ 与透过光的各阶倍频功率项成正比（此处的倍频指待接收微波电场频率与本振微波电场频率之差的倍频）。待接收微波电场的频率与本振微波电场频率差固定为 1MHz，在仿真中，固定本振微波电场的拉比频率，改变待接收微波电场的拉比频率，其变化

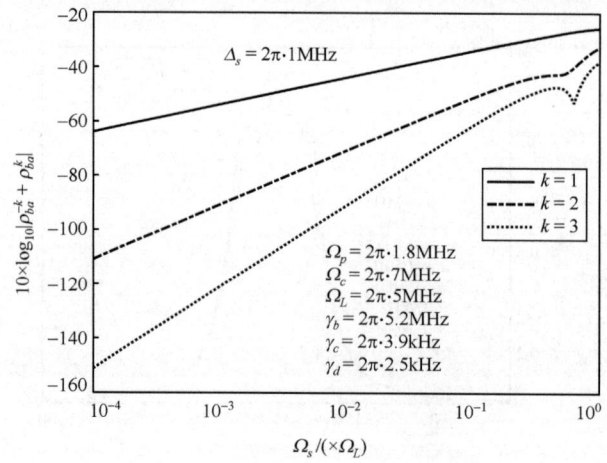

图 5.6 各阶倍频功率与 Ω_s 的关系

范围从 $10^{-4}\Omega_L$ 到 Ω_L，我们画出了一次倍频功率、二次倍频功率和三次倍频功率随 Ω_s 的变化图。从图 5.6 中可以看出，当 Ω_s 非常小时，四能级外差系统的非线性效应引起的倍频量非常小，表现为一次倍频功率远远大于二次倍频功率和三次倍频功率。随着 Ω_s 的增加，各阶的倍频功率都在增加，但二次倍频功率和三次倍频功率增加的速度要远远地大于一次倍频功率增加的速度。这从图 5.6 的三条曲线的斜率可以看出，代表三次倍频功率的点状虚线曲线的斜率要大于代表二次倍频功率的点划曲线的斜率，代表二次倍频功率的点划曲线的斜率要大于代表一次倍频功率的实线曲线的斜率。

5.4 四能级外差里德堡原子接收机的带宽

前面讲述的四能级外差里德堡原子接收机都是工作在探测光和耦合光及微波频率与能级的共振频率点处，此时接收机具有一定的带宽。在本节中，我们讨论四能级外差里德堡原子接收机的带宽问题，接收机的带宽包含两部分：一个是瞬时带宽，就是指对于每一个频点，能够响应的微波电场频率变化的范围；另一个是调节带宽，就是我们通过移动里德堡原子的能级，使接收机能够工作在共振点附近的其他频率处。如果不进行里德堡能级的移动，那么，接收机只能工作在谐振点处，对于远离谐振点的微波电场是不能够响应的。因此，我们通过调整里德堡原子的能级能量，使响应微波电场的频率大大地增加，这个带宽称为四能级外差里德堡接收机的调节带宽。

5.4.1 接收机的瞬时带宽

5.2 节表明，四能级外差里德堡原子接收机对微波电场的响应由两个部分组成：$H_1(\omega)$ 和 $H_2(\omega)$，但它们的幅度相位特性差别很大，如图 5.4 所示。由式 (5.37) 所知，一个解析电场（通常表示为复数）通过接收机后，接收机输出的信号是解析电场与其共轭分量的线性加权叠加，其加权系数为 $H_1(\omega)$ 和 $H_2(\omega)$。因此，接收机的带宽由 $H_1(\omega)$ 和 $H_2(\omega)$ 共同决定，当解析电场为实数时，也就是说，电场只存在幅度调制，而不存在相位调制时，接收机的系统响应为 $H_1(\omega)+H_2(\omega)$。因此，我们可以通过分析 $|H_1(\omega)+H_2(\omega)|$ 的幅度特性来确定接收机的带宽。

在实际的雷达和通信系统中，发射信号大多是频率调制信号或相位调制信号，其具有更一般的形式：$\mathcal{E}(t)=A(t)\mathrm{e}^{\mathrm{i}\varphi(t)}$。并且由于 $-\frac{2\pi}{\lambda}L\,\mathrm{Im}(\chi)$ 很小，此时由接收机输出的信号功率近似为

$$P = P_0 \exp\left(-\frac{2\pi}{\lambda}L\,\mathrm{Im}(\chi)\right) \approx \bar{P} + \bar{P}\frac{4\pi}{\lambda}\frac{\wp_{cd}}{\hbar}\frac{N_0\wp_{ab}^2}{\varepsilon_0\hbar\Omega_p}L\,\mathrm{Im}(h_1(t)\otimes\mathcal{E}(t)+h_2(t)\otimes\mathcal{E}^*(t))$$

(5.55)

式中，$\bar{P} = P_0 \exp\left(\dfrac{4\pi N_0 \wp_{ab}^2 L}{\lambda \varepsilon_0 \hbar \Omega_p} \operatorname{Im}(\overline{\rho_{ba}^0})\right)$。

式(5.55)表明，功率为 P_0 的探测光通过介质后，接收功率分为两个部分：一部分是系统的平均功率，这部分表示入射功率 P_0 通过介质后整体的衰减情况；另一部分的功率会随着被接收电场 $\mathcal{E}(t)$ 变化，根据图 5.4(a) 和图 5.4(b) 可以看出，$H_1(\omega)$ 和 $H_2(\omega)$ 的实部是奇函数，虚部是偶函数。利用傅里叶变换的奇偶虚实对称性可知，$h_1(t)$ 和 $h_2(t)$ 是纯虚数，因此有

$$\begin{aligned}P &= \bar{P} + \bar{P}\dfrac{4\pi}{\lambda}\dfrac{\wp_{cd}}{\hbar}\dfrac{N_0 \wp_{ab}^2}{\varepsilon_0 \hbar \Omega_p} L \operatorname{Im}(h_1(t) \otimes \mathcal{E}(t) + h_2(t) \otimes \mathcal{E}^*(t)) \\ &= \bar{P} - \bar{P}\dfrac{4\pi}{\lambda}\dfrac{\wp_{cd}}{\hbar}\dfrac{N_0 \wp_{ab}^2}{\varepsilon_0 \hbar \Omega_p} L (ih_1(t) + ih_2(t)) \otimes \mathcal{E}_R(t)\end{aligned} \quad (5.56)$$

式中，$\mathcal{E}_R(t)$ 是 $\mathcal{E}(t)$ 的实部。以上分析表明，无论是幅度调制电场还是频率或相位调制电场，$|H_1(\omega) + H_2(\omega)|$ 都可以用来衡量接收机的接收带宽。

接收机的增益由 $H_1(\omega)$ 和 $H_2(\omega)$ 的系数决定，由式(5.37)可知，$H_{1v}(\omega)$ 和 $H_{2v}(\omega)$ 的系数与 Ω_c 成正比，Ω_c 越大，响应幅度越大。因此，在实验中，通常选取尽可能大的 Ω_c。Ω_c 受跃迁偶极矩 $\wp_{bc}$ 和耦合光功率的限制，其与 $\wp_{bc}$ 和耦合光功率密度的平方根成正比。b 是中间态(铷原子为 $5P_{3/2}$ 态，铯原子为 $6P_{3/2}$ 态)，c 是里德堡态，$\wp_{bc}$ 非常小，如铯原子从 $6P_{3/2}$ 态到 $47D_{5/2}$ 态的跃迁偶极矩约为 $0.0186ea_0$。如果我们要使 Ω_c 尽量大，那么耦合光的光强应尽可能大，假设耦合光是光束直径为 1mm 的圆形光斑，在耦合光功率为 600mW 时，由式(3.154)可以计算出此时光斑内的平均拉比频率：

$$\overline{\Omega_c} = \dfrac{8\wp_{bc}\sqrt{P_0}}{3\hbar\sqrt{c\varepsilon_0 \pi d^2}} = 2\pi \times 5.4(\text{MHz}) \quad (5.57)$$

由此表明，耦合光的拉比频率能取到的最大值约为 $2\pi \times 5.4\text{MHz}$。我们将耦合光的拉比频率固定为 $2\pi \times 5.4\text{MHz}$，改变探测光和微波本振的拉比频率，得到的结果如表 5.1 所示，在表 5.1 中，我们的增益最大值是取 $|H_1(\omega) + H_2(\omega)|$ 的最大值。

表 5.1　接收机增益和带宽与拉比频率的关系

$\Omega_p/(2\pi \cdot \text{MHz})$	$\Omega_L/(2\pi \cdot \text{MHz})$	增益最大值	带宽
0.3	5	3×10^{-11}	9.3MHz，带内平坦
0.5	5	4.5×10^{-11}	9.3MHz，带内平坦
0.6	5	5.5×10^{-11}	9.3MHz，带内平坦

续表

$\Omega_p/(2\pi \cdot \text{MHz})$	$\Omega_L/(2\pi \cdot \text{MHz})$	增益最大值	带宽
1	5	8.1×10^{-11}	9.4MHz，带内平坦
2	5	1.2×10^{-10}	9.6MHz，带内平坦
5	5	1.22×10^{-10}	8.7MHz，带内平坦
3.5	5	1.28×10^{-10}	8.9MHz，带内平坦
2.5	6	1.12×10^{-10}	10.2MHz，带内平坦
2.5	4	1.12×10^{-10}	8MHz，带内平坦
2.5	7	1.05×10^{-10}	10MHz，带内开始分裂

表 5.1 表明，接收机带内平坦的带宽可以达到约 10MHz，在固定本振微波频率的条件下，当探测光的拉比频率比较小时，增大探测光的拉比频率，此时接收机的增益也随之增加，当探测光的拉比频率增大到一定程度后，接收机的增益趋于稳定，不再随着探测光拉比频率的增加而增加。图 5.7 是四能级外差里德堡原子接收机最大带宽时的幅频响应。

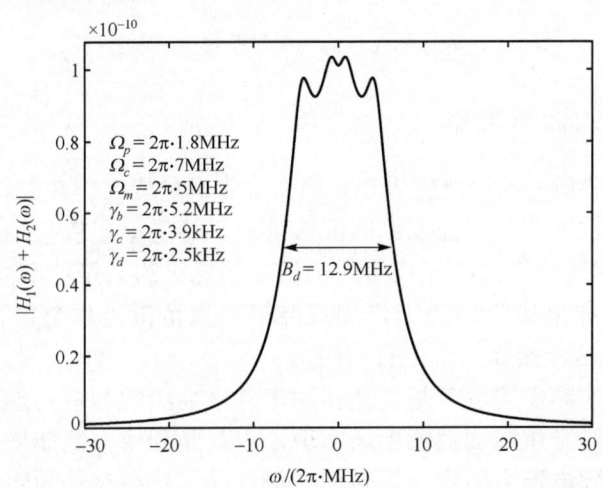

图 5.7 四能级外差里德堡原子接收机最大带宽时的幅频响应

如果我们希望接收机具有更大的带宽，可以采取增加探测光拉比频率 Ω_p 的方法使带宽增大，但增大探测光的拉比频率，将会使带内的不平坦度增加，并且增益下降。

图 5.8 是采用探测光拉比频率为 20MHz 时的接收机的幅频响应，图 5.8 显示，当采用大的探测光拉比频率时，带宽可以增大到 18MHz 以上，此时带内不平坦度大大地增加，在数据处理中，需要对接收机的增益进行均衡操作，使其具有较为平

坦的带内特性。在图 5.8 中，我们只是对理想的模型进行仿真，在实际的测量中，当探测光功率和耦合光功率都较强时，会有复杂的物理效应产生，包括激发阻塞效应及多体效应，这些效应都会影响接收机的带宽及响应。

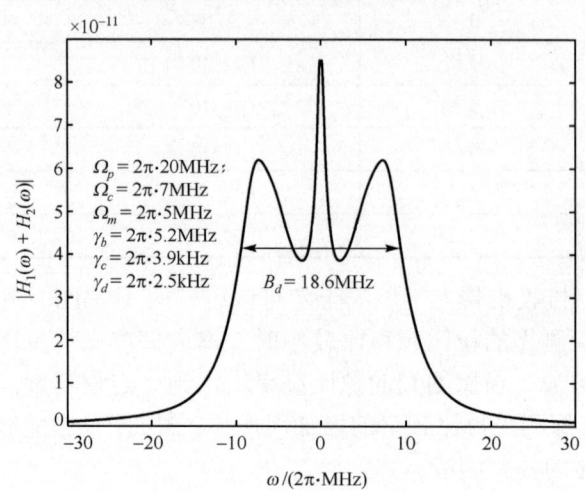

图 5.8　大探测光拉比频率时接收机的幅度响应

5.4.2　接收机的调节带宽

如果不对里德堡的能级进行调节，那么接收机只能工作在能级共振频率点处，这大大限制了接收机的应用范围。四能级外差里德堡原子接收机的瞬时带宽大约为 10MHz，因此接收机只能接收与两个里德堡能级的共振频率处失谐为 10MHz 内的微波信号。如果接收机的工作频点能够在大范围内调整，在每个频点具有 10MHz 的带宽，这样接收机就更有实用性。

对接收机工作频点的调节是依靠移动里德堡能级的能量实现的，里德堡能级的移动可以通过对介质施加直流电场实现，也就是利用直流斯塔克效应。在静态电场中的原子受到电场力的作用，会使能级移动，能级移动的距离与电场的强度有关，能级移动的频率为

$$\Delta\omega = \frac{1}{2}\alpha E^2 \tag{5.58}$$

式中，E 是外加静电场的电场强度；α 是静态里德堡原子的电极化率，α 可以表示为标量电极化率与张量电极化率的组合[4]：

$$\alpha = \alpha_0 + \alpha_2 \frac{3m_j^2 - j(j+1)}{j(2j-1)} \tag{5.59}$$

式中，α_0 是标量电极化率；α_2 是张量电极化率；j 和 m_j 是考虑电子自旋的角量子数和磁量子数。

标量电极化率和张量电极化率可以表示为

$$\alpha_0 = -\frac{2}{3}\sum_{n'l'j'}(2j'+1)\begin{Bmatrix} l & j & \frac{1}{2} \\ j' & l' & 1 \end{Bmatrix} l_> \frac{|\langle nl|r|n'l'\rangle|^2}{E(nlj) - E(n'l'j')} \tag{5.60}$$

$$\alpha_2 = 2\left(\frac{10j(2j-1)(2j+1)}{3(j+2)(2j+3)}\right)^{\frac{1}{2}}$$
$$\cdot \sum_{n'l'j'}(-1)^{j+j'+1}(2j+1)\begin{Bmatrix} l & j & \frac{1}{2} \\ j' & l' & 1 \end{Bmatrix}^2 \begin{Bmatrix} j & j' & 1 \\ 1 & 2 & j \end{Bmatrix} \frac{|\langle nl|r|n'l'\rangle|^2}{E(nlj) - E(n'l'j')} \tag{5.61}$$

式中，$l_>$ 表示 l 和 l' 的最大值；$\begin{Bmatrix} \cdot & \cdot & \cdot \\ \cdot & \cdot & \cdot \end{Bmatrix}$ 表示维格纳 $6j$ 符号。

将式(5.60)和式(5.61)的维格纳 $6j$ 符号展开，我们可以得到常用里德堡态原子的标量电极化率和张量电极化率的表达式：

$$\alpha_0(nS_{1/2}) = -\frac{1}{3}\left(\frac{4}{3}P(3/2) + \frac{2}{3}P(1/2)\right) \tag{5.62}$$

$$\alpha_0(nP_{1/2}) = -\frac{1}{9}\left(\frac{4}{3}D(3/2) + 2S(1/2)\right) \tag{5.63}$$

$$\alpha_0(nP_{3/2}) = -\frac{2}{45}(9D(5/2) + D(3/2) + 5S(1/2)) \tag{5.64}$$

$$\alpha_0(nD_{3/2}) = -\frac{2}{45}P(3/2) - \frac{2}{9}P(1/2) - \frac{2}{5}F(5/2) \tag{5.65}$$

$$\alpha_0(nD_{5/2}) = -\frac{4}{15}P(3/2) - \frac{2}{105}F(5/2) - \frac{8}{21}F(7/2) \tag{5.66}$$

$$\alpha_2(nP_{3/2}) = \frac{2}{25}D(5/2) - \frac{8}{225}D(3/2) + \frac{2}{9}S(1/2) \tag{5.67}$$

$$\alpha_2(nD_{3/2}) = \frac{2}{9}P(1/2) - \frac{8}{225}P(3/2) + \frac{2}{25}F(5/2) \tag{5.68}$$

$$\alpha_2(n\mathrm{D}_{5/2}) = \frac{4}{15}P(3/2) - \frac{16}{735}F(5/2) + \frac{20}{147}F(7/2) \tag{5.69}$$

$$O(l,j) = e^2 \sum_{n'} \frac{\left|R_{n'l'}^{nl}\right|^2}{E(nlj) - E(n'l'j')} \tag{5.70}$$

式中，O 可以是 S、P、D 和 F；$R_{n'l'}^{nl}$ 通过 $\langle nl|r|n'l' \rangle$ 计算。

我们可以用上面的方法对铯里德堡原子的标量电极化率和张量电极化率进行计算，计算结果如表 5.2 所示。

表 5.2 铯里德堡原子的电极化率   单位：(MHz·cm²/V²)

n	$\alpha_0(n\mathrm{S}_{1/2})$	$\alpha_0(n\mathrm{P}_{1/2})$	$\alpha_0(n\mathrm{P}_{3/2})$	$\alpha_0(n\mathrm{D}_{3/2})$	$\alpha_0(n\mathrm{D}_{5/2})$	$\alpha_2(n\mathrm{P}_{3/2})$	$\alpha_2(n\mathrm{D}_{3/2})$	$\alpha_2(n\mathrm{D}_{5/2})$
41	12.73	210.16	275.55	−142.08	−170.44	−24.16	94.83	189.02
42	15.17	252.62	331.29	−170.21	−204.19	−29.04	113.51	226.28
43	18.00	302.23	396.42	−202.98	−243.52	−34.73	135.26	269.65
44	21.26	359.97	472.23	−241.02	−289.16	−41.36	160.50	319.97
45	25.02	426.91	560.14	−285.02	−341.94	−49.04	189.66	378.12
46	29.33	504.25	661.72	−335.73	−402.77	−57.91	223.25	445.10
47	34.26	593.29	778.69	−393.98	−472.65	−68.12	261.81	522.01
48	39.89	695.49	912.94	−460.69	−552.66	−79.84	305.95	610.03
49	46.28	812.43	1066.50	−536.85	−644.02	−93.24	356.33	710.48
50	53.52	945.82	1241.80	−623.56	−748.03	−108.53	413.64	824.78
51	61.72	1097.50	1441.20	−722.00	−866.11	−125.92	478.69	954.49
52	70.96	1269.70	1667.40	−833.48	−999.82	−145.64	552.31	1101.30
53	81.36	1464.40	1923.40	−959.40	−1150.80	−167.94	635.43	1267.00
54	93.04	1684.30	2212.30	−1101.20	−1321.00	−193.12	729.05	1453.70
55	106.12	1931.90	2537.70	−1260.70	−1512.00	−221.46	834.25	1663.50
56	120.74	2210.00	2903.30	−1439.60	−1726.80	−253.29	952.21	1898.70
57	137.05	2521.70	3313.10	−1639.90	−1966.90	−288.96	1084.10	2161.90
58	155.20	2870.40	3771.50	−1863.50	−2235.10	−328.86	1231.50	2455.70
59	175.38	3259.60	4283.20	−2112.80	−2534.70	−373.38	1395.70	2783.10
60	197.75	3693.30	4853.30	−2390.20	−2866.50	−422.97	1578.30	3147.20

从表 5.2 中可以看出，对里德堡原子介质加上一个强度不大的电场，如 1V/cm 的电场，此时由于直流斯塔克效应，会将里德堡能级的能量移动几百 MHz

到上 GHz。当采用微波电场耦合两个里德堡能级时，由于两个能级都有移动，此时与两个能级共振的微波电场的频率也将改变，这样微波电场的频率会移动几百 MHz，能级的移动大大拓展了四能级外差里德堡接收机的工作范围，使接收机的工作频点不是在共振频率处，而是在谐振频率周围，根据施加的电场进行调整。

当利用直流斯塔克效应拓展接收机的工作频点时，由于能级的移动，也会影响探测光、耦合光以及微波电场的频率。施加电场对探测光的频率影响较小，这是由于对于铯原子，探测光耦合的是基态和 $6P_{3/2}$ 态，铯原子在 $6P_{3/2}$ 态的极化参数为 $\alpha_0 = 0.308 \mathrm{Hz} \cdot \mathrm{cm}^2/\mathrm{V}^2$，$\alpha_2 = 0.065 \mathrm{Hz} \cdot \mathrm{cm}^2/\mathrm{V}^2$。由于 $6P_{3/2}$ 态的最外层电子还是比较靠近原子核，此时外部电场对原子能量的影响非常小，基本可以忽略不计。耦合光耦合着 $6P_{3/2}$ 态和里德堡态，施加电场以后，里德堡态将会产生较大范围的移动，此时耦合光所需的频率和 $6P_{3/2}$ 态与里德堡态的共振频率差别比较远。微波电场耦合的是两个里德堡态，对铯原子施加静电场，此时两个里德堡态的频率差不仅和里德堡态间的共振频率有关，还和两个态移动的频率差有关。

里德堡态的能级移动是依靠直流斯塔克效应实现的，对铯原子施加外界电场，会使原本简并的能级发生分裂，其分裂能级之间的距离与施加电场有关。外界静电场对不同态的原子的影响是不同的，如 $nD_{3/2}$ 态的外加电场只能使 $nD_{3/2}$ 态产生一个分裂峰，而外加电场可以使 $nD_{5/2}$ 态产生两个分裂峰。在选择里德堡能级、施加电场的强度等问题时，还需要考虑两个分裂峰的间隔。

5.5 微波电场的恢复

当四能级外差里德堡原子接收机对微弱的微波电场进行接收时，我们最终的目的是对电场信号 $\mathcal{E}(t)$ 进行恢复。式(5.43)中的 $\mathcal{E}(t)$ 是复数，$h_1(t)$ 和 $h_2(t)$ 都是纯虚数，如果我们只利用原子气室对探测光的吸收特性，也就是对式(5.43)取虚部，得到的吸收系数中，与微波电场有关的部分是由 $\mathcal{E}(t)$ 和 $\mathcal{E}^*(t)$ 与各自响应的卷积和的虚部。此时若对微波电场进行还原，在待接收微波电场的中心频率与本振电场频率一致的情况下，无法完全恢复出 $\mathcal{E}(t)$。

如果想要还原出待接收微波电场 $\mathcal{E}(t)$，需要使待接收微波电场中心频率和本振微波电场频率存在一定的失谐，并且满足待接收微波的频谱落在接收机的单边带宽内，如图 5.9(a)所示。但如果我们能够利用 χ 的虚部和实部，理论上我们就可以完全恢复出 $\mathcal{E}(t)$，不论其是哪种调制方式，都能充分利用系统的带宽，如图 5.9(b)所示。

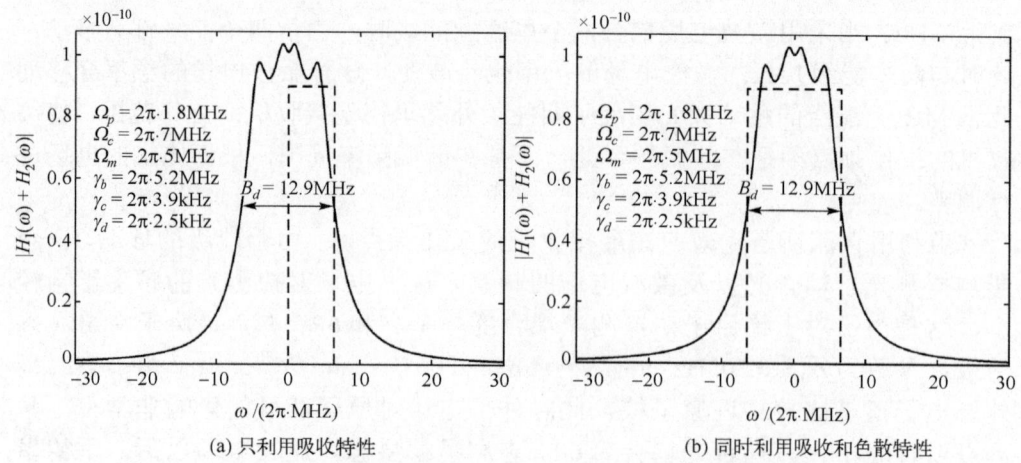

图 5.9 还原微波电场时的待接收微波电场频谱示意图

$\chi(t)$ 的傅里叶变换为

$$\chi(\omega) = -\frac{2N_0 \wp_{ab}^2}{\varepsilon_0 \hbar \Omega_p}\left(2\pi\overline{\rho_{ba}^0}\delta(\omega) + \frac{\wp_{cd}}{\hbar}H_1(\omega)\mathcal{E}(\omega) + \frac{\wp_{cd}}{\hbar}H_2(\omega)\mathcal{E}^*(-\omega)\right) \quad (5.71)$$

$\chi^*(t)$ 的傅里叶变换为

$$\chi^*(-\omega) = -\frac{2N_0 \wp_{ab}^2}{\varepsilon_0 \hbar \Omega_p}\left(2\pi\overline{\rho_{ba}^{0*}}\delta(\omega) + \frac{\wp_{cd}}{\hbar}H_1^*(-\omega)\mathcal{E}^*(-\omega) + \frac{\wp_{cd}}{\hbar}H_2^*(-\omega)\mathcal{E}(\omega)\right) \quad (5.72)$$

式中，$\overline{\rho_{ba}^0}$ 是影响着 $\chi(\omega)$ 的零频分量，由于探测光没有失谐，$\overline{\rho_{ba}^0}$ 是纯虚数，可以在去除 $\chi(\omega)$ 和 $\chi^*(-\omega)$ 的零频分量后，进行 $\mathcal{E}(t)$ 的恢复，因此，有：

$$\mathcal{E}(\omega) = -\frac{\varepsilon_0 \hbar^2 \Omega_p}{2N_0 \wp_{ab}^2 \wp_{cd}}\left[\frac{H_1^*(-\omega)\chi_0(\omega) - H_2(\omega)\chi_0^*(-\omega)}{H_1(\omega)H_1^*(-\omega) - H_2(\omega)H_2^*(-\omega)}\right] \quad (5.73)$$

式中，$\chi_0(\omega)$ 是去除 $\chi(\omega)$ 零频分量后的电极化率。对式(5.73)进行逆傅里叶变换就可以恢复电场强度 $\mathcal{E}(t)$。

式(5.73) 中的 $\chi_0(\omega)$ 和 $\chi_0^*(-\omega)$ 满足下面的关系：

$$\chi_0(\omega) = \chi_{0\mathrm{re}}(\omega) + \mathrm{i}\chi_{0\mathrm{im}}(\omega), \quad \chi_0^*(-\omega) = -\chi_{0\mathrm{re}}(\omega) - \mathrm{i}\chi_{0\mathrm{im}}(\omega) \quad (5.74)$$

式中，$\chi_{0\mathrm{re}}(\omega)$ 和 $\chi_{0\mathrm{im}}(\omega)$ 分别表示时变电极化率的实部和虚部的傅里叶变换。电极化率的实部和虚部分别对应着介质的色散特性和吸收特性。这表明，我们利用四能级外差接收机接收全带宽的微弱微波电场，不但要利用介质的吸收系数，而且要利用介质的色散系数。

第 5 章　四能级外差里德堡原子接收机对微波电场的响应

我们对四能级外差里德堡原子接收机进行仿真，在仿真中我们采用的参数如图 5.10(a) 所示，在这种参数下，接收机的带宽可以达到 10MHz 以上。图 5.10(a) 和图 5.10(b) 是接收机对接收的时变电场及其共轭分量的幅度相位响应，图中表明，接收机的幅度响应具有不平坦的特性，相位响应在带宽内存在非线性。对于接收机接收的电场，我们选取为线性调频电场，线性调频信号被广泛地应用于雷达的发射信号中，是一种相位调制信号，一般写为复指数信号的形式：

$$s(t) = \exp\left(i\left(2\pi f_c t + \pi \frac{B}{T_p} t^2\right)\right) \tag{5.75}$$

式中，B 是线性调频信号的频带宽度，T_p 是线性调频信号的时宽，f_c 是线性调频信号的载频。雷达中对线性调频信号采用脉冲压缩处理，可以确定被探测目标的位置。

线性调频信号经过四能级外差接收机后，如果被接收的线性调频电场的调频率是正的，接收的信号会是正调频斜率信号与负调频斜率信号的加权和，此时直接利用介质的吸收特性，进行脉冲压缩，结果如图 5.10(c) 所示，图中 f_s 表示采样率，由于接收到的信号中同时存在两种调频斜率相反的线性调频信号，当直接进行脉冲压缩时，只能将正调频斜率或者负调频斜率的信号进行压缩(取决于匹配函数的符号)。此时回波能量不能完全累积，没有完全累积起来的能量会影响雷达对小目标信号的探测。利用式(5.73)对被接收的电场进行重建，然后进行脉冲压缩的结果如图 5.10(d) 所示，匹配压缩后，回波能量能够被完全累积，脉冲压缩后的信号非常完美，也就是同时利用 χ 的实部和虚部才能恢复被接收的线性调频电场。

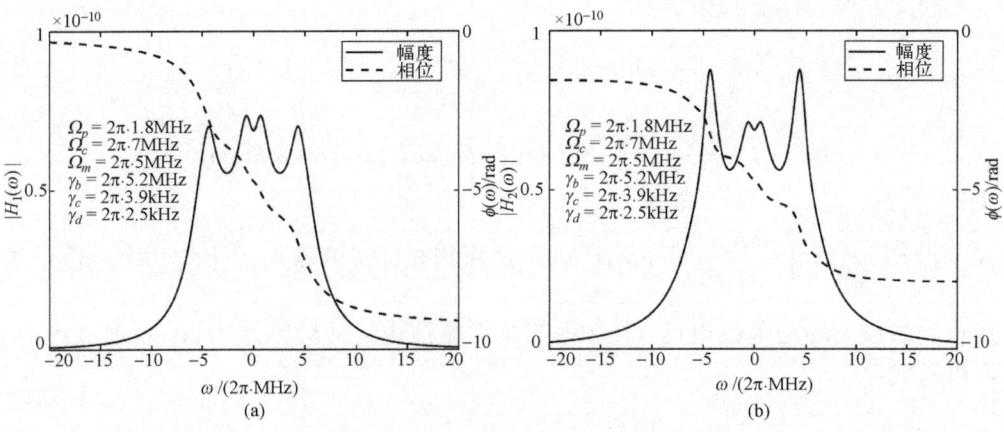

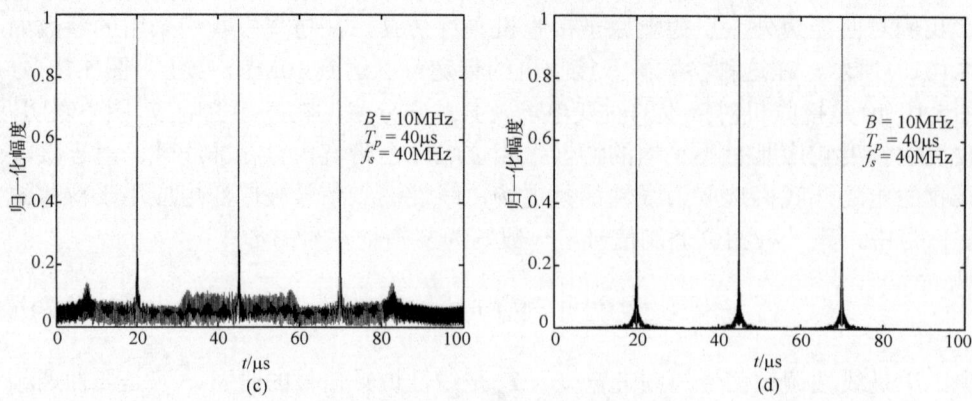

图 5.10 线性调频信号的接收与补偿

在本节最后，我们讨论一下采用四能级外差里德堡原子接收机的最小可接收场强，理论上，接收机的最小可接收场强受到各种噪声的限制，如激光器噪声、量子噪声和环境噪声，本节只是考虑在光的相对强度噪声条件下，讨论接收机能接收的最小场强。由式(5.71)可以写出响应度的时域表达式：

$$\chi(t) = -\frac{2N_0 \wp_{ab}^2}{\varepsilon_0 \hbar \Omega_p} \left(\overline{\rho_{ba}^0} + \frac{\wp_{cd}}{\hbar} h_1(t) \otimes \mathcal{E}(t) + \frac{\wp_{cd}}{\hbar} h_2(t) \otimes \mathcal{E}^*(t) \right) \quad (5.76)$$

式(5.76)的虚部可以写成

$$\mathrm{Im}(\chi(t)) = -\frac{2N_0 \wp_{ab}^2}{\varepsilon_0 \hbar \Omega_p} \left(\mathrm{Im}(\overline{\rho_{ba}^0}) + \frac{\wp_{cd}}{\hbar} \mathrm{Im}(h_1(t) \otimes \mathcal{E}(t) + h_2(t) \otimes \mathcal{E}^*(t)) \right) \quad (5.77)$$

经过介质的探测光功率为

$$\begin{aligned} P &= P_0 \exp\left(-\frac{2\pi}{\lambda} L \, \mathrm{Im}(\chi) \right) \\ &\approx \overline{P} + \overline{P} \frac{4\pi}{\lambda} \frac{\wp_{cd}}{\hbar} \frac{N_0 \wp_{ab}^2}{\varepsilon_0 \hbar \Omega_p} L \, \mathrm{Im}(h_1(t) \otimes \mathcal{E}(t) + h_2(t) \otimes \mathcal{E}^*(t)) \end{aligned} \quad (5.78)$$

式中，$\overline{P} = P_0 \exp\left(\frac{4\pi N_0 \wp_{ab}^2 L}{\lambda \varepsilon_0 \hbar \Omega_p} \mathrm{Im}(\overline{\rho_{ba}^0}) \right)$，是探测光经过介质后的平均功率。假设被接收的微波电场是单频电场，其频率与本振微波电场的频率差为 ω，此时式(5.78)可以写成：

$$P \approx \overline{P} + \overline{P} \frac{4\pi}{\lambda} \frac{\wp_{cd}}{\hbar} \frac{N_0 \wp_{ab}^2}{\varepsilon_0 \hbar \Omega_p} L \left| H_1(\omega) + H_2(\omega) \right| E \quad (5.79)$$

式中，E 表示电场强度的幅度。式(5.79)表明，经过铯泡后的探测光功率可以分为两部分：一部分是平均功率，代表着探测光通过铯泡后整体的衰减情况；另外一部分是与弱微波电场有关的有用功率，有用功率很小，而 $\bar{P}$ 要比有用功率大得多。由于光的粒子性效应，$\bar{P}$ 的功率会波动，其单位带宽内的波动范围就是相对强度噪声，如果我们能够观察到有用信号，那么就要求有用信号功率要大于相对强度噪声功率：

$$\bar{P}\frac{4\pi}{\lambda}\frac{\wp_{cd}}{\hbar}\frac{N_0\wp_{ab}^2}{\varepsilon_0\hbar\Omega_p}L|H_1(\omega)+H_2(\omega)|E > \sqrt{\bar{P}\hbar\omega_p} \tag{5.80}$$

其中，$\sqrt{\bar{P}\hbar\omega_p}$ 是相对强度噪声，ω_p 是探测光的角频率。

由此可以解出单位带宽四能级外差里德堡原子接收机的最小可接收场强幅度：

$$E > \frac{\varepsilon_0\Omega_p\hbar^2}{4\pi\wp_{cd}N_0\wp_{ab}^2L|H_1(\omega)+H_2(\omega)|}\sqrt{\frac{2\pi\hbar c\lambda}{\bar{P}}} \tag{5.81}$$

在上面对四能级外差里德堡原子接收机的最小可接收场强的分析中，我们只是简单地考虑了激光的相对强度噪声，没有考虑原子粒子数分布、激光器的相位噪声以及探测器噪声等因素，关于四能级外差里德堡接收机的噪声特性，我们将在第 6 章进行详细的分析。

5.6 四能级外差里德堡原子接收机的构型

四能级外差里德堡原子接收机利用介质的吸收系数和色散系数恢复被接收的微波电场，因此，对电极化率的实部和虚部都要进行测量。电极化率与介质的折射率有关，因为电极化率很小，这里可以取一阶泰勒展开来表示近似电极化率与折射率 n 的关系：

$$n = \sqrt{1+\chi(t)} = 1 + \frac{\chi_{\text{re}}(t)}{2} + \mathrm{i}\frac{\chi_{\text{im}}(t)}{2} \tag{5.82}$$

假设探测光在进入铯泡之前的表达式为

$$E(t) = E_p\cos(\omega_{ab}t+\varphi_0) \tag{5.83}$$

式中，ω_{ab} 完全与 a、b 两个能级共振，没有失谐；φ_0 是初相。经过铯泡后，探测光的表达式为

$$E(t) = \frac{E_p}{2} e^{i\left(\omega_{ab}\left(t-\frac{n^*L}{c}\right)+\varphi_0\right)} + \frac{E_p}{2} e^{-i\left(\omega_{ab}\left(t-\frac{nL}{c}\right)+\varphi_0\right)}$$

$$= E_p e^{-\frac{k_p \chi_{im}(t)L}{2}} \cos\left(\omega_{ab}t - k_p L + \varphi_0 - k_p \frac{\chi_{re}(t)}{2}L\right) \tag{5.84}$$

$$= E_p e^{-\frac{\alpha}{2}} e^{-\frac{k_p \chi_{0im}(t)L}{2}} \cos\left(\omega_{ab}t - k_p L + \varphi_0 - k_p \frac{\chi_{re}(t)}{2}L\right)$$

式中，$\chi_{re}(t)$ 表示 $\chi(t)$ 的实部，去除电极化率 $\chi(t)$ 的常数部分后的电极化率记为 $\chi_0(t)$，$\chi_{0im}(t)$ 表示的 $\chi_0(t)$ 虚部，$\alpha = 2k_p N_0 \wp_{ab}^2 \mathrm{Im}(\overline{\rho_{ab}^0})L/(\varepsilon_0 \hbar \Omega_p)$，我们采用 φ_0 吸收所有的常数相位，(5.84) 可以表示为

$$E_s(t) = E_p e^{-\frac{\alpha}{2}} e^{-\frac{k_p \chi_{0im}(t)L}{2}} \cos\left(\omega_{ab}t - k_p \frac{\chi_{re}(t)}{2}L + \varphi_0\right) \tag{5.85}$$

式(5.85)表明，经过铯泡后，无论是探测光的幅度，还是探测光的相位，都是随时间变化的，接收机的目的就是求出幅度和相位随时间的变化量。其随时间的变化量非常小，我们采用相干探测的方法。在相干探测中，需要一个强的本振光，本振光的频率为 ω_{LO}，其与探测光的频率 ω_{ab} 并不相等。

$$E_{\mathrm{LO}}(t) = E_{\mathrm{LO}} \cos(\omega_{\mathrm{LO}}t + \varphi_{\mathrm{LO}}) \tag{5.86}$$

经过光电探测器后：

$$\int |E_s(t) + E_{\mathrm{LO}}|^2 \mathrm{d}t$$

$$= \int_0^{T_c} \left| E_p e^{-\frac{\alpha}{2}} e^{-\frac{k_p \chi_{0im}(t)L}{2}} \cos\left(\omega_{ab}t - k_p \frac{\chi_{re}(t)}{2}L + \varphi_0\right) + E_{\mathrm{LO}} \cos(\omega_{\mathrm{LO}}t + \varphi_{\mathrm{LO}}) \right|^2 \mathrm{d}t$$

$$= \int_0^{T_c} \begin{pmatrix} E_p^2 e^{-\alpha} e^{-k_p \chi_{0im}(t)L} \cos^2\left(\omega_{ab}t - k_p \frac{\chi_{re}(t)}{2}L + \varphi_0\right) + E_{\mathrm{LO}}^2 \cos^2(\omega_{\mathrm{LO}}t + \varphi_{\mathrm{LO}}) \\ + E_p E_{\mathrm{LO}} e^{-\frac{\alpha}{2}} e^{-\frac{k_p \chi_{0im}(t)L}{2}} \cos\left((\omega_{ab} - \omega_{\mathrm{LO}})t - k_p \frac{\chi_{re}(t)}{2}L + (\varphi_0 - \varphi_{\mathrm{LO}})\right) \\ + E_p E_{\mathrm{LO}} e^{-\frac{\alpha}{2}} e^{-\frac{k_p \chi_{0im}(t)L}{2}} \cos\left((\omega_{ab} + \omega_{\mathrm{LO}})t - k_p \frac{\chi_{re}(t)}{2}L + (\varphi_0 + \varphi_{\mathrm{LO}})\right) \end{pmatrix} \mathrm{d}t$$

$$\tag{5.87}$$

上式中 T_c 是探测器的积分时间，该积分时间要足够长，能够平均掉载波 ω_{ab} 的变化，但积分时间又不能太长，不能对频率为 $\omega_{ab} - \omega_{\mathrm{LO}}$ 所承载的信息进行平均处理，尽量保持其所承载信息的原貌，因此，积分时间的倒数要远小于 ω_{ab} 和 ω_{LO} 的频率差，

由此可以得到：

$$\int |E_s(t) + E_{\text{LO}}|^2 dt$$
$$= \overline{P} e^{-k_p \chi_{0\text{im}}(t)L} + P_{\text{LO}} + 2\sqrt{\overline{P} P_{\text{LO}}} e^{-\frac{k_p \chi_{0\text{im}}(t)L}{2}} \cos\left((\omega_{ab} - \omega_{\text{LO}})t - k_p \frac{\chi_{\text{re}}(t)}{2}L + \varphi_0 - \varphi_{\text{LO}}\right) \tag{5.88}$$

式中，$\overline{P}$ 表示探测光通过原子气室后的平均功率，$\overline{P} = P_0 e^{-\alpha}$。

在 ω_{LO} 的选择中，ω_{ab} 和 ω_{LO} 的频率差要大于所接收的信号带宽，只保留高频的成分，再次采用 φ_0 吸收所有的常数相位，此时有：

$$\int |E_s(t) + E_{\text{LO}}|^2 dt = 2\sqrt{\overline{P} P_{\text{LO}}} e^{-\frac{k_p \chi_{0\text{im}}(t)L}{2}} \cos\left((\omega_{ab} - \omega_{\text{LO}})t - k_p \frac{\chi_{\text{re}}(t)}{2}L + \varphi_0\right) \tag{5.89}$$

利用正交解调技术，可以得到接收信号的同向分量和正交分量：

$$I(t) = \sqrt{\overline{P} P_{\text{LO}}} e^{-\frac{k_p \chi_{0\text{im}}(t)L}{2}} \cos\left(-k_p \frac{\chi_{\text{re}}(t)}{2}L + \varphi_0 - \varphi_{\text{RF}}\right) \tag{5.90}$$

$$Q(t) = -\sqrt{\overline{P} P_{\text{LO}}} e^{-\frac{k_p \chi_{0\text{im}}(t)L}{2}} \sin\left(-k_p \frac{\chi_{\text{re}}(t)}{2}L + \varphi_0 - \varphi_{\text{RF}}\right) \tag{5.91}$$

上式中 φ_{RF} 表示进行正交解调时所施加的单频信号的相位，在正交解调时，调整 φ_{RF} 使 $\varphi_0 - \varphi_{\text{RF}} = 0$，由于 $k_p \chi_{\text{re}}(t)L/2 \approx 0$，$k_p \chi_{0\text{im}}(t)L/2 \approx 0$。并且对正交分量和同向分量进行隔直处理，同向分量和正交分量可以近似为

$$I(t) \approx -\sqrt{\overline{P} P_{\text{LO}}} \frac{k_p \chi_{0\text{im}}(t)L}{2} \tag{5.92}$$

$$Q(t) \approx \sqrt{\overline{P} P_{\text{LO}}} \frac{k_p \chi_{\text{re}}(t)L}{2} \tag{5.93}$$

因此，我们可以得到气体介质的吸收系数和色散系数，由此可以恢复电场信号 $\mathcal{E}(t)$。

图 5.11 是以铯原子为介质的四能级外差里德堡接收机的结构图，铯原子被 852nm 探测激光从基态激发到 $6P_{3/2}$ 态，$6P_{3/2}$ 态的铯原子被 510nm 的耦合激光激发到里德堡态，强的本振微波电场耦合两个里德堡态，组成一个四能级原子。852nm 和 510nm 的激光利用超稳腔实现对激光频率的稳定，以减少由于激光器相位噪声对接收机的影响。当弱的待接收的微波电场照射到铯泡上时，铯蒸气池对 852nm 激光的电极化率产生变化，我们利用相干探测的方法对 852nm 的激光进行探测，然后利用正交解调技术，分离出铯原子对 852nm 的激光的色散系数和吸收系数，

利用式(5.73)可以重建被接收电场。

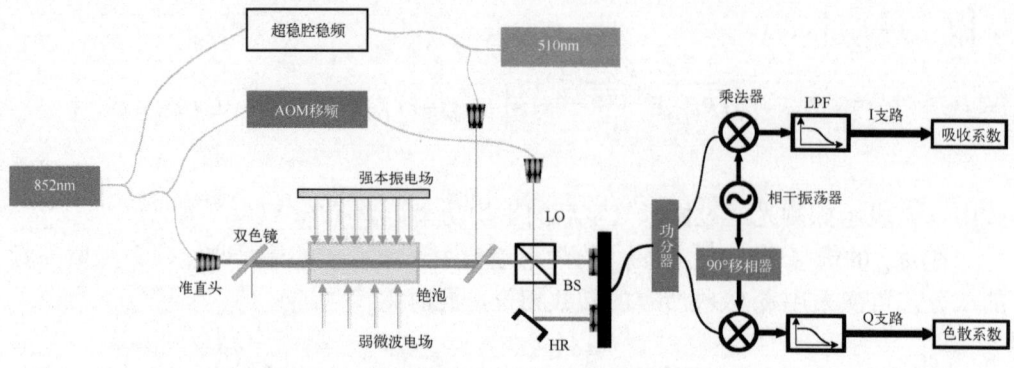

图 5.11　四能级外差里德堡接收机结构图

5.7　小　　结

本章对四能级外差里德堡原子接收机的频率特性进行了深入的研究，首先从密度矩阵方程的稳态解出发，定性地描述了四能级外差里德堡接收机的性质，但稳态解的方法不能描述接收机的带宽特性。随后我们推导了密度矩阵元的动态解方程，提出了两种获得动态解的方法：一种是将密度矩阵元方程进行线性化处理，得到密度矩阵元动态解的解析形式；另一种是通过级数法，利用数值计算接收机的动态解，并且该方法可以评估接收机的非线性效应。通过密度矩阵元的动态解，我们可以很方便地构建接收机的带宽与工作参数的关系。根据接收机的响应形式，我们提出了利用吸收系数和色散系数共同恢复被接收微波电场的方法，并且由此提出了四能级接收机的构型，为该系统在雷达和通信中的实际应用提供了理论支持。

参　考　文　献

[1] Simons M T, Haddab A H, Gordon J A, et al. A Rydberg atom-based mixer: Measuring the phase of a radio frequency wave[J]. Applied Physics Letters, 2019, 114(11): 114101.

[2] Jing M, Hu Y, Ma J, et al. Atomic superheterodyne receiver based on microwave-dressed Rydberg spectroscopy[J]. Nature Physics, 2020, 16: 911-915.

[3] 景明勇. 基于里德堡原子的微波超外差精密测量研究[D]. 太原：山西大学, 2020.

[4] 何兴红, 李白文. 碱原子高里德堡态的极化率[J]. 物理学报, 1989, 38(10): 6.

第 6 章 四能级外差里德堡原子接收机噪声特性分析

在第 5 章中,我们对四能级外差里德堡原子接收机对微波电场的响应进行了分析,分析表明接收机的接收带宽可以达到 10MHz 以上。四能级外差接收机并不是直接接收微波信号功率,而是对时变微波电场的拉比频率进行响应,也就是对微波电场的场强进行响应,电场的场强与功率密度的平方根成正比,这也就是说,里德堡原子接收机测量的是激光波束处微波的功率密度。在时变电场的作用下,密度矩阵元 ρ_{ba} 可以写成如下的形式:

$$\rho_{ba}(t,v_z) = \rho_{ba}^0(v_z) + \frac{\wp_{cd}}{\hbar}h_{1v}(t)\otimes \mathcal{E}(t) + \frac{\wp_{cd}}{\hbar}h_{2v}(t)\otimes \mathcal{E}^*(t) \tag{6.1}$$

式中,ρ_{ba}^0、$h_{1v}(t)$ 和 $h_{2v}(t)$ 的噪声都会影响到接收机的最小可接收场强,ρ_{ba}^0 的噪声表示在没有微波电场作用时密度矩阵元自带的噪声。当四能级外差接收机被探测光和耦合光激励时,探测光和耦合光的幅度相位噪声会转移到密度矩阵元 $\rho_{ba}(t,v_z)$ 上,因此会影响对微波电场的探测。本章研究四能级外差接收机的噪声特性,对接收机的噪声问题进行系统的分析,这包括不考虑激光器噪声和探测器噪声时的本征噪声、本征噪声和灵敏度的关系,以及激光器和探测器噪声如何影响接收机的灵敏度,环境振动等因素会引起探测光和耦合光的随机调制,这种随机调制会转移到密度矩阵元 ρ_{ba} 中。

6.1 四能级外差里德堡接收机的本征噪声

多能级原子的噪声是一个非常有趣的问题,Itano 在 1993 年对二能级原子进行了深入的研究,指出二能级原子的噪声是由能级上的原子数随机分布引起的,并且将这种随机分布产生的量子噪声称为量子投影噪声[1],得到了拉比频率估计精度的表达式。后来研究者认为这个关系式是二能级里德堡原子对电场测量灵敏度的表达式[2]。在四能级原子中,原子数在四个能级中也呈现随机分布,如图 6.1 所示,这种随机性也会带来量子噪声。这种量子噪声在探测器、激光器和环境都是理想的情况下仍然存在,其反映的是四能级原子的特征噪声,我们称为本征噪声。我们没有把它称为 Itano 所说的量子投影噪声的原因是,在本章中,我们还会分析探测器噪声、激光器噪声对四能级外差接收机的影响，探测器噪声和激光器噪声也是由于量子特性引入的，如果将其定义为量子投影噪声会引起混淆，认为这个噪声可能也包含探测器量子噪声和激光器量子噪声的投影结果。

根据上面的描述，我们所说的本征噪声就是 Itano 定义的量子投影噪声，因此我们对本征噪声建模的关键是要找到密度矩阵元与能级粒子数布居概率的表达式。运动速度为 v_z 的原子对微波电场的响应如式(6.1)所示，密度矩阵元 ρ_{ba} 会展现出随机性，这种随机性在 $\mathcal{E}(t)=0$ 时仍然存在，也就是这种随机性是 ρ_{ba}^0 引入的。我们认为探测光和泵浦光是理想的经典光源，也就是激光器的功率没有起伏，激光器的线宽为无穷小，探测器的噪声也被忽略的情况下，密度矩阵元 ρ_{ba}^0 依然会存在噪声，此时的噪声就是我们定义的本征噪声，本征噪声不可以通过技术手段进行减少，其代表着四能级外差里德堡接收机的噪声下限。

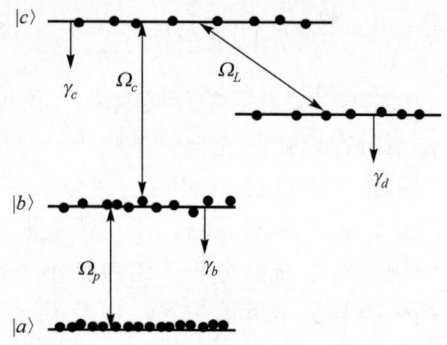

图 6.1 四能级原子粒子分布示意图

密度矩阵元 ρ_{ba}^0 的表达式可以用密度矩阵方程求出，四能级原子密度矩阵方程包含 16 个方程，通过观察我们可以知道，密度矩阵元由上三角元素、下三角元素和对角线元素组成，并且上三角元素的密度矩阵方程可以由其对角线元素表示，根据式(5.37)，我们可以写出 ρ_{ba}^0 的解析表达式为

$$\rho_{ba}^0 = \frac{\Omega_p \left((\rho_{aa}^0 - \rho_{bb}^0) - \frac{\Omega_c}{E(0, k_p - k_c)} \left(C_0 + \frac{\Omega_L^2}{A(0, -k_c) D(0, k_p - k_c)} \right) \cdot \left(1 + \frac{\Omega_p^2}{A(0, -k_c) B(0, -k_c)} \right) \left(C_0 - \frac{(\rho_{cc}^0 - \rho_{dd}^0) \Omega_c}{(i\gamma_{cd})} \right) \right)}{\left(i\gamma_b - 2k_p v_z - \frac{\Omega_c^2}{E(0, k_p - k_c)} \right)}$$

(6.2)

$$C_0 = \frac{\Omega_c}{B(0,-k_c)}\left((\rho_{bb}^0 - \rho_{cc}^0) - \frac{(\rho_{cc}^0 - \rho_{dd}^0)\Omega_L^2}{\mathrm{i}\gamma_{cd}A(0,-k_c)}\right) \tag{6.3}$$

式(6.2)和式(6.3)表明，ρ_{ba}^0 与粒子的概率、探测光、耦合光以及本振微波电场的拉比频率有关，在不考虑激光器噪声和环境噪声的情况下，拉比频率都是常数，此时 ρ_{ba}^0 仅受粒子布居概率的影响，因此 ρ_{ba}^0 并不是一个确定的数，而是一个随机数，这个随机数的标准差表示 ρ_{ba}^0 噪声的大小。当原子气室存在大量的粒子时，各个能级上的粒子数是一个随机数，该随机数的标准差也就是 ρ_{ba}^0 精度，代表 ρ_{ba}^0 的本征噪声特性。在四能级原子中，每个能级的粒子数分布服从多项分布，假设系统中总粒子数为 N，n_i 是各个能级的粒子数，p_i 是粒子处于各个能级的概率，多项分布表达式如下：

$$\begin{aligned}&P\{X_1 = n_1, X_2 = n_2, X_3 = n_3, X_4 = n_4\} \\ &= \frac{N!}{n_1!n_2!n_3!n_4!}p_1^{n_1}p_2^{n_2}p_3^{n_3}p_4^{n_4}, \quad n_1 + n_2 + n_3 + n_4 = N\end{aligned} \tag{6.4}$$

多项分布满足：

$$\begin{aligned}E(X_i) &= Np_i \\ D(X_i) &= E(X_i^2) - E^2(X_i) = Np_i(1-p_i)\end{aligned} \tag{6.5}$$

式(6.2)表明，ρ_{ba}^0 与能级的粒子数布居概率差有关，分别是基态与中间态的布居概率差、中间态和里德堡态的布居概率差，以及两个里德堡态的布居概率差。分布概率差会导致能级之间粒子数的数量差，由于每个能级的粒子数是一个随机数，因此，两个能级的粒子数之差是具有随机性的，其方差可以表示为

$$\begin{aligned}&D(X_i - X_j) \\ &= E((X_i - X_j)^2) - E^2(X_i - X_j) \\ &= D(X_i) + D(X_j) - 2E(X_iX_j) + 2EX_iEX_j\end{aligned} \tag{6.6}$$

$$E(X_iX_j) = N(N-1)p_ip_j \tag{6.7}$$

由式(6.5)~式(6.7)，得

$$D(X_i - X_j) = N((p_i + p_j) - (p_i - p_j)^2) \tag{6.8}$$

式(6.8)表明，在多项分布的条件下，相邻能级粒子数之间的方差只与粒子在这两个能级的布居概率有关，与其他能级的布居概率无关。我们需要表征密度矩

阵元 ρ_{ba}^0 的噪声特性，也就是描述密度矩阵元 ρ_{ba}^0 的标准差。密度矩阵元 ρ_{ba}^0 的表达式表明，能够引入密度矩阵元 ρ_{ba}^0 的随机变量只有相邻能级的粒子数布居概率差，其余都是确定的常数。我们可以将密度矩阵元 ρ_{ba}^0 的分子分母同时乘以系综的粒子数，将相邻两个能级的布居概率差转化为相邻两个能级的粒子数分布数量差，并且将 ρ_{ba}^0 写为相邻能级粒子数量差的加权求和形式，也就是将式(6.2)重新写为

$$\rho_{ab}^0(v_z) = A_1 Y_{aa-bb}/N(v_z) + A_2 Y_{bb-cc}/N(v_z) + A_3 Y_{cc-dd}/N(v_z) \tag{6.9}$$

式中：

$$A_1 = \frac{\Omega_p}{\left(i\gamma_b - 2k_p v_z - \dfrac{\Omega_c^2}{E(0, k_p - k_c)}\right)}$$

$$A_2 = -\frac{\Omega_p \Omega_c^2 \left(1 + \left(\dfrac{\Omega_L^2}{A(0,-k_c)D(0, k_p - k_c)}\right)\left(\dfrac{\Omega_p^2}{A(0,-k_c)B(0,-k_c)} + 1\right)\right)}{B(0,-k_c)E(0, k_p - k_c)\left(i\gamma_b - 2k_p v_z - \dfrac{\Omega_c^2}{E(0, k_p - k_c)}\right)}$$

$$A_3 = \Omega_p \Omega_c^2 \cdot \frac{\left[\left(1 + \dfrac{\Omega_L^2}{A(0,-k_c)B(0,-k_c)}\right)\left(1 + \dfrac{\Omega_p^2}{A(0,-k_c)B(0,-k_c)}\right)\right.}{\left.\dfrac{\Omega_L^2}{A(0,-k_c)D(0, k_p - k_c)}\right) + \left(\dfrac{\Omega_L^2}{A(0,-k_c)B(0,-k_c)}\right)\right]}{i\gamma_{cd} E(0, k_p - k_c)\left(i\gamma_b - 2k_p v_z - \dfrac{\Omega_c^2}{E(0, k_p - k_c)}\right)}$$

式中，Y_{ii-jj} 代表两个能级的粒子数之差，满足 $Y_{ii-jj} = N(v_z)(\rho_{ii} - \rho_{jj})$，粒子数之差是与原子运动速度有关的，也就是说其是 v_z 的函数。忽略方差中 Y_{aa-bb}、Y_{bb-cc} 和 Y_{cc-dd} 的交叉项，因此，密度矩阵元 $\rho_{ba}^0(v_z)$ 的方差可以近似地表示为

$$\sigma^2(\rho_{ba}^0(v_z)) \approx \frac{|A_1|^2}{N^2(v_z)}\sigma^2(Y_{aa-bb}) + \frac{|A_2|^2}{N^2(v_z)}\sigma^2(Y_{bb-cc}) + \frac{|A_3|^2}{N^2(v_z)}\sigma^2(Y_{cc-dd}) \tag{6.10}$$

通过式(6.10)，利用运动速度的加权积分可以得到密度矩阵元 ρ_{ba}^0 的平均标准差 $\sigma_{\text{eig}}(\overline{\rho_{ba}^0})$：

$$\sigma_{\text{eig}}(\overline{\rho_{ba}^0}) = \int \sigma(\rho_{ba}^0(v_z)) f(v_z) \mathrm{d}v_z \tag{6.11}$$

由式(5.46)可知，原子气室对探测光的电极化率为

$$\chi(t) = \frac{2N_0 \wp_{ab}^2}{\varepsilon_0 \hbar \Omega_p} \left(\overline{\rho_{ba}^0} + \frac{\wp_{cd}}{\hbar} h_1(t) \otimes \mathcal{E}(t) + \frac{\wp_{cd}}{\hbar} h_2(t) \otimes \mathcal{E}^*(t) \right) \quad (6.12)$$

式中，括号中有两个部分：第一部分是均值为 $\overline{\rho_{ba}^0}$ 的随机数，其具有标准差 $\sigma_{eig}(\overline{\rho_{ba}^0})$；第二部分是与电场 $\mathcal{E}(t)$ 有关的项，这部分决定着四能级外差系统对微波电场的响应，设想我们如果能够对微波电场实现有效的接收，那必须要保证接收机输出的信号幅度要比接收机本身的噪声幅度大，也就是四能级外差接收机能够接收的最小场强满足：

$$\left| \frac{\wp_{cd}}{\hbar} h_1(t) \otimes \mathcal{E}(t) + \frac{\wp_{cd}}{\hbar} h_2(t) \otimes \mathcal{E}^*(t) \right| \geq \sigma_{eig}(\overline{\rho_{ba}^0}) \quad (6.13)$$

假设我们使用的是单频电场，根据式(5.56)的分析，$|H_1(\omega) + H_2(\omega)|$ 可以表示接收机的幅度响应，假设接收机通带内基本是平坦的，此时最小可接收场强为

$$\mathcal{E}(t) \geq \frac{\hbar \sigma_{eig}(\overline{\rho_{ba}^0})}{\wp_{cd} |H_1(0) + H_2(0)|} \quad (6.14)$$

式(6.14)中的 $\sigma_{eig}(\overline{\rho_{ba}^0})$ 是带宽内总的 $\overline{\rho_{ba}^0}$ 的标准差，如果此时接收机的带宽为 B，接收机的灵敏度定义为单位带宽的最小可接收电场的有效值，此时接收机的灵敏度为

$$E_{\min} = \frac{\hbar \sigma_{eig}(\overline{\rho_{ba}^0})}{\sqrt{2} \wp_{cd} |H_1(0) + H_2(0)| \sqrt{B}} \quad (6.15)$$

式中，接收机的带宽 B 与激励系统的各个拉比频率有关，详细分析可以参见第 5 章中的内容。

式(6.15)表征的灵敏度是接收机的极限灵敏度，其本质上取决于原子气室内的各个能级粒子数分布的标准差。提高接收机的极限灵敏度可以采取的途径有增大 $|H_1(\omega) + H_2(\omega)|$、提高接收机的带宽、增大里德堡能级的跃迁偶极矩 $\wp_{cd}$ 和减小 $\sigma(\rho_{ba}^0)$。在实际中，增大 $|H_1(\omega) + H_2(\omega)|$ 通常可以采用增大探测光功率密度的方法实现。从式(6.10)可知，密度矩阵元 ρ_{ba}^0 的标准差与相邻两个能级粒子数之差的标准差有关，从式(6.8)可知，若使能级之间粒子数的方差最小，有两种情况：一种情况是 $p_i \approx p_j \approx 0$；另一种情况是 $p_i \approx 1, p_j \approx 0$。对于四能级原子而言，如果 i、j 表示基态和中间态，第一种情况意味着所有的粒子几乎都被激发到里德堡态，这种情况是不可能实现的，因为在多能级原子中，最多有一半的粒子会从基态

被激发到激发态；第二种情况意味着粒子基本都处于基态，被激发到激发态的粒子数很少，也就是需要用比较弱的探测光来减小四能级外差接收机的量子投影噪声。然而，减小探测光的功率密度，会使 $|H_1(\omega)+H_2(\omega)|$ 的值变小，并且会降低接收机的带宽。如果我们希望利用四能级原子对微弱的微波电场进行接收，也就是我们希望有更小的最小可接收场强，就需要考虑在减小探测光拉比频率的情况下，$\sigma_{eig}(\overline{\rho_{ba}^0})$ 和 $|H_1(0)+H_2(0)|$ 哪一个下降得更快，表 6.1 表明，相较于 $|H_1(0)+H_2(0)|$，$\sigma_{eig}(\overline{\rho_{ba}^0})$ 对探测光的拉比频率更为敏感，也就是说，$\sigma_{eig}(\overline{\rho_{ba}^0})$ 随探测光拉比频率的减小更为迅速，也就是弱的探测光更有利于进行微弱电场的接收。

表 6.1　$\sigma_{eig}(\overline{\rho_{ba}^0})$ 和 $|H_1(0)+H_2(0)|$ 随 Ω_p 变化关系（$\Omega_L=2\pi\times 2\text{MHz}$，$\Omega_c=2\pi\cdot 5\text{MHz}$）

参数	$\Omega_p=2\pi\cdot 2\text{MHz}$	$\Omega_p=2\pi\cdot 1\text{MHz}$	$\Omega_p=2\pi\cdot 0.5\text{MHz}$	$\Omega_p=2\pi\cdot 0.05\text{MHz}$	$\Omega_p=2\pi\cdot 0.01\text{MHz}$
$\sigma_{eig}(\overline{\rho_{ba}^0})$	1.2×10^{-6}	3.7×10^{-7}	1×10^{-7}	1×10^{-9}	4.3×10^{-11}
$|H_1(0)+H_2(0)|$	5.6×10^{-11}	4.6×10^{-11}	2.8×10^{-11}	3.2×10^{-12}	6.4×10^{-13}
$\sigma_{eig}(\overline{\rho_{ab}^0})/|H_1(0)+H_2(0)|$	2.1×10^4	8.1×10^3	3.6×10^3	341.2	68.2

图 6.2 是热原子里德堡能级粒子数随探测光拉比频率的变化情况，仿真中光束直径 1mm，气室长度 25mm。当探测光的拉比频率比较大时，处于里德堡态的原子数量非常多，如图 6.2(a)所示，不同速度的原子都会被激发到里德堡态，探测光的频率与能级完全共振，此时运动原子的多普勒效应会产生失谐，失谐越大，泵浦到里德堡态的粒子数就越少。随着探测光的拉比频率越来越小，原子大部分集中于基态，被激发到里德堡态的原子数越来越少，能够到达里德堡态的原子的运动速度都非常小，此时基本没有高速的原子被激发到里德堡态，如图 6.2(b)所示。采用弱的探测光会引起处于激发态和里德堡态的原子速度分布区间变窄，减小系统的带宽。

图 6.2(c)表明，当探测光比较弱时，被激发到里德堡态的原子都是低速原子。当探测光的拉比频率进一步减弱时，能够到达里德堡态的原子数也会减少，如图 6.2(d)所示。因此，为了提高仿真的速度，在处理不同速度加权积分时，可以将参与积分的原子速度限定在能够被激发到里德堡态原子运动的最高速度。

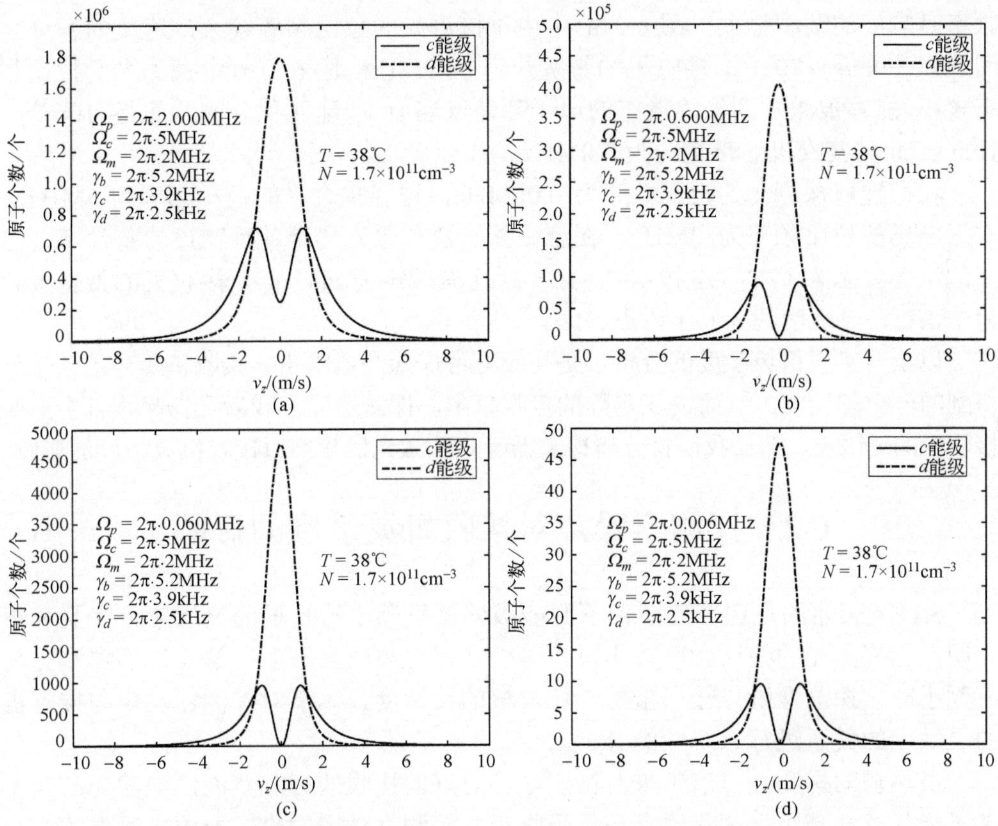

第 6 章 四能级外差里德堡原子接收机噪声特性分析

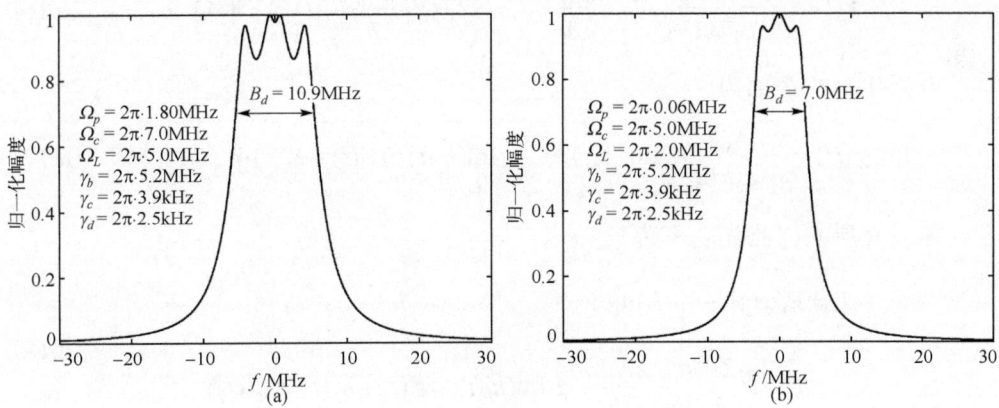

图 6.2 热原子里德堡态的粒子数随探测光拉比频率变化情况

图 6.3 是不同探测光拉比频率下的接收机带宽，图 6.3(a) 和图 6.3(b) 中选择不同的耦合光和本振光的拉比频率是为了使幅频响应尽量平坦以及在固定探测光

图 6.3 不同拉比频率下接收机的带宽

频率时响应的幅度最大。图 6.3(a) 中由于探测光的拉比频率较大，速度的积分区间选择 –70m/s～70m/s，接收机的带宽约为 10.9MHz。图 6.3(b) 中探测光的拉比频率较小，能够被激发到里德堡态的原子都是低速原子，速度积分的区间是 –10m/s～10m/s，此时接收机的带宽约为 7.0MHz。

我们选取探测光的拉比频率为 0.06MHz，选择耦合光的拉比频率为 5MHz，本振电场的拉比频率为 2MHz，在忽略探测器和激光器等各种噪声的条件下，选择的里德堡态为 $47D_{5/2}$ 态和 $48P_{3/2}$ 态，跃迁偶极矩为 $1443ea_0$，接收机的带宽大约为 7MHz，灵敏度约为 $1.1\text{nV}/\text{m}\sqrt{\text{Hz}}$。

以上对接收机灵敏度的分析，是在没有考虑探测器噪声、接收机噪声的条件下得到的一个理论值。然而，在实际的接收机中，探测器噪声和激光器噪声都会影响接收机的灵敏度。随后我们将分析探测器噪声和激光器噪声对接收机灵敏度的影响。

6.2 探测器噪声对接收机灵敏度的影响

6.1 节表述的是在理想条件下四能级外差里德堡接收机的灵敏度，并且分析表明，当探测光的拉比频率较小时，可以获得更高的灵敏度。然而，当探测光功率太小时，探测器噪声会严重影响接收机的灵敏度，本节对探测器噪声与接收机的灵敏度的关系进行系统性的分析。

虽然弱的探测光可以带来对微弱电场更好的接收能力，然而，探测光的功率并不能任意地减小，探测器存在量子噪声，探测光功率的最低要求是测量的有贡献的光功率必须大于探测器噪声，由第 5 章可以知道，在存在时变的微波电场的情况下，铯蒸气对探测光的电极化率为

$$\chi(t) = -\frac{2N_0\wp_{ab}^2}{\varepsilon_0 \hbar \Omega_p}\left(\overline{\rho_{ba}^0} + \frac{\wp_{cd}}{\hbar}h_1(t)\otimes\mathcal{E}(t) + \frac{\wp_{cd}}{\hbar}h_2(t)\otimes\mathcal{E}^*(t)\right) \quad (6.16)$$

电极化率的虚部为

$$\text{Im}(\chi(t)) = -\frac{2N_0\wp_{ab}^2}{\varepsilon_0 \hbar \Omega_p}\left(\text{Im}(\overline{\rho_{ba}^0}) + \frac{\wp_{cd}}{\hbar}\text{Im}(h_1(t)\otimes\mathcal{E}(t) + h_2(t)\otimes\mathcal{E}^*(t))\right) \quad (6.17)$$

经过介质的探测光功率为

$$\begin{aligned} P &= P_0 \exp\left(-\frac{2\pi}{\lambda}L\,\text{Im}(\chi)\right) \\ &\approx \overline{P} + \overline{P}\frac{2\pi}{\lambda}\frac{\wp_{cd}}{\hbar}\frac{2N_0\wp^2}{\varepsilon_0\hbar\Omega_p}L\,\text{Im}(h_1(t)\otimes\mathcal{E}(t) + h_2(t)\otimes\mathcal{E}^*(t)) \end{aligned} \quad (6.18)$$

式中，$\bar{P} = P_0 \exp\left(\dfrac{4\pi N_0 \wp_{ab}^2 L}{\lambda \varepsilon_0 \hbar \Omega_p} \operatorname{Im}(\overline{\rho_{ba}^0})\right)$，表示探测光经过铯蒸气吸收后的平均功率。

对于利用接收机对时变微波信号的接收，我们关心的是式(6.18)中与时变电场有关的功率，将其定义为有效功率：

$$P_{\text{eff}} = \bar{P}\frac{4\pi}{\lambda}\frac{\wp_{cd}}{\hbar}\frac{N_0 \wp_{ab}^2}{\varepsilon_0 \hbar \Omega_p} L \operatorname{Im}(h_1(t) \otimes \mathcal{E}(t) + h_2(t) \otimes \mathcal{E}^*(t)) \tag{6.19}$$

假设 $\mathcal{E}(t)$ 是一个单频的微波电场，其幅度为 E_0，假设接收机的响应在带内是平坦的，那么此时有效光功率的平均值为

$$\overline{P_{\text{eff}}} = \bar{P}\frac{4\pi}{\lambda}\frac{\wp_{cd}}{\hbar\sqrt{2}}\frac{N_0 \wp_{ab}^2}{\varepsilon_0 \hbar \Omega_p} L |H_1(0) + H_2(0)| E_0 \tag{6.20}$$

如果我们能够探测到 $\overline{P_{\text{eff}}}$，则要求 $\overline{P_{\text{eff}}}$ 经过光电探测器探测后的电功率大于光电探测器的噪声功率。假设我们采用效率为 η_D、跨阻为 R_L 的光电探测器，此时 $\overline{P_{\text{eff}}}$ 经过光电转换后的电功率为

$$P_{\text{ele}} = \left(\frac{\eta_D e}{h\nu}\overline{P_{\text{eff}}}\right)^2 R_L \tag{6.21}$$

探测器的噪声包含信号光噪声和背景光噪声引起的散粒噪声、探测器暗电流噪声和光电转换跨阻带来的热噪声。虽然我们需要探测的有效功率是 $\overline{P_{\text{eff}}}$，但是 $\overline{P_{\text{eff}}}$ 总和 $\bar{P}$ 是同时出现的，也就是此时 $\bar{P}$ 应该被当作背景光，探测器的单位带宽散粒噪声的功率为

$$N_s = 2e\left(\frac{e\eta_D}{h\nu}(\overline{P_{\text{eff}}} + \bar{P})\right)R_L \approx 2\frac{e^2\eta_D}{h\nu}\bar{P}R_L \tag{6.22}$$

探测器暗电流噪声的单位带宽功率为

$$N_D = 2eI_D R_L \tag{6.23}$$

噪声因子为 N_F 的探测器热噪声的单位带宽功率为

$$N_T = 4kTN_F \tag{6.24}$$

如果能够探测到 $\overline{P_{\text{eff}}}$ 的光功率，光电转换后 $\overline{P_{\text{eff}}}$ 产生的电功率 P_{ele} 需要大于探测器总的噪声功率 $N_s + N_D + N_T$，也就是存在下列关系：

$$\left(\frac{\eta_D e}{h\nu}\overline{P_{\text{eff}}}\right)^2 R_L \geqslant 2\frac{e^2\eta_D}{h\nu}\bar{P}R_L + 2eI_D R_L + 4kTN_F \tag{6.25}$$

在直接探测的模式中，一般情况下，式(6.25)不等式右边的第一项由 $\bar{P}$ 引起的

散粒噪声大于暗电流噪声和热噪声，因此可以忽略暗电流噪声和热噪声，化简后可以得到考虑探测器噪声后的四能级外差里德堡接收机的灵敏度（有效值）表达式为

$$E \geqslant \frac{\hbar^2 \varepsilon_0 \Omega_p \lambda}{2\pi\sqrt{2} N_0 \wp_{cd} \wp_{ab}^2 |H_1(0)+H_2(0)| L} \sqrt{\frac{e}{R_D \overline{P}}} \tag{6.26}$$

式中，$R_D = \frac{\eta_D e}{h\nu}$；$\eta_D$ 是光电探测器的效率；R_D 也被称为光电探测器的响应率，单位是 A/W。

以上分析是直接探测方法得到的最小可接收场强的关系，我们知道在接收机中，$\overline{P_{\text{eff}}}$ 很小，一般来说，相干探测是进行微弱光功率检测的有效手段，此时我们能否用相干探测的方法提高接收机的灵敏度呢？下面我们分析在相干探测后，有用信号功率和信噪比的情况，我们需要一个强的本振电场，假设本振电场的形式为

$$E_{\text{LO}}(t) = E_{\text{lo}} \cos(\omega_{\text{LO}} t + \varphi_{\text{LO}}) \tag{6.27}$$

如第 5 章的式(5.84)所述，假设被接收电场是一个单频电场，其与本振微波电场的频率差为 Δ_m，则通过铯泡后的探测光电场可以表示为

$$E(t) = E_p e^{\frac{k_p LC \text{Im}(\rho_{ab}^0)}{2}} e^{-\left(\frac{a}{2}\cos\Delta_m t + \frac{b}{2}\sin\Delta_m t\right)} \cos\left(\omega_{ab} t - k_p L + \varphi_0 - k_p \frac{\chi_{\text{re}}(t)}{2} L\right) \tag{6.28}$$

式中，$a = \frac{k_p LC \wp_{cd} E_s}{\hbar}(H_{1I}(\Delta_m) + H_{2I}(-\Delta_m))$；$b = \frac{k_p LC \wp E_s}{\hbar}(H_{1R}(\Delta_m) - H_{2R}(-\Delta_m))$。$H_{iR}(\Delta_m)$ 和 $H_{iI}(\Delta_m)$ 是四能级外差里德堡接收机响应函数的实部和虚部。

此时有：

$$\begin{aligned}
&|E(t) + E_{\text{LO}}(t)|^2 \\
&= \left| E_p e^{\frac{k_p LC \text{Im}(\rho_{ab}^0)}{2}} e^{-\left(\frac{a}{2}\cos\Delta_m t + \frac{b}{2}\sin\Delta_m t\right)} \cos\left(\omega_{ab} t - k_p L + \varphi_0 - k_p \frac{\chi_{\text{re}}(t)}{2} L\right) + E_{\text{lo}} \cos(\omega_{\text{LO}} t + \varphi_{\text{LO}}) \right|^2 \\
&= P_0 e^{-k_p LC \text{Im}(\rho_{ab}^0)} e^{-(a\cos\Delta_m t + \sin\Delta_m t)} + P_{\text{lo}} + 2\sqrt{P_{\text{lo}} \overline{P}} \cos(\omega_{\text{IF}} t + \varphi_{\text{all}}) \\
&\quad - \frac{\sqrt{P_{\text{lo}} \overline{P}}}{2} \begin{pmatrix} a(\cos((\omega_{\text{IF}} + \Delta_m)t + \varphi_{\text{all}}) + \cos((\omega_{\text{IF}} - \Delta_m)t + \varphi_{\text{all}})) \\ + b(\sin((\omega_{\text{IF}} + \Delta_m)t + \varphi_{\text{all}}) - \sin((\omega_{\text{IF}} - \Delta_m)t + \varphi_{\text{all}})) \end{pmatrix}
\end{aligned} \tag{6.29}$$

式中，$\varphi_{\text{all}} = \varphi_0 - k_p L - k_p \frac{\chi_{\text{re}}(t)}{2} L - \varphi_{\text{LO}}$；$P_{\text{lo}} \propto \frac{E_{\text{lo}}^2}{2}$；$\overline{P} \propto \frac{E_p^2 e^{-k_p LC \text{Im}(\rho_{ab}^0)}}{2}$；$P_0 \propto \frac{E_p^2}{2}$；

$\omega_{\text{IF}} = \omega_{ab} - \omega_{\text{LO}}$。

在频率 $\omega_{\text{IF}} + \Delta_m$ 处的信号形式为

$$\frac{\sqrt{P_{\text{lo}}\overline{P}}}{2}(a\cos((\omega_{\text{IF}}+\Delta_m)t+\varphi_{\text{all}})+b\sin((\omega_{\text{IF}}+\Delta_m)t+\varphi_{\text{all}})) \tag{6.30}$$

因此，该频率处的功率为 $\dfrac{\sqrt{P_{\text{lo}}\overline{P}}}{2\sqrt{2}}\sqrt{a^2+b^2}$。同理，在 $\omega_{\text{IF}}-\Delta_m$ 处的信号功率也为 $\dfrac{\sqrt{P_{\text{lo}}\overline{P}}}{2\sqrt{2}}\sqrt{a^2+b^2}$。

此时 (6.28) 的有效功率的表达式为

$$P_{\text{eff}} = \frac{E_p^2}{2}\mathrm{e}^{-k_p LC\,\mathrm{Im}(\rho_{ab}^0)}(a\cos\Delta_m t + b\sin\Delta_m t) \tag{6.31}$$

因此，有 $\overline{P_{\text{eff}}} = \dfrac{\overline{P}}{\sqrt{2}}\sqrt{a^2+b^2}$。

如果我们采用零差探测的方法，即 $\omega_{\text{IF}} = 0$，并且调整 φ_{LO} 使 $\varphi_{\text{all}} \approx 0$，那么此时在 Δ_m 处的光功率为

$$\frac{\sqrt{P_{\text{lo}}\overline{P}}}{\sqrt{2}}\sqrt{a^2+b^2} = \sqrt{P_{\text{lo}}\overline{P}}\frac{\overline{P}\sqrt{a^2+b^2}}{\overline{P}\sqrt{2}} = \sqrt{\frac{P_{\text{lo}}}{\overline{P}}}\overline{P_{\text{eff}}} \tag{6.32}$$

此时经过光电探测器转换后，电功率为

$$P_{\text{ele}} = \left(\frac{\eta_D e}{h\nu}\overline{P_{\text{eff}}}\right)^2 R_L \tag{6.33}$$

由于本振光功率要远远大于 $\overline{P}$，此时探测器的单位带宽散粒噪声的功率为

$$N_s = 2e\left(\frac{e\eta_D}{h\nu}(\overline{P_{\text{eff}}}+\overline{P}+P_{\text{LO}})\right)R_L \approx 2\frac{e^2\eta_D}{h\nu}P_{\text{LO}}R_L \tag{6.34}$$

存在本振光后，本振光功率引起的探测器散粒噪声要远远大于暗电流噪声和热噪声，如果能探测到有用信号，需满足：

$$\left(\frac{\eta_D e}{h\nu}\sqrt{\frac{P_{\text{lo}}}{\overline{P}}}\overline{P_{\text{eff}}}\right)^2 R_L \geqslant 2\frac{e^2\eta_D}{h\nu}P_{\text{LO}}R_L \tag{6.35}$$

化简式(6.35)后,得到的仍然是式(6.26)。这说明在四能级外差里德堡原子接收机中,采用相干探测的方法并不能提高接收机的灵敏度。

对比式(6.26)与式(6.15)可以看出,当

$$\sigma_{\text{eig}}(\overline{\rho_{ba}^0}) \geq \frac{\hbar^2 \varepsilon_0 \Omega_p \lambda}{2\pi\sqrt{2N_0}\wp_{ab}^2 L}\sqrt{\frac{eB}{R_D \overline{P}}} \tag{6.36}$$

本征噪声决定四能级外差里德堡原子接收机的灵敏度。反之,探测器散粒噪声决定接收机的灵敏度。

6.3 激光器相位噪声对四能级外差接收机灵敏度的影响

第5章分析了四能级外差接收机对时变微波电场的响应,接收机由探测光、耦合光以及强的本振微波电场共同激励作用,在第5章的分析中,我们认为探测光、耦合光和强的本振微波电场都是经典的理想光源,忽略了它们的噪声。然而探测光和耦合光并不能被认为是经典的理想光源,其噪声会影响密度矩阵元 ρ_{ba},也就是密度矩阵的时变解 ρ_{ba},其不仅受到时变弱的微波电场的作用,还受到探测光和耦合光噪声的影响。也就是激光器的噪声特性会转移到密度矩阵元 ρ_{ba} 中。本节首先介绍激光器的相位噪声模型,研究探测光和耦合光的线宽对密度矩阵元 ρ_{ba} 的响应,并且推导激光器的相位噪声与里德堡原子接收机灵敏度的关系。

6.3.1 激光器的相位噪声模型

单模激光器产生的相干态的光可以认为是最接近经典电场的光,频率为 ω_c 的电磁场可以表示为

$$S(t) = E_0 \cos(\omega_c t + \varphi(t)) \tag{6.37}$$

对于经典光,E_0 和 $\varphi(t)$ 都是常数;对于单模激光器发出的相干光,E_0 和 $\varphi(t)$ 都表现为噪声特性,E_0 的随机性是由于产生激光的两个能级的自发辐射引起的,衡量 E_0 的随机性可以用激光器的相对强度噪声作为指标。相位的随机性不仅和产生激光的能级宽度有关,还和激光器的腔长等因素有关。相位的随机性会使激光器的输出频率并不是一个单一的频率,而是有一定的谱宽,这个谱线宽度通常被称作激光器的线宽。我们现在先单独考查 $\varphi(t)$ 的影响,忽略 E_0 的随机性,认为激光器输出电场的幅度是一个常数,此时 $S(t)$ 的自相关函数为

$$E(S(t)S(t-\tau))$$
$$= E_0^2 E(\cos(\omega_c t + \varphi(t))\cos(\omega_c(t-\tau) + \varphi(t-\tau))) \qquad (6.38)$$
$$= E_0^2 \cos(\omega_c \tau) E(\cos(\Delta\phi(t,\tau)))$$

式中，$\Delta\phi(t,\tau) = \varphi(t) - \varphi(t-\tau)$。$\Delta\phi(t,\tau)$ 是大量受激辐射产生的光子在时间间隔 τ 的平均相位差，这个相位差是大量光子的相位平均展示出的一个集合平均的相位差，根据中心极限定理，$\Delta\phi(t,\tau)$ 服从高斯分布，可以看成一个均值为 0、方差为 $\sigma^2(\tau)$ 的高斯随机变量 X，因此有：

$$E(\cos(X)) = \frac{1}{\sqrt{2\pi}\sigma(\tau)}\int \cos(x)\exp\left(-\frac{x^2}{2\sigma^2(\tau)}\right)\mathrm{d}x = \exp\left(-\frac{\sigma^2(\tau)}{2}\right) \qquad (6.39)$$

$\Delta\phi(t,\tau)$ 可以看成一个参量为 τ 的随机过程，$\Delta\phi(t,\tau)$ 的自相关函数为

$$\begin{aligned}S(s,\tau) &= E(\Delta\phi(t,\tau)\Delta\phi(t-s,\tau))\\&= E((\varphi(t)-\varphi(t-\tau))(\varphi(t-s)-\varphi(t-s-\tau)))\\&= E(\varphi(t)\varphi(t-s)) - E(\varphi(t)\varphi(t-s-\tau)) - E(\varphi(t-\tau)\varphi(t-s)) + E(\varphi(t-\tau)\varphi(t-s-\tau))\\&= 2R(s) - R(s+\tau) - R(s-\tau)\end{aligned}$$
$$(6.40)$$

式中，$R(s)$ 是 $\varphi(t)$ 的自相关函数。对式(6.40)关于变量 s 进行傅里叶变换：

$$S(\omega,\tau) = R(\omega)(2 - \mathrm{e}^{-\mathrm{i}\omega\tau} - \mathrm{e}^{\mathrm{i}\omega\tau}) \qquad (6.41)$$

式中，$R(\omega)$ 是激光器相位噪声的功率谱密度，假设激光器的线宽为 $\Delta\omega$，则有：

$$S(\omega,\tau) = \frac{\Delta\omega}{\omega^2}(2 - \mathrm{e}^{-\mathrm{i}\omega\tau} - \mathrm{e}^{\mathrm{i}\omega\tau}) \qquad (6.42)$$

因此，我们可以通过式(6.42)求出 $\sigma^2(\tau)$：

$$\sigma^2(\tau) = \frac{1}{2\pi}\int S(\omega,\tau)\mathrm{d}\omega = \Delta\omega|\tau| \qquad (6.43)$$

将式(6.43)代入式(6.39)中，可以得到式(6.37)中描述信号的功率谱密度为

$$S_s(\omega) = E_0^2 \frac{\Delta\omega}{(\omega-\omega_c)^2 + (\Delta\omega/2)^2} \qquad (6.44)$$

式(6.44)是一个洛伦兹线型的信号，这表明采用式(6.37)的模型可以用于描述由激光器线宽引入的相位噪声。

对一个线宽为 250kHz 的激光器发射功率谱进行蒙特卡罗实验，图 6.4 表明，随着蒙特卡罗次数的增加，激光器的功率谱与洛伦兹谱线完美地重合。

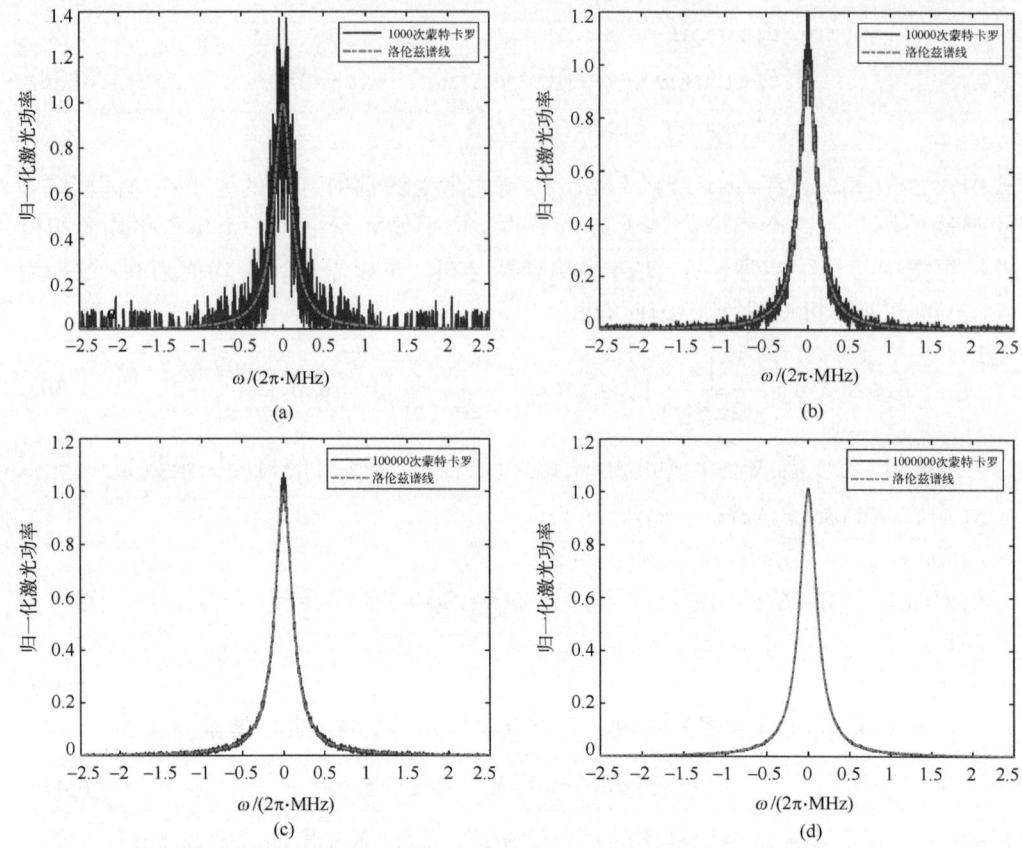

图 6.4 激光器线宽的蒙特卡罗仿真

6.3.2 激光器的相位噪声与接收机灵敏度的关系

6.1 节分析表明，四能级外差里德堡原子接收机在弱探测光情况下能够获得更小的本征噪声，也就是说，接收机应工作在弱探测光的模式，在弱探测光条件下，很容易写出密度矩阵元 ρ_{ba}^0 的解析解，激光器的线宽，也就是相位噪声，会使密度矩阵元 ρ_{ba}^0 存在一定的随机性，这种随机性会带来噪声，会影响接收机对弱电场的接收。

在分析激光器的相位噪声对接收机的影响时，尽管我们的接收机工作在无失谐状态，也就是探测光、耦合光和本振微波电场与各自相应的能级完全共振，没有失谐，但实际上激光器总有一定的线宽，可以看成在任意时刻，探测光和耦合光并不完全与能级共振，而是存在一定程度的失谐。由第 4 章的知识可以知道，对于运动速度为 v_z 的原子，当只有探测光和耦合光存在失谐时，密度矩阵元

$\rho_{ba}^0(v_z)$ 在弱探测光模式下具有如下的解析表达式：

$$\rho_{ba}^0(v_z) = -\mathrm{i}\Omega_p \frac{(-2\mathrm{i}(\Delta_{pc}+(k_c-k_p)v_z)+\gamma_c)(-2\mathrm{i}(\Delta_{pc}+(k_c-k_p)v_z)+\gamma_d)+\Omega_m^2}{\begin{pmatrix}(-2\mathrm{i}(\Delta_p-k_pv_z)+\gamma_b)(-2\mathrm{i}(\Delta_{pc}+(k_c-k_p)v_z)+\gamma_c)\\ \cdot(-2\mathrm{i}(\Delta_{pc}+(k_c-k_p)v_z)+\gamma_d)\\ +(-2\mathrm{i}(\Delta_p-k_pv_z)+\gamma_b)\Omega_m^2+(-2\mathrm{i}(\Delta_{pc}+(k_c-k_p)v_z)+\gamma_d)\Omega_c^2\end{pmatrix}} \quad (6.45)$$

式中，$\Delta_{pc} = \Delta_p + \Delta_c$。

假设探测光和耦合光的失谐都非常小，$\Delta_p \approx 0$，$\Delta_c \approx 0$，此时可以用泰勒级数将式(6.45)展开为如下的形式：

$$\rho_{ba}^0(v_z) = \rho_{ba}^0(v_z)\bigg|_{\substack{\Delta_p=0\\\Delta_c=0}} + \frac{\partial \rho_{ba}^0(v_z)}{\partial \Delta_p}\bigg|_{\substack{\Delta_p=0\\\Delta_c=0}}\Delta_p + \frac{\partial \rho_{ba}^0(v_z)}{\partial \Delta_c}\bigg|_{\substack{\Delta_p=0\\\Delta_c=0}}\Delta_c \quad (6.46)$$

式中，第一项表示在无失谐状态下密度矩阵元的值；第二项表示探测光失谐对密度矩阵元的影响；第三项表示耦合光失谐对密度矩阵元的影响。Δ_p 和 Δ_c 是由激光器的相位噪声引起的，因此，第二项和第三项实际是由于激光器的相位噪声引入的噪声项。

我们对式(6.45)进行变量代换，写为更整齐的形式：

$$\rho_{ba}^0(v_z) = -\mathrm{i}\Omega_p \frac{(-2\mathrm{i}\Delta_{pc}+\gamma_{cv})(-2\mathrm{i}\Delta_{pc}+\gamma_{dv})+\Omega_m^2}{\begin{pmatrix}(-2\mathrm{i}\Delta_p+\gamma_{bv})(-2\mathrm{i}\Delta_{pc}+\gamma_{cv})(-2\mathrm{i}\Delta_{pc}+\gamma_{dv})\\+(-2\mathrm{i}\Delta_p+\gamma_{bv})\Omega_m^2+(-2\mathrm{i}\Delta_{pc}+\gamma_{dv})\Omega_c^2\end{pmatrix}} \quad (6.47)$$

式中，$\gamma_{bv} = \gamma_b + 2\mathrm{i}k_p v_z$；$\gamma_{cv} = \gamma_c - 2\mathrm{i}(k_c-k_p)v_z$；$\gamma_{dv} = \gamma_d - 2\mathrm{i}(k_c-k_p)v_z$。

对式(6.47)的变量 Δ_p 和 Δ_c 求导，可以得到：

$$\frac{\partial \rho_{ba}^0(v_z)}{\partial \Delta_p}\bigg|_{\substack{\Delta_p=0\\\Delta_c=0}} = -2\Omega_p \frac{\begin{pmatrix}(\gamma_{bv}\gamma_{cv}\gamma_{dv}+\gamma_{bv}\Omega_m^2+\gamma_{dv}\Omega_c^2)(\gamma_{dv}+\gamma_{cv})\\-(\gamma_{cv}\gamma_{dv}+\Omega_m^2)(\gamma_{cv}\gamma_{dv}+\gamma_{bv}\gamma_{dv}+\gamma_{bv}\gamma_{cv}+\Omega_m^2+\Omega_c^2)\end{pmatrix}}{(\gamma_{bv}\gamma_{cv}\gamma_{dv}+\gamma_{bv}\Omega_m^2+\gamma_{dv}\Omega_c^2)^2} \quad (6.48)$$

$$\frac{\partial \rho_{ba}^0(v_z)}{\partial \Delta_c}\bigg|_{\substack{\Delta_p=0\\\Delta_c=0}} = -2\Omega_p \frac{\begin{pmatrix}(\gamma_{bv}\gamma_{cv}\gamma_{dv}+\gamma_{bv}\Omega_m^2+\gamma_{dv}\Omega_c^2)(\gamma_{dv}+\gamma_{cv})\\-(\gamma_{cv}\gamma_{dv}+\Omega_m^2)(\gamma_{bv}\gamma_{dv}+\gamma_{bv}\gamma_{cv}+\Omega_c^2)\end{pmatrix}}{(\gamma_{bv}\gamma_{cv}\gamma_{dv}+\gamma_{bv}\Omega_m^2+\gamma_{dv}\Omega_c^2)^2} \quad (6.49)$$

图 6.5 是 $\rho_{ba}^0(v_z)$ 对失谐的偏导的实部和虚部的图像，该图表明，密度矩阵元

对探测光失谐的偏导和对耦合光失谐的偏导的图像基本重合,这意味着,探测光失谐和耦合光失谐对密度矩阵元的影响同等重要。这个性质从式(6.48)和式(6.49)中可以一窥端倪,对比式(6.48)和式(6.49)可以发现,这两个式子基本相同,只有分子中最后一个括号,对探测光失谐的偏导多了个 $\Omega_m^2 + \gamma_{cv}\gamma_{dv}$。

式(6.48)和式(6.49)表示的是运动速度为 v_z 的原子在探测光和耦合光存在失谐时对密度矩阵元的影响,探测光和耦合光失谐对密度矩阵元的影响,应该为式(6.48)和式(6.49)与速度分布的加权积分。

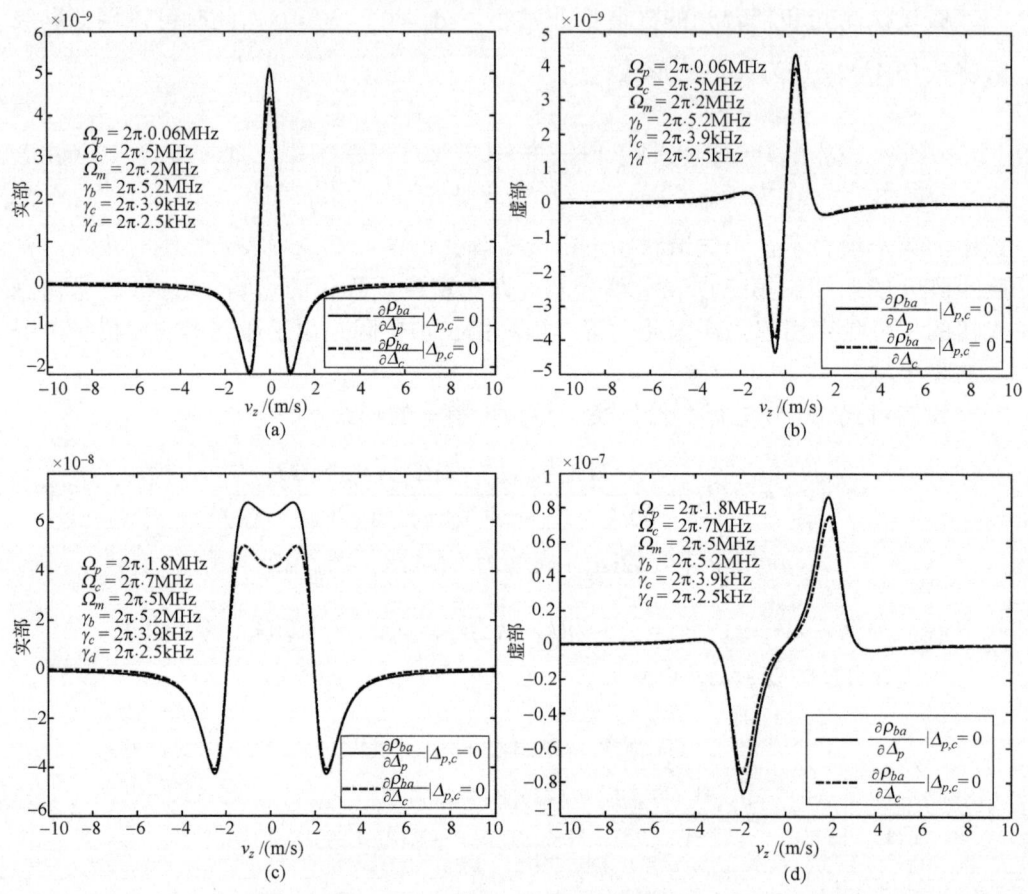

图 6.5 $\rho_{ba}^0(v_z)$ 对失谐的偏导

我们看一下式(6.46)等号右边,可以认为其是三个独立的随机变量相加:第一部分的随机性代表着密度矩阵元的本征噪声;第二项的随机性代表着探测光的随机失谐产生的噪声;第三项的随机性代表着耦合光的随机失谐产生的噪声。

探测光和耦合光的随机失谐的标准差代表着探测光的线宽和耦合光的线宽,如果激光器的线宽噪声对密度矩阵元的影响小于密度矩阵元 ρ_{ba}^0 的本征噪声,那么也就是可以认为激光器线宽对接收机的性能没有影响,也就是探测光的线宽和耦合光的线宽满足:

$$\Delta f_p \leq \frac{1}{4\pi} \frac{\sigma_{\text{eig}}(\overline{\rho_{ba}^0})}{\int \left|\frac{\partial \rho_{ba}^0}{\partial \Delta_p}\right|_{\substack{\Delta_p=0\\\Delta_c=0}} f(v_z) \mathrm{d}v_z}, \quad \Delta f_c \leq \frac{1}{4\pi} \frac{\sigma_{\text{eig}}(\overline{\rho_{ba}^0})}{\int \left|\frac{\partial \rho_{ba}^0}{\partial \Delta_c}\right|_{\substack{\Delta_p=0\\\Delta_c=0}} f(v_z) \mathrm{d}v_z} \quad (6.50)$$

式中,密度矩阵元的本征噪声 $\sigma_{\text{eig}}(\rho_{ba}^0)$ 仍然由 6.1 节的式(6.11)决定。

一般情况下,接收机的本征噪声要小于探测器的噪声,在考虑探测器散粒噪声的情况下,在满足式(6.36)的条件下,式(6.50)可以改写为

$$\Delta f_p \leq \frac{1}{8\pi^2} \frac{1}{\int \left|\frac{\partial \rho_{ba}^0}{\partial \Delta_p}\right|_{\substack{\Delta_p=0\\\Delta_c=0}} f(v_z) \mathrm{d}v_z} \frac{\hbar^2 \varepsilon_0 \Omega_p \lambda}{\sqrt{2} N_0 \wp_{ab}^2 L} \sqrt{\frac{eB}{R_D \overline{P}}}$$

$$\Delta f_c \leq \frac{1}{8\pi^2} \frac{1}{\int \left|\frac{\partial \rho_{ba}^0}{\partial \Delta_c}\right|_{\substack{\Delta_p=0\\\Delta_c=0}} f(v_z) \mathrm{d}v_z} \frac{\hbar^2 \varepsilon_0 \Omega_p \lambda}{\sqrt{2} N_0 \wp_{ab}^2 L} \sqrt{\frac{eB}{R_D \overline{P}}} \quad (6.51)$$

在实际应用中,我们更希望在给定接收机灵敏度的前提下,确定此时接收机灵敏度对激光器线宽的要求,此时,式(6.50)和式(6.11)结合,式(6.51)和式(6.26)结合,可以得到激光器线宽和接收机灵敏度的关系:

$$\Delta f_p \leq \frac{1}{4\pi} \frac{\wp_{cd}(|H_1(0)+H_2(0)|)\sqrt{B}}{\hbar \int \left|\frac{\partial \rho_{ab}^0}{\partial \Delta_p}\right|_{\substack{\Delta_p=0\\\Delta_c=0}} f(v_z)\mathrm{d}v_z} E_{\min}, \quad \Delta f_c \leq \frac{1}{4\pi} \frac{\wp_{cd}(|H_1(0)+H_2(0)|)\sqrt{B}}{\int \left|\frac{\partial \rho_{ab}^0}{\partial \Delta_c}\right|_{\substack{\Delta_p=0\\\Delta_c=0}} f(v_z)\mathrm{d}v_z} E_{\min} \quad (6.52)$$

在铯原子媒介的接收机中,选择探测光的拉比频率约为 0.06MHz,选择耦合光的拉比频率为 5MHz,本振电场的拉比频率为 2MHz,两个里德堡态是 $47D_{5/2}$ 态和 $48P_{3/2}$ 态,激光器的光斑直径为 1.1mm,由式(6.15)计算可得,接收机的接收灵敏度为 $E_{\min} \approx 1.1\mathrm{nV/m}\sqrt{\mathrm{Hz}}$,如果要激光器线宽对接收机灵敏度没有影响,此时探测光激光器的线宽应满足 $\Delta f_p \leq 2.62\mathrm{Hz}$,耦合光激光器的线宽应满足 $\Delta f_c \leq 2.485\mathrm{Hz}$。

6.4 探测光和耦合光的随机调制对接收机的影响

四能级外差里德堡接收机不仅会对弱的微波电场产生响应，探测光和耦合光的扰动也会对接收机产生影响，如果探测光或者耦合光并非单频激光，而是存在调制的，这种调制可能不是我们有意而为的，而是由于环境的扰动引起的探测光和耦合光的调制，这种调制会在各个能级之间转移，最后转移到密度矩阵元 ρ_{ba} 中。本节讨论探测光和耦合光的调制特性对密度矩阵元的影响，也就是密度矩阵元对探测光调制和耦合光调制的响应。

6.4.1 接收机对探测光的响应

在四能级外差里德堡原子接收机中，激励原子气室激光的噪声会对接收机的性能产生影响，激光的噪声除了 6.3 节介绍的相位噪声和相对强度噪声以外，由于外界环境振动扰动等因素会对激励接收机的激光产生幅度和相位的调制，这种调制也可以看成叠加到理想激光上的噪声。在这种噪声下，由于四能级原子的相干性，噪声会在密度矩阵的各个元素之间转移。

虽然在系统设计中可以利用式 (6.52) 计算出接收机灵敏度对激光线宽的要求，从而避免激光器本身的相位噪声对系统性能的影响，然而，由于探测光和耦合光的波长非常短，环境中微小的振动都会引起激光器幅度和相位调制的现象，这种幅度和相位调制并不是我们希望的，可以视为干扰，这种幅相干扰会传导到密度矩阵元 ρ_{ba} 中。本节讨论探测光幅度相位的干扰如何传导到密度矩阵元 ρ_{ba} 中。当激光存在幅相干扰时，探测光的解析形式可以如下表示：

$$\begin{aligned}E_p(t) &= (E_{p0} + E_\varepsilon(t))\exp(\mathrm{i}(\omega_p t + \varphi_\varepsilon(t))) \\ &= (E_{p0}\exp(\mathrm{i}\varphi_\varepsilon(t)) + E_\varepsilon(t)\exp(\mathrm{i}\varphi_\varepsilon(t)))\exp(\mathrm{i}\omega_p t) \\ &\approx E_{p0}\exp(\mathrm{i}\omega_p t) + (\mathrm{i}E_{p0}\sin(\varphi_\varepsilon(t)) + E_\varepsilon(t)\exp(\mathrm{i}\varphi_\varepsilon(t)))\exp(\mathrm{i}\omega_p t)\end{aligned} \quad (6.53)$$

式中，$E_\varepsilon(t)$ 表示由于随机调制引起的幅度的变化，$\varphi_\varepsilon(t)$ 表示随机调制引起的相位的变化。

式 (6.53) 分为两项：第一项是理想激光光源；第二项是由于环境因素引入的幅相调制项。通常来说，第二项的功率要远远小于第一项的功率。在这种模型下，探测光的拉比频率可以表示为两部分拉比频率的和的形式：$\Omega_p + \varepsilon_p(t)$，$\varepsilon_p(t)$ 考虑了探测光拉比频率所有随机性的变化。

由于此处我们只研究 $\varepsilon_p(t)$ 对 ρ_{ba} 的影响，不考虑弱的微波电场的影响，也就是说，耦合 c 能级和 d 能级的只有强的本振电场，此时和第 5 章一样，探测光沿

着 $+z$ 方向传播，耦合光沿着 $-z$ 方向传播，本振电场的传播方向沿 x 方向，此时系统的哈密顿算符可以表示为

$$H = \frac{\hbar}{2}\begin{pmatrix} 0 & (\Omega_p+\varepsilon_p(t))\mathrm{e}^{-\mathrm{i}k_p z} & 0 & 0 \\ (\Omega_p+\varepsilon_p^*(t))\mathrm{e}^{\mathrm{i}k_p z} & 0 & \Omega_c\mathrm{e}^{\mathrm{i}k_c z} & 0 \\ 0 & \Omega_c\mathrm{e}^{-\mathrm{i}k_c z} & 0 & \Omega_L\mathrm{e}^{-\mathrm{i}k_m x} \\ 0 & 0 & \Omega_L\mathrm{e}^{\mathrm{i}k_m x} & 0 \end{pmatrix} \quad (6.54)$$

我们考虑的是热原子的情况，此时密度矩阵不仅是时间的函数，还与原子所处的位置有关，此时密度矩阵的动态方程为

$$\left(\frac{\partial}{\partial t}+\boldsymbol{v}\cdot\nabla\right)\rho=-\frac{\mathrm{i}}{\hbar}(H\rho-\rho H)+D \quad (6.55)$$

由此我们可以写出下三角非对角元素的密度矩阵方程为

$$2\mathrm{i}\left(\frac{\partial}{\partial t}+\boldsymbol{v}\cdot\nabla\right)\rho_{ba}=(\Omega_p+\varepsilon_p^*(t))\mathrm{e}^{\mathrm{i}k_p z}(\rho_{aa}-\rho_{bb})+\Omega_c\mathrm{e}^{\mathrm{i}k_c z}\rho_{ca}-\mathrm{i}\gamma_b\rho_{ba} \quad (6.56)$$

$$2\mathrm{i}\left(\frac{\partial}{\partial t}+\boldsymbol{v}\cdot\nabla\right)\rho_{ca}=\Omega_c\mathrm{e}^{-\mathrm{i}k_c z}\rho_{ba}+\Omega_L\mathrm{e}^{-\mathrm{i}k_m x}\rho_{da}-\rho_{cb}(\Omega_p+\varepsilon_p^*(t))\mathrm{e}^{\mathrm{i}k_p z}-\mathrm{i}\gamma_c\rho_{ca} \quad (6.57)$$

$$2\mathrm{i}\left(\frac{\partial}{\partial t}+\boldsymbol{v}\cdot\nabla\right)\rho_{da}=\Omega_L\mathrm{e}^{\mathrm{i}k_m x}\rho_{ca}-\rho_{db}(\Omega_p+\varepsilon_p^*(t))\mathrm{e}^{\mathrm{i}k_p z}-\mathrm{i}\gamma_d\rho_{da} \quad (6.58)$$

$$2\mathrm{i}\left(\frac{\partial}{\partial t}+\boldsymbol{v}\cdot\nabla\right)\rho_{cb}=\Omega_c\mathrm{e}^{-\mathrm{i}k_c z}(\rho_{bb}-\rho_{cc})+\Omega_L\mathrm{e}^{-\mathrm{i}k_m x}\rho_{db}-\rho_{ca}(\Omega_p+\varepsilon_p(t))\mathrm{e}^{-\mathrm{i}k_p z}-\mathrm{i}\gamma_{bc}\rho_{cb}$$
$$(6.59)$$

$$2\mathrm{i}\left(\frac{\partial}{\partial t}+\boldsymbol{v}\cdot\nabla\right)\rho_{db}=\Omega_L\mathrm{e}^{\mathrm{i}k_m x}\rho_{cb}-\rho_{da}(\Omega_p+\varepsilon_p(t))\mathrm{e}^{-\mathrm{i}k_p z}-\rho_{dc}\Omega_c\mathrm{e}^{-\mathrm{i}k_c z}-\mathrm{i}\gamma_{bd}\rho_{db} \quad (6.60)$$

$$2\mathrm{i}\left(\frac{\partial}{\partial t}+\boldsymbol{v}\cdot\nabla\right)\rho_{dc}=(\Omega_L\mathrm{e}^{\mathrm{i}k_m x})(\rho_{cc}-\rho_{dd})-\rho_{db}\Omega_c\mathrm{e}^{\mathrm{i}k_c z}-\mathrm{i}\gamma_{cd}\rho_{dc} \quad (6.61)$$

和第 5 章一样，可以做如下近似：$\mathrm{e}^{\mathrm{i}k_m x}\approx 1$，将含有 $(\Omega_p+\varepsilon_p^*(t))\rho_{ij}$ 的项近似为 $\Omega_p\rho_{ij}+\rho_{ij}^{0'}\varepsilon_p^*(t)$，并对 $\rho_{ij}^{0'}$ 进行如下的变量代换：

$$\begin{aligned}&\rho_{ba}^{0'}=\rho_{ba}^{0}\mathrm{e}^{\mathrm{i}k_p z}, & \rho_{ca}^{0'}=\rho_{ca}^{0}\mathrm{e}^{-\mathrm{i}(k_c-k_p)z}, & \rho_{da}^{0'}=\rho_{da}^{0}\mathrm{e}^{-\mathrm{i}(k_c-k_p)z} \\ &\rho_{cb}^{0'}=\rho_{cb}^{0}\mathrm{e}^{-\mathrm{i}k_c z}, & \rho_{db}^{0'}=\rho_{db}^{0}\mathrm{e}^{-\mathrm{i}k_c z}, & \rho_{dc}^{0'}=\rho_{dc}^{0}\end{aligned} \quad (6.62)$$

假设 $\varepsilon_p(t)$ 不会影响粒子数的分布，和第 5 章一样，可以将式 (6.56)~式 (6.61)

近似为

$$2\mathrm{i}\left(\frac{\partial}{\partial t}+\boldsymbol{v}\cdot\nabla\right)\rho_{ba}=(\Omega_p+\varepsilon_p^*(t))\mathrm{e}^{\mathrm{i}k_p z}(\rho_{aa}-\rho_{bb})+\Omega_c\mathrm{e}^{\mathrm{i}k_c z}\rho_{ca}-\mathrm{i}\gamma_b\rho_{ba} \qquad (6.63)$$

$$2\mathrm{i}\left(\frac{\partial}{\partial t}+\boldsymbol{v}\cdot\nabla\right)\rho_{ca}=\Omega_c\mathrm{e}^{-\mathrm{i}k_c z}\rho_{ba}+\Omega_L\rho_{da}-(\Omega_p\rho_{cb}\mathrm{e}^{\mathrm{i}k_p z}+\rho_{cb}^0\mathrm{e}^{-\mathrm{i}k_c z}\mathrm{e}^{\mathrm{i}k_p z}\varepsilon_p^*(t))-\mathrm{i}\gamma_c\rho_{ca} \qquad (6.64)$$

$$2\mathrm{i}\left(\frac{\partial}{\partial t}+\boldsymbol{v}\cdot\nabla\right)\rho_{da}=\Omega_L\rho_{ca}-(\Omega_p\rho_{db}\mathrm{e}^{\mathrm{i}k_p z}+\rho_{db}^0\mathrm{e}^{-\mathrm{i}k_c z}\mathrm{e}^{\mathrm{i}k_p z}\varepsilon_p^*(t))-\mathrm{i}\gamma_d\rho_{da} \qquad (6.65)$$

$$\begin{aligned}2\mathrm{i}\left(\frac{\partial}{\partial t}+\boldsymbol{v}\cdot\nabla\right)\rho_{cb}=&\Omega_c\mathrm{e}^{-\mathrm{i}k_c z}(\rho_{bb}-\rho_{cc})+\Omega_L\rho_{db}-(\rho_{ca}\mathrm{e}^{-\mathrm{i}k_c z}\Omega_p\\&+\rho_{ca}^0\mathrm{e}^{-\mathrm{i}(k_c-k_p)z}\mathrm{e}^{-\mathrm{i}k_p z}\varepsilon_p(t))-\mathrm{i}\gamma_{bc}\rho_{cb}\end{aligned} \qquad (6.66)$$

$$\begin{aligned}2\mathrm{i}\left(\frac{\partial}{\partial t}+\boldsymbol{v}\cdot\nabla\right)\rho_{db}=&\Omega_L\rho_{cb}-(\Omega_p\mathrm{e}^{-\mathrm{i}k_p z}\rho_{da}+\varepsilon_p(t)\mathrm{e}^{-\mathrm{i}k_p z}\rho_{da}^0\mathrm{e}^{-\mathrm{i}(k_c-k_p)z})\\&-\rho_{dc}\Omega_c\mathrm{e}^{-\mathrm{i}k_c z}-\mathrm{i}\gamma_{bd}\rho_{db}\end{aligned} \qquad (6.67)$$

$$2\mathrm{i}\left(\frac{\partial}{\partial t}+\boldsymbol{v}\cdot\nabla\right)\rho_{dc}=\Omega_L(\rho_{cc}-\rho_{dd})-\rho_{db}\Omega_c\mathrm{e}^{\mathrm{i}k_c z}-\mathrm{i}\gamma_{cd}\rho_{dc} \qquad (6.68)$$

对式(6.63)~式(6.68)进行关于变量 t 和 z 的傅里叶变换，可以得到：

$$\begin{aligned}(\mathrm{i}\gamma_b-2(\omega+v_z\omega_z))\rho_{ba}=&(2\pi)^2(\rho_{aa}^0-\rho_{bb}^0)\Omega_p\delta(\omega)\delta(\omega_z-k_p)\\&+2\pi(\rho_{aa}^0-\rho_{bb}^0)\varepsilon_p^*(-\omega)\delta(\omega_z-k_p)+\Omega_c\rho_{ca}(\omega,\omega_z-k_c)\end{aligned} \qquad (6.69)$$

$$\begin{aligned}(\mathrm{i}\gamma_c-2(\omega+v_z\omega_z))\rho_{ca}(\omega,\omega_z)=&-\Omega_p\rho_{cb}(\omega,\omega_z-k_p)-2\pi\rho_{cb}^0\varepsilon_p^*(\omega)\delta(\omega_z-k_p+k_c)\\&+\Omega_c\rho_{ba}(\omega,\omega_z+k_c)+\Omega_L\rho_{da}(\omega,\omega_z)\end{aligned} \qquad (6.70)$$

$$\begin{aligned}(\mathrm{i}\gamma_d-2(\omega+v_z\omega_z))\rho_{da}(\omega,\omega_z)=&\Omega_L\rho_{ca}(\omega,\omega_z)-\Omega_p\rho_{db}(\omega,\omega_z-k_p)\\&-2\pi\rho_{db}^0\varepsilon_p^*(-\omega)\delta(\omega_z-k_p+k_c)\end{aligned} \qquad (6.71)$$

$$\begin{aligned}(\mathrm{i}\gamma_{bc}-2(\omega+v_z\omega_z))\rho_{cb}(\omega,\omega_z)=&(2\pi)^2\Omega_c(\rho_{bb}^0-\rho_{cc}^0)\delta(\omega)\delta(\omega_z+k_c)\\&+\Omega_L\rho_{db}(\omega,\omega_z)-\Omega_p\rho_{ca}(\omega,\omega_z+k_p)\\&-2\pi\rho_{ca}^0\varepsilon_p(\omega)\delta(\omega_z+k_c)\end{aligned} \qquad (6.72)$$

$$\begin{aligned}(\mathrm{i}\gamma_{bd}-2(\omega+v_z\omega_z))\rho_{db}(\omega,\omega_z)=&-2\pi\rho_{da}^0\varepsilon_p(\omega)\delta(\omega_z+k_c)+\Omega_L\rho_{cb}(\omega,\omega_z)\\&-\Omega_p\rho_{da}(\omega,\omega_z+k_p)-\Omega_c\rho_{dc}(\omega,\omega_z+k_c)\end{aligned} \qquad (6.73)$$

$$(i\gamma_{cd} - 2(\omega+v_z\omega_z))\rho_{dc}(\omega,\omega_z) = (2\pi)^2 \Omega_L(\rho_{cc}^0 - \rho_{dd}^0)\delta(\omega)\delta(\omega_z) \\ -\Omega_c\rho_{db}(\omega,\omega_z-k_c) \quad (6.74)$$

式(6.69)～式(6.74)是六元一次的代数方程，我们可以得到 ρ_{ba} 的频域解析表达式为

$$\rho_{ba}(\omega_1,\omega_2) = (2\pi)^2\rho_{ba}^0\delta(\omega)\delta(\omega_z-k_p) \\ +2\pi H_{p1v}(\omega)\varepsilon_p(\omega)\delta(\omega_z+k_p)+2\pi H_{p2v}(\omega)\varepsilon_p^*(-\omega)\delta(\omega_z-k_p) \quad (6.75)$$

式中：

$$\rho_{ba}^0 = \frac{\Omega_p\left((\rho_{aa}^0-\rho_{bb}^0)-\dfrac{\Omega_c}{E(0,k_p-k_c)}\left(C_0+\dfrac{\Omega_L^2}{A(0,-k_c)D(0,k_p-k_c)}\right)\cdot\left(1+\dfrac{\Omega_p^2}{A(0,-k_c)B(0,-k_c)}\right)\left(C_0-\dfrac{(\rho_{cc}^0-\rho_{dd}^0)\Omega_c}{(i\gamma_{cd})}\right)\right)}{\left(i\gamma_b-2k_pv_z-\dfrac{\Omega_c^2}{E(0,k_P-k_c)}\right)}$$

$$H_{p1v}(\omega) = -\frac{\Omega_p\Omega_c\left(\dfrac{\Omega_p^2}{A(\omega,-k_c)B(\omega,-k_c)}+1\right)\left(\begin{array}{l}-\dfrac{\rho_{ca}^0}{B(\omega,-k_c)}-\dfrac{\rho_{da}^0\Omega_L}{A(\omega,-k_c)B(\omega,-k_c)}-\dfrac{\Omega_L}{D(\omega,k_p-k_c)A(\omega,-k_c)}\\ \left(\rho_{da}^0+\dfrac{\Omega_L}{B(\omega,-k_c)}\rho_{ca}^0\right.\\ \left.+\dfrac{\rho_{da}^0\Omega_L^2}{A(\omega,-k_c)B(\omega,-k_c)}\right)\end{array}\right)}{E(\omega,k_p-k_c)\left(i\gamma_b-2(\omega+k_pv_z)-\dfrac{\Omega_c^2}{E(\omega,k_p-k_c)}\right)}$$

$$H_{p2v}(\omega) = \frac{(\rho_{aa}^0-\rho_{bb}^0)-\dfrac{\Omega_c}{E(\omega,k_p-k_c)}\left(\rho_{cb}^0+\dfrac{\Omega_L\rho_{db}^0}{D(\omega,k_p-k_c)}\left(\dfrac{\Omega_p^2}{A(\omega,\omega_z)B(\omega,\omega_z)}+1\right)\right)}{\left((i\gamma_b-2(\omega+v_z\omega_z))-\dfrac{\Omega_c^2}{E(\omega,\omega_z-k_c)}\right)}$$

式中，$A(\omega,-k_c)$、$B(\omega,-k_c)$、C_0、$D(\omega,k_p-k_c)$ 和 $E(\omega,\omega_z-k_c)$ 的表达式与式(5.37)中相同。因此，热原子由探测光调制产生的电极化率为

$$\chi(t) = -\frac{2N_0\wp_{ab}^2}{\varepsilon_0\hbar\Omega_p}\left(\overline{\rho_{ab}^0}+h_{p1}(t)\otimes\varepsilon_p(t)+h_{p2}(t)\otimes\varepsilon_p^*(t)\right) \quad (6.76)$$

式中，$\overline{\rho_{ba}^0} = \int\rho_{ba}^0 f(v_z)\mathrm{d}v_z$；$h_{p1}(t) = \int h_{p1v}(t)f(v_z)\mathrm{d}v_z$；$h_{p2}(t) = \int h_{p2v}(t)f(v_z)\mathrm{d}v_z$，其

中，$f(v_z)$ 是高斯分布，$f(v_z)$ 与 $N(v_z)$ 的关系是 $N(v_z)=N_0 f(v_z)$，N_0 是原子浓度。接收机对探测光的幅相响应如图 6.6 所示。

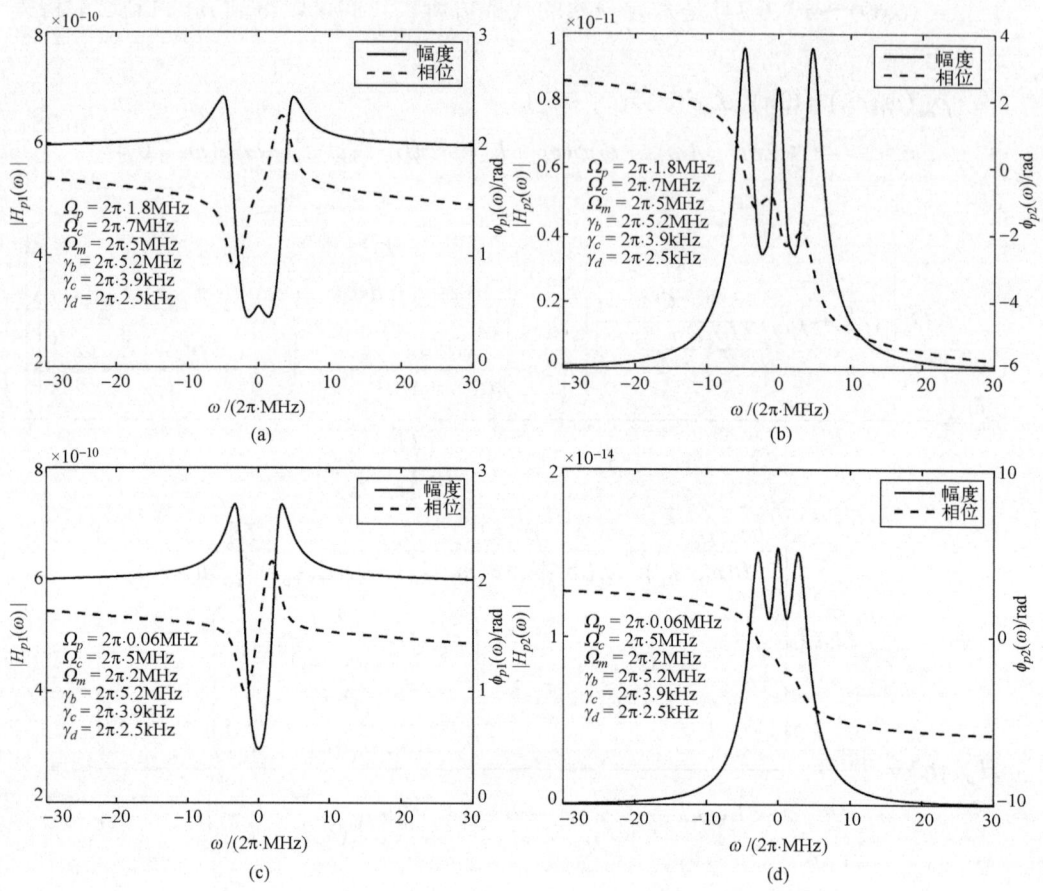

图 6.6　接收机对探测光的幅相响应

6.4.2　接收机对耦合光的响应

与 6.4.1 节类似，本节讨论由于环境等因素产生的耦合光的幅相干扰如何传导到密度矩阵元 ρ_{ba} 中。当耦合激光器存在幅相噪声，并且幅相噪声较小时，耦合光也可以表示为一个理想的耦合光源与环境产生的幅相干扰光源的叠加。

当耦合光存在幅相干扰时，激励四能级原子的耦合光的拉比频率不再是一个常数，而是一个理想的拉比频率加上由环境干扰引起的拉比频率的扰动，可以表示为 $\Omega_c+\varepsilon_c(t)$，$\varepsilon_c(t)$ 表征了耦合光拉比频率的随机扰动，当探测光和微波电场都

是理想的光源时,在不存在弱的微波电场的情况下,系统的哈密顿算符可以写成

$$H = \frac{\hbar}{2}\begin{pmatrix} 0 & \Omega_p e^{-ik_p z} & 0 & 0 \\ \Omega_p e^{ik_p z} & 0 & (\Omega_c+\varepsilon_c(t))e^{ik_c z} & 0 \\ 0 & (\Omega_c+\varepsilon_c^*(t))e^{-ik_c z} & 0 & \Omega_L e^{-ik_m x} \\ 0 & 0 & \Omega_L e^{ik_m x} & 0 \end{pmatrix} \quad (6.77)$$

假设由耦合光的相位噪声引起的拉比频率的扰动不会影响粒子数的分布,和 6.4.1 节一样,可以写出当耦合光存在扰动时,经过近似后的系统的密度矩阵元方程。

$$2i\left(\frac{\partial}{\partial t}+\boldsymbol{v}\cdot\nabla\right)\rho_{ba} = \Omega_p e^{ik_p z}(\rho_{aa}^0 - \rho_{bb}^0) \\ + (\Omega_c e^{ik_c z}\rho_{ca} + \varepsilon_c(t)e^{ik_c z}\rho_{ca}^0 e^{-i(k_c-k_p)z}) - i\gamma_b\rho_{ba} \quad (6.78)$$

$$2i\left(\frac{\partial}{\partial t}+\boldsymbol{v}\cdot\nabla\right)\rho_{ca} = (\Omega_c e^{-ik_c z}\rho_{ba} + \varepsilon_c^*(t)e^{-ik_c z}\rho_{ba}^0 e^{ik_p z}) \\ + \rho_{da}\Omega_L - \rho_{cb}\Omega_p e^{ik_p z} - i\gamma_c\rho_{ca} \quad (6.79)$$

$$2i\left(\frac{\partial}{\partial t}+\boldsymbol{v}\cdot\nabla\right)\rho_{da} = \rho_{ca}\Omega_L - \rho_{db}\Omega_p e^{ik_p z} - i\gamma_d\rho_{da} \quad (6.80)$$

$$2i\left(\frac{\partial}{\partial t}+\boldsymbol{v}\cdot\nabla\right)\rho_{cb} = (\Omega_c e^{-ik_c z}+\varepsilon_c^*(t)e^{-ik_c z})(\rho_{bb}^0 - \rho_{cc}^0) \\ + \rho_{db}\Omega_L - \rho_{ca}\Omega_p e^{-ik_p z} - i\gamma_{bc}\rho_{cb} \quad (6.81)$$

$$2i\left(\frac{\partial}{\partial t}+\boldsymbol{v}\cdot\nabla\right)\rho_{db} = \rho_{cb}\Omega_L - \rho_{da}\Omega_p e^{-ik_p z} \\ - (\Omega_c e^{-ik_c z}\rho_{dc} + \varepsilon_c^*(t)e^{-ik_c z}\rho_{da}^0) - i\gamma_{bd}\rho_{db} \quad (6.82)$$

$$2i\left(\frac{\partial}{\partial t}+\boldsymbol{v}\cdot\nabla\right)\rho_{dc} = \Omega_L(\rho_{cc}^0 - \rho_{dd}^0) - \rho_{db}(\Omega_c+\varepsilon_c(t))e^{ik_c z} - i\gamma_{cd}\rho_{dc} \quad (6.83)$$

式(6.78)~式(6.83)是一个多元常系数微分方程组,对其进行关于变量 t 和 z 的傅里叶变换,可以得到:

$$(i\gamma_b - 2(\omega+v_z\omega_z))\rho_{ba}(\omega,\omega_z) = (2\pi)^2(\rho_{aa}^0 - \rho_{bb}^0)\delta(\omega)\delta(\omega_z - k_p) \\ + \Omega_c\rho_{ca}(\omega,\omega_z - k_c) + 2\pi\rho_{ca}^0\varepsilon_c(\omega)\delta(\omega_z - k_p) \quad (6.84)$$

$$(i\gamma_c - 2(\omega+v_z\omega_z))\rho_{ca}(\omega,\omega_z) = 2\pi\rho_{ba}^0\varepsilon_c^*(-\omega)\delta(\omega_z - k_p + k_c) + \Omega_c\rho_{ba}(\omega,\omega_z + k_c) \\ + \Omega_L\rho_{da}(\omega,\omega_z) - \Omega_p\rho_{cb}(\omega,\omega_z - k_p) \quad (6.85)$$

$$(i\gamma_d - 2(\omega+v_z\omega_z))\rho_{da}(\omega,\omega_z) = \Omega_L\rho_{ca}(\omega,\omega_z) - \Omega_p\rho_{db}(\omega,\omega_z - k_p) \quad (6.86)$$

$$(\mathrm{i}\gamma_{bc} - 2(\omega+v_z\omega_z))\rho_{cb}(\omega,\omega_z) = (2\pi)^2 \Omega_c(\rho_{bb}^0 - \rho_{cc}^0)\delta(\omega)\delta(\omega_z - k_c) - \Omega_p\rho_{ac}(\omega,\omega_z + k_p)$$
$$+ 2\pi(\rho_{bb}^0 - \rho_{cc}^0)\varepsilon_c^*(-\omega)\delta(\omega_z - k_c) + \Omega_L\rho_{bd}(\omega,\omega_z) \tag{6.87}$$

$$(\mathrm{i}\gamma_{bd} - 2(\omega+v_z\omega_z))\rho_{db}(\omega,\omega_z) = \Omega_L\rho_{cb}(\omega,\omega_z) - \Omega_p\rho_{da}(\omega,\omega_z + k_p)$$
$$-\Omega_c\rho_{dc}(\omega,\omega_z + k_c) - 2\pi\rho_{bd}^0\varepsilon_c^*(-\omega)\delta(\omega_z + k_c) \tag{6.88}$$

$$(\mathrm{i}\gamma_{cd} - 2(\omega+v_z\omega_z))\rho_{dc}(\omega,\omega_z) = (2\pi)^2 \Omega_L(\rho_{cc}^0 - \rho_{dd}^0)\delta(\omega)\delta(\omega_z)$$
$$-\Omega_c\rho_{bd}(\omega,\omega_z - k_c) + 2\pi\rho_{bd}^0\varepsilon_c(\omega)\delta(\omega_z) \tag{6.89}$$

可以从式(6.84)~式(6.89)得到 ρ_{ba} 的频域表达式为

$$\rho_{ba}(\omega,\omega_z) = (2\pi)^2 \rho_{ba}^0 \delta(\omega)\delta(\omega_z - k_p) + 2\pi H_{c1v}(\omega)\varepsilon_c(\omega)\delta(\omega_z - k_p)$$
$$+ 2\pi H_{c2v}(\omega)\varepsilon_c^*(-\omega)\delta(\omega_z - k_p) \tag{6.90}$$

式中：

$$H_{c1v}(\omega) = -\Omega_c \frac{\left(\dfrac{\Omega_p\left((\rho_{bb}^0 - \rho_{cc}^0) - \dfrac{\Omega_L\rho_{dc}^0}{A(\omega,-k_c)}\right)}{B(\omega,-k_c)} - \rho_{ba}^0 \right. }{ \left(\mathrm{i}\gamma_b - 2(\omega+k_p v_z) - \dfrac{\Omega_c^2}{E(\omega,k_p-k_c)} \right) E(\omega, k_p - k_c) }$$

$$\left. -\frac{\Omega_p\Omega_L}{A(\omega,-k_c)D(\omega,k_p-k_c)}\left(\rho_{dc}^0 - \frac{\Omega_L\left((\rho_{cc}^0 - \rho_{bb}^0) - \dfrac{\Omega_L\rho_{dc}^0}{-A(\omega,k_c)}\right)}{-B(\omega,-k_c)}\right) \right.$$

$$\left. \left(\frac{\Omega_p^2}{A(\omega,-k_c)B(\omega,-k_c)} + 1 \right) \right)$$

$$H_{c2v}(\omega) = \frac{\dfrac{\Omega_p\Omega_L\Omega_c^2\rho_{db}^0}{A(\omega,-k_c)E(\omega,k_p-k_c)(-\mathrm{i}\gamma_{cd}+2\omega)}\left(\dfrac{\dfrac{1}{B(\omega,-k_c)}+\dfrac{1}{D(\omega,k_p-k_c)}}{\cdot\left(\dfrac{\Omega_L^2}{A(\omega,-k_c)B(\omega,-k_c)}+1\right)}\cdot\left(\dfrac{\Omega_p^2}{A(\omega,-k_c)B(\omega,-k_c)}+1\right)\right)}{\mathrm{i}\gamma_b - 2(\omega+k_p v_z) - \dfrac{\Omega_c^2}{E(\omega,k_p-k_c)}} + \rho_{ca}^0$$

式中，ρ_{ba}^0、$A(\omega,-k_c)$、$B(\omega,-k_c)$、C_0、$D(\omega,k_p-k_c)$ 和 $E(\omega,\omega_z-k_c)$ 的表达式与式(5.37)中相同。

因此，热原子由耦合光调制引起的电极化率为

$$\chi(t) = -\frac{2N_0\wp_{ab}^2}{\varepsilon_0\hbar\Omega_p}\left(\overline{\rho_{ba}^0} + h_{c1}(t)\otimes\varepsilon_c(t) + h_{c2}(t)\otimes\varepsilon_c^*(t)\right) \tag{6.91}$$

式中，$\overline{\rho_{ba}^0} = \int \rho_{ba}^0 f(v_z)\mathrm{d}v_z$；$h_{c1}(t) = \int h_{c1v}(t)f(v_z)\mathrm{d}v_z$；$h_{c2}(t) = \int h_{c2v}(t)f(v_z)\mathrm{d}v_z$，其中，$f(v_z)$ 是高斯分布，$f(v_z)$ 与 $N(v_z)$ 的关系是 $N(v_z) = N_0 f(v_z)$，N_0 是原子浓度。四能级外差里德堡原子接收机对耦合光的幅相响应如图 6.7 所示。

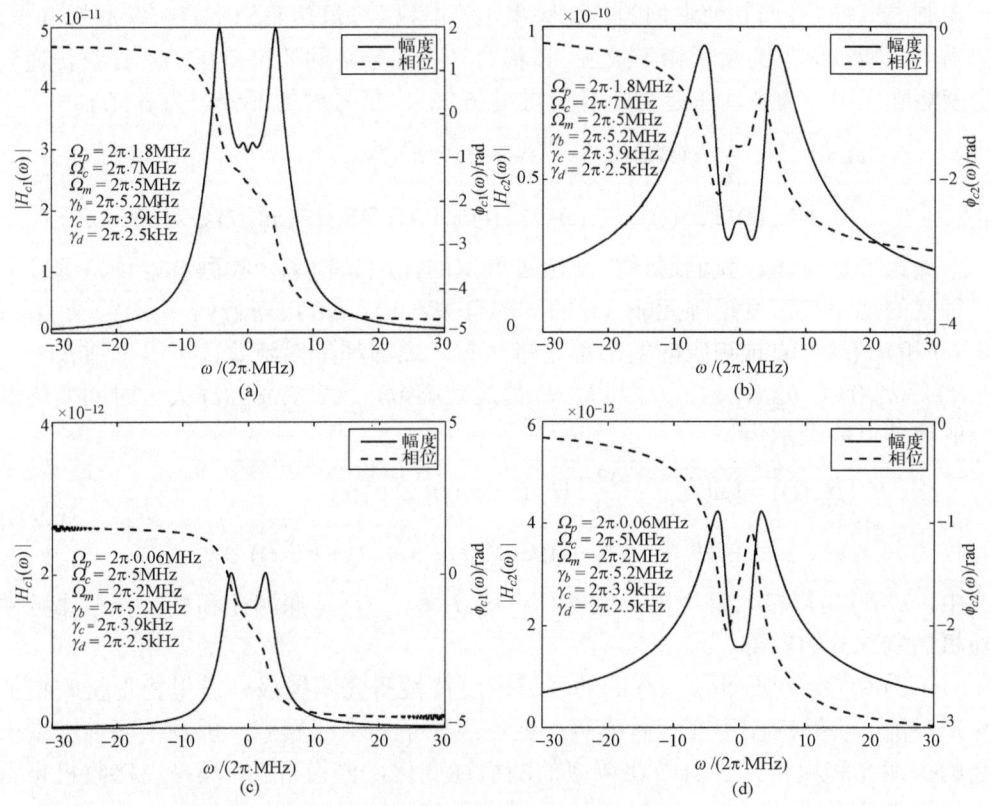

图 6.7 接收机对耦合光的幅相响应

6.4.3 密度矩阵元的功率谱密度

由 5.2 节、6.1 节和 6.2 节的分析表明，在时变的弱微波电场的测量中，原子

气室对探测光的电极化率由四部分共同决定,系统的全响应可以写成:

$$\chi(t) = -\frac{2N_0 \wp_{ab}^2}{\varepsilon_0 \hbar \Omega_p} \left(\overline{\rho_{ba}^0} + \frac{\wp_{cd}}{\hbar} h_1(t) \otimes \mathcal{E}(t) + \frac{\wp_{cd}}{\hbar} h_2(t) \otimes \mathcal{E}^*(t) \right. \\ \left. + h_{p1}(t) \otimes \varepsilon_p(t) + h_{p2}(t) \otimes \varepsilon_p^*(t) + h_{c1}(t) \otimes \varepsilon_c(t) + h_{c2}(t) \otimes \varepsilon_c^*(t) \right) \quad (6.92)$$

式中,$\overline{\rho_{ba}^0}$ 是密度矩阵元 $\rho_{ba}^0(v_z)$ 根据麦克斯韦-玻尔兹曼的分布加权平均的结果,表示热原子对探测光的平均吸收的情况,如 6.1 节所述,由于四能级粒子数的随机性,其分布服从多项分布,导致这个 $\overline{\rho_{ba}^0}$ 存在随机性,其方差表示系统的本征噪声。与时变微波电场 $\mathcal{E}(t)$ 有关的项,表示四能级外差接收机对时变电场的响应,这代表其是与被接收电场有关的项;$\varepsilon_p(t)$ 和 $\varepsilon_c(t)$ 表示由环境引起的探测光和耦合光的随机调制,这种随机调制使它们的拉比频率不再是常数,虽然我们不直接探测耦合光,但由于四能级原子的量子相干效应,该耦合光拉比频率的随机变化仍然会被传递到密度矩阵元中,为了简单起见,我们将式 (6.92) 中括号内的部分记为 $\rho_{ba}(t)$:

$$\rho_{ba}(t) = \overline{\rho_{ba}^0} + \frac{\wp_{cd}}{\hbar} h_1(t) \otimes \mathcal{E}(t) + \frac{\wp_{cd}}{\hbar} h_2(t) \otimes \mathcal{E}^*(t) \\ + h_{p1}(t) \otimes \varepsilon_p(t) + h_{p2}(t) \otimes \varepsilon_p^*(t) + h_{c1}(t) \otimes \varepsilon_c(t) + h_{c2}(t) \otimes \varepsilon_c^*(t) \quad (6.93)$$

如第 5 章所述,我们通过探测透过气室的探测光功率接收微波电场,透过原子气室的功率与密度矩阵元 $\rho_{ba}(t)$ 的虚部有关,由于 $h_1(t)$、$h_2(t)$、$h_{p1}(t)$、$h_{p2}(t)$、$h_{c1}(t)$ 和 $h_{c2}(t)$ 的幅频响应的实部都是奇函数,虚部都是偶函数,可以知道 $h_1(t)$、$h_2(t)$、$h_{p1}(t)$、$h_{p2}(t)$、$h_{c1}(t)$ 和 $h_{c2}(t)$ 都是纯虚数,因此,$\rho_{ba}(t)$ 关于时间变化部分的虚部可以表示为

$$\mathrm{Im}(\rho_{ba}(t)) = \mathrm{Im}(\overline{\rho_{ba}^0}) - \mathrm{i}\frac{\wp_{cd}}{\hbar}(h_1(t) + h_2(t)) \otimes \varepsilon^R(t) \\ - \mathrm{i}(h_{p1}(t) + h_{p2}(t)) \otimes \varepsilon_p^R(t) - \mathrm{i}(h_{c1}(t) + h_{c2}(t)) \otimes \varepsilon_c^R(t) \quad (6.94)$$

式中,$\varepsilon^R(t)$ 是待接收解析电场的实部;$\varepsilon_p^R(t)$ 和 $\varepsilon_c^R(t)$ 是探测光和耦合光拉比频率随机调制部分的实部。

下面我们通过分析 $\rho_{ba}(t)$ 的功率谱密度特性研究四能级外差里德堡接收机的噪声性能,在系统中存在三种噪声:四能级原子的本征噪声,以及由环境因素引起的探测光和耦合光各自拉比频率的随机性变化,假设 $\overline{\rho_{ba}^0}$ 的噪声在接收机带宽内是均匀分布的,因此,密度矩阵元 $\overline{\rho_{ba}^0}$ 虚部的功率谱可以写成:

$$P_{\mathrm{Im}(\rho_{ba})}^{\min}(\omega) = |H_1(\omega) + H_2(\omega)|^2 P_E^R(\omega) + \frac{\sigma^2\left(\overline{\rho_{ab}^0}\right)}{B} \\ + |H_{p1}(\omega) + H_{p2}(\omega)|^2 P_{\varepsilon_p}^R(\omega) + |H_{c1}(\omega) + H_{c2}(\omega)|^2 P_{\varepsilon_c}^R(\omega) \quad (6.95)$$

式中，$P_\varepsilon^R(\omega)$ 为我们需要接收的时变电场的拉比频率的解析形式实部功率谱；$P_{\varepsilon_p}^R(\omega)$ 和 $P_{\varepsilon_c}^R(\omega)$ 分别为探测光和耦合光拉比频率随机变化的解析形式实部功率谱。

如果最终接收机的灵敏度受到接收机本征噪声的限制，而探测光和耦合光的幅相噪声对接收机的灵敏度没有影响，则要求探测光和耦合光的幅相噪声引入的密度矩阵元 $\rho_{ba}(t)$ 的噪声总量小于四能级外差里德堡接收机的本征噪声。假设探测光和耦合光引入的噪声是相同的，则 $P_{\varepsilon_p}^R(\omega)$ 和 $P_{\varepsilon_c}^R(\omega)$ 满足下面的关系：

$$\int_B \left| H_{p1}(\omega) + H_{p2}(\omega) \right|^2 P_{\varepsilon_p}^R(\omega) \mathrm{d}\omega \leq \sigma^2(\overline{\rho_{ba}^0})/2 \tag{6.96}$$

$$\int_B \left| H_{c1}(\omega) + H_{c2}(\omega) \right|^2 P_{\varepsilon_c}^R(\omega) \mathrm{d}\omega \leq \sigma^2(\overline{\rho_{ba}^0})/2 \tag{6.97}$$

假设通常内接收机增益平坦，此时接收机的功率灵敏度单位为 $\mathrm{W}/(\mathrm{m}^2 \cdot \mathrm{Hz})$ 为

$$P_{\min} = \frac{1}{2} c\varepsilon_0 \frac{\wp_{cd}^2}{\hbar^2} \frac{\sigma^2(\overline{\rho_{ba}^0})}{|H_1(0) + H_2(0)| B} \tag{6.98}$$

式(6.98)表示接收机灵敏度与本征噪声的关系，如果要考虑与探测器噪声的关系，只需要将式(6.96)、式(6.97)和式(6.98)右边的 $\sigma(\overline{\rho_{ba}^0})$ 按照式(6.36)代换即可。

式(6.96)和式(6.97)可以看成四能级外差接收机对环境噪声的要求，环境噪声都会引起探测光拉比频率和耦合光拉比频率的随机调制，这种探测光和耦合光的随机调制引起的功率谱在一定范围内可以认为是均匀的，在进行环境振动与激光器随机调制建模后，式(6.96)和式(6.97)也可以表征四能级外差里德堡接收机对环境的振动要求。

6.5 小 结

本章对四能级外差里德堡原子接收机的噪声问题进行了详细的阐述，接收机理论的极限灵敏度受到本征噪声的制约，本征噪声描述的是在探测器、激光器以及环境都理想的情况下，接收机灵敏度的极限值。然而，实际接收机的灵敏度会受到探测器的影响，探测器探测到的散粒噪声会恶化接收机的灵敏度。我们建立了接收机灵敏度和探测器散粒噪声的关系，分析了激光器线宽对接收机灵敏度的影响，并且给出了接收机的灵敏度对激光器线宽的限制条件。环境噪声会引起探测光和耦合光的随机调制，这种随机调制会转移到密度矩阵元 ρ_{ba} 中，我们对密度矩阵元的功率谱进行了分析，并且给出了其功率谱的解析表达式。

参 考 文 献

[1] Itano W M, Bergquist J C, Bollinger J J, et al. Quantum projection noise: Population fluctuations in two-level systems[J]. Physical Review A, 1993, 47(5): 3554-3570.

[2] Fan H Q, Kumar S, Sedlacek J, et al. Atom based RF electric field sensing[J]. Journal of Physics B: Atomic, Molecular and Optical Physics, 2015, 48(20): 202001.

第 7 章 里德堡原子接收机相关的基础实验

从本章开始,进入本书的实验篇。在本章中,我们以铯原子作为实验的介质,介绍一些与里德堡原子接收机相关的基础实验。里德堡原子是高能态的原子,在里德堡原子的制备中,很难将原子直接从基态激发到里德堡态,都是采用阶梯的激发模式,就是先用一束激光将铯原子从基态激发到一个中间态,然后利用第二束激光将原子从中间态激发到里德堡态。铯里德堡原子的制备采用一台 852nm 的激光器和一台 509nm 的激光器,在里德堡的 EIT 实验中,既可以锁定 852nm 的激光器频率,扫描 509nm 的激光器频率观测 EIT 现象,也可以锁定 509nm 的激光器频率,扫描 852nm 的激光器频率观测 EIT 现象。本章首先介绍激光器的稳频概述,包括"稳频"的基本操作流程和一些反馈控制系统的概念。其次介绍常用的 852nm 激光器的饱和吸收谱稳频实验,然后利用 EIT 效应实现对 510nm 激光器的稳频实验,最后利用 A-T 分裂效应进行对单频微波电场的测量。

7.1 激光器稳频概述

半导体激光器被广泛地应用于里德堡实验中,半导体激光器的频率对温度和电流都很敏感,例如,温度每变化 1℃,Eagleyard 公司的 852nm 分布式反馈激光器的激光频率大概变化 24GHz,电流每变化 1mA,激光频率大概变化 1.2GHz。温度控制器对温度的控制精度为 0.005℃,此时激光频率会产生 100MHz 以上的漂移,由此可见,单纯依靠半导体制冷器(thermoelectric cooler,TEC)和热敏电阻等形成的闭环控制系统,不能完成对激光器频率的精确控制。在实际的激光器稳频中,我们希望利用一个与频率有关的参考信号,将激光器的频率锁定在这个参考信号上,实现激光器的频率稳定,这个参考信号可以是介质对激光吸收谱线的信号、谐振腔的反射信号,或者是频率梳的梳齿。

激光器稳频的参考信号一般都如图 7.1(a)所示,是带有峰值的图像,其横坐标是频率,当扫描激光器频率时,我们就可以观测到图 7.1(a)中的参考信号(该参考信号可以是激光器通过介质时的透射信号,或者进入超稳腔时的反射信号),此时我们可以将激光器的频率锁定到曲线上的任意一点,例如,曲线上的 B 点,在 B 点的邻域内,该曲线是单调递增的,在某一时刻,如果我们测量到的信号比期望的信号值低,也就是意味着激光器的频率小于期望的频率,可以用测量信号与期望信号的差值对激光器的驱动电流进行调节,增大或减小激光器的驱动电流,以改变激光器的输出频率,由此可以构造一个反馈系统,使激光器的频率稳定在 B 点,这就是激光器稳频中的"锁边"。对于"锁边"类型的频率稳定来说,参考信号就可以当成误差信号,此时参考信号与期待锁定点的差值的大小可以直接作为激光器频率与期望频率的误差,用于激光器频率的锁定。

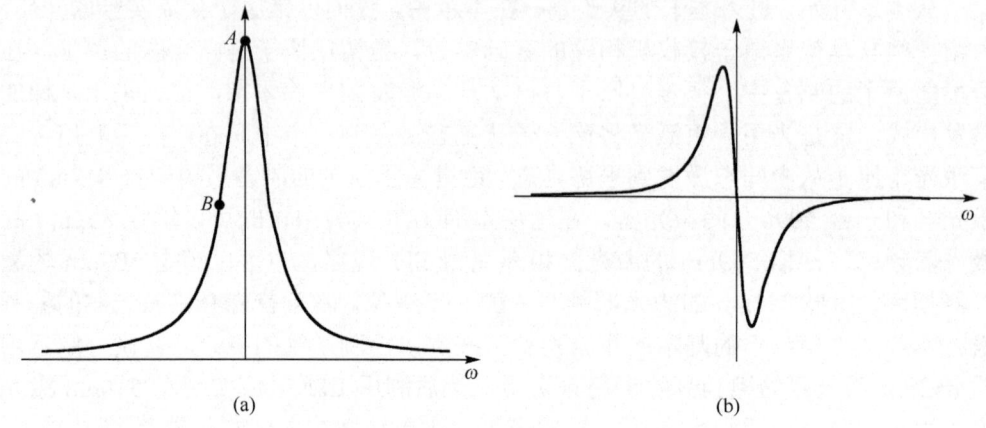

图 7.1 "锁边"和"锁顶"的区别

在图 7.1(a)的参考信号中,有一个点比较特殊,就是 A 点,A 点是 A 邻域内的一个极值点,在激光稳频中,很多时候我们希望将激光的频率固定在参考信号的峰值点处,此时依靠图 7.1(a)不能完成锁定,因为假如在某一时刻,测量的信号比期望信号值低,我们不能判断频率是在顶点的左边还是右边,无法确定此时该增大还是减小驱动激光器的电流以完成锁定。如果我们希望将激光器的频率稳定在顶点 A,一个可行的办法是将参考信号从图 7.1(a)的形式转换到图 7.1(b)的形式,此时在期望锁定点的邻域内,参考信号是单调的,我们可以通过比较测量信号与图 7.1(b)中参考信号的大小,确定驱动电流调整的方向,完成对激光器频率的锁定。

对图 7.1(a)中的参考信号进行微分操作可以得到图 7.1(b)的参考信号,完成这种微分操作的一个简单的方法是采用频率调制技术[1,2]。假设我们希望激光器的频率稳定在 ω 处,实际激光器的频率在 ω 附近,且与 ω 的频率差为 $\Delta\omega$,此时参考信号值可以用 ω 的泰勒级数展开来获得,假设参考信号为 $G(\omega)$,则

$$G(\omega+\Delta\omega)=G(\omega)+G^{(1)}(\omega)\Delta\omega+\frac{G^{(2)}(\omega)\Delta\omega^2}{2}+\frac{G^{(3)}(\omega)\Delta\omega^3}{3!}+\cdots \quad (7.1)$$

利用 $G(\omega)$ 的泰勒级数展开,可以获得参考信号的各阶导数,但这些各阶导数

是耦合在一起的,在稳频操作中,我们希望单独地提取出 $G^{(1)}(\omega)$,此时我们可以对激光器的频率进行正弦调制,也就是 $\Delta\omega = a\sin\Omega t$,此时式(7.1)可以整理为

$$\begin{aligned}
G(\omega + a\sin\Omega t) &= G(\omega) + G^{(1)}(\omega)(a\sin\Omega t) + \frac{G^{(2)}(\omega)(a\sin\Omega t)^2}{2} \\
&\quad + \frac{G^{(3)}(\omega)(a\sin\Omega t)^3}{3!} + \cdots \\
&= G(\omega) + \frac{a^2}{4}G^{(2)}(\omega) + \frac{a^4}{64}G^{(4)}(\omega) \\
&\quad + \left(aG^{(1)}(\omega) + \frac{a^3}{8}G^{(3)}(\omega) + \cdots\right)(\sin\Omega t) \\
&\quad + \left(-\frac{a^2}{4}G^{(2)}(\omega) + \frac{a^4}{48}G^{(4)}(\omega) + \cdots\right)\cos 2\Omega t \\
&\quad + \left(-\frac{a^3}{24}G^{(3)}(\omega) - \frac{a^5}{384}G^{(5)}(\omega) + \cdots\right)\sin 3\Omega t + \cdots
\end{aligned} \quad (7.2)$$

式(7.2)表明,我们采用频率调制技术后,可以将参考信号 $G(\omega)$ 的奇次导数和偶次导数按照调制频率的倍数分开,此时我们再采用解调技术就可以提取 $G(\omega)$ 的一次导数,得到如图 7.1(b) 所示的误差信号。

激光器的频率锁定过程是利用误差信号,构建一个反馈系统,构建反馈系统时还需要一个控制器,用于实现对频率变化的跟踪,一个典型的反馈系统如图 7.2 所示。

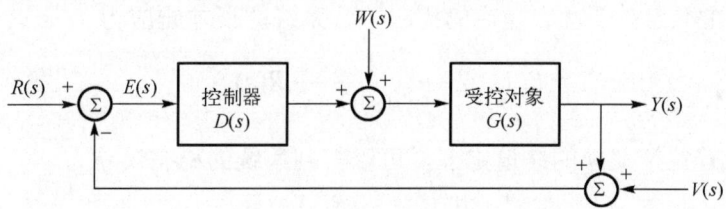

图 7.2 典型的反馈系统

图 7.2 中,$R(s)$ 是参考输入;$E(s)$ 是误差信号;$D(s)$ 是控制器的响应;$G(s)$ 是受控对象的响应;$W(s)$ 和 $V(s)$ 分别是扰动和噪声;$Y(s)$ 是受控对象的输出。假设没有反馈通路,我们可以写出在开环状态下的输出信号和误差信号:

$$Y_{\text{ol}}(s) = G(s)D_{\text{ol}}(s)R(s) + G(s)W(s) \quad (7.3)$$

$$E_{\text{ol}}(s) = \left(1 - G(s)D_{\text{ol}}(s)\right)R(s) - G(s)W(s) \quad (7.4)$$

式中,下标 ol 代表开环。假如我们略去系统的扰动,在开环状态下,误差信号在

$G(s)D_{ol}(s)=1$ 时等于 0，此时我们的控制器是受控对象的逆系统，在实际中，受控对象的响应函数 $G(s)$ 是未知的，并且难以精确测量，因此在开环状态下，很难确定控制器的响应函数。当存在扰动时，误差信号是扰动函数经过受控对象滤波后的结果，通常受控对象的响应函数具有低通的性质，也就是在开环状态下，误差信号会直接体现扰动，因此开环系统的抗干扰能力差。

我们可以写出在闭环状态下的输出信号和误差信号：

$$Y_{cl}(s) = \frac{G(s)D_{cl}(s)}{1+G(s)D_{cl}(s)}R(s) + \frac{G(s)}{1+G(s)D_{cl}(s)}W(s) - \frac{G(s)D_{cl}(s)}{1+G(s)D_{cl}(s)}V(s) \quad (7.5)$$

$$E_{cl}(s) = \frac{1}{1+G(s)D_{cl}(s)}R(s) - \frac{G(s)}{1+G(s)D_{cl}(s)}W(s) + \frac{G(s)D_{cl}(s)}{1+G(s)D_{cl}(s)}V(s) \quad (7.6)$$

式中，下标 cl 表示闭环。在闭环系统中，一般有 $G(s)D_{cl}(s) \gg 1$，因此，此时系统输出与参考输入是基本同步的，在没有干扰的情况下，误差信号会趋于零，关于系统的稳态误差问题，我们随后将会详细地加以讨论。闭环系统对于干扰和误差的抑制情况是不同的，当存在干扰时，一般有 $1/(1+G(s)D_{cl}(s)) \ll 1$，此时与开环系统相比，通过闭环系统的干扰信号会被极大抑制，因此，闭环系统的抗干扰能力要比开环系统强。在闭环系统中，$G(s)D_{cl}(s)/(1+G(s)D_{cl}(s)) \approx 1$，说明闭环系统对外部噪声没有抑制能力。

对于一个跟踪系统，当参考输入变化时，输出能够及时地根据输入的变化而产生改变，"跟得上"是最基本的要求。如果输入是一个阶跃型的改变，经过足够长的时间后，系统的输出应该等于参考的输入。这也就是说系统的稳态误差应该等于 0。在不存在干扰和噪声的情况下，系统的误差响应为

$$E_{cl}(s) = \frac{1}{1+G(s)D_{cl}(s)}R(s) \quad (7.7)$$

利用拉普拉斯变换的终值定理，可以得到系统的稳态误差为

$$e(\infty) = \lim_{s \to 0} \frac{sR(s)}{1+G(s)D_{cl}(s)} \quad (7.8)$$

式(7.8)说明系统的稳态误差与多个因素有关，假设输入的参考信号跳变是阶跃的，也就是 $R(s)=1/s$，此时的闭环控制函数是一个关于 s 的多项式，其最低次幂是 0 次，则系统的稳态误差为

$$e(\infty) = \frac{1}{1+G(0)D_{cl}(0)} \quad (7.9)$$

式(7.9)说明，如果控制器只存在比例变换的话，稳态误差不可能消除，总会

有残余的稳态误差。式 (7.8) 表明,要消除稳态误差,有两种途径:一种是分子等于 0;另外一种是分母是无穷大。分子既然不可能为 0,那么我们可以选择适当的控制器,使分母是无穷大,因此,控制器是一个关于 s 的多项式,其最低次幂要小于等于 -1 次,此时的稳态误差为 0。这也就是说,控制器最少要包含一个积分器。最常见的控制器是比例-积分-微分 (proportional integral derivative,PID) 控制器,此时控制器的响应函数为

$$D_{cl}(s) = k_P + \frac{k_I}{s} + k_D s \qquad (7.10)$$

有时将 PID 的系统响应写为

$$D_{cl}(s) = k_P \left(1 + \frac{1}{T_I s} + T_D s\right) \qquad (7.11)$$

上式中:$T_I = k_P/k_I$,$T_D = k_D/k_P$,写成式 (7.11) 的好处是,改变 k_P 时并不会影响控制系统的零极点。

一般来说,我们并不能精确地测量被控制对象的响应函数 $G(s)$,控制系统的参数需要系统输出的信号来整定,最常用的方法是 Ziegler 和 Nichols 的方法和最大灵敏度的方法,可以参考自动控制系统的专业书籍[3]。

7.2 饱和吸收谱稳频技术

里德堡原子的实验都是从简单的二能级原子开始的,首先观察二能级原子对光的吸收现象和饱和吸收现象,其次是三能级原子的 EIT 效应,再增加到四能级,观测存在微波电场时的四能级原子的 EIT A-T 分裂效应。可以看出,二能级原子的实验是里德堡实验的基础,本节我们重点讲述二能级原子饱和吸收现象的观测以及利用饱和吸收现象稳定探测光的频率。

7.2.1 铯原子能级

在里德堡实验中,碱金属原子是最外层只有一个电子的原子,是类氢原子,物理学家们对碱金属的原子特性研究得非常深入,现在碱金属是最常见的里德堡原子的实验媒介,在微波电场的测量中,一般都采用铷原子和铯原子。在国外的里德堡实验中,铷原子用得较多,国内铯原子用得较多。铷原子有两种稳定的同位素 ^{85}Rb 和 ^{87}Rb,铯原子只有 ^{133}Cs 一种稳定的同位素。我们以铯原子为例,认识铯原子的基态 $6S_{1/2}$ 态和第一激发态 $6P_{3/2}$ 态,也就是铯原子的 D2 线,如图 7.3 所示[4]。

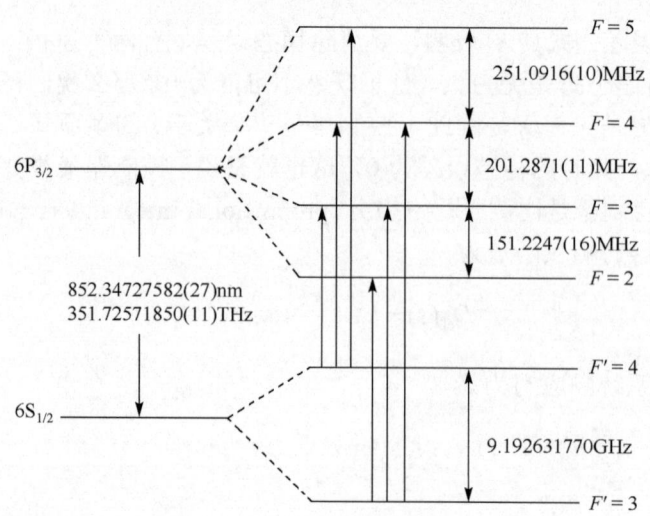

图 7.3　铯原子 D2 线的精细结构能级

图 7.3 表明，我们平时所说的基态能级或第一激发态的能级并不是一个能级，而是由一系列分立能级构成了原子的基态能级和激发态能级。这一系列能级是由原子的精细结构能级确定的。这些子能级的差别来源于不同的 F，F 被称为总体原子角动量量子数，总体原子角动量量子数是核外电子总角动量量子数与原子核的角动量量子数的和：

$$F = J + I \tag{7.12}$$

上式中，J 是核外电子总角动量量子数，I 是原子核角动量量子数。总体原子角动量量子数 F 的取值范围还应该满足如下的关系：

$$|J - I| \leq F \leq J + I \tag{7.13}$$

对于铯原子，原子核角动量量子数 I 取值为 7/2。电子总角动量量子数 J 是由电子轨道角动量量子数和电子自旋角动量量子数组成：

$$J = L + S \tag{7.14}$$

电子自旋角动量量子数 S 取值为 1/2 和 −1/2，电子角动量量子数的取值范围还应该满足如下的关系：

$$|L - S| \leq J \leq L + S \tag{7.15}$$

电子轨道角动量量子数 L 是求解定态薛定谔方程时的角向方程量子数，其取值为 $0 \leq L \leq n-1$，其中 n 是主量子数。如果铯原子处于基态，$L = 0$，此时电子角动量量子数为 $J = 1/2$，铯原子的原子核角动量量子数 $I = 7/2$，因此对于基态，原子角动量 F 的取值为 3 或者 4，对应于基态两个子能级，其频率差为 9.192631770GHz，就是铯原子钟的频率。对于 $6P_{3/2}$ 态,也就是轨道量子数 $L=1$,自旋量子数 $S=1/2$,电子角动量量子数为 $J=3/2$,此时原子角动量量子数 F 的取值为 2,3,4,5。原子跃迁对总体原子角动量量子数 F 的选择规则为:$F'=F\pm1$ 或 $F'=F$。例如我们从基态 $6S_{1/2}$ 态的子能级 $F'=3$ 出发,只能跃迁到第一激发态 $6P_{3/2}$ 态的 $F=2,3,4$ 的子能级,而不能跃迁到第一激发态的 $F=5$ 的子能级上。

对于冷原子,如果我们大范围扫描激光器的频率,铯原子从基态 $6S_{1/2}$ 态激发到 $6P_{3/2}$ 态,会呈现两组吸收峰,两组吸收峰的频率差为 9.19GHz,这两组吸收峰分别代表着从 $6S_{1/2}$ 态的 $F'=3$ 跃迁至 $6P_{3/2}$ 态的 $F=2,3,4$ 以及从 $6S_{1/2}$ 态的 $F'=4$ 跃迁至 $6P_{3/2}$ 态的 $F=3,4,5$,就是图 7.3 中所示的两组激发情况。

通过上面的分析,我们看出铯原子从基态到第一激发态存在六种可能的跃迁,每一种跃迁都会对激励原子的光产生吸收,也就是光的能量转换为原子的内能。虽然这六种跃迁都发生在基态和第一激发态之间,但每一种跃迁对光的吸收截面积是不一样的,也就是不同精细能级之间的跃迁偶极矩是不一样的。表 7.1 是这六种跃迁各自的跃迁偶极矩[4]。

表 7.1 铯原子 D2 线精细能级的跃迁偶极矩

跃迁的子能级	跃迁偶极矩	跃迁的子能级	跃迁偶极矩
$F'=3\to F=2$	$1.5470ea_0$	$F'=4\to F=3$	$0.8072ea_0$
$F'=3\to F=3$	$1.5852ea_0$	$F'=4\to F=4$	$1.3980ea_0$
$F'=3\to F=4$	$1.3398ea_0$	$F'=4\to F=5$	$2.0236ea_0$

在原子实验中,我们希望在光功率一定的条件下,将尽可能多的原子从基态激发到第一激发态,原子的跃迁偶极矩是表征能级间是否容易跃迁的物理量,因此,我们应该选择跃迁偶极矩更大的态进行激发。表 7.1 表明,$F'=4\to F=5$ 的子能级之间的跃迁偶极矩最大,因此,在里德堡实验中,探测光的激发频率都选择为 $F'=4\to F=5$ 的能级共振频率。

在里德堡实验中,除了第一激发态以外,还需要有里德堡态,从第一激发态到里德堡态的跃迁频率、跃迁偶极矩、里德堡原子的寿命等参数,都可以采用开源的 ARC 计算软件进行计算。

7.2.2 铯原子的饱和吸收谱

当光通过碱金属气室时,由于光能会将处于基态的铯原子激发到激发态,光能会减弱,此时光的能量转变为原子的内能,处于基态的铯原子被激发到激发态上,上下能级的粒子数发生变化,从第 3 章可知,二能级原子的两个能级粒子数分布的概率为

$$\rho_{aa}(v_z) = \frac{4(\Delta_p - k_p v_z)^2 + \gamma_b^2 + \Omega_p^2}{4(\Delta_p - k_p v_z)^2 + \gamma_b^2 + 2\Omega_p^2} \tag{7.16}$$

$$\rho_{bb}(t,z,v_z) = \frac{\Omega_p^2}{4(\Delta_p - k_p v_z)^2 + \gamma_b^2 + 2\Omega_p^2} \tag{7.17}$$

则两个能级的粒子数为

$$\begin{aligned} N_a(v_z) &= N(v_z)\rho_{aa} = N(v_z) - N(v_z)\frac{\Omega_p^2}{4(\Delta_p - k_p v_z)^2 + \gamma_b^2 + 2\Omega_p^2} \\ N_b(v_z) &= N(v_z)\rho_{bb} = N(v_z)\frac{\Omega_p^2}{4(\Delta_p - k_p v_z)^2 + \gamma_b^2 + 2\Omega_p^2} \end{aligned} \tag{7.18}$$

式(7.18)表明，当$v_z = \Delta_p/k_p$时，分母会出现最小值，因此下能级的粒子数在$v_z = \Delta_p/k_p$处会有一个凹坑，上能级的粒子数在$v_z = \Delta_p/k_p$处会有一个峰值，这两处相应地被称为Bennet坑和Bennet峰[1]。这个坑和峰的形状是洛伦兹谱线，如果在吸收谱线上也有这个坑或峰，那么就可以利用这个信息进行激光器的频率稳定。下面我们看一下原子的吸收谱线。

如第3章介绍，光通过冷原子介质时的吸收系数可以表示为

$$\alpha = \frac{2\wp_{ab}^2 N_0}{\varepsilon_0 \hbar} \frac{\gamma_b}{2\Omega_p^2 + 4\Delta_p^2 + \gamma_b^2} \tag{7.19}$$

式中，γ_b是能级的衰减速率，也就是能级的宽度，当$\Omega_p \ll \gamma_b$时，吸收谱线的形状是洛伦兹谱线，谱线的宽度为本身能级的宽度，吸收系数与入射光的光强无关（光强正比于拉比频率的平方），此时的吸收被称为线性吸收。随着Ω_p的增大，当Ω_p与γ_b可以相比时，吸收系数与光强有关，展现出非线性吸收的特性，此时的吸收线型还是洛伦兹谱线的形状，但谱线的宽度有所变化，谱线的宽度变成$\gamma_s = \gamma_b\sqrt{1 + 2\Omega_p^2/\gamma_b^2}$，这种效应称为饱和展宽效应，$S = 2\Omega_p^2/\gamma_b^2$被称为饱和因子。

当原子是热原子时，此时的吸收系数可以表示为

$$\alpha = \frac{2\wp_{ab}^2}{\varepsilon_0 \hbar} \int_{-\infty}^{+\infty} \frac{\gamma_b}{4(\Delta_p - k_p v_z)^2 + \gamma_s^2} N(v_z)\,\mathrm{d}v_z \tag{7.20}$$

式中，$N(v_z)$是高斯分布，其分布函数如式(7.21)所示：

$$N(v_z) = \frac{N_0}{v_p \sqrt{\pi}} e^{-\left(\frac{v_z}{v_p}\right)^2} \tag{7.21}$$

式中，$v_p = \sqrt{2k_B T/m}$，k_B为玻尔兹曼常数，T为温度，m为原子质量。由此可知，对于热原子，吸收谱线的形状是一个洛伦兹函数和高斯函数的卷积，这也被

称为 Voigt 线型。对于室温(25℃)下的铯原子,其平均运动速度 $v_p \approx 193\text{m/s}$,速度分布的标准差 $\sigma = v_p/\sqrt{2}$ 约为136m/s,此时 852nm 激光对应的多普勒运动宽度为319MHz(1 倍标准差),这个数值远远大于 γ_s,$N(v_z)$ 的值在速度间隔 γ_s/k_p 内变化非常缓慢,此时对积分贡献最大的是分母部分,分子部分可以认为是常数而整体移到积分号的外面,此时速度与失谐存在锁定关系:$v_z = \varDelta_p/k_p$,因此式(7.20)的积分可以表示为

$$\alpha \approx \frac{2\wp_{ab}^2}{\varepsilon_0 \hbar} N\left(\frac{\varDelta_p}{k_p}\right) \int_{-\infty}^{+\infty} \frac{\gamma_b}{4(\varDelta_p - k_p v_z)^2 + \gamma_s^2} dv_z = \frac{\sqrt{\pi} N_0 \wp_{ab}^2}{\varepsilon_0 \hbar k_p v_p \sqrt{1+S}} e^{-\frac{\varDelta_p^2}{k_p^2 v_p^2}} \tag{7.22}$$

式(7.22)表明,当洛伦兹谱线线宽远远小于由于热运动产生的高斯谱线线宽时,整个谱线的形状近似是一个高斯型的谱线。

当我们对铯原子的吸收谱线进行观测时,扫描 852nm 激光器的频率,此时观测到的谱线并不是一个高斯型的谱线,而是存在很大的变形,这是由于在如图 7.3 所示的铯原子能级中,无论从基态 $F' = 3$ 开始的那组能级跃迁还是从基态 $F' = 4$ 开始的那组能级跃迁,其精细能级之间的间隔要小于高斯谱线的多普勒宽度。因此,实际的热原子的吸收谱是由多个高斯型的谱线叠加而成的,所以观测到的吸收谱线与高斯型谱线的形状有较大的差异。

上面的分析表明,尽管上下两个能级的粒子数上会出现 Bennet 坑或 Bennet 峰,但是吸收谱线仍然是高斯型的,为了看到谱线上的 Bennet 峰,我们需要使频率相同传输方向相反的两束光通过铯泡,也就是饱和吸收谱技术,此时一束强的光作为泵浦光,与之传输方向相反的光作为探测光。关于饱和吸收谱吸收系数的密度矩阵元的分析,在第 3 章有详细的介绍。

采用饱和吸收谱技术后,其吸收系数为

$$\alpha \approx \frac{\pi \wp_{ab}^2}{\varepsilon_0 \hbar k_p} N\left(\frac{\varDelta_p}{k_p}\right)\left(1 - \frac{S(1+\sqrt{1+S})}{4\sqrt{1+S}} \frac{(\gamma_b/2)^2}{\varDelta_p^2 + (\varGamma_s/2)^2}\right) \tag{7.23}$$

式中,$\varGamma_s = (\gamma_s + \gamma_b)/2$ 是谱线的总宽度,$\gamma_s = \gamma_b \sqrt{1+S}$ 是谱线的饱和展宽,其中,S 是饱和展宽系数。式(7.23)表明饱和吸收谱是在吸收峰处吸收减弱的一个现象。实现饱和吸收谱的一个关键是要产生对向传输的强的泵浦光和弱的探测光,可以用如图 7.4 的光路实现。

对于 852nm 激光器输出的激光,假设其偏振方向是垂直于光学平台的线偏振光,经过一个二分之一波片,我们可以旋转二分之一波片改变光的偏振方向,偏振分束器(polarizing beam splitter,PBS)是偏振分光立方体,其特点是垂直偏振方向的光被反射,水平偏振方向的光被透射,二分之一波片和 PBS 组成一个功率调

节器，可以调节水平偏振光的功率，图 7.4 中，通过 PBS 后的细线表示光的偏振方向是水平方向，其功率非常弱，被探测器探测。垂直偏振光如图 7.4 中粗线所示，其功率较大，被称为泵浦光，经过两个反射镜和 PBS 后，实现与探测光在铯泡内的对向传输。经过铯泡后的探测光被光电探测器接收，将光电探测器连接至示波器可查看输出波型。

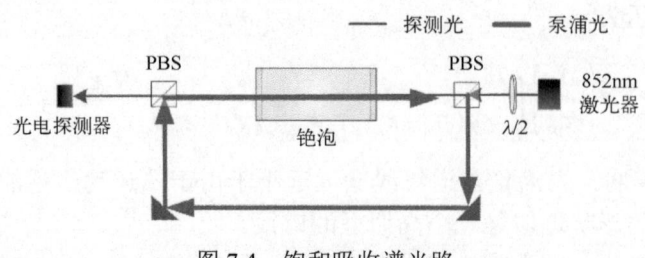

图 7.4 饱和吸收谱光路

式(7.23)表明，饱和吸收谱的谱线宽度为 $\varGamma_s$，其最小值是一倍的自然谱线宽，饱和吸收谱的谱线宽度依赖于饱和因子 S，S 越大，饱和吸收现象越明显，所得的饱和吸收谱线幅度越大，但 S 太大，会引起饱和吸收谱的谱线展宽太多，导致误差信号的斜率变小，会影响锁定的精度。根据饱和因子 S 可以确定泵浦光的强度，如第 3 章所述，在饱和吸收谱中，探测光几乎不会引起能级上原子数的变化，这就需要弱的探测光，也就是说，探测光引起的饱和因子要在能确保误差信号幅度的前提下尽可能的小。

图 7.3 的铯原子 D2 线的精细能级结构表明，当其是冷原子时，扫描激光器的频率无论是从 $F'=3$ 开始的那组能级跃迁，还是从 $F'=4$ 开始的那组能级跃迁，都会产生三个吸收谱线，但当我们采用图 7.4 的装置观察热原子的饱和吸收谱时，除了本身的能级共振吸收峰外，还会产生交叉吸收峰。我们先看一下为什么通过两束对向传输的光就能看到吸收谱线。当大范围扫描激光器频率时，不同运动速度的原子都会从基态被激发到激发态中，假设此时激光器与某个子能级的失谐为 $\varDelta_p$，则运动速度为 $\varDelta_p/k_p$ 的原子被激发到激发态中，由于探测光频率与泵浦光频率相同，传输方向相反，此时运动速度为 $-\varDelta_p/k_p$ 的原子会与探测光共振。只有当 $\varDelta_p=0$ 时，运动速度约等于 0 的原子才会与探测光和泵浦光都共振，而对于探测光来说，此时由于激发态能级上存在一些被泵浦光泵浦到高能级的原子，从探测光的角度来看，上下两个能级的原子数之差要小于 $\varDelta_p \neq 0$，因此，此时的铯原子对探测光的吸收效应会减弱。当存在两个激发态子能级时，其共振频率分别为 ω_1 和 ω_2 ($\omega_2 > \omega_1$)，当激光器频率恰好在两个能级的中间时，泵浦光会将速度为 $(\omega_2-\omega_1)/2k_p$ 的原子从基态泵浦到较高的激发态上，由于探测光的频率与泵浦光

的频率相同,但传输方向相反,因此,这个速度的原子刚好能使探测光与其较低的激发态能级共振,此时会产生一个交叉吸收峰。

因此我们将基态 $6S_{1/2}$ $F'=4$ 的原子激发到第一激发态时,采用图 7.4 的装置观测饱和吸收谱,此时会看到 6 个吸收峰,其中 3 个是本身能级的共振吸收峰,另外 3 个是交叉吸收峰,如图 7.5 所示,激光频率从左往右增大,各个谱峰对应的跃迁如下:1 号峰为 $F'=4 \to F=5$ 对应的饱和吸收峰,2 号峰为 $F'=4 \to F=4$ 和 $F'=4 \to F=5$ 对应的交叉饱和吸收峰,3 号峰为 $F'=4 \to F=3$ 和 $F'=4 \to F=5$ 对应的交叉饱和吸收峰,4 号峰为 $F'=4 \to F=4$ 对应的饱和吸收峰,5 号峰为 $F'=4 \to F=3$ 和 $F'=4 \to F=4$ 对应的交叉饱和吸收峰,6 号峰为 $F'=4 \to F=3$ 的饱和吸收峰。

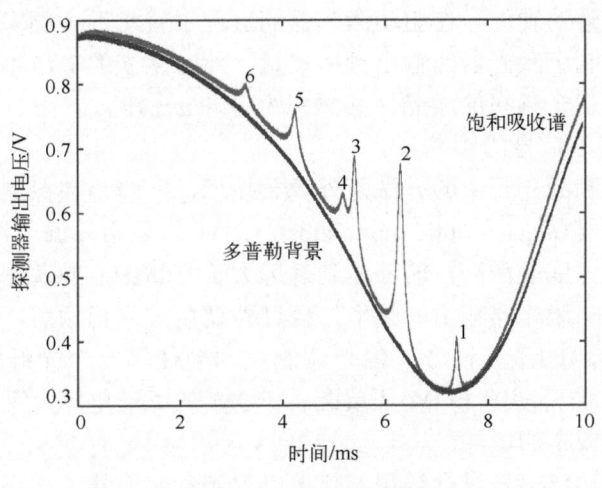

图 7.5 饱和吸收谱

7.2.3 饱和吸收谱稳频

目前为止,我们已经了解了饱和吸收谱现象,当大范围扫描激光器频率时,我们可以观测到六个吸收峰,稳定激光器的频率是将激光器的频率锁定到其中一个吸收峰上,因此,在稳频时,运用了 7.1 节所讲的"锁顶"技术,也就是需要将激光器的频率进行调制。

调制激光器的频率有内调制技术和外调制技术,内调制技术是通过调整激光器的驱动参量实现激光器的频率调制。一般来说,进行原子实验的激光器有分布式反馈(distributed feedback,DFB)激光器或者分布式布拉格反射(distributed Bragg reflector,DBR)激光器、利特罗(Litterow)或者猫眼外腔半导体激光器以及光纤激光器。DFB 激光器和 DBR 激光器进行内调制时,是通过调制激光器的驱动电流,将激光器的驱动电流加上一个微小的正弦信号,实现 DFB 激光器和 DBR 激光器的频率调制,采用电流调制的方法获得的调制频率较高,可以达到 MHz 量级。

光纤激光器一般都有一个压电(piezoelectric,PZT)接口,通过给 PZT 接口上施加电压而改变光纤激光器的腔长,从而改变光纤激光器的输出频率,可以在 PZT 接口的驱动信号上施加一个幅度很小的正弦信号,从而实现激光器输出频率的正弦调制。由于 PZT 接口的响应带宽比较小,其只能实现 kHz 量级的频率调制。

改变 Litterow 或者猫眼外腔半导体激光器频率的方式有两种:一种是改变半导体激光器的驱动电流;另外一种是通过 PZT 接口调节外腔半导体激光器的外腔腔长。这两种方法都可以实现外腔半导体激光器输出频率的频率调制。

上面的描述表明,采用内调制技术实现激光器频率调制的主要优点是非常简单,不用增加额外的硬件,在驱动激光器的过程中就实现了频率调制。其缺点是由于我们直接控制了激光器的输出频率参量,此时激光的输出不再是一个单频激光,而是包含了三个频率的激光,其频率为 ω、$\omega \pm \Omega$,其中,ω 是激光器的中心频率,Ω 是调制信号的频率。

另外一种调制激光频率的方法是外调制技术,一般是在探测光路上加一个相位式的电光调制器(electro-optic modulator,EOM)。采用外调制技术有两个优点:其一是调制频率可以非常高,能够达到远远大于 10MHz 的调制频率;其二是外调制技术不会影响激光器输出的频率,经过外调制技术稳频后,激光器的输出频率始终是一个单频的激光信号。但外调制技术会使用一个光纤或者自由空间的 EOM,如果是自由空间的 EOM 还要配备 EOM 的驱动电路,系统比内调制技术复杂一些,造成成本的增加。

对探测器的输出信号进行解调,就可以得到误差信号,缩小激光器的频率扫描范围,选择需要锁定的吸收峰,同时调整解调的相位,使误差信号最大,关闭激光器的扫描,就可以实现激光器的频率锁定。

饱和谱稳频实验的结构如图 7.6(a)所示。852nm 激光器发出的光由一分二光纤分路器分为两束,分别作为探测光和泵浦光。探测光经过光纤连接至 EOM,EOM 的驱动信号由信号发生器提供。经过调制后的光通过分光(beam splitter,BS)棱镜分为两束。其中,反射光由光电探测器(photodetector,PD)接收,用作光功率稳定,透射光经过二分之一波片和 PBS 调节功率进入铯泡。泵浦光同样经功率调节后由探测光对向进入铯泡。图 7.6(a)中左侧的 PD 接收输出的探测光信号并连接至混频器,与本振信号混频。混频后的信号经低通滤波器(low-pass filter,LPF)得到误差信号,调节本振信号相位,直至误差信号最大。最后将误差信号传输至 PID 控制器,得到的控制信号连接至激光器的电流和 PZT 的输入端口以实现反馈控制。实际搭建的系统如图 7.6(b)所示。

第 7 章 里德堡原子接收机相关的基础实验

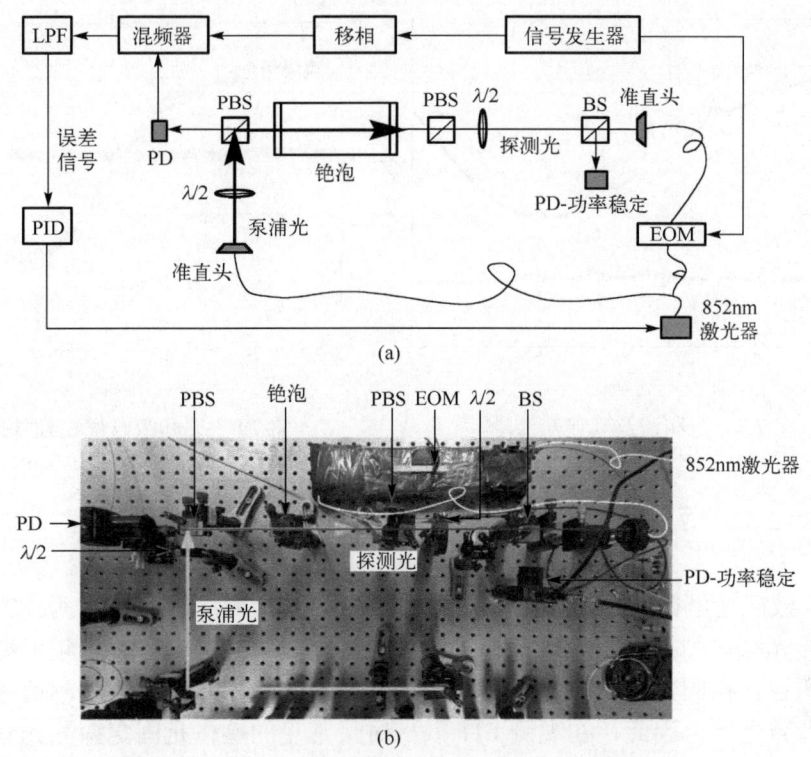

图 7.6 饱和吸收谱稳频实验结构图和实际系统搭建图

调制信号的频率和幅度都会影响反馈系统的性能，调制频率决定了锁频环路的带宽上限。较高的调制频率通常可以实现较高的反馈带宽，从而提高系统的稳定性和响应速度。需要注意的是，调制频率需要与探测器的带宽相匹配。调制频率过高，可能会导致探测器无法很好地接收光信号；调制频率过低，系统会受到低频噪声的干扰。适当调整调制幅度，可以增强稳频信号的强度，提高锁频系统的灵敏度和稳定性。调制幅度过大时，稳频信号可能会偏离线性区，从而引入非线性失真，影响频率锁定的精度；调制幅度过小时，锁频信号可能太弱，导致信噪比降低。

在实验中我们采用了 ixblue 的光纤 EOM，调制频率设为 10MHz，调制幅度为 300mVpp，探测光功率为 20μW，耦合光功率为 40mW。实测饱和吸收谱和误差信号如图 7.7 所示。对比测量稳频状态和未稳频状态下的激光器频率，监测时间为 5min，结果如图 7.8 所示。图中处于中间平行于横轴的数据是经过饱和吸收谱稳频后的结果，另外一条弯曲的曲线是激光器无反馈自由运转时的频率漂移量。可以看到，相较于未锁频的情况，频率锁定后激光器频率稳定在铯原子的共振频率处。

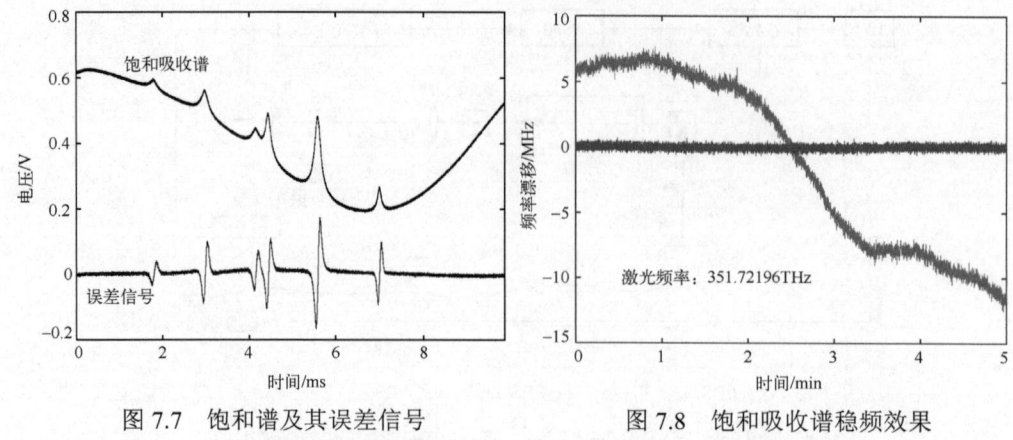

图 7.7　饱和谱及其误差信号　　　　图 7.8　饱和吸收谱稳频效果

7.3　EIT 效应观测以及耦合光稳频

EIT 效应是里德堡原子接收机的基础，观测 EIT 效应时一般有两种方法，即固定耦合光频率扫描探测光频率观测和固定探测光频率扫描耦合光频率观测，如第 4 章所述，在固定耦合光频率扫描探测光频率的观测方法中，观测信号附加于多普勒背景之上，因此，在观测 EIT 效应时最常见的操作是固定探测光频率扫描耦合光频率进行 EIT 效应的观测。

7.3.1　EIT 效应的观测

EIT 是一种量子相干效应，当探测光和耦合光与介质能级共振时，由于耦合光的作用，介质对探测光的吸收效应会出现减弱现象，也就是与非共振时相比，介质此时呈现相对透明的现象。里德堡能级的衰减很小，这一特点导致里德堡原子的 EIT 效应非常显著。三能级的 EIT 效应是四能级原子对微波测量的基础，本节介绍 EIT 效应的观测。

里德堡原子 EIT 效应的观测，一般都采用三能级阶梯激发的模式，如图 7.9(a) 所示，探测光将原子从基态激发到中间态，然后耦合光将中间态的原子激发到里德堡态。如第 4 章所述，在弱探测光的条件下，冷原子对探测光的电极化率可以表示为

$$\chi = \frac{2N_0\wp_{ab}}{\varepsilon_0 E_{ab}} \frac{\mathrm{i}\Omega_p(-\mathrm{i}2(\Delta_p+\Delta_c)+\gamma_c)}{(-\mathrm{i}2\Delta_p+\gamma_b)(-\mathrm{i}2(\Delta_p+\Delta_c)+\gamma_c)+\Omega_c^2} \tag{7.24}$$

由于 c 能级是里德堡能级，其寿命很长，衰减率很小，因此，在能级完全共振处，$\chi \approx 0$，介质对探测光没有吸收效应，似乎 b 能级完全不存在，原子直接从基态被激发到里德堡态。

里德堡原子实验都是在室温下进行的，是热原子，此时式(7.24)中的 N_0 不再是一个常数，而是一个关于光传播方向上原子速度的玻尔兹曼分布函数，此时热原子对探测光的电极化率表现为集合平均。在冷原子的 EIT 效应中，探测光和耦合光既可以同向传输也可以对向传输，两种传输方式观测到的 EIT 效应相同，然而，由第 4 章的分析可知，在观测热原子的 EIT 效应时，对向传输的 EIT 效应要远远大于同向传输的 EIT 效应，因此，在实验中，都是采用对向传输观测 EIT 效应，此时介质电极化率的表达式为

$$\chi = \frac{2\wp_{ab}}{\varepsilon_0 E_{ab}} \int \frac{i\Omega_p(-i2(\Delta_p + \Delta_c - (k_p - k_c)v_z) + \gamma_c)}{(-i2(\Delta_p - k_p v_z) + \gamma_b)(-i2(\Delta_p + \Delta_c - (k_p - k_c)v_z) + \gamma_c) + \Omega_c^2} N(v_z) \mathrm{d}z \quad (7.25)$$

在冷原子的 EIT 效应中，介质对探测光处于完全透明的状态，基本不进行任何的吸收；在热原子的 EIT 效应中，介质对探测光始终是有吸收的，即使在失谐为 0 时，探测光也会被介质显著地吸收，但吸收程度要比没有耦合光时（二能级）的吸收程度小，因此，此时介质处于一个相对透明的状态。

当探测光不满足弱光条件时，介质的电极化率难以有一个解析表达式，此时需要采用第 4 章介绍的数值计算方法。

观测三能级的 EIT 效应，一般都采用碱金属原子，在此我们采用了铯原子，其中 $|a\rangle$ 态是基态 $6S_{1/2}$ 态，$|b\rangle$ 态是中间态 $6P_{3/2}$ 态，$|c\rangle$ 态是里德堡态，$|c\rangle$ 态的选取要与 $|b\rangle$ 态满足跃迁选择定则，根据跃迁选择定则，$|c\rangle$ 态只能是 D 态或者 S 态的里德堡原子。耦合于 $|a\rangle$ 态和 $|b\rangle$ 态的 852nm 的激光称为探测光，耦合于 $|b\rangle$ 态和 $|c\rangle$ 态的 510nm 的激光称为耦合光或者控制光，探测光和耦合光可能并不是完全与能级共振，而是存在一定的失谐 Δ_p 和 Δ_c。852nm 的激光和 510nm 的激光对向传输，利用四分之一波片和二分之一波片可以改变探测光和耦合光的偏振方向和偏振类型，里德堡原子实验系统如图 7.9 所示。

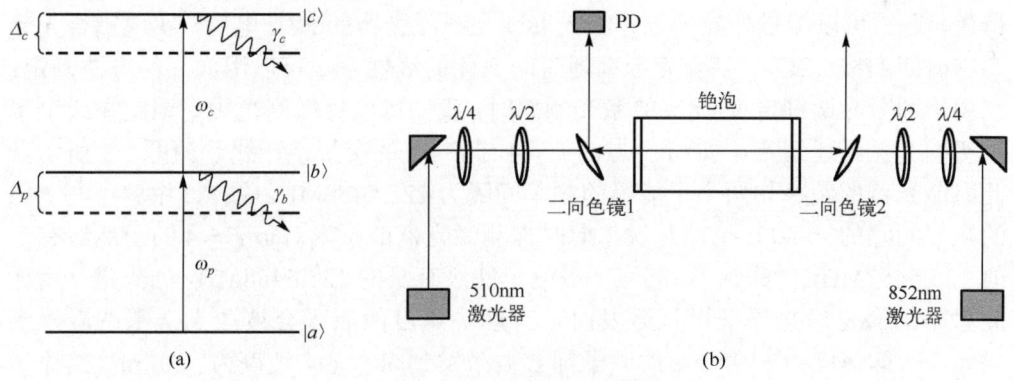

图 7.9 里德堡原子实验系统

有两种方式可以观测到 EIT 效应, 即固定耦合光频率扫描探测光频率的方式和固定探测光频率扫描耦合光频率的方式。当固定耦合光频率时(此时假设耦合光的频率固定在 $\Delta_c = 0$ 处), 由于原子的热运动, 扫描探测光频率时, 可以将速度为 Δ_p / k_p 的原子激发到 $|b\rangle$ 态, 扫描探测光频率就是连续不断地改变探测光的失谐 Δ_p, 此时 $|b\rangle$ 态充斥着速度各异的铯原子, 也就是说, 探测光在相当大的失谐范围内都会被铯原子吸收, 意味着此时会有一个多普勒背景, 当探测光的失谐 $\Delta_p = 0$ 时, 会观测到 EIT 效应, 也就是在扫描探测光频率观测 EIT 效应时, EIT 效应是叠加在多普勒背景上的。当固定探测光频率时, 被激发到 $|b\rangle$ 态上的铯原子速度基本是恒定的, 当 $\Delta_p = 0$ 时, 只有速度约等于 0 的那些铯原子被激发到 $|b\rangle$ 态, 此时扫描耦合光频率, 观测到的 EIT 效应并没有多普勒背景, 更像是冷原子的 EIT 效应, 但此时 EIT 谱线宽度要比冷原子大很多。

从激光器的频率稳定角度来说, 扫描耦合光频率观测 EIT 效应更为方便一些, 当固定探测光频率时, 探测光的频率可以很方便地采用饱和吸收谱稳频的方式固定在铯原子的 D2 线上。此时扫描耦合光频率观测 EIT 效应非常方便。如果是扫描探测光频率的方式, 则需要将耦合光的频率固定, 此时固定耦合光的频率不太方便, 如果是以固定耦合光激光器的温度、电流以及 PZT 电压的方式固定耦合光频率, 此时耦合光的频率漂移完全取决于激光器自由运转时的频率漂移, 一般的外腔半导体激光器的频率漂移可以达到 20MHz 以上, 难以稳定地观测 EIT 效应。要想固定耦合光的频率一般有两种办法: 一种是如 7.3.2 节介绍的, 利用 EIT 效应锁定耦合光的频率; 一种是采用超稳腔的方式, 利用 PDH 锁频技术固定耦合光的频率。无论哪种方式, 实现方式都要比固定探测光模式复杂得多。

使用固定探测光频率扫描耦合光频率的方式观测 EIT 效应时, 我们通过示波器观测的横坐标是时间量, 而观测 EIT 效应时, 横坐标对应的是耦合光频率的失谐量, 通常可以扫描外腔半导体激光器或光纤激光器的 PZT 电压, 实现耦合光频率与时间的线性变换。耦合光频率随时间变化的线性系数可以用如下的方法确定: 在用饱和吸收谱锁定 852nm 的激光频率时, 我们可以将探测光频率锁定在两个子能级的交叉跃迁线上, 如 $6P_{3/2}$ 态的 $F=4$ 与 $F=5$ 的交叉跃迁线。如图 7.3 所示, 此时激光器的频率与两个子能级的频率间隔为 125.5458MHz (图 7.3 中 $F=4$ 与 $F=5$ 的频率间隔的一半), 也就是说, 此时探测激光器的频率对于 $F=4$ 的子能级有正的 125.5458MHz 的失谐, 对于 $F=5$ 的子能级有负的 125.5458MHz 的失谐。用如此频率的激光对热原子进行激发时, 有两种速度的原子会被激光从基态激发到 $6P_{3/2}$ 态, 即速度为 $\pm 107\text{m/s}$ 的原子都会被激发到 $6P_{3/2}$ 态, 速度为 -107m/s 的原子会被激发到 $F=4$ 上, 速度为 107m/s 的铯原子会被激发到 $F=5$ 上。因此, 此时扫描 510nm 激光器的频率, 会观测到两个 EIT 的透射峰, 我们可以用这两个 EIT 透射峰的频率间隔定标 510nm 激光器的扫描频率与时间的线性系数。

由于探测光与耦合光是对向传输，则原子运动速度方向和探测光方向相同时与耦合光方向相反，所以在 $F=5$ 能级上的原子速度与耦合光方向相同，在 $F=4$ 能级上的原子速度与耦合光方向相反。设耦合光扫描时的频率为 ω，当 $\omega=\omega_1$ 时，$F=5$ 能级上的原子发生跃迁；当 $\omega=\omega_2$ 时，$F=4$ 能级上的原子发生跃迁。设 $F=5$ 到 $47D_{5/2}$ 态的跃迁频率为 ω_{c5}，$F=4$ 到 $47D_{5/2}$ 态的跃迁频率为 ω_{c4}，忽略耦合光波矢的变化，则有式(7.26)：

$$\begin{aligned}\omega_{c5} &= \omega_1 - k_c v_z \\ \omega_{c4} &= \omega_2 + k_c v_z\end{aligned} \tag{7.26}$$

将式(7.26)中的两式相减：

$$\omega_{c4} - \omega_{c5} = \omega_2 - \omega_1 + 2k_c v_z \tag{7.27}$$

设 Δ_p 为 $F=5$ 能级与 $F=4$ 能级的角频率差，则有

$$\Delta_p = \Delta_c + 2k_c v_z \tag{7.28}$$

由于探测光的频率被锁定在交叉吸收峰上，同时 v_z 与 Δ_p 有如下关系：

$$v_z = \frac{\Delta_p}{2k_p} \tag{7.29}$$

由式(7.26)～式(7.29)可得：

$$\Delta_c = \left(1 - \frac{k_c}{k_p}\right)\Delta_p \tag{7.30}$$

由此可以算出观测到的两个 EIT 信号的频率间隔为 168MHz。

实验结果如图 7.10 所示，在实验中采用 5cm 铯泡，设置探测光功率为 13μW，耦合光功率为 95mW。探测光光斑直径为 1.2mm，耦合光光斑直径为 1.5mm。由于跃迁偶极矩的差异，跃迁到两个能级的原子数量并不相同，高能级 $F=5$ 的跃迁偶极矩较大，因此跃迁到该能级上的原子数量较多；$F=4$ 能级的跃迁偶极矩较小，跃迁到该能级上的原子数量较少。因此我们观察到会出现一大一小两个 EIT 峰。图 7.10 中两个峰值的时间差为 7.138ms，对应的频率差为 168MHz。

确定了耦合光扫描频率与时间的线性关系后，就可以对 EIT 峰的线宽进行测量。我们首先利用饱和吸收谱将 852nm 的探测光锁定到 $F'=4 \rightarrow F=5$ 的跃迁谱线上，然后改变耦合光的中心频率，得到的 EIT 谱线如图 7.11 所示。根据上述实验中得到的扫描频率与时间的关系，可计算得到图 7.11 中 EIT 线宽为 $0.264 \times 168/7.138 \approx 6.21$MHz。

EIT 效应的幅度还与探测光和耦合光的偏振状态有关，实验中探测光功率为 13μW，耦合光功率为 50mW，测量探测光和耦合光不同偏振状态下的 EIT 效应。

将各偏振状态下的 EIT 图像归一化进行对比，如图 7.12 所示。图中符号标记为光的偏振状态，前一个表示探测光，后一个表示耦合光。其中，σ^+ 表示右圆偏振，σ^- 表示左圆偏振，π 表示线偏振。值得注意的是，我们标记的光的偏振状态是以对原子的实际作用为参考的。实验中探测光和耦合光对向入射，因此偏振测量仪测量的结果即实际对原子作用的偏振状态。

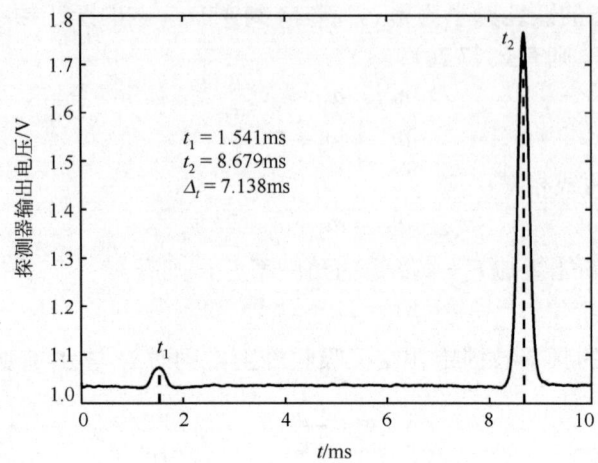

图 7.10　探测光频率锁定交叉峰扫耦合光频率的 EIT 谱

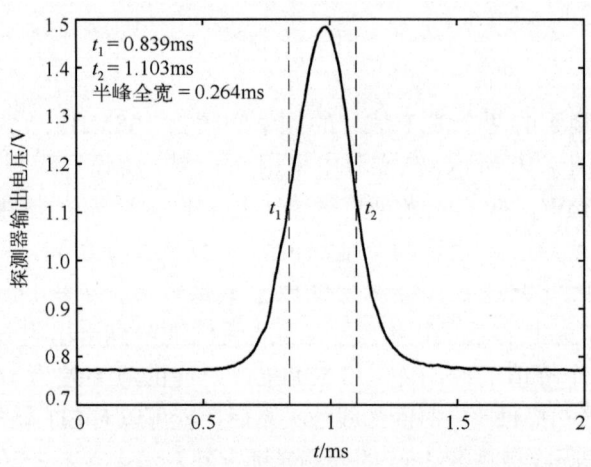

图 7.11　EIT 线宽的测量

图 7.12 表明，我们看到 EIT 信号的幅度随光场偏振组合有规律地改变，其中，σ^+-σ^+、σ^--σ^- 两种偏振组合下的 EIT 信号幅度最大；σ^--σ^+、σ^+-σ^- 两种组合下的 EIT 信号幅度最小，其他组合下的 EIT 信号幅度则相差较小。

第 7 章 里德堡原子接收机相关的基础实验

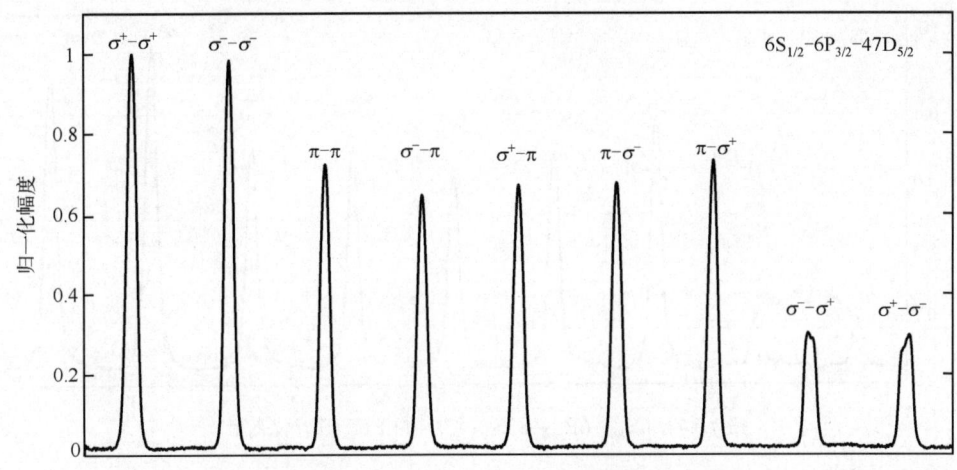

图 7.12 不同偏振状态下 EIT 图像的归一化对比

光的偏振状态对 EIT 谱线的影响主要是由磁量子数的跃迁选择定则决定的。只考虑电子角动量量子数 J 时，总磁量子数 m_J 的取值范围是 $-J,-J+1,\cdots,J-1,J$，如果是 $nS_{1/2}$ 态，此时 m_J 的取值为 $\pm 1/2$；如果是 $nP_{3/2}$ 态，此时 m_J 的取值为 $\pm 1/2, \pm 3/2$；如果是 $nD_{5/2}$ 态，此时 m_J 的取值为 $\pm 1/2, \pm 3/2, \pm 5/2$。在两个态之间跃迁时，$m_J$ 的变化受到光的偏振状态的影响。如果是线偏振光，那么两个态的总磁量子数 m_J 相等；如果是右圆偏振光，那么末态的 m_J 比初态的 m_J 增加 1；如果是左圆偏振光，那么末态的 m_J 比初态的 m_J 减小 1，对应的不同能级跃迁示意图如图 7.13 所示。不同的偏振对应的跃迁偶极矩并不相同，因此得到的 EIT 的幅度也会不同。

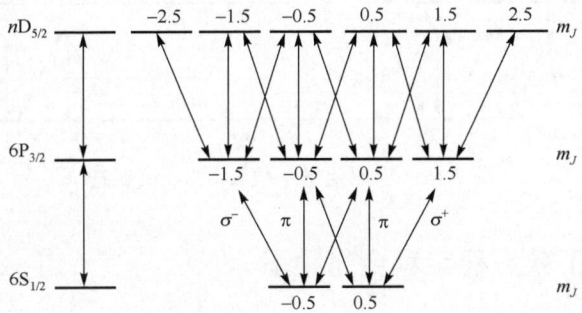

图 7.13 考虑磁量子数 m_J 的不同能级跃迁示意图

当三能级原子的能级结果选择为 $6S_{1/2} - 6P_{3/2} - 83S_{1/2}$ 时，偏振对 EIT 的影响与 $6S_{1/2} - 6P_{3/2} - 47D_{5/2}$ 正好相反，$\sigma^{\pm} - \sigma^{\mp}$ 的 EIT 幅度最大，$\sigma^{\pm} - \sigma^{\pm}$ 的 EIT 幅度最小，实际的测量结果如图 7.14 所示。

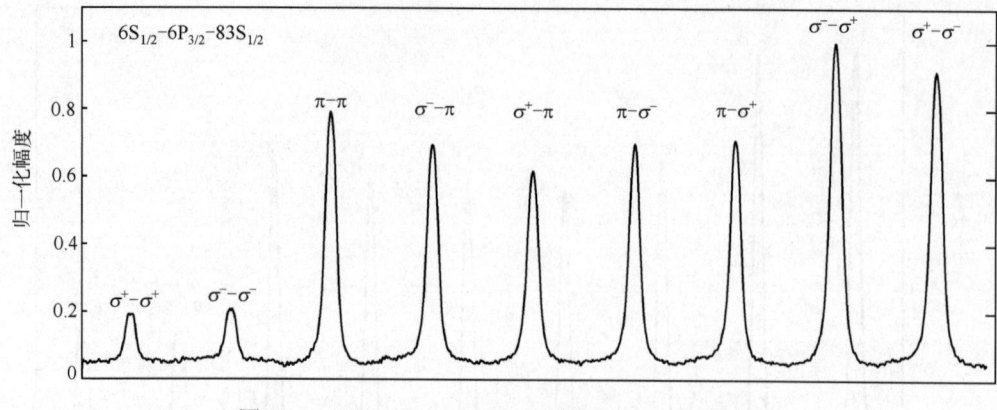

图 7.14 $6S_{1/2}$–$6P_{3/2}$–$83S_{1/2}$ 结构的 EIT 归一化对比

这里 EIT 效应仍存在是因为磁量子数还需要考虑原子核的角动量量子数,即总磁量子数应该为 m_F,其取值范围是 $-F, -F+1, \cdots, F-1, F$,选择定则也变化为 $\Delta F = 0, \pm 1$。

如图 7.15 所示,可以观测到,EIT 谱实际上是跃迁允许的不同磁量子数对应的 EIT 谱线的叠加。注意,由于超精细能级间的能量差正比于 $1/n^3$,里德堡态的超精细能级间的频率差已经很小了,可以忽略不计。

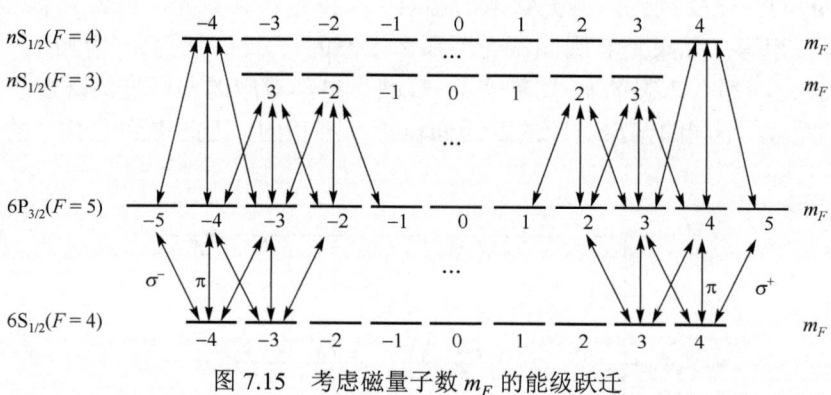

图 7.15 考虑磁量子数 m_F 的能级跃迁

7.3.2 利用 EIT 效应稳定耦合光频率

扫描 510nm 的耦合光频率,所得的 EIT 谱具有类似洛伦兹谱的特性,Abel 小组提出了利用里德堡 EIT 效应将耦合光频率锁定到 EIT 谱的峰值处[5]。本节我们将三能级的 EIT 效应看成一个系统,从系统的角度出发,从理论上探讨探测光通过铯泡后输出光的幅度和相位都发生什么样的变化,假设输入的单频光为 $E_0 e^{i\omega t}$,介质的电极化率为 χ,其与密度矩阵元 ρ_{ba}^0 的关系为

$$\chi = -\frac{2N_0 \wp_{ab}^2}{\varepsilon_0 \hbar \Omega_p} \rho_{ba}^0 \tag{7.31}$$

式中，密度矩阵元 ρ_{ba}^0 可以由第 4 章中数值计算的方法获得。

对于非常稀薄的介质，介质的折射率 n 和电极化率有如下的关系：

$$n = \sqrt{1+\chi} \approx 1 + \frac{\chi}{2} \tag{7.32}$$

假设介质的长度为 L，则输出光的表达式为

$$S_o(t) = E_0 \exp\left(i\omega\left(t - \frac{nL}{c}\right)\right) = E_0 \exp(i\omega t) \exp\left(-i\omega \frac{(1+\chi/2)L}{c}\right) \tag{7.33}$$

如果把三能级的介质看成一个系统，那么该系统对探测光的响应为

$$F(\omega) = \exp\left(-i\omega \frac{(1+\chi(\omega_{p,c})/2)L}{c}\right) \tag{7.34}$$

式中，电极化率 $\chi(\omega_{p,c})$ 与光频有关，扫描探测光频率时可表示为 $\chi(\omega_p)$，扫描耦合光频率时表示为 $\chi(\omega_c)$。

利用 EIT 效应对耦合光频率锁定时，需要对锁定后的探测光频率进行调制，在调制深度比较小时，调试后的探测光经过贝塞尔函数展开后可以表示为

$$\begin{aligned} S(t) &= E_0 e^{i(\omega t + \beta \sin \Omega t)} \\ &\approx E_0 (J_0(\beta) e^{i\omega t} + J_1(\beta) e^{i(\omega + \Omega)t} - J_1(\beta) e^{i(\omega - \Omega)t}) \end{aligned} \tag{7.35}$$

式中，β 为调制深度；Ω 为调制频率。此时探测光可以看成由 ω、$\omega + \Omega$ 和 $\omega - \Omega$ 三个单频信号相加而成。经过铯泡后的探测光可以表示为

$$S_o(t) \approx E_0 (J_0(\beta) F(\omega) e^{i\omega t} + J_1(\beta) F(\omega + \Omega) e^{i(\omega+\Omega)t} - J_1(\beta) F(\omega - \Omega) e^{i(\omega-\Omega)t}) \tag{7.36}$$

经过探测器探测后，滤除倍频项 $2\Omega t$，可得探测器的输出为

$$\begin{aligned} P(t) = |S_o(t)|^2 &= P_c |F(\omega)|^2 + P_s \left(|F(\omega+\Omega)|^2 + |F(\omega-\Omega)|^2\right) \\ &+ 2\sqrt{P_c P_s} \left(\text{Re}(F(\omega)F^*(\omega+\Omega) - F^*(\omega)F(\omega-\Omega))\cos\Omega t \right. \\ &\left. + \text{Im}(F(\omega)F^*(\omega+\Omega) - F^*(\omega)F(\omega-\Omega))\sin\Omega t\right) \end{aligned} \tag{7.37}$$

式中，$P_c = J_0^2(\beta) P_0$；$P_s = J_1^2(\beta) P_0$；$P_0 = E_0^2$。

由此可以得到 EIT 锁频的误差信号为

$$\begin{aligned} e(t) \propto &\text{Re}(F(\omega)F^*(\omega+\Omega) - F^*(\omega)F(\omega-\Omega))\cos\varphi \\ &- \text{Im}(F(\omega)F^*(\omega+\Omega) - F^*(\omega)F(\omega-\Omega))\sin\varphi \end{aligned} \tag{7.38}$$

式中，φ 是解调时的相位，在实验中，调整 φ 使误差信号最大。

EIT 稳频中的误差信号 $e(t)$ 与调制频率的关系很大，当调制频率 $\Omega \ll \Gamma_{\text{EIT}}$ 时，其

中，Γ_{EIT} 表示扫描耦合光频率模式下得到的 EIT 信号的谱线宽度，误差信号的形状与直接对 EIT 吸收谱线求导得到的信号类似，如图 7.16(a) 所示，当调制频率 Ω 与 Γ_{EIT} 可以相比拟时，误差信号呈现为一个多峰叠加形成的误差信号，误差信号的仿真图像如图 7.16(b) 所示，图 7.16 表明，无论调制频率高低，所得误差信号在共振点附近与失谐都是一个近似线性的关系，因此可以用来稳定 510nm 激光器的频率，也就是将 510nm 的激光频率稳定在谐振点处。

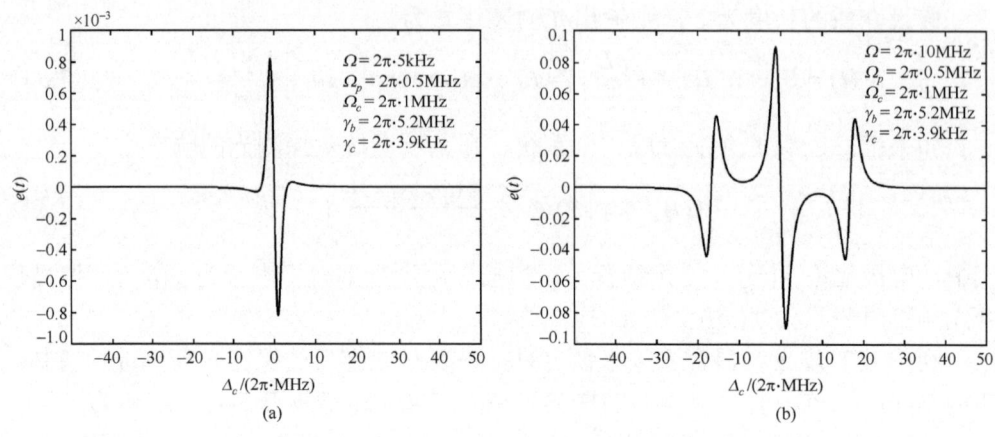

图 7.16　不同调制频率的误差信号

图 7.16 表明，采用低调制频率和高调制频率都可以实现利用 EIT 效应对耦合光的频率稳定，但从实际操作上来说，采用高调制频率进行耦合光的稳频更有好处。调制频率越高，系统的反馈带宽就可以做得更大一些，控制系统能够对激光频率快速变化的部分进行补偿，这样使激光器频率锁定精度更高，同时，高调制频率也避免了探测器的低频噪声对误差信号的影响。另外，在进行激光锁频时，激光器的初始频率需要设定在误差信号期望锁定频率的左右第一个过零点之内，而图 7.16 表明，高频调制时的频率范围远大于低频调制时的情况，而且误差信号的幅度也相对更大，因此我们选择高频调制进行频率锁定。

在实验中，利用 EIT 效应实现 510nm 激光器的稳频如图 7.17 所示，852nm 的激光器是 Moglabs 的猫眼激光器，510nm 的激光是利用 Moglabs 的 1020nm 激光器通过频准公司的放大倍频得到的。852nm 的激光经过 ixblue 的 EOM 实现对 852nm 的激光的相位调制，EOM 的驱动信号由信号发生器产生，频率是 10MHz，调制后的激光经过二分之一波片和 PBS 分光后，一部分和未被调制的光共同进入饱和吸收谱，用于稳定 852nm 激光器的频率（调制后的光作为饱和吸收谱的探测光，未被调制的光作为饱和吸收谱的泵浦光）；另一部分 852nm 的调制过的光通过铯泡与 510nm 的激光形成了 EIT 的光路，EIT 的光信号被探测后，与信号发生器的本振信号进行混频和低通滤波处理，得到 EIT 谱的误差信号，误差信号经过 PID 后得到 510nm 激光器的控制信号。实验中进入铯泡的探测光功率是 18μw，光斑直径为 1.2mm；510nm 光的功率是 45mW，光斑直径为 1.5mm。

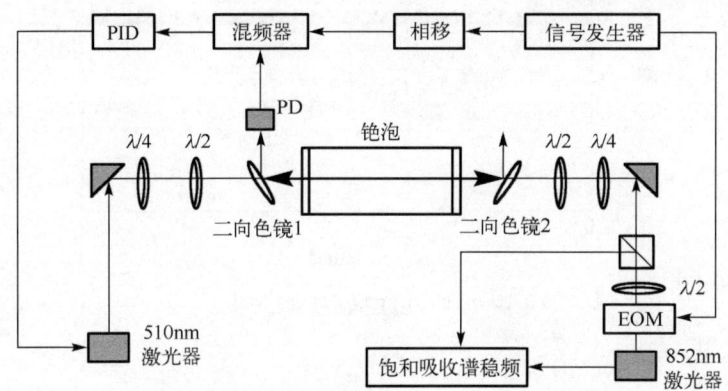

图 7.17　利用 EIT 效应实现 510nm 激光器稳频

EIT 信号由同一激光器分路的光信号产生，用于与误差信号进行对比。实验得到的误差信号如图 7.18 所示，图 7.18(a) 表示低调制频率下的误差信号和 EIT 信号，图 7.18(b) 表示高调制频率下的误差信号和 EIT 信号。实验中 EIT 峰对应误差信号中心的零点，对误差信号进行锁定后，EIT 信号变为幅度等于峰值的直流信号。对比激光器分别在锁频和未锁频状态下运行 5min 的频率测量结果，如图 7.19 所示，可以看到利用 EIT 效应锁频可以很好地将耦合光的频率稳定。

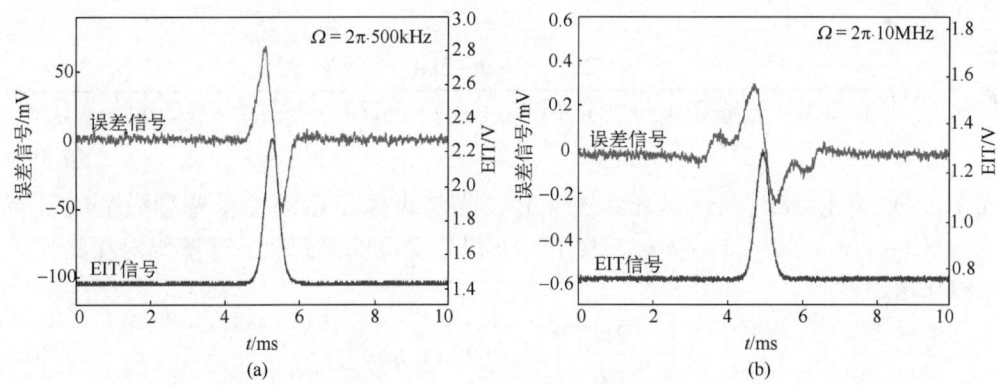

图 7.18　不同调制频率的误差信号与 EIT 的实测图

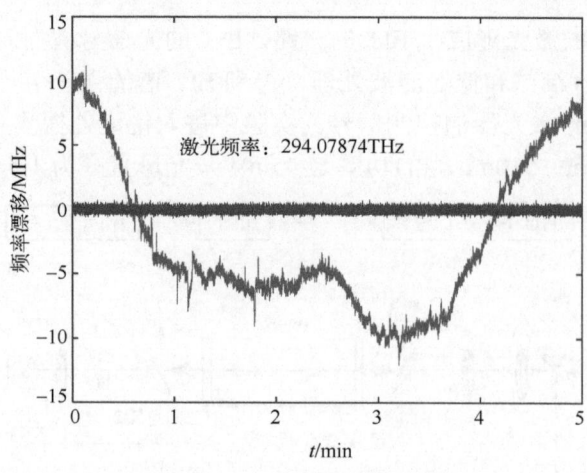

图 7.19 EIT 效应稳频效果

7.4 四能级原子对单频微波电场的测量

在前面几节的实验中,我们观察到了二能级原子的吸收现象和饱和吸收现象,在三能级原子中,在能级谐振处介质对探测光的吸收出现透明现象。本节对四能级原子的 EIT A-T 分裂效应进行观测,在三能级原子的基础上,增加耦合于两个里德堡能级之间的微波电场,微波电场频率在两个里德堡能级共振频率附近,如第 4 章所述,此时强的微波电场会在里德堡原子能级附近产生缀饰能级,导致三能级 EIT 效应的透明峰产生 A-T 分裂效应,并且分裂峰之间的间隔和微波电场强度成正比。如第 4 章所述,在弱探测光模式下,四能级原子的密度矩阵元的表达式为

$$\rho_{ba}^0 = -i\Omega_p \frac{(-2i\Delta_{pc}+\gamma_c)(-2i\Delta_{pm}+\gamma_d)+\Omega_m^2}{(-2i\Delta_p+\gamma_b)(-2i\Delta_{pc}+\gamma_c)(-2i\Delta_{pm}+\gamma_d)+(-2i\Delta_p+\gamma_b)\Omega_m^2+(-2i\Delta_{pm}+\gamma_d)\Omega_c^2}$$
(7.39)

式中,$\Delta_{pc}=\Delta_p+\Delta_c$;$\Delta_{pm}=\Delta_p+\Delta_c+\Delta_m$。当考虑原子运动的多普勒效应时,有 $\Delta_p=\Delta_{p0}-k_pv_z$,$\Delta_c=\Delta_{c0}+k_cv_z$,利用如下积分便可以得到热原子蒸气对探测光的电极化率:

$$\chi = -\frac{2\wp_{ab}}{\varepsilon_0 E_{ab}}\int \rho_{ba}^0(v_z)N(v_z)\mathrm{d}v_z \quad (7.40)$$

和三能级原子的 EIT 效应一样,观测四能级原子的 EIT A-T 分裂效应也有两种方法:一种是扫描探测光频率的方法;另一种是扫描耦合光频率的方法,扫描

探测光频率的方法观测 A-T 分裂效应时会存在多普勒背景,而扫描耦合光频率时不存在多普勒背景,更像冷原子的 A-T 分裂效应。如同第 4 章所述,在扫描探测光频率和扫描耦合光频率时,我们观测到的 A-T 分裂峰间隔是不一样的,当扫描探测光频率时,我们利用 A-T 分裂峰峰值之间的频率间隔计算的微波电场场强为

$$E_m = 2\pi \frac{\hbar}{\wp_{cd}} \frac{\lambda_p}{\lambda_c} \Delta f \tag{7.41}$$

当扫描耦合光频率时,利用 A-T 分裂峰峰值之间的频率间隔计算的微波电场场强为

$$E_m = 2\pi \frac{\hbar}{\wp_{cd}} \Delta f \tag{7.42}$$

四能级原子测量微波电场的装置示意图如图 7.20 所示,852nm 的探测光和 510nm 的耦合光对向传输通过铯泡,探测光和耦合光都通过波片调整为线偏振。探测光的频率利用饱和吸收谱稳定在 $6S_{1/2}(F'=4)$ 态与 $6P_{3/2}(F=5)$ 态共振能级上。耦合光频率在 $6P_{3/2}$ 态与里德堡态的共振频率附近进行扫描,射频信号源连接装有铯原子气室的矩形波导,其频率设定在与两个里德堡态的共振频率处。探测光通过铯泡后经过光电探测器完成光电转换,利用示波器观测 EIT 峰的分裂现象。我们也可以采用 EIT 稳频法(需要额外的光路搭建 EIT 稳频系统)或者超稳腔稳频法(详细介绍见第 8 章)稳定耦合光的频率,在 $6S_{1/2}$ 态的 $F'=4$ 与 $6^2P_{3/2}$ 态的 $F=5$ 共振能级附近扫描探测光频率,观测 EIT 峰的分裂现象。

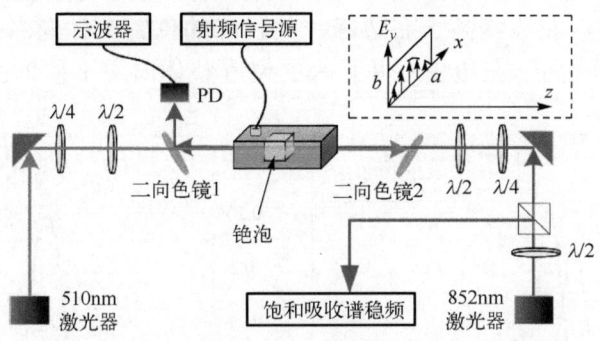

图 7.20 四能级原子测量微波电场示意图

在实验中,我们将铯泡放置于一段矩形波导内,其好处主要有两个方面:第一,波导内微波电场的极化方向是垂直于长边的线极化,并且不存在空间反射电磁波对其的干扰;第二,根据波导的输入信号功率 P 可以计算波导内作用于原子的最大电场幅度 E_0,二者的关系如下:

$$P = E_0^2 \frac{ab}{4} \sqrt{\frac{\varepsilon_0}{\mu_0}} \sqrt{1 - \left(\frac{c}{2af}\right)^2} \tag{7.43}$$

式中，a 是矩形波导的长边；b 是矩形波导的短边；f 是输入微波的频率；矩形波导内传输的是 TE_{10} 波。

在四能级测量微波电场的实验中，能级的选取需要考虑跃迁选择定则，如果 $|b\rangle$ 态为 $6P_{3/2}$ 态，$|c\rangle$ 态只能选为 nD 态或者 $nS_{1/2}$ 态，虽然 nD 态有 $nD_{3/2}$ 和 $nD_{5/2}$ 态，但由于 $6P_{3/2}$ 态到 $nD_{3/2}$ 态的跃迁偶极矩要远远小于到 $nD_{5/2}$ 态的跃迁偶极矩，其 EIT 效应较小，因此，如果 $|c\rangle$ 态是 nD 态，一般选为 $nD_{5/2}$ 态；如果 $|c\rangle$ 态是 $nS_{1/2}$ 态，则 $|d\rangle$ 态可以选为 $nP_{3/2}$ 态或者 $(n-1)P_{3/2}$ 态；如果 $|c\rangle$ 态选为 $nD_{5/2}$ 态，则 $|d\rangle$ 态可以选为 $(n+1)P_{3/2}$ 态或者 $(n-2)F_{7/2}$ 态。

在选取合适的能级之后，我们需要使微波电场的频率与两个里德堡能级的玻尔跃迁频率共振，里德堡原子的能级可以用第 2 章的量子亏损数进行估算[6-8]：

$$W = -\frac{1}{(n-\delta_{n,l,j})^2}, \quad \delta_{n,l,j} = \delta_0 + \frac{\delta_2}{(n-\delta_0)^2} + \frac{\delta_4}{(n-\delta_0)^2} + \frac{\delta_6}{(n-\delta_0)^2} + \frac{\delta_8}{(n-\delta_0)^2} + \frac{\delta_{10}}{(n-\delta_0)^2} \tag{7.44}$$

使用该方法估算有着 MHz 量级的误差，在实验中我们可以利用 EIT A-T 峰的对称性峰来确定里德堡能级的共振频率(取两个里德堡态为铯原子的 $47D_{5/2}$ 态和 $48P_{3/2}$ 态)。我们仿真了扫描耦合光频率情况下四能级热原子的电极化率虚部，如图 7.21(a)所示，当微波场不存在失谐时，EIT A-T 裂峰左右对称，高度一致；当存在负的失谐时，左边峰高于右边峰，并且峰的位置整体向右平移；当存在正的失谐时，右边峰高于左边峰，并且峰的位置整体向左平移。由此可见，我们

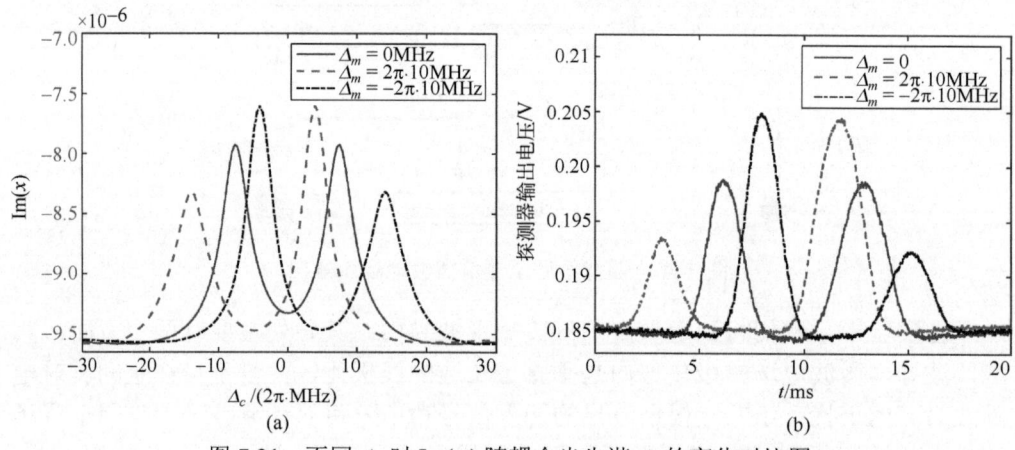

图 7.21 不同 Δ_m 时 Im(χ) 随耦合光失谐 Δ_c 的变化对比图

可以通过观测四能级原子 EIT A-T 分裂左右峰的对称情况来确定里德堡能级的共振频率。

因此，在实验中，我们先利用量子亏损理论计算出两个里德堡能级的共振频率，并且将微波电场频率设定到该频率，然后采用固定探测光频率扫描耦合光频率的方式来进行 A-T 效应的观测。当分裂峰的左边峰比右边峰低的时候，降低微波电场频率，反之，则增加微波电场频率。当调整到两个峰值完全关于中心点对称时，对应的频率就是两个里德堡能级的共振频率，也就是实验系统所需的微波电场的频率，相应的实验结果如图 7.21(b) 所示。

在确定了微波电场的频率后，我们对电场强度进行测量。根据式(7.42)，利用 A-T 分裂峰之间的频率间隔可以得到微波电场的强度，测量结果如图 7.22 所示，随着输入波导的微波信号功率 P 的增强，频率间隔 Δf 正比于 $\sqrt{P}$，即正比于场强 E_0。注意，由于光束存在一定直径，这里我们得到的是原子感受到的场强在光束内的平均值。另外，根据式(7.43)，可以理论计算波导内的场强，实验需要考虑线缆和波导的插入损耗，经过测量整个回路的插入损耗为 2dB。图 7.22 表明，采用 A-T 分裂效应测量电场强度，理论计算和实验测量结果一致。

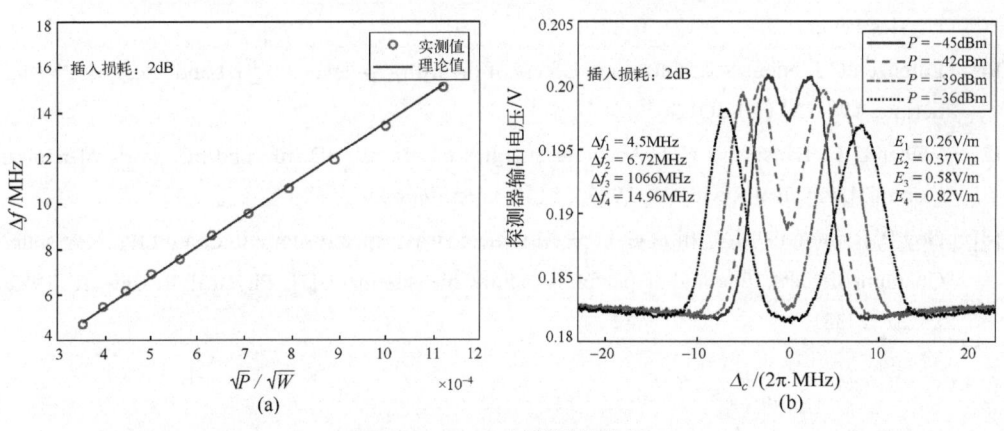

图 7.22 A-T 分裂测量结果

另外，由于 EIT 谱线存在一定的宽度，当待测信号的功率很低时，A-T 分裂效应变得难以分辨，因此这种方法只能测量比较强的微波电场。对于弱场强度的测量，则需要考虑新的测量方法，如外差测量法。图 7.22(b) 中，$\Delta f_1 \sim \Delta f_4$ 为 A-T 分裂的间隔，$E_1 \sim E_4$ 为频率间隔对应的微波电场场强。

7.5 小 结

本章围绕铯里德堡原子接收机相关的基础实验展开，首先介绍了"锁边"和

"锁顶"时的激光稳频原理以及 PID 反馈控制系统。其次对铯原子的精细能级结构、饱和吸收现象以及饱和吸收谱稳频的系统进行了详细的介绍。然后介绍了热原子下的三能级原子 EIT 实验,包括扫描探测光频率和扫描耦合光频率观测 EIT 光谱,并且详细论述了利用 EIT 谱对 510nm 的耦合光锁定的原理和实验。最后利用四能级原子的 EIT A-T 分裂效应对单频微波电场进行了测量。

参 考 文 献

[1] 戴姆特瑞德. 激光光谱学, 第二卷: 实验技术[M]. 姬扬, 译. 北京: 科学出版社, 2012.

[2] 陈徐宗. 高级光电子技术实验[M]. 北京: 北京大学出版社, 2018.

[3] Franklin G F, Powell J D, Emami A. 自动控制原理与设计[M]. 李中华, 等译. 北京: 电子工业出版社, 2014.

[4] Steck D A. Cesium D Line Data[R]. Eugene: University of Oregon, 2010.

[5] Abel R P, Mohapatra A K, Bason M G, et al. Laser frequency stabilization to excited state transitions using electromagnetically induced transparency in a cascade system[J]. Applied Physics Letters, 2009, 94(7): 071107.

[6] Lorenzen C J, Niemax K. Quantum defects of the $n_2P_{1/2, 3/2}$ levels in ^{39}KI and ^{85}RbI[J]. Physica Scripta, 1983, 27(4): 300-305.

[7] Weber K H, Sansonetti C J. Accurate energies of nS, nP, nD, nF, and nG levels of neutral cesium[J]. Physical Review A, 1987, 35(11): 4650-4660.

[8] Goy P, Raimond J M, Vitrant G, et al. Millimeter-wave spectroscopy in cesium Rydberg states Quantum defects, fine-and hyperfine-structure measurements[J]. Physical Review A, 1982, 26(5): 2733.

第 8 章 基于双波长超稳腔的激光稳频系统

第 7 章介绍了一些里德堡原子系统的基础实验，以及 852nm 激光器和 510nm 激光器的稳频方法，在四能级外差里德堡原子接收机的实验中，需要将 852nm 激光器和 510nm 激光器的频率都固定在能级谐振频点处，不需要进行扫描，虽然我们可以利用饱和吸收谱稳频锁定探测光频率，同时采用 EIT 稳频锁定耦合光频率，但光路系统比较复杂，并且锁定后的频率易受环境因素影响。在实际的里德堡原子实验中，采用双波长超稳腔锁定探测光和耦合光的频率，是一个非常方便的方法，由于双波长超稳腔工作于恒温和真空状态，外界温度变化不会影响锁定的频率，并且超稳腔具有很高的精细度，理论上其可以将激光器的线宽压窄至 Hz 级别。本章对双波长超稳腔的激光稳频系统进行详细的介绍，包括双波长超稳腔系统概述和基本操作、PDH 稳频技术、残余幅度调制的补偿，以及利用双波长超稳腔实现任意频率的锁定。

8.1 双波长超稳腔系统

采用环路锁相的方法可以有效地抑制激光器的随机相位噪声以提高激光器的相干性，即压窄激光器的线宽。采用该方法压窄激光器线宽必须有一个低噪声的稳定频率作为参考，通过伺服系统将激光器的频率锁定到参考频率上，实现对激光器噪声的抑制。其中，参考频率可以由另外的超窄线宽激光器提供，也可以由双波长超稳腔系统的腔纵模或者激光频率梳的梳齿提供。在里德堡原子的实验系统中，这个参考频率一般由双波长超稳腔的腔纵模提供。我们以美国 Stable Laser System（SLS）公司的双波长超稳腔系统为例，介绍其构成以及一些基本操作。

8.1.1 双波长超稳腔系统概述

在里德堡原子实验的激光系统中，激光器稳定的参考频率由双波长超稳腔的一个纵模提供，这个参考频率需要有尽可能受环境因素影响小的特点，环境因素主要是温度因素和振动因素。最简单的驻波激光谐振腔由两块平行放置的反射镜组成，这两个反射镜可以由两个平面反射镜、两个凹面反射镜或者一个平面一个凹面反射镜组成，SLS 的超稳腔是平-凹型反射腔，平镜和凹镜都镀有高反射膜，以达到很高的精细度，SLS 超稳腔的精细度可以达到 200000 以上。双波长超稳腔系统包括一个高精细度的光学谐振腔以及真空室，同时配备有温度传感装置，也就是热敏电阻和半导体制冷器，利用真空、温度控制、结构设计等途径减小外界环境对参考频率的影响。

SLS 的光学谐振腔由腔体与安装在腔体两端的平面反射镜和凹面反射镜构成，谐振腔的精细度和镜面的反射率直接相关，反射率越高，精细度越高，镜面的反射率采用离子束溅射（ion beam sputtering，IBS）工艺镀氧化物膜实现，其反射率可以达到 99.999%。任何附着在反射镜表面的有机挥发物都会影响其反射特性。因此，反射镜与腔体安装时一般采用光胶的粘接工艺，光胶就是利用分子力将两个表面非常光滑且洁净的物体进行粘接，这样做的好处是可以不使用有机物黏合剂，避免黏合剂的挥发使镜面反射性能下降，并且可以最大限度地保证两个反射镜的平行性。

光学谐振腔的谐振频率和空气折射率与谐振腔的长度有关，谐振腔的长度受热胀冷缩效应的影响，当谐振腔的环境温度变化时，谐振腔的腔长也随之发生变化。为了尽可能地减小温度对腔长的影响，需要提高谐振腔的温度稳定性，一般材料的热膨胀系数过大，因此，不适合用来制作用于超稳激光的谐振腔。在室温环境下，适用做光学谐振腔的低膨胀系数常用材料有殷钢（Thorlabs 公司的法布里-珀罗（Fabry Perot，FP）干涉仪的材料）、微晶玻璃以及 ULE 玻璃。SLS 的谐振腔采用了 ULE 玻璃，ULE 玻璃不但具有比殷钢和微晶玻璃更低的膨胀系数，而且在 10℃～60℃存在零膨胀工作点，超稳腔工作在零膨胀工作点，可以减小温度对谐振腔腔长的影响。双波长超稳腔系统通过热敏电阻和 TEC 实现温度控制，并且通过热屏蔽层的隔热设计尽可能地减小环境与腔体之间的热交换。

空气折射率的变化也会导致谐振腔的谐振频率发生变化，空气折射率的变化受工作环境中空气密度变化的影响，光学谐振腔放置于真空室内，以减小空气折射率的变化对谐振腔谐振频率的影响。超稳腔的真空条件一般采用离子泵维持，可以将双波长超稳腔系统的真空度维持在 10^{-7} torr 以下。离子泵在 10^{-6} torr（1torr＝133Pa）以下才能工作，一般采用干式的分子泵缓慢地将双波长超稳腔系统的气压从常压下抽真空至 10^{-6} torr 以下，然后再采用离子泵将双波长超稳腔系统的真空度继续降低[1]。

将谐振腔放置于真空室内，不仅可以减小空气折射率对谐振腔谐振频率的影响，还能隔离环境噪音对谐振腔的影响。但谐振腔并不能悬空地放在真空室中，其必定与真空室存在物理上的接触，那么地面的振动会通过光学平台真空室传导至谐振腔上，光学谐振腔受到振动时的长度变化除以振动加速度称为谐振腔的振动敏感度，通过优化光学腔的几何形状、支撑结构和位置等，可以有效地降低振动敏感度。SLS 的 Mark 等利用上下相消原理在腔体中部进行支撑，将垂直方向的振动敏感度降低了两个数量级。在实验中我们采用了双镀膜的 SLS 的 V 型切口腔，在 852nm 和 1020nm 都镀有高反射膜，其精细度可以达到 200000。

8.1.2 超稳腔的腔模匹配

SLS 的谐振腔采用了平凹非对称腔的结构，在这种结构下，腔中的各个横模是非简并的，腔模对准要求激光束沿着谐振腔的中心轴入射，由于入射光一般都是高斯光束，我们需要腔内振荡的横模是 TME_{00} 模，也就是高斯基模，使腔内的横模与入射光的横模相匹配。当入射光与谐振腔的中心轴存在一定的夹角时，虽然我们的入射光是高斯光束，但此时腔内的振荡模式主要是高阶横模，会大大地减少光子在腔中的寿命，使腔的实际精细度下降。因此，采用谐振腔稳定激光频率的关键步骤是要对腔模进行精确的匹配。

腔模匹配的第一步是要对入射高斯光束的束腰进行变换，使其能够适应腔的结构。由谐振腔的知识可知，能够在腔中谐振的是高斯光束，其对高斯束腰是有要求的，在两个反射镜面处的束腰半径满足下面的关系[2]：

$$w_1^2 = \frac{\lambda L}{\pi}\sqrt{\frac{g_2}{g_1(1-g_1g_2)}}, \quad w_2^2 = \frac{\lambda L}{\pi}\sqrt{\frac{g_1}{g_2(1-g_1g_2)}} \tag{8.1}$$

式中，L 是两个反射镜的距离，也就是腔长；$g_i = 1 - L/R_i$；R_i 是反射镜的曲率半径。

我们使用的 SLS 谐振腔，腔长 10cm，凹面镜的曲率半径是 50cm，由此可以计算得到，对于 852nm 激光，入射到平面镜处的高斯光束的束腰半径为 232.9μm；对于 1020nm 激光，入射到平面镜处的束腰半径为 254.8μm。

如果激光输出是自由光输出，此时进行高斯束腰变换需要采用透镜组实现。对于一般具有光纤输出接口的激光器，采用光纤可调焦的准直镜（Thorlabs CFC-11A）可以很容易地实现高斯束腰变换。

在平凹腔中，各个高阶模是非简并的，相邻高阶模的谐振频率差为[2]

$$\Delta v_r = \frac{c}{2L}\frac{1}{\pi}\arccos\sqrt{g_1g_2} \tag{8.2}$$

对于我们使用的 SLS 谐振腔，其凹镜的曲率半径是 50cm，腔长约为 10cm，这个频率差约为 221MHz。

腔模匹配要求激光沿着腔体的轴线方向入射，并且在两个腔镜处的光斑尺寸满足式(8.1)。超稳腔光路对准示意图如图 8.1 所示，我们总结了一套腔模匹配的流程，可以非常方便快速地实现腔模匹配。对于谐振腔来说，激光既可以从凹面镜入射，也可以从平面镜入射，我们的光路是从平面反射镜处入射的。

下面我们以 852nm 的探测光为例，介绍腔模匹配的流程，在腔模匹配前，需要将可变焦的准直透镜安装在 5 轴的调整架上，使准直镜在 x、y、z 方向以及俯仰角度和方位角度都可以调节。

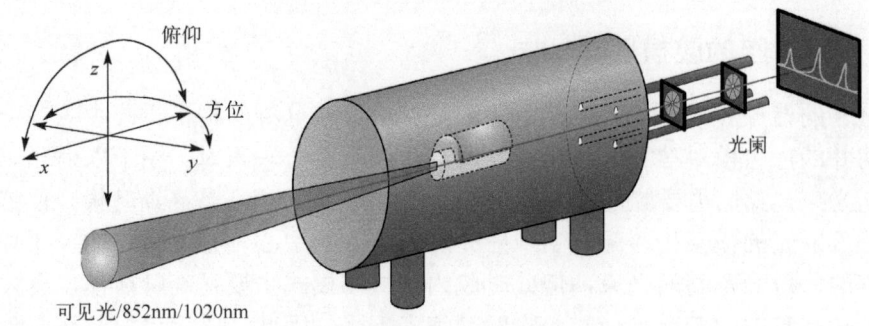

图 8.1　超稳腔光路对准示意图

第一步：确定整个光路的距离。我们使用 SLS 的谐振腔，其平面镜与真空室外表面的距离约为 85mm，采用光纤接口的可调焦准直镜将激光的束腰半径调整为 233μm，此时准直镜与束腰之间的距离约为 83.5cm，那么准直镜头与真空室外表面之间 75cm 的距离用于安装 PDH 锁频时的光学器件。

第二步：进行光路水平方向的粗对准。SLS 的真空室的光路输出端有四个定位孔，可以安装 Thorlabs 的 30mm 笼式结构的光阑，将红色指示激光接入光纤准直镜，调整整个光路的俯仰角度，使红光能够从两个光阑的中心通过，此时可以保证光路是大致水平的，并且光路的高度与腔体轴线的高度基本一致，但此时光的入射方向并不能保证和腔体的平面镜（入射镜）垂直。

第三步：使光入射方向垂直于平面镜。接入 852nm 的激光，由于超稳腔的平面镜镀有高反射膜，我们采用红外卡可以很方便地观察到入射光的反射光斑，调整光路的俯仰角和方位角，使反射光路与入射光路重合，意味着此时的入射光是垂直于平面镜的，但此时入射点并不一定在镜面中心，可能在水平方向存在偏移。

第四步：寻找镜面中心的入射点。大范围扫描激光频率，如 2GHz，沿水平方向（图 8.1 中的 y 方向）缓慢地移动准直镜的位置，在示波器上观察腔的透射信号，当移动到某一个位置时，示波器上会出现一系列透射峰，这些透射峰就是各个模式的透射信号，但此时透射峰还非常小。

第五步：寻找高斯基模。微调入射光的方位角度和俯仰角度，使各个透射峰变得明显一些，减小激光器的扫频范围，聚焦到某透射峰后，利用相机式光束质量分析仪（Thorlabs BC207VIS）观察激光模式，先找到低阶模，如 TEM_{30}、TEM_{22} 等模式，再通过移动激光频率约 221MHz，观察到更低的模式，直至寻找到基膜。

第六步：精细调节。找到高斯基模后，首先利用饱和吸收谱稳定 852nm 激光的频率，将饱和吸收谱稳频后的光，利用光纤 EOM 调制激光的频率后，再经准直镜输入超稳腔中，调整 EOM 的驱动频率，使光的一阶边带为 FP 腔的共振频率，此时利用线性调频信号驱动 EOM 可以实现一阶边带的频率扫描,从而观察稳定的透射峰,扫描范围可以很小,如 5MHz。微调光路的高度、准直镜的水平和前后位置,以及精细调节光路的俯仰角和方位角,观测示波器的透射峰,直至透射峰最大。

经过以上六步,就可以很方便地实现腔模的匹配。

8.1.3 超稳腔零膨胀工作点和精细度测量

经过腔模匹配后,需要对腔的一些指标进行测量,确保腔能够工作在最佳状态,主要是零膨胀工作点和腔的精细度的测量。为了尽可能地减小温度变化对谐振腔谐振频率的影响,谐振腔的工作温度应该设置在零膨胀工作点。尽管 SLS 的谐振腔采用了 ULE 玻璃,但每个谐振腔的零膨胀工作点并不一样,零膨胀工作点的范围一般在 10℃~60℃。虽然 SLS 提供腔的零膨胀工作点的测试服务,但收费较高,经过腔模匹配后,我们通过简单的方法就可以实现对零膨胀工作点的测量。

ULE 谐振腔的温度变化会引起腔长的变化,ULE 腔的相对长度变化与温度变化的关系为[3,4]

$$\frac{\Delta L}{L} = \frac{a}{2}(T-T_0)^2 + \frac{b}{3}(T-T_0)^3 + C_0 \tag{8.3}$$

式中,L 是腔长;ΔL 是腔长的变化量;T 是实际的温度;T_0 是零膨胀点的温度;a 是热膨胀系数的有效线性温度系数;b 是二阶温度系数;C_0 是积分常数。式(8.3)表明,谐振腔长度相对变化量的极小值出现在零膨胀工作点处。

腔长的变化会导致腔的自由光谱区(free spectral range,FSR)间隔发生变化,其变化规律为

$$\text{FSR} = \frac{c}{2(L+\Delta L)} \approx \frac{c}{2L}\left(1 - \frac{\Delta L}{L}\right) \tag{8.4}$$

能够透过谐振腔的激光频率应当为 $q \cdot \text{FSR}$(q 为整数),如果温度变化引起腔长变化后,此时的光并不能透过谐振腔,为了使激光透过谐振腔,此时激光频率的变化量为

$$\Delta f = q \cdot \text{FSR} \cdot \frac{\Delta L}{L} \tag{8.5}$$

由于温度变化引起的腔长变化非常小,此处假设的频率增加量小于 FSR/2。在实际对零膨胀工作点的参数测量中,要先测量谐振腔的 FSR。我们首先用饱和吸收谱锁频的方法将 852nm 激光器的频率锁定在 351.72196THz,其次通过 EOM 调制激光,使其一个边带正好处于谐振腔的谐振频率处,再将 EOM 的调制频率增加 1.5GHz 左右,此时激光又能够处于谐振腔的谐振频率处,由此我们可以得

到腔的 FSR 为 1.49692GHz。当激光器用饱和吸收谱锁定在 351.72196THz 时，q 值为 234964。改变腔的温度，记录每个温度点和激光处于腔谐振频率时 EOM 的频率偏移量，由此就可以对腔的零膨胀工作点参数进行测量，如图 8.2 所示。由于超稳腔的真空室具有很好的隔热特性，改变温度后，需要几个小时才能达到温度的平衡，因此对超稳腔零膨胀工作点的测量是一个非常耗时的操作。

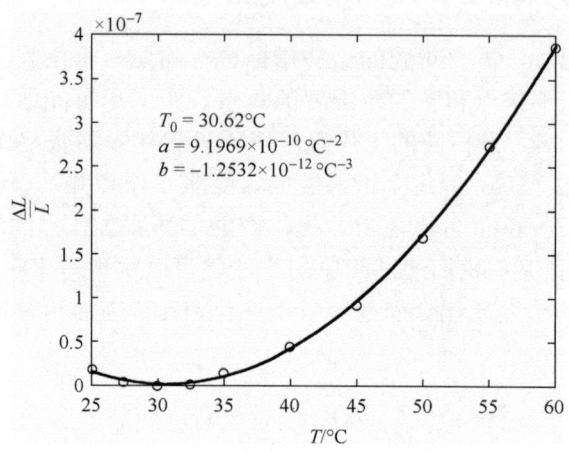

图 8.2 超稳腔零膨胀工作点的参数测量

精细度是超稳腔最为重要的一个技术指标，从原理上说，在理想情况下，对于两个平行放置的反射镜构成的腔，镜子的反射率决定着腔的精细度，实际上腔的精细度受各种实际条件的制约，如两个反射镜的平行性以及腔模匹配的质量等因素，因此，我们不能通过厂家提供的镀膜镜片的反射率计算谐振腔的精细度，而是需要对腔的精细度指标进行测量。

腔的精细度可以理解为光在腔中单程传输次数的物理量，腔的精细度越高，就说明光在腔中传输的次数越多，也就是光在腔中驻留的时间越长。因此，我们可以通过测量光在腔中的驻留时间，间接地估算腔的精细度。

当激光频率稳定在超稳腔的腔模处时，腔内的光强处于动态平衡的状态，其光强非常大，此时观察到的透射光光强也是稳定的，不随时间变化。随后我们关断射入腔的光源，腔内的光不会立刻消失，还会在两个腔镜处来回反射，并且有光不断地从腔镜处透射。这里可以采用 EOM 移频的方法关闭腔的入射光，即 EOM 调制后的一阶边带频率在腔的共振频率处，然后关闭 EOM 驱动的瞬间，激光频率会远离腔的谐振频率，这些远离谐振频率的光几乎不能进入腔内，可以达到关断光源的效果，此时腔内的光并不会立刻消失，而是缓慢地衰减至 0，而腔的透射光会呈现指数衰减的状态，因此，我们可以通过曲线拟合的方法估算衰减的时

常数 τ_c。

$$y = a\exp(-t/\tau_c) \tag{8.6}$$

然后再根据衰减时常数 τ_c，通过式(8.7)估计腔的精细度[5]：

$$\tau_c = \frac{LR}{c(1-R)}, \quad \mathcal{F} = \frac{\pi\sqrt{R}}{1-R} \tag{8.7}$$

超稳腔的 $R \approx 1$，此时腔的精细度和衰减时常数有如下的近似关系：

$$\mathcal{F} \approx \pi\frac{c}{L}\tau_c \tag{8.8}$$

我们所用的 10cm 双波长超稳腔精细度测量结果如图 8.3 所示。

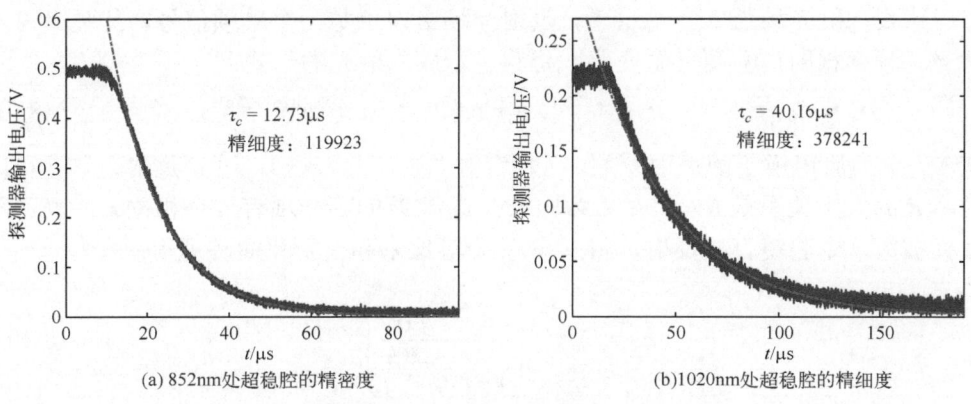

(a) 852nm 处超稳腔的精密度　　(b) 1020nm 处超稳腔的精细度

图 8.3　双波长超稳腔精细度的测量结果

8.2　PDH 稳频技术

PDH 技术是一种主动锁频技术，是目前激光稳频系统中性能最好的手段之一。20 世纪 80 年代，Drever 与 Hall 教授在参加 LIGO 引力波探测项目过程中，采用了 F-P 腔稳频激光系统代替 Herriott 的光学延迟线稳频方案，并成功将 Pound 在 1946 年提出的微波稳频方案扩展应用至光频领域，得到了激光线宽为 87Hz 的超稳激光，因此人们用 Pound、Drever 和 Hall 这三位科学家的名字来命名这项稳频技术，即 PDH 稳频技术[6]。

8.2.1　PDH 稳频基本原理

当激光入射到超稳腔时，如果激光频率恰好处于腔的谐振频率处，虽然腔镜由高反射率镜片组成，但此时腔镜会呈现完全透射状态，激光会完全透过谐振腔；当激光频率不在腔的谐振频率处时，激光基本全部被腔镜反射，不会有透射信号。当激光频率发生变化时，理论上这种变化既会反映到透射信号上，也会反映到反射信号上，因此，我们可以通过观测反射信号或者透射信号的变化来监测激光器的频率变化。假设在初始时刻，激光的频率处于超稳腔的谐振频率处，在某一时刻，激光频率发生微小的改变，偏离了谐振频率，那么腔的反射信号会立刻反映出这种变化；而腔的透射信号主要是受原先腔中谐振频率的光影响，此时新进入腔的偏离谐振频率的光，需要在两个腔镜中多次反射才能在透射信号中体现出来，因此，监测腔的反射信号能够更快速地反映激光器的频率偏移。因此，PDH 稳频技术从腔的反射信号中提取误差信号用以实现激光器的频率稳定。

假设入射光场为 $E_{\text{inc}} = E_0 e^{i\omega t}$，反射光场必定也是一个单频信号，其频率与入射光场频率相同，幅度发生变化，将其表示成入射光的形式：

$$E_r = E_0(re^{i(\omega t+\pi)} + trte^{i(\omega t - 2L/c)} + tr^3 te^{i(\omega t - 4L/c)} + tr^5 te^{i(\omega t - 6L/c)} + \cdots) \tag{8.9}$$

式中，r 为腔内镜子的反射系数；t 是透射系数，且 $t = \sqrt{1-r^2}$，反射系数 r 和反射率 R 的大小关系是 $R = r^2$；L 为腔长。式(8.9)的第一项有一个相位 π，表示入射光被第一个腔镜直接反射，将式(8.9)用等比求和公式化简整理得：

$$E_r = E_0 r e^{i\omega t} \left(\frac{e^{i\frac{-2\omega L}{c}} - 1}{1 - r^2 e^{i\frac{-2\omega L}{c}}} \right) \tag{8.10}$$

那么此时的反射功率为

$$P_r \propto |E_r|^2 = |E_0|^2 R \left(\frac{2 - 2\cos(2\omega L/c)}{1 - 2R\cos(2\omega L/c) + R^2} \right) \tag{8.11}$$

可知，当激光器的频率在谐振腔频率处（实际 FSR 的整数倍）时，$P_r = 0$，意味着此时入射光会全部进入腔内，不会有反射信号。当激光器频率远离谐振腔谐振频率时，$P_r \to 2|E_0|^2 R/(1+R^2)$，由于谐振腔的 $R \approx 1$，因此，反射功率基本和入射功率相同，此时入射光完全被第一个腔镜反射，不能进入谐振腔中。式(8.11)表明，当激光频率在谐振腔谐振频率的整数倍附近扫描时，其反射功率存在左右对称的现象，我们期望将激光频率锁定在谐振腔谐振频率处，也就是需要采用"锁顶"技术。

$c/2L$ 是腔的 FSR。如果我们将超稳腔看成一个线性系统，其输入是入射光场，输出是反射光场，因此，其系统函数为

$$F(\omega) = \frac{E_{\mathrm{r}}}{E_{\mathrm{inc}}} = r\left(\frac{\mathrm{e}^{-\mathrm{i}\frac{\omega}{\mathrm{FSR}}} - 1}{1 - r^2 \mathrm{e}^{-\mathrm{i}\frac{\omega}{\mathrm{FSR}}}}\right) \tag{8.12}$$

采用"锁顶"技术时,需要对入射的光场进行相位调制,假设未经调制的单频光场为 $E_0 \mathrm{e}^{\mathrm{i}\omega t}$,单频光场通过调制后入射到超稳腔,此时的入射光场为

$$E_{\mathrm{inc}} = E_0 \mathrm{e}^{\mathrm{i}(\omega t + \beta \sin \Omega t)} \tag{8.13}$$

式中,Ω 是调制频率;β 是调制深度。式(8.13)是一个贝塞尔函数,其展开式中存在 Ω 的各个倍频分量,当调制深度很小时,式(8.13)的调制信号只存在一阶边带,此时入射光场可以近似地表示为

$$E_{\mathrm{inc}} \approx E_0 (J_0(\beta) \mathrm{e}^{\mathrm{i}\omega t} + J_1(\beta) \mathrm{e}^{\mathrm{i}(\omega + \Omega)t} - J_1(\beta) \mathrm{e}^{\mathrm{i}(\omega - \Omega)t}) \tag{8.14}$$

式中,J_i 表示第 i 阶的第一类贝塞尔函数。式(8.14)表明,当激光光场被调制后,入射光相当于频率为 $\omega - \Omega$、Ω、$\omega + \Omega$ 的三个光同时输入超稳腔,反射光场相当于这三个入射光信号各自反射信号的叠加,这个关系可以用腔的响应 $F(\omega)$ 表示:

$$E_{\mathrm{r}} = E_0 J_0(\beta) F(\omega) \mathrm{e}^{\mathrm{i}\omega t} + E_0 J_1(\beta) F(\omega + \Omega) \mathrm{e}^{\mathrm{i}(\omega + \Omega)t} - E_0 J_1(\beta) F(\omega - \Omega) \mathrm{e}^{\mathrm{i}(\omega - \Omega)t} \tag{8.15}$$

式(8.15)表明,经过超稳腔反射的电场由三部分组成:载波的反射光电场和左右边带(频率为 $\omega \pm \Omega$)的反射光电场,当反射光电场被探测器接收时,探测器感受到的是光的功率,但由于反射光场中存在三种频率的光电场,不同频率的光电场发生干涉,产生了交叉混频现象,此时探测到的反射光功率为

$$\begin{aligned}
P_{\mathrm{r}} = & P_c |F(\omega)|^2 + P_s \left(|F(\omega + \Omega)|^2 + |F(\omega - \Omega)|^2\right) \\
& + 2\sqrt{P_c P_s} \, \mathrm{Re}(F(\omega) F^*(\omega + \Omega) - F^*(\omega) F(\omega - \Omega)) \cos \Omega t \\
& + 2\sqrt{P_c P_s} \, \mathrm{Im}(F(\omega) F^*(\omega + \Omega) - F^*(\omega) F(\omega - \Omega)) \sin \Omega t + (\text{高频项})
\end{aligned} \tag{8.16}$$

式中,P_c 表示载波功率 $P_c \propto J_0^2(\beta) E_0^2$,$P_s$ 表示边带功率 $P_s \propto J_1^2(\beta) E_0^2$。式(8.16)中,第一行是直流项,表示腔反射信号的平均功率;第二行和第三行表示反射信号的交流项。当然,在稳频中,我们利用关于 Ω 的一次项提取用于锁频的误差信号,其是由载波项和边带项的相互干涉引起的,而关于 Ω 的高次项是由于边带之间的相互干涉引起的。

关于 Ω 的一次项有两个部分,分别对应着 $\cos \Omega t$ 的系数和 $\sin \Omega t$ 的系数,从理论上来说,我们采用 $\cos(\Omega t + \varphi)$ 的信号进行解调,就可以得到锁频的误差信号:

$$\begin{aligned}
e(t) \propto & \, \mathrm{Re}(F(\omega) F^*(\omega + \Omega) - F^*(\omega) F(\omega - \Omega)) \cos \varphi \\
& - \mathrm{Im}(F(\omega) F^*(\omega + \Omega) - F^*(\omega) F(\omega - \Omega)) \sin \varphi
\end{aligned} \tag{8.17}$$

我们可以通过调整相位 φ，将误差信号调整至最大，得到最终的误差信号。

式(8.17)是一个通用的公式，在任何调制频率下都可以成立，我们通过对调制频率 Ω 的讨论，更能体现 PDH 稳频技术的本质。首先我们讨论当调制频率非常低的情况，此时有：

$$F(\omega - \Omega) \approx F(\omega) + \frac{\mathrm{d}F(\omega)}{\mathrm{d}\omega}\Omega$$
$$F(\omega - \Omega) \approx F(\omega) - \frac{\mathrm{d}F(\omega)}{\mathrm{d}\omega}\Omega \tag{8.18}$$

因此有：

$$F(\omega)F^*(\omega+\Omega) - F^*(\omega)F(\omega-\Omega) \approx F(\omega)\frac{\mathrm{d}F^*(\omega)}{\mathrm{d}\omega}\Omega + F^*(\omega)\frac{\mathrm{d}F(\omega)}{\mathrm{d}\omega}\Omega = \frac{\mathrm{d}|F(\omega)|^2}{\mathrm{d}\omega}\Omega \tag{8.19}$$

式(8.19)的等号右边是一个实数，因此反射光功率只有式(8.16)中的第一行和第二行：

$$P_\mathrm{r} \approx (P_c + 2P_s)|F(\omega)|^2 + 2P_s\left|\frac{\mathrm{d}F(\omega)}{\mathrm{d}\omega}\right|^2\Omega^2 + 2\sqrt{P_cP_s}\frac{\mathrm{d}|F(\omega)|^2}{\mathrm{d}\omega}\Omega\cos\Omega t \tag{8.20}$$

此时的误差信号为

$$e(t) \propto 2\sqrt{P_cP_s}\frac{\mathrm{d}|F(\omega)|^2}{\mathrm{d}\omega}\Omega \tag{8.21}$$

我们现在说明一下，什么叫调制频率 Ω 足够低，设想如果载波频率正好处于腔的谐振频率，那么当两个边带离载波足够近时，其距离不小于谐振腔线宽 Δv 的一半，其泰勒近似才能够成立，因此只有调制频率 Ω 最少要小于 Δv 的一半，才可以认为 Ω 是足够小。

我们再看第二种情况，就是调制频率比较大的情况，例如，其远大于谐振腔的线宽，此时如果载波在腔的谐振频率附近，那么边带都是远离腔的谐振频率的，此时近似有 $F(\omega \pm \Omega) \approx -1$，则有：

$$F(\omega)F^*(\omega+\Omega) - F^*(\omega)F(\omega-\Omega) \approx -F(\omega) + F^*(\omega) = -2\mathrm{i}\,\mathrm{Im}(F(\omega)) \tag{8.22}$$

式(8.22)的等号右边是一个纯虚数，因此式(8.16)中反射光余弦项的系数将会消失，此时的反射光功率可以表示为

$$P_\mathrm{r} = P_c|F(\omega)|^2 + 2P_s - 4\sqrt{P_cP_s}\,\mathrm{Im}(F(\omega))\sin\Omega t \tag{8.23}$$

由此可以得到这种模式的误差信号为

$$e(t) \propto -4\sqrt{P_cP_s}\,\mathrm{Im}(F(\omega)) \tag{8.24}$$

在调制频率比较高时,要求边带的频率远离腔的谐振频率,通常情况下,调制频率需要至少大于腔线宽的 20 倍,才能被认为是高的调制频率。PDH 稳频技术一般是指高频调制下的激光稳频。不同调制频率下的误差信号与 EIT 谱类似,如图 8.4 所示。

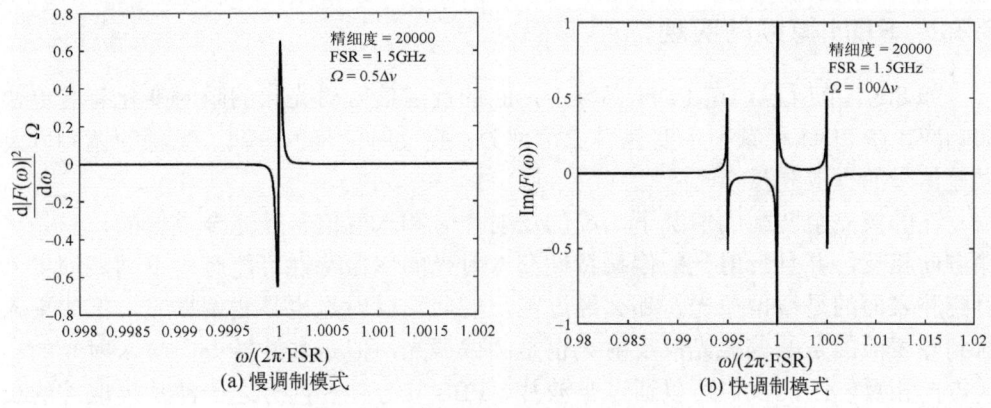

图 8.4 不同调制速率下的误差信号

在共振点附近,慢调制和快调制的误差曲线斜率几乎相等,但调制频率会限制整个锁频系统的反馈带宽,因此,在实际应用中,腔锁频采用的都是快调制模式。下面我们对快调制模式下误差信号在共振点附近的斜率进行分析。

在共振点附近,激光的角频率 ω 与 FSR 有如下的关系:

$$\frac{\omega}{\text{FSR}} = 2\pi N + \frac{\Delta\omega}{\text{FSR}} \tag{8.25}$$

式中,N 是整数;$\Delta\omega$ 是激光器频率偏离腔谐振频率的大小。此外,当腔的精细度比较高时,可以近似地表示为

$$\mathcal{F} \approx \frac{\pi}{1-r^2} \tag{8.26}$$

当 $\Delta\omega$ 非常小时,腔的响应可以近似地表示为

$$F(\omega) \approx -\frac{\mathrm{i}}{\pi}\frac{\Delta\omega}{\Delta\nu} \tag{8.27}$$

式中,$\Delta\nu = \text{FSR}/\mathcal{F}$,表示腔的线宽。由此可以得到,在谐振点附近,PDH 稳频的误差信号为

$$e(t) \propto \frac{4}{\pi}\sqrt{P_c P_s}\frac{\Delta\omega}{\Delta\nu} \tag{8.28}$$

在稳频的过程中，我们希望误差信号对频率的偏移误差 $\Delta\omega$ 更为敏感，最直接的要求就是采用精细度更高的腔。式 (8.28) 表明，激光频率在谐振点附近，误差信号和激光频率与腔谐振频率的失谐成正比，再通过 PID 控制，就可以实现激光频率的锁定。

8.2.2 PDH 稳频的实现

如 8.2.1 节所述，在 PDH 稳频中，腔的反射信号对光频的瞬时变化有着更快的响应，在 PDH 稳频中主要包含三个部分：腔反射信号的分离、光频的调制以及误差信号的提取和反馈。

在腔模完全匹配的情况下，腔的反射信号和入射信号是完全重合的，只是传输方向相反，并且反射光的偏振特性和入射光的偏振特性可能有所不同，如果入射到腔表面的是线偏振光，那么经过腔反射后，反射光也是线偏振光，但如果入射到腔表面的是圆偏振光；反射光也是圆偏振光，但是其旋转方向与入射光的旋转方向相反。因此我们可以通过半波片、PBS 立方体和四分之一波片提取腔的反射信号。首先，通过半波片将激光的线偏振方向调整为水平偏振。水平偏振光经过 PBS 立方体后继续传播，进入四分之一波片。旋转四分之一波片将激光转换为右旋圆偏振光，该光在被腔镜反射后变为左旋圆偏振光。随后，左旋圆偏振光再次经过四分之一波片，转化为垂直偏振光，PBS 立方体将会反射垂直偏振光，从而实现对腔体反射信号的分离。

光频的调制就是让激光的频率呈现正弦振荡的特点，实现光频调制的途径主要有内调制技术和外调制技术，由于在 PDH 稳频中，我们都采用快调制模式，要求激光的调制频率最少要大于 20 倍的所用腔的线宽，一般来说，此时的调制频率要大于 5MHz。如果使用内调制技术，只能采用调制半导体激光器的驱动电流实现，不同的半导体激光器电流调制的带宽是不一样的，Moglabs 的 CEF 激光器采用 B1047 底板时最大调制带宽是 3MHz，使用 B1240 底板时最大带宽是 20MHz，Toptica 激光器调制带宽可以达到 30MHz 以上。对于光纤激光器，其波长调制只能使用 PZT 调制实现，PZT 调制的速度受 PZT 响应速度的限制，只能实现慢速的调制，无法实现适用于 PDH 稳频需要的快速调制，因此，如果是光纤激光器，只能采用外调制技术。另外，若采用内调制技术，激光的输出频率不再是单一的频率，而是包含了调制频率的一次谐波分量，为了减小这个谐波分量对后续实验产生的干扰，采用内调制技术的调制深度一般都设置得非常小。

在 PDH 稳频中，使用最广泛的是外调制技术，也就是采用相位式 EOM 实现光频的调制，采用外调制技术不会影响实验部分激光的单频特性，并且可以根据锁频效果改变调制深度。实现外调制的 EOM 一般有空间的 EOM 和光纤的 EOM

两种。空间的 EOM 一般采用谐振式的驱动电路以避免驱动电路的高电压。谐振式空间 EOM 的工作频率都是在出厂时设定的，不能随意改变调制频率。使用空间 EOM 的优势是光的偏振非常稳定，不会产生漂移抖动。光纤接口 EOM 的电光晶体非常薄，因此，光纤 EOM 的半波电压非常低，一般不会超过 5V，所以，光纤 EOM 的调制频率可以在很大范围内根据需要改变。由于在光纤传输中，光的偏振特性会改变，导致在特定偏振方向上的功率发生抖动，因此，采用光纤 EOM 时，需要对最终的输出功率进行控制。

腔反射光信号经过光电探测后转化为电信号，将电信号与本振信号进行混频滤波，并且调整本振信号的相位使输出信号最大，这样就得到了 PDH 稳频的误差信号，将误差信号经过 PID 调整，反馈给激光器，就可以实现激光器的稳频。外腔式半导体激光器改变激光器输出频率的方式有两种：一种是采用 PZT 改变外腔的腔长调节激光器的频率；一种是改变激光器的电流调节激光器的频率。这相当于外腔半导体激光器有两个控制器可以控制激光器的输出频率，每个控制器需要有各自的 PID 将误差信号调整后进行反馈，一般来说，反馈给 PZT 的称为慢反馈，可以消除一些低频的误差；反馈给电流的称为快反馈，可以消除一些快变的误差。与饱和吸收谱稳频不同，饱和吸收谱稳频只通过 PZT 反馈就能得到不错的稳定效果，在 PDH 稳频中，如果腔的精细度比较高，只通过 PZT 反馈，不能有效地锁定激光器，只有依靠电流反馈，才能够消除高频的误差，实现激光器的频率稳定。

如果使用光纤激光器，光纤激光器只有通过 PZT 端口调整激光器的腔长以改变激光器的频率，而 PZT 只能实现慢速的反馈。此时在 PDH 锁定腔的过程中，要实现对激光器频率抖动的快速补偿，可以通过声光调制器(acousto-optic modulator，AOM)构建一个快速补偿通路。经过 AOM 移频后，激光器的频率正好在腔的谐振频率上。此时我们可以将快速反馈信号接入 AOM 的压控振荡器(voltage controlled oscillator，VCO)上，使 AOM 的移动频率能够快速地根据误差信号而调整，从而使 AOM 的输出频率能够稳定在腔的谐振频率处。

我们在实验中采用半导体激光器和外调制技术，PDH 稳频系统如图 8.5 所示，其中，DLC 是 Moglabs 公司的激光控制器，CEF 是 Moglabs 公司的猫眼半导体激光器。激光器发出的光经过调制和偏振调整进入腔内，在实验中，EOM 的调制频率为 10MHz。腔的透射光采用光束质量分析仪观察，反射光由探测器接收，转化为电信号，随后与本振信号混频滤波得到误差信号。我们采用 Venscent Servo D2-125 控制器实现激光器频率的稳定，该控制器的 PID 单元可以输出快慢两路控制信号，分别连接至 DLC 的电压控制口(PZT，慢速反馈)和 CEF 的电流控制口(快速反馈)。图 8.5 中，PID 和可变光学衰减器环路的作用是稳定激光功率，在线起偏器(in-line polarizer，IP)的作用是提高进入光纤 EOM 的激光的偏振消光比。

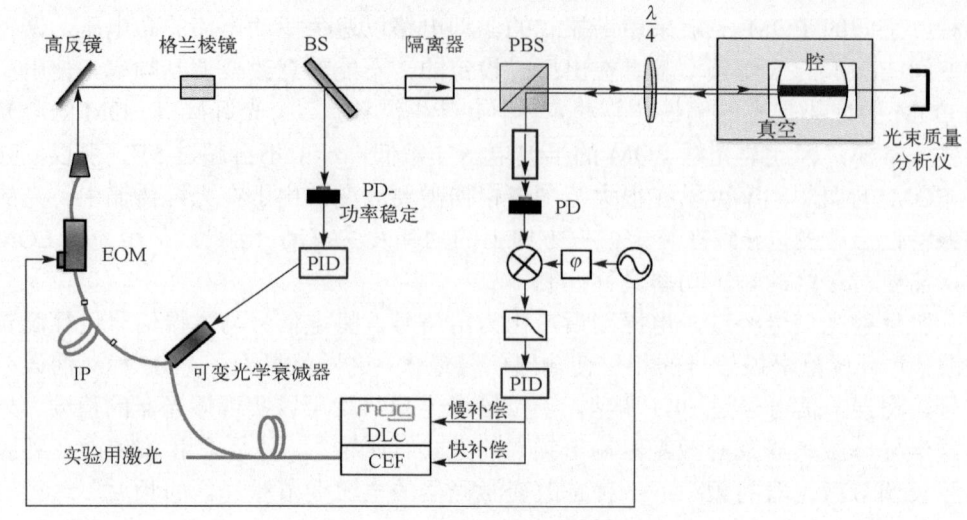

图 8.5 PDH 稳频系统

控制激光器在腔的共振频率附近扫描，在此扫描的中心频率设置为 351.72237THz。透射信号包括共振处的透射峰和两个边带信号，误差信号与透射信号相对应，如图 8.6 所示。

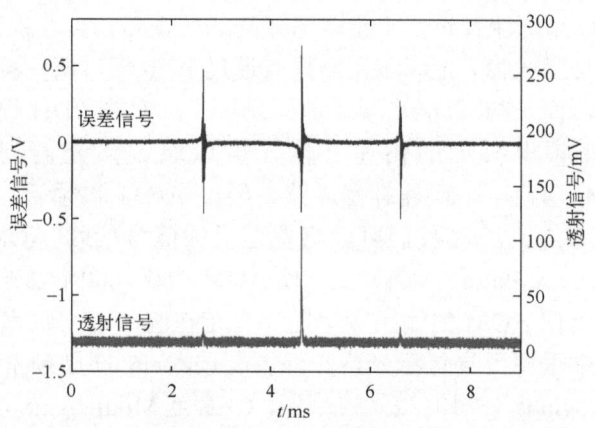

图 8.6 透射信号和误差信号

PDH 稳频实验使用光功率稳定系统。光功率稳定系统的一个核心部件是保偏光纤接口的可变衰减器（V800PA，Thorlabs），该器件在 0V～5V 的驱动电压下，实现 0dB～40dB 的衰减。可变衰减器的输出经过光纤准直器转换成自由空间光，随后通过一个格兰棱镜进行偏振提纯，此时输出光是一个线偏振光，通过二分之一波片将输出光的偏振状态调整到我们实验所需要的偏振状态，然后通过一个

9∶1 的非偏振分束器分离出一小部分光,通过探测器探测,与设定的目标电压进行相减后产生误差信号,经过 PID 调整后产生可变衰减器的控制信号,由此经过闭环反馈后,可以实现对特定偏振状态的光功率的稳定。图 8.7 为激光功率稳定的结果,我们看到其相对标准偏差从 0.5%降到 0.06%,大大提高了激光功率的稳定性。

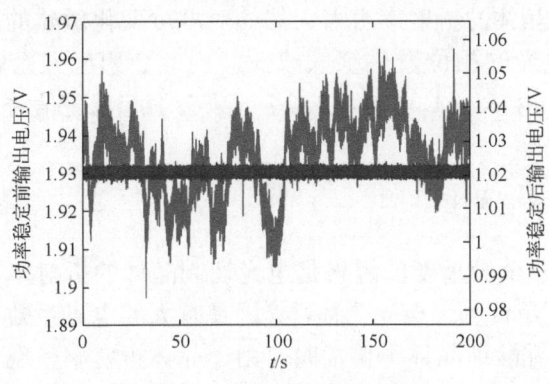

图 8.7　激光功率稳定效果

反馈带宽决定了系统有效补偿激光频率漂移和外部干扰的速度。带宽过低会导致锁频不稳;带宽过高可能会引发系统振荡。在实验中,我们调整 PID 参数,得到 300kHz 的反馈带宽,图 8.8 展示了反馈带宽测量结果。

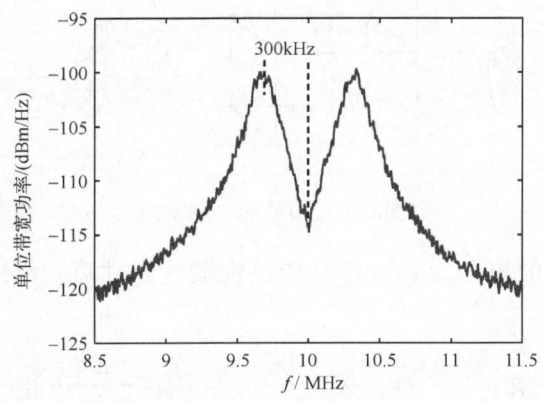

图 8.8　反馈带宽测量结果

8.3　残余幅度调制的补偿

采用 PDH 稳频时,误差信号过零点的稳定性会直接影响锁频后激光器的线宽，因此，提高误差信号过零点的稳定性对压窄锁定后的激光线宽大有裨益。如 8.2 节所述，在采用 PDH 稳频时，需要对光频进行相位调制，一般情况下都采用电光调制器，电光调制器利用晶体的电光效应实现激光的频率调制。具体地说，就是给电光晶体施加射频电场，使电光晶体的折射率产生周期性的变化，实现激光频率的调制。但晶体的折射率有着天然的对温度变化敏感的特性，微小的温度改变会引起透射激光的相位发生很大改变，由此会引起残余幅度调制（residual-amplitude modulation，RAM）现象，RAM 现象会引起误差信号过零点的抖动，影响锁频的效果。

8.3.1 RAM 的补偿机理

RAM 产生的一个最重要的因素是电光调制晶体的折射率会随温度漂移，铌酸锂晶体（$LiNbO_3$）是负单轴电光晶体，其因具有大的电光系数而被广泛应用在近红外波段中。光在铌酸锂晶体中传播时，由于晶体折射率呈现各向异性的特征。光可以分为寻常光（o 光）和非寻常光（e 光）。由于 o 光、e 光的折射率不同，o 光和 e 光通过铌酸锂晶体后的相位延时是不同的，假设晶体在 x 方向的长度为 l，在 z 方向的厚度为 d，EOM 调制示意图如图 8.9 所示。

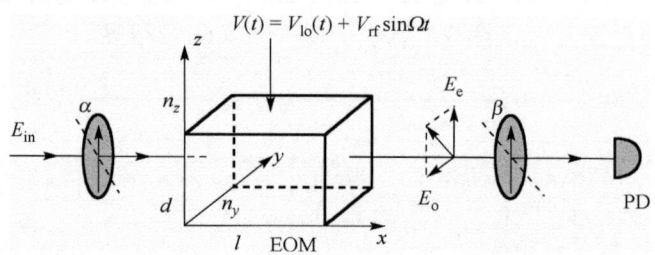

图 8.9　EOM 调制示意图

在 z 方向所加的电压为 $V(t)$，光透过铌酸锂晶体后，o 光和 e 光的相位变化为[7,8]

$$\begin{aligned}\varphi_o &= \phi_o + K_o V(t), \quad \phi_o = \frac{2\pi l}{\lambda} n_o, \quad K_o = -\frac{\pi}{\lambda}\frac{l}{d} n_o^3 r_{13} \\ \varphi_e &= \phi_e + K_e V(t), \quad \phi_e = \frac{2\pi l}{\lambda} n_e, \quad K_e = -\frac{\pi}{\lambda}\frac{l}{d} n_e^3 r_{33}\end{aligned} \quad (8.29)$$

式中，r_{13} 和 r_{33} 是电光系数。式 (8.29) 表明，o 光和 e 光的相位变化由两部分引起：一部分是折射率 n_o 和 n_e 的变化引起的 ϕ_o 和 ϕ_e 的变化；另外一部分是由于外加的电压 $V(t)$ 引起的相位变化。由于电光晶体的折射率会随温度变化，微小的温度变化

会引起 ϕ_o 和 ϕ_e 的剧烈变化,这种光相位的变化在电光调制过程中是我们不希望发生的,RAM 抑制就是设法补偿这个现象。在理想的相位调制中,$V(t)$ 是加在晶体上的正弦电压,然而,在实际中,由于电光晶体折射率的变化会导致光的相位产生不期望的漂移,因此,我们希望加在电光晶体上的电压包括两部分:一部分是低频电压,我们通过控制这个电压,试图抵消折射率变化引起的相位漂移;另外一部分是相位调制所需要的射频电压。

此时 o 光和 e 光的电场分量为

$$E_o(t) = E_{o0} e^{i(\omega_c t - \phi_o - K_o(V_{lo}(t) + V_{rf} \sin \Omega t))}$$
$$E_e(t) = E_{e0} e^{i(\omega_c t - \phi_e - K_e(V_{lo}(t) + V_{rf} \sin \Omega t))} \tag{8.30}$$

电场 $E_o(t)$ 沿着 y 方向振动,电场 $E_e(t)$ 沿着 z 方向振动,假设进入电光晶体前激光的偏振方向是 α,其电矢量为

$$\begin{pmatrix} E_z \\ E_y \end{pmatrix} = \begin{pmatrix} E_0 e^{i\omega_c t} \cos\alpha \\ E_0 e^{i\omega_c t} \sin\alpha \end{pmatrix} \tag{8.31}$$

经过电光晶体后,激光的偏振方向被调整为 β,那么此时激光信号的电矢量为

$$\begin{pmatrix} E_z \\ E_y \end{pmatrix} = \begin{pmatrix} \cos\beta & \sin\beta \\ -\sin\beta & \cos\beta \end{pmatrix} \begin{pmatrix} E_0 \cos\alpha \, e^{i(\omega_c t - \phi_e - K_e(V_{lo}(t) + V_{rf} \sin \Omega t))} \\ E_0 \sin\alpha \, e^{i(\omega_c t - \phi_o - K_o(V_{lo}(t) + V_{rf} \sin \Omega t))} \end{pmatrix}$$
$$= \begin{pmatrix} E_0 e^{i\omega_c t} \cos\beta \cos\alpha \, e^{i(-\phi_e - K_e(V_{lo}(t) + V_{rf} \sin \Omega t))} + E_0 e^{i\omega_c t} \sin\beta \sin\alpha \, e^{i(-\phi_o - K_o(V_{lo}(t) + V_{rf} \sin \Omega t))} \\ E_0 e^{i\omega_c t} \sin\beta \cos\alpha \, e^{i(-\phi_e - K_e(V_{lo}(t) + V_{rf} \sin \Omega t))} - E_0 e^{i\omega_c t} \cos\beta \sin\alpha \, e^{i(-\phi_o - K_o(V_{lo}(t) + V_{rf} \sin \Omega t))} \end{pmatrix}$$
$$\tag{8.32}$$

我们通过一个偏振片,提取一个方向的电场矢量进行探测,假设提取 z 方向的电场矢量进行探测,此时产生的光电流为

$$I \propto E_z E_z^* = |E_0|^2 \left(a^2 + b^2 + 2ab \cos(\phi_e - \phi_o + (K_e - K_o)V_{lo}(t) + (K_e - K_o)V_{rf} \sin \Omega t) \right)$$
$$= |E_0|^2 \left(a^2 + b^2 + 2ab \sum_{k=-\infty}^{+\infty} J_k(M) \cos(\Delta\phi + \Delta\phi_{lo} + k\Omega t) \right)$$
$$= |E_0|^2 \left(a^2 + b^2 + 2ab \sum_{k=0}^{+\infty} J_k(M)(\cos(\Delta\phi + \Delta\phi_{lo} + k\Omega t) + (-1)^k \cos(\Delta\phi + \Delta\phi_{lo} - k\Omega t)) \right)$$
$$\tag{8.33}$$

式中,$a = \cos\beta\cos\alpha$;$b = \sin\beta\sin\alpha$;$\Delta\phi = \phi_e - \phi_o$;$\Delta\phi_{lo} = (K_e - K_o)V_{lo}(t)$;$M = (K_e - K_o)V_{rf}$;$J_k$ 是 k 阶第一类贝塞尔函数。式(8.33)表明,光电流的各次

谐波的相位由两部分组成：其中，$\Delta\phi$ 表示由晶体双折射现象引入的自然相位变化；$\Delta\phi_{lo}$ 表示由施加的低频电压引起的相位变化。光电流的奇次谐波有：

$$I(k\Omega) \propto -4ab|E_0|^2 J_k(M)\sin(\Delta\phi+\Delta\phi_{lo})\sin(k\Omega t) \qquad (8.34)$$

光电流的偶次谐波有：

$$I(k\Omega) \propto 4ab|E_0|^2 J_k(M)\cos(\Delta\phi+\Delta\phi_{lo})\cos(k\Omega t) \qquad (8.35)$$

式(8.34)和式(8.35)表明，无论是奇次谐波还是偶次谐波，都是一个幅度调制信号，这个调制信号的幅度受双折射晶体的折射率温度漂移和所加电压影响，因此这种现象被称为残余幅度调制现象，这个信号的调制幅度是随时间变化的，如果不加以控制，将引起 PDH 稳频误差信号的抖动，影响锁频的效果。因此，我们需要控制加在电光晶体的低频电压，使整个相位 $\Delta\phi+\Delta\phi_{lo}$ 是一个不随时间变化的常数，实现对残余幅度调制的补偿。

在光电流的各次谐波中，一次谐波幅度是最大的，因此，我们一般对一次谐波进行解调后，得到一个误差信号，这个误差信号反映的是电光晶体折射率的变化引起的相位漂移情况，将这个误差信号经过 PID 控制后，反馈给电光晶体两端的驱动电压，当满足：

$$\sin(\Delta\phi+\Delta\phi_{lo}) = 0 \qquad (8.36)$$

时，式(8.34)的一次谐波功率为 0，使 RAM 现象得以补偿。

光电流的表达式(式(8.33))表明，各次谐波光电流的大小不但与 $\Delta\phi+\Delta\phi_{lo}$ 的大小有关，而且会受到输入偏振角度 α 和最后输出偏振角度 β 的影响。如果这两个角度有一个为 0，此时我们所探测的光电流便没有包含残余幅度调制的信息，无法实现 RAM 的补偿。一般来说，α 和 β 在 $10°\sim 20°$，就足够用来实现对 RAM 的补偿。对于一般光纤 EOM，这个条件始终是满足的，因为激光的偏振角度本身会在连接 EOM 的光纤中产生变化。

8.3.2 RAM 反馈补偿的实现

图 8.10 是包含 RAM 补偿的 PDH 稳频系统，其中稳频部分不再赘述。激光在进入腔之前由 BS 分光给用于 RAM 控制的探测器，探测器的输出信号与本振信号混频滤波得到 RAM 的误差信号，随后通过 PID 控制器得到控制信号进行反馈。将控制信号和 EOM 的调制信号通过偏置器(Bias-Tee)合并后连接到 EOM，实现整个 RAM 补偿环路。

当关闭 RAM 补偿控制时，$\sin(\Delta\phi+\Delta\phi_{lo})$ 不为 0，探测器输出的信号如式(8.34)所示，此时在调制频率 Ω 处信号幅度不为 0(调制频率 $\Omega=10\mathrm{MHz}$)，当 EOM 的

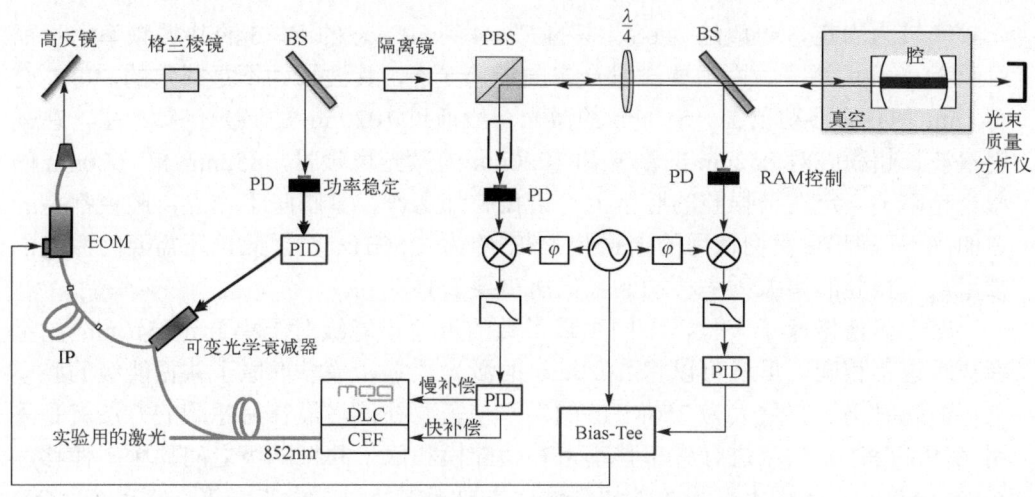

图 8.10　包含 RAM 补偿的 PDH 稳频系统

驱动信号 V_{lo} 线性变化时，引起的 ϕ_{lo} 的变化反映到误差信号上是一个类似正弦的波动曲线，但其上叠加了 o 光和 e 光折射率变化引起的相位变化，如图 8.11(a) 所示。当开启 RAM 补偿控制时，$\sin(\Delta\phi + \Delta\phi_{lo}) = 0$，此时在调制频率处的信号幅度为 0，频谱仪在该频点处只能观测到底噪。RAM 控制开启与关闭的效果对比如图 8.11(b) 所示，RAM 的功率被抑制超过 20dB。

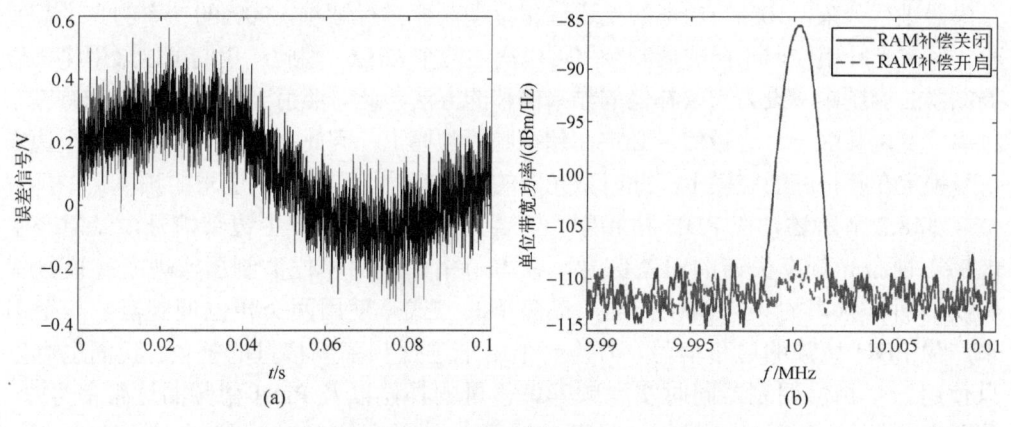

图 8.11　RAM 误差信号和补偿反馈信号

8.4　双波长超稳腔任意频率的锁定

在里德堡原子的实验中，需要 852nm 的激光和 510nm 的激光，852nm 的激光频率较为固定，一般选为 $6S_{1/2}$ 态的 $F'=4$ 到 $6P_{3/2}$ 态的 $F=5$ 的共振频率上；而对于 510nm 的激光，由于要激发众多的里德堡态，其波长并不是固定的，可能会有 1nm 左右的移动范围。510nm 的激光一般通过 1020nm 的激光倍频产生，在采用双波长超稳腔对 852nm 的激光和 1020nm 的激光稳频时，852nm 和 1020nm 的激光频率不一定在谐振腔的腔模上，谐振腔都工作在零膨胀工作点，腔模都是固定的，不可调节（我们使用的谐振腔 FSR 约为 1.5GHz），因此，还需要将激光的频率从谐振腔的谐振频率移动到我们所需要的频率上。

对于里德堡原子实验，不同主量子数的里德堡能级对于耦合光（510nm）的频率要求也不相同，虽然可以将 1020nm 的激光锁定在最靠近原子共振能级的腔模上，但此时仍然有最大为 750MHz 的频率差需要补偿。最容易想到的方法就是采用 AOM 对激光频率进行频率移动来补偿腔模和原子共振能级之间的频率偏移。然而，AOM 在使用上有很大的局限性，主要表现为以下两点：第一，单个 AOM 所能实现的频率移动范围较小，例如，法国 AA 公司的 AOM 只能实现 80MHz～120MHz 的频率移动，如果要实现高达 750MHz 的频率偏移补偿，则需要多个 AOM 串行工作，这种方式成本非常高；第二，激光通过 AOM 后，由于衍射效率的影响，其输出功率有所下降，单个 AOM 的功率损失可以做到 70%～80%，但经过多个 AOM 后的功率损失不可忽视，对于 510nm 激光来说，这种损失尤为致命。

在实际中，我们还可以采用相位调制器实现频率偏移的补偿，激光器的输出采用分束器进行分束，10%的功率的光通过相位调制器进行锁频，90%的功率的光进行实验。目前光纤相位调制器的调制频率可以高达几个 GHz，因此，我们可以采用将相位调制器的调制频率设为需要补偿的频率偏移的方法，此时照射到超稳腔的激光有三个频率分量，其中一个边带信号必定在超稳腔的腔模上，因此，我们只需要将这个边带信号锁定在超稳腔的腔模上，此时激光器的输出信号必定是我们要求的频率。

如 8.2 节所述，在 PDH 稳频中，需要用相位调制器产生边带信号，以便产生能够表征激光频率失谐的误差信号，在本节中，采用相位调制器实现了腔模频率和我们所需频率的频率偏移补偿，最简单的方式是使用两个相位调制器，一个用来产生 PDH 稳频的边带信号，另外一个用来进行频率偏移量的补偿。我们也可以只使用一个相位调制器同时实现频率偏移量的补偿以及 PDH 稳频的边带信号[9]，其原理如图 8.12 所示，射频信号源 RF1 用来产生频率移动的信号，射频 RF2 用来产生 PDH 稳频的边带信号，RF2 经过功分器分成两路：一路信号与 RF1 的信号进行混频放大后产生 EOM 的调制信号；另外一路作为提取误差信号时的本振解调信号。经过 EOM 调制后的激光，在光频上产生了九个频率成分，如图 8.12 所示，这九个频率成分被分成了三组，其中与腔模匹配的那一组信号可以产生 PDH 稳频的误差信号，实现腔模的锁定。此时激光器的输出频率恰好是我们要求的频率。但采用两个 EOM 有着便于 RAM 补偿的好处,我们在锁频时用了两个 ixblue 的光纤 EOM,调制频率为 150MHz 的 EOM 具有直流高阻耦合接口,很适合用作 RAM 反馈信号的馈入。而为了补偿频率偏移的 EOM 的调制频率较高,有几百 MHz,此时需要使用调制频率为 2GHz 的 EOM,这一款只支持 50Ω 耦合射频信号,这个接口不太适合馈入补偿 RAM 的低频信号。

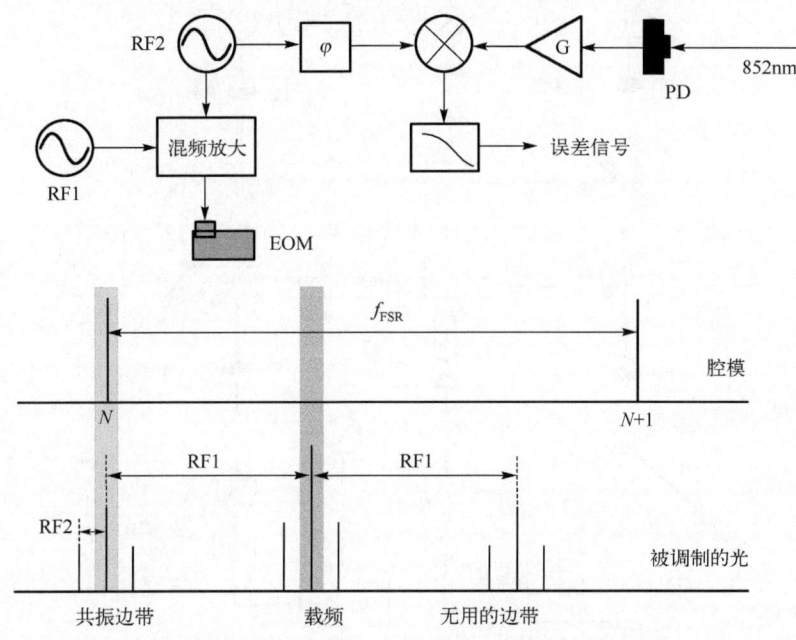

图 8.12 使用单 EOM 频率移动调制原理图

我们利用双波长超稳腔实现 852nm 和 1020nm 的激光的频率稳定,如图 8.13 所示,在此我们使用了两个 EOM 分别用于频率移动和调制。其中,1020nm 激光器的稳频结构与 852nm 激光器完全一致。在实验中,852nm 激光器和 1020nm 激光器采用的是 Moglabs 的猫眼结构外腔半导体激光器,放大倍频器采用上海频准公司的放大倍频器,将 1020nm 的红外光转换为 510nm 的绿光。调制采用的 EOM 是 ixblue 公司的光纤 EOM,探测器采用的是 Thorlabs 公司的 50MHz 带宽的 PDA8A2,可调光学衰减器采用的是 Thorlabs 公司的 V800PA,在线起偏器采用的是铭创光电的起偏器。在 PDH 稳频时对激光的调制频率为 10MHz,采用的是西安同步电子的 10MHz 高稳定晶振,用于大范围频率移动的频率源采用舜高电子的手持便携式信号源 SG6-A,产生误差信号以及抑制 RAM 用到的解调、滤波以及 Bias-Tee 都是 minicircuits 公司的货架产品。该系统对 852nm 和 1020nm 双波长激光的稳频效果如图 8.14 所示。

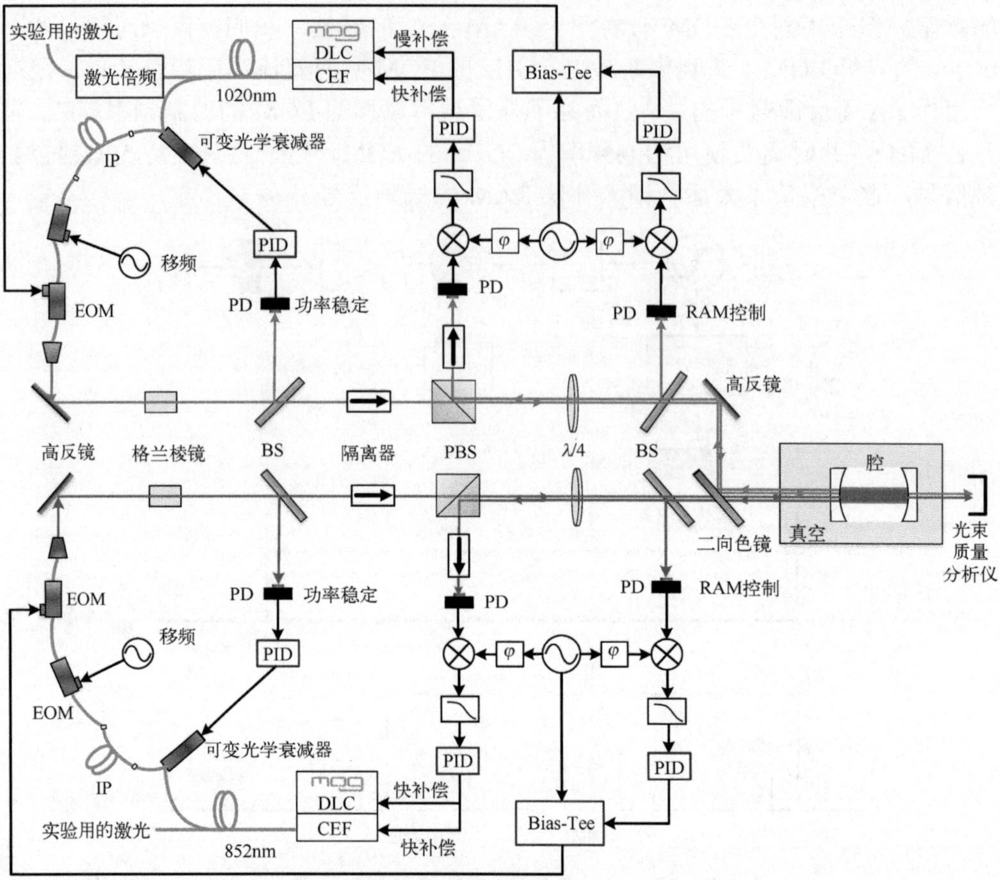

图 8.13 双波长超稳腔稳频系统示意图

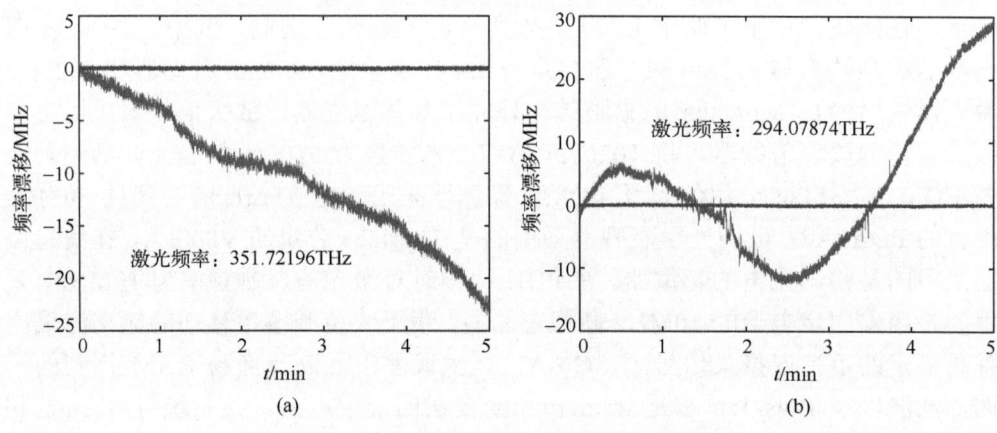

图 8.14 双波长超稳腔系统稳频效果

8.5 小　　结

本章介绍了任意频率的双波长超稳腔激光稳频系统。超稳腔是激光稳频系统的核心，本章总结了一套详细高效的腔膜匹配流程，并且对影响超稳腔性能的参数，如零膨胀工作点和精细度，进行了详细的分析和测量，以确保 FP 腔工作在最佳状态，为整个稳频系统的稳定运行奠定了基础。以 852nm 的激光为例，我们介绍了如何构建整个 PDH 稳频系统，并且对光纤 EOM 引起的 RAM 的形成原因以及补偿方法进行了详细的阐述，并且介绍了如何使用 EOM 实现任意频率的 PDH 稳频。最后介绍了适用于里德堡原子实验的 852nm 和 1020nm 激光的双波长超稳腔稳频系统。

参 考 文 献

[1] Stable Laser Systems, Installation Guide for Stabilized Laser System[DB/OL]. [2023-5-8] http://www.stablelasers.com.

[2] 戴姆特瑞德. 激光光谱学, 第二卷: 实验技术[M]. 姬扬, 译. 北京: 科学出版社, 2012.

[3] Zhang J, Luo Y X, Ouyang B, et al. Design of an optical reference cavity with low thermal noise limit and flexible thermal expansion properties[J]. The European Physical Journal D, 2013, 67(2): 46.

[4] 卢飞飞, 白建东, 侯晓凯, 等. 置于超高真空环境且控温的超稳光学腔的腔线宽及零膨胀温度点测定[J]. 量子光学学报, 2022, 28(4): 288-295.

[5] Anderson D Z, Frisch J C, Masser C S. Mirror reflectometer based on optical cavity decay time[J]. Applied Optics, 1984, 23(8): 1238-1245.

[6] Black E D. An introduction to Pound-Drever-Hall laser frequency stabilization[J]. American Journal of Physics, 2001, 69(1): 79-87.

[7] Wong N C, Hall J L. Servo control of amplitude modulation in frequency-modulation spectroscopy: Demonstration of shot-noise-limited detection[J]. JOSA B, 1985, 2(9): 1527-1533.

[8] 李相银, 姚敏玉, 李卓, 等. 激光原理技术及应用[M]. 哈尔滨: 哈尔滨工业大学出版社, 2004.

[9] MOG Laboratories Pty Ltd, Pound-Drever-Hall Locking with the FSC[DB/OL]. [2023-3-10] http://www.moglabs.com.

第 9 章 四能级外差里德堡原子接收机性能测试

第 7 章和第 8 章介绍了与里德堡原子接收机相关的基础实验，以及利用双波长超稳腔实现 852nm 和 510nm 的激光稳频系统。第 7 章中的基于 A-T 分裂效应对微波的测量，还不能称为接收机，因为其只能对单频的微波电场强度进行测量。接收机应该能够对有一定带宽的调制电场进行接收，并且能够对接收的电场进行复原。如第 5 章所述，采用外差模式的四能级原子，可以实现对调制电场的接收，本章将搭建四能级外差里德堡接收机，对接收机的幅频响应特性、线性调频信号的接收，以及四能级外差里德堡接收机的电场灵敏度进行测试与讨论。

9.1 四能级外差里德堡原子接收机实验系统构建

基于铯原子的四能级外差里德堡原子接收机的实验系统框图如图 9.1 所示，四能级外差接收机的核心是两台 Moglabs 的 852nm 和 1020nm 的猫眼激光器，两台激光器经过双波长超稳腔稳频。其中，852nm 激光器的频率被锁定在 $6S_{1/2}$ 态的 $F=4$ 到 $6P_{3/2}$ 态的 $F=5$ 的共振频率上，1020nm 的激光器经过放大倍频后产生 510nm 的激光，510nm 的激光被锁定在 $6P_{3/2}$ 态的 $F=5$ 能级与里德堡能级的共振跃迁频率上，在本章的实验中，该里德堡态被选为 $47D_{5/2}$ 态。852nm 激光器经过频率移动(移频)后产生相干探测的本振光信号，通过铯泡后的探测光经过相干探测放大后，信号进入正交解调系统，此时混频滤波得到的 I 支路和 Q 支路信号对应了铯原子对探测光的吸收系数和色散系数。整个实验系统可以分为激光系统、

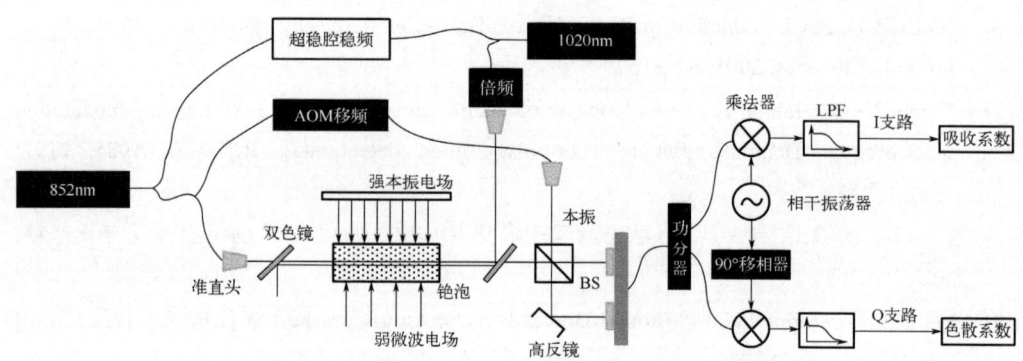

图 9.1 基于铯原子的四能级外差实验系统

测量光路系统、时钟同步系统、微波系统、功率稳定系统等几个方面,其中激光系统在第 8 章有着非常详细的介绍,其余的几个部分,我们将在本节进行详细的介绍。

9.1.1 测量光路系统

在四能级外差接收机中,空间测量光路较为简单。经过超稳腔稳频后的 852nm 的激光耦合到自由空间后,通过四分之一波片、二分之一波片和 PBS 立方体可以将 852nm 的激光变换为功率可以自由调节的垂直偏振光。经过超稳腔稳频后的 1020nm 的激光经过倍频后产生的自由空间的 510nm 耦合激光同样通过四分之一波片、二分之一波片和 PBS 立方体转化为功率可调节的垂直偏振光。852nm 的激光和 510nm 的激光进行共光路的对向传输,穿过波导中的铯泡。在波导前后各放置一个二向色镜,使 852nm 的激光透射、510nm 的激光反射,实现探测光和耦合光的分离。

在四能级外差接收机实验中,我们根据不同的实验目的选择不同的探测方式。如果我们是为了测量系统的灵敏度,此时采用直接探测的方式较为方便,根据铯原子的吸收特性可以很方便地读出整个系统的电场灵敏度。在直接探测中,只需要将穿过铯泡和二向色镜的 852nm 的探测光射入探测器中。我们采用了两种探测器,一种是 Thorlabs 的带宽为 1MHz 的 PDB210A,以及带宽为 10MHz 的 APD410A。

在线性调频信号的接收恢复实验中,需要采用相干探测模式。在该探测模式中,穿过铯泡和二向色镜的 852nm 激光和经过移频系统(见 9.1.4 节)的 852nm 激光在 50/50 的 BS 中汇合后,产生干涉现象,分别入射到平衡探测器的两个光输入端口,此处我们采用了 Thorlabs 公司的带宽为 200MHz 的 PDB465A 平衡探测器。无论是直接探测还是相干探测,为了防止空间杂散光进入探测器对测量产生影响,我们在探测器的光输入端口前都加入了中心波长为 850nm、带宽为 10nm 的窄带介质膜滤光片。

在功率相同的情况下,光束的直径可以直接影响整个系统的拉比频率,因此,如无特殊说明,本章实验中使用的探测光光束的 $1/e^2$ 直径约为 1.1mm,耦合光的 $1/e^2$ 直径约为 0.7mm。为了避免空间中反射微波偏振状态不稳定对测量的影响,在本章实验中,铯泡都是放置于矩形波导内的,这样可以确保微波电场的偏振状态是垂直偏振,与探测光和耦合光的偏振状态完全一致。

在本章实验中,原子传感器选为长方体铯泡,其底面是边长为 15mm 的正方形,长度有三种,分别是 15mm、50mm 和 100mm,在 25℃时其内含基态铯原子的浓度约为 $4.89\times10^{10}\,\text{cm}^{-3}$。

9.1.2 时钟同步系统

如第 5 章所述,四能级外差里德堡原子接收机可以测量本振微波电场和待接收微波电场之间的相对频率和相位的变化,因此,本振微波电场和待接收微波电场的相位需要足够稳定,不能产生随机的漂移。另外,四能级外差接收机的输出是经过频谱仪和示波器进行观察,并且在线性调频的接收实验中需要采用采集卡将解调后的模拟信号变换成数字信号进行采集,为了保证测量的相位和频率的准确性,实验中用到的信号源、示波器、频谱仪和采集系统也必须具有稳定、准确的时钟。

为了避免各个仪器的随机相位抖动对四能级外差接收机的影响,实验中用到的所有仪器都同步到同一个参考时钟,这样可以保证各个仪器的相位都是一致的。信号源、示波器和频谱分析仪等仪器工作时,既可以使用内部的参考时钟,也可以使用外部的参考时钟,这些仪器都存在一个外部的时钟输入接口,这个接口要求输入一个 10MHz 的时钟,并且这些仪器还有一个时钟同步输出接口。因此,可以利用仪器的时钟输入输出接口,将多个仪器进行同步操作,使各个仪器的参考时钟相位都是稳定的,由此保证测量结果的稳定性。

仪器内部参考时钟的稳定性比较差,以罗德施瓦茨的信号源为例,其标准配置版本的时钟相噪在 10kHz 时是 $-130\mathrm{dBc/Hz}$,这个参考时钟的相噪较高,为了减小仪器内部参考时钟的相噪对测量的影响,我们采用了西安同步电子的 10MHz 的恒温晶振作为参考时钟,该晶振在偏离中心频率 10kHz 处,相噪可以达到 $-160\mathrm{dBc/Hz}$,秒稳指标可以达到 1×10^{-12}。用这个高稳定的时钟同步实验中需要使用的所有实验仪器,由此保证整个实验系统的相位稳定性,保证测量结果的可靠性。

9.1.3 微波系统

四能级外差里德堡接收机实验中的微波系统主要由信号微波源、本振微波源、电阻式功率分配器和矩形波导构成。微波信号的功率稳定性主要通过微波源自身的功率控制功能保证,该功能通过监视微波源自身输出功率,调节内部衰减实现输出功率的稳定。在实验中,待测量的微波信号由罗德施瓦茨的矢量信号源产生,该信号源可以通过自身编程产生各种编码信号,本振微波信号由一个单通道的罗德施瓦茨信号源产生。本振微波和信号微波通过两路电阻式功率分配器相加,电阻式功率分配器具有非常平坦的响应,可以实现从 DC 到 10GHz 的信号的功率合成,然而,其具有较大的固有损耗,实验使用的电阻式功率分配器具有约 6.25dB 的插入损耗。

与常见的将功率合路后的微波电场馈入喇叭天线不同,在本章的实验中,我们将功率合路后的微波电场馈入一段标准的 WR137 的矩形波导中。如果将功率合路后的微波电场馈入喇叭天线，铯泡处于自由空间中，此时喇叭天线发射的电磁波在空间环境中会被多次反射，导致在铯泡处的微波电场偏振状态产生变化，由此需要额外的吸波材料消除电磁波的反射信号，以提高铯泡周围微波电场的偏振纯度。为了使我们的系统更加简洁地进行原理实验和指标测量，我们将功率合路后的微波电场馈入矩形波导中，并且将铯泡固定在矩形波导中，在矩形波导两端的 SMA(subminiature version A)转波导的耦合头上，钻有直径为 2.5mm 的圆孔，以使探测光和耦合光穿过。采用如此结构的好处有以下几点：其一是矩形波导处于封闭的环境，其内部电场不会被环境中的微波电场影响；其二是微波在矩形波导内能传输的模式是 TE_{10} 模，其内部电场的偏振方向垂直于矩形波导横截面的长边；其三，矩形波导内的电场与其传输的行波功率有着固定的解析表达式，通过馈入波导的功率，我们就可以通过式(9.1)计算出波导内的传输功率与电场强度的幅度关系为[1]

$$P = E_0^2 \frac{ab}{4} \sqrt{\frac{\varepsilon_0}{\mu_0}} \sqrt{1-\left(\frac{c}{2af}\right)^2} \tag{9.1}$$

式中，a、b 分别是矩形波导的长边和短边。为了保证波导内的电场始终处于行波状态，波导的输出端通过一个 50Ω 负载吸收反射的微波功率。

9.1.4 移频系统与解调本振信号的产生

在四能级外差接收机实验中，需要采用相干探测的方式，在光的相干探测中，需要一束经过移频后的光作为外差探测本振光信号，经过外差探测后的电信号还需要采用正交解调技术提取铯蒸气池对探测光的吸收系数和色散系数，此时还需要一个正交解调的本振信号。本节介绍两种方法实现移频和外差探测的本振信号的产生：第一种是移频系统简单，但外差探测的本振信号的产生比较复杂；第二种是移频系统复杂，但外差探测的本振信号的产生非常简单。

通过给 AOM 施加一个一定功率的单频射频信号，可以很方便地将激光频率进行移频，理论上采用与驱动 AOM 的同源射频信号作为本振，就可以实现对外差探测后的电信号的正交解调。我们将移频后的激光与本身的激光进行外差探测后，会得到一个与驱动 AOM 的射频信号同频率的信号，此时，我们会发现经过外差探测后的信号与驱动 AOM 的射频信号之间存在比较严重的相位抖动现象。产生这个现象的主要原因是，AOM 调制时会产生多余的幅度调制现象，并且 AOM 移频并不能保证经过移频后的激光与原来的激光具有固定的相位关系。为了尽可能地减小 AOM 移频产生的相位抖动对正交解调的影响，我们采用图 9.2 的方式构建正交解调的本振信号。

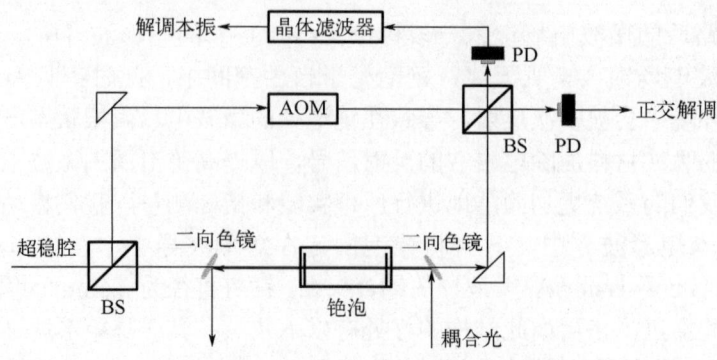

图 9.2 AOM 移频及本振信号产生框图

经过超稳腔稳频的 852nm 的激光经过 BS 后分成两路,一路进入 AOM 移频后作为本振光信号,另外一路进入铯泡作为测量光路,移频后的 852nm 的激光与测量光路在 BS 中汇合,此时分别被两个光电探测器转换成电信号,其中一路用于后续正交解调的输入信号,另外一路经过一个带宽非常窄的晶体滤波器(带宽只有几百 Hz)后形成了正交解调的本振信号。采用这样的方法,虽然可以减小 AOM 引入的相位抖动,但晶体滤波器始终有一定的带宽,在晶体滤波器带宽内由 AOM 引起的幅度变化和相位变化并不能完全去除,因此,采用如此结构的移频系统,虽然可以很大程度地提高移频后的激光相位与原激光相位以及 AOM 射频驱动信号相位之间的稳定情况,但其仍然有改进的空间。

为了使移频后的激光相位与原激光相位有着更高的稳定精度,采用锁相环实现对激光频率的移动是一个比较理想的方式,该方式的原理框图如图 9.3 所示。

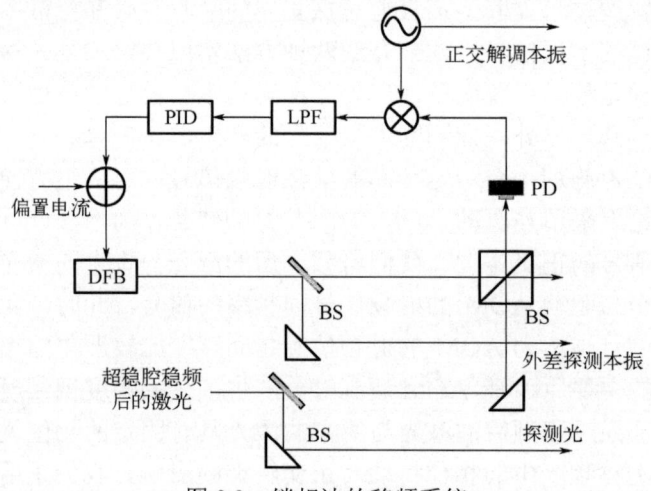

图 9.3 锁相法的移频系统

采用该方法,需要另外一个 DFB 激光器或者 DBR 激光器,通过温度控制和偏置电流驱动后,DFB 激光器频率与探测光频率之差在射频信号的频率附近时,DFB 的输出激光与超稳腔稳频后的激光在 BS 中汇合,经过光电探测器探测后,探测器的输出信号与射频信号进行混频,再经过低通滤波器和 PID 处理后便可以得到 DFB 激光器的反馈电流信号。用这种方法得到的移频后的激光与原激光和射频驱动信号的相位之间存在锁定关系,此时射频信号就可以直接作为正交解调的本振信号。采用这种方法的另外一个好处是移频范围非常大,理论上在探测器带宽内的频率都可以实现移频。而 AOM 移频的范围较小,只能在标称的中心频率附近进行微小的移频。

9.1.5 功率稳定系统

在四能级外差接收机的实验中,接收机的系统响应与探测光和耦合光的拉比频率有关,实验中都要求拉比频率为常数,也就是要求探测光和耦合光的输出功率是稳定的。我们使用的 510nm 的激光是由 1020nm 激光器经过放大倍频后产生的空间光,实验中使用上海频准公司的激光倍频放大器,其具有功率稳定监视系统,因此,510nm 的激光的功率是稳定的。对于光纤输出的 852nm 探测光激光器,在测量中,我们需要垂直偏振方向的光功率稳定。由于在光纤传输过程中,光的偏振状态会发生改变,尽管 852nm 的光的总功率是稳定的,但垂直偏振状态的光的功率会产生漂移。光功率稳定系统的示意图如图 9.4 所示,有关光功率稳定系统的具体结构说明见第 8 章。

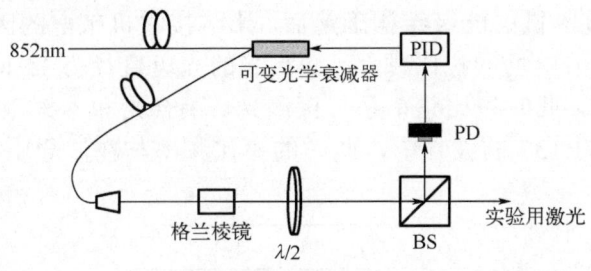

图 9.4 光功率稳定系统

9.2 四能级外差里德堡接收机幅频响应特性测量

根据第 5 章中的分析,四能级外差接收机的密度矩阵元可以表示为如下的形式:

$$\rho_{ba} = \overline{\rho_{ba}^0} + \frac{\wp_{cd}}{\hbar}h_1(t)\otimes \mathcal{E}(t) + \frac{\wp_{cd}}{\hbar}h_2(t)\otimes \mathcal{E}^*(t) \tag{9.2}$$

式中，$\mathcal{E}(t)$ 是发射电场的解析信号形式。铯泡对探测光的电极化率可以写成：

$$\chi(t) = \frac{2N_0 \wp_{ab}^2}{\varepsilon_0 \hbar \Omega_p} \left(\overline{\rho_{ba}^0} + \frac{\wp_{cd}}{\hbar} h_1(t) \otimes \mathcal{E}(t) + \frac{\wp_{cd}}{\hbar} h_2(t) \otimes \mathcal{E}^*(t) \right) \tag{9.3}$$

为了测量四能级外差里德堡原子接收机的带宽特性，我们发射的信号是单频信号 $\mathcal{E}(t) = E_0 \mathrm{e}^{\mathrm{i}\omega t}$（此处 ω 表示信号电场频率与本振电场频率的频率差）。此时经过铯泡后的探测光功率可以表示为

$$\begin{aligned} P &= P_0 \exp\left(-\frac{2\pi}{\lambda} L \operatorname{Im}(\chi) \right) \\ &\approx \bar{P} - \bar{P} \frac{2\pi}{\lambda} \frac{\wp_{cd} E_0}{\hbar} \frac{N_0 \wp_{ab}^2}{\varepsilon_0 \hbar \Omega_p} L \operatorname{Im}(H_1(\omega)\mathrm{e}^{\mathrm{i}\omega t} + H_2(-\omega)\mathrm{e}^{-\mathrm{i}\omega t}) \end{aligned} \tag{9.4}$$

式中，$\bar{P} = P_0 \exp\left(-\frac{4\pi N_0 \wp_{ab}^2 L}{\lambda \varepsilon_0 \hbar \Omega_p} \operatorname{Im}\left(\overline{\rho_{ba}^0} \right) \right)$，$P_0$ 是入射的探测光功率。经过铯泡后的探测光功率由两部分组成：一部分是平均功率，其与外加的信号电场无关；另外一部分是交流变化的功率，这部分功率会随着信号电场频率的变化而变化，称为有用功率，反映接收机的带宽特性。

$$P_{\mathrm{eff}} = \bar{P} \frac{2\pi}{\lambda} \frac{\wp_{cd} E_0}{\hbar} \frac{N_0 \wp_{ab}^2}{\varepsilon_0 \hbar \Omega_p} L \operatorname{Im}(H_1(\omega)\mathrm{e}^{\mathrm{i}\omega t} + H_2(\omega)\mathrm{e}^{-\mathrm{i}\omega t}) \propto \frac{\bar{P}}{\Omega_p} |H_1(\omega) + H_2(\omega)| \tag{9.5}$$

在对四能级外差接收机的带宽测量中，我们选择的两个里德堡态为 $47\mathrm{D}_{5/2}$ 态和 $48\mathrm{P}_{3/2}$ 态，当接收机的能级结构确定后，影响接收机带宽的因素只有探测光、耦合光和本振微波电场的拉比频率。探测光的光斑直径为 1.1mm，耦合光的光斑直径为 0.7mm，此时拉比频率只与探测光、耦合光和本振微波功率有关。我们的铯泡放在 WR137 的波导中，此时的拉比频率与在波导中传输的功率有如下关系：

$$\Omega_L = \frac{\wp_{cd}}{\hbar} \sqrt{\sqrt{\frac{\mu_0}{\varepsilon_0}} \frac{4P_L}{ab\sqrt{1-(c/(2af))^2}}} \tag{9.6}$$

由于 $6\mathrm{P}_{3/2}$ 态和 $47\mathrm{D}_{5/2}$ 态之间的跃迁偶极矩非常小，铯泡对耦合光的吸收系数极小，因此，510nm 的光在铯泡内功率基本不变，由第 3 章的知识可以知道，此时耦合光在光束内的平均拉比频率为

$$\overline{\Omega_c} = \frac{4\wp_{bc}\sqrt{P_c}}{3\hbar\sqrt{c\varepsilon_0 \pi W_x W_y}} \tag{9.7}$$

式中，W_x 和 W_y 是光斑的 $1/e^2$ 半径。

对于探测光来说，拉比频率的情况有点复杂，由于探测光功率在铯泡内的传输过程中会有比较大的衰减，因此，探测光的拉比频率是随传播方向而逐渐减小的，此时接收机的响应无法用统一的探测光拉比频率进行描述。我们可以将铯泡沿探测光的传播方向分成若干个微元，在每个微元内，探测光功率是恒定不变的，在这种情况下，整个四能级外差里德堡接收机系统可以看成若干个子系统的级联，因此，经过铯泡的有效功率可以表示成如下的形式：

$$P_{\text{eff}} \propto \sum_i \frac{|H_{1i}(\omega) + H_{2i}(\omega)|}{\overline{\Omega_{pi}}} \tag{9.8}$$

每个微元内探测光的平均拉比频率由以下关系确定：

$$\overline{\Omega_{pi}} = \frac{4\wp_{ab}\sqrt{P_{pi}}}{3\hbar\sqrt{c\varepsilon_0 \pi W_x W_y}} \tag{9.9}$$

在对四能级外差接收机带宽的测量中，探测光功率较小（如同下面的分析，探测光功率小时，其带宽更大）。我们采用了 Thorlabs 公司 10MHz 带宽的 APD 探测器（APD410A）。铯泡选择为边长为 15mm 的立方体铯泡，放入 WR137 波导中。

因此，在接收机的带宽测量中，能够通过改变探测光、耦合光以及波导内的微波功率调节 Ω_p、Ω_c 和 Ω_L。我们改变不同的探测光、耦合光以及微波本振功率，来得到不同参数下的接收机的幅频特性，同时在实验中利用直接探测方法进行测量，测量数据是通过读取频谱仪在 ω 处的信号功率来获取的。二者的结果均经过了归一化处理方便对比。

图 9.5 展示了不同参数对接收机幅频特性的影响结果。图 9.5(a) 展示了探测光功率 P_p 的影响，其中，固定耦合光功率 P_c 为 50mW，输入波导的微波本振功率 P_{LO} 为 -45dBm。我们可以看到随着探测光功率的增大，接收机的响应幅度增加，这是由于在固定耦合光情况下，增加探测光功率使更多的原子从基态被激发到中间态，在经过耦合光的作用后，也就增加了里德堡态原子的数目。另外，探测光功率的增加会使零频附近的响应显著增加，如果对接收机的带宽要求不高，则可以选择功率比较高的探测光。

图 9.5 (b) 是耦合光功率 P_c 作为变量的测试结果，其中固定探测光的功率 P_p 为 2μW，微波本振的功率 P_{LO} 为 -55dBm。当耦合光功率较小时，原子系统的带宽比较窄，并且响应幅度较低，这是参与接收的里德堡原子数少的原因造成的。随着耦合光功率的增加，接收机的响应幅度迅速升高，并且带宽增大，但耦合光功率

过大反而会降低响应幅度，但是带宽仍然会增大。图9.5(c)是本振电场功率 P_{LO} 作为变量的测试结果，其中固定探测光功率 P_p 为 $2\mu W$，耦合光功率 P_c 为 $260mW$。式(9.5)表明，四能级外差接收机的有效功率受两个因素的影响：第一个因素是探测光通过铯泡后的平均功率 $\overline{P}$；第二个因素是 $|H_1(\omega)+H_2(\omega)|$ 的大小。$|H_1(\omega)+H_2(\omega)|$ 表征的是在外差体制下密度矩阵元 ρ_{ba} 对单频电场响应的强弱，但 $|H_1(\omega)+H_2(\omega)|$ 最大时并不能保证接收机的有效功率最大，因为接收机的有效功率还需要考虑 $\overline{P}$ 的影响。当 $P_{LO}=0$ 时，铯泡对探测光的吸收效应最小，此时 $\overline{P}$ 最大，但 $|H_1(\omega)+H_2(\omega)|\approx 0$，此时无法观测到被接收的电场。随着 P_{LO} 的增大，产生了 A-T 分裂效应，平均功率 $\overline{P}$ 会减小，但 $|H_1(\omega)+H_2(\omega)|$ 会增大，因此 P_{LO} 存在一个最优的值，探测光功率和耦合光功率固定在 P_{LO} 的最优值附近时，接收机的有效功率最大。

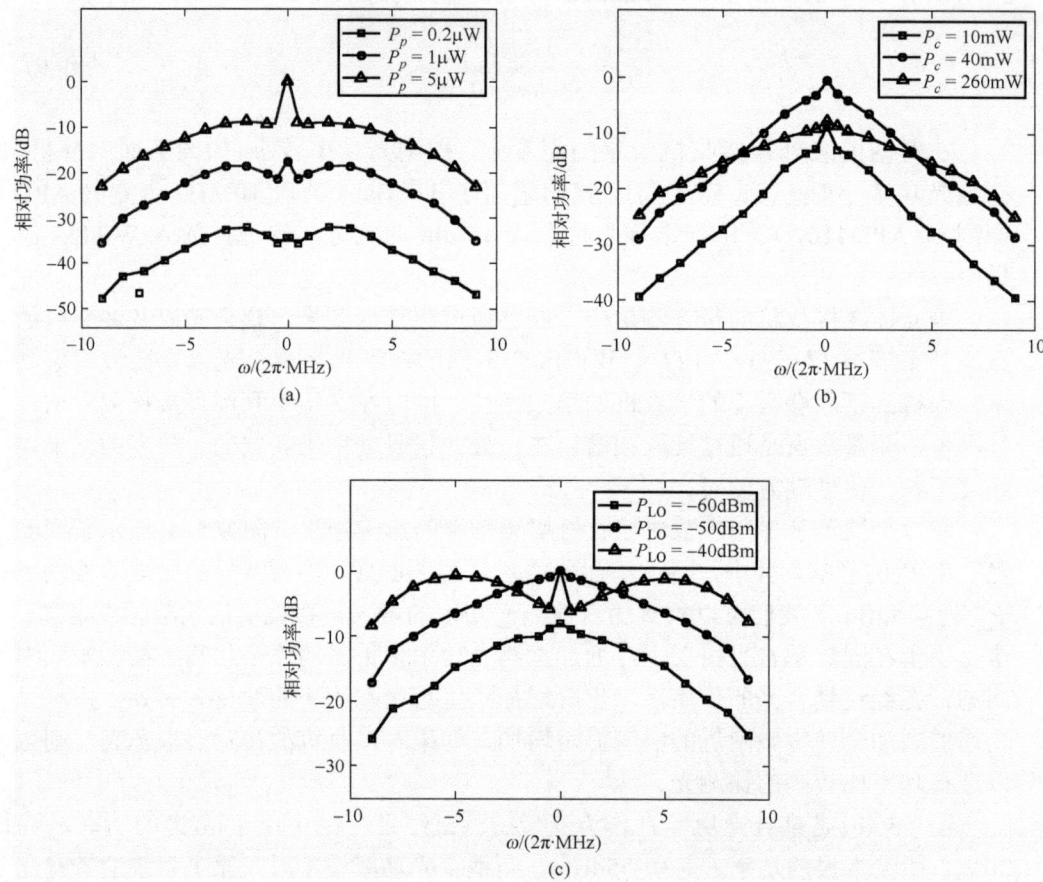

图9.5　不同参数对四能级外差接收机的幅频特性的影响

由于三个拉比频率都会影响接收机的幅频响应，在进行电场接收时必须考虑系统的参数选取,以优化接收机的性能。我们在实验中发现铯泡的质量对接收机的性能有着影响,图 9.6 展示了这种影响,三角标记和四方标记曲线是同一厂家制作的不同批次下的铯原子气室对应的测试结果,圆圈标记的曲线是利用了另一个厂家的铯原子气室的测试结果,可见铯原子气室的制作工艺对四能级外差接收机的幅频响应和灵敏度会产生影响。

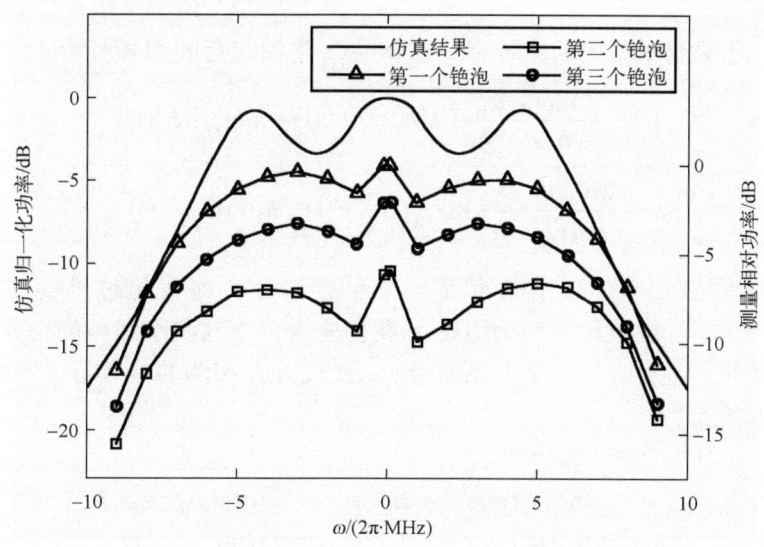

图 9.6　最优参数下的接收机的幅频响应的仿真和不同铯泡下的测试结果

我们最终选择探测光功率为 1.4μW,耦合光功率为 250mW,波导内传输功率为 −45dBm,选择灵敏度最高的铯泡(三角标记的曲线)进行实验,此时接收机系统的瞬时带宽可以达到 12MHz。

9.3　线性调频信号的接收与复原

9.2 节的实验结果表明四能级外差接收机的双边带带宽能够达到 10MHz 以上,因此,接收机可以接收 10MHz 带宽以上的信号。接收机存在两种工作方式:一种是直接用吸收系数接收信号;另外一种是利用吸收系数和色散系数共同恢复信号。如果采用第一种接收方式,由于存在频谱混叠的情况,接收机带宽只能是单边带带宽,在系统设置中,本振电场的频率必须与待接收信号的载频存在一个频率差,这个频率差的值必须大于系统单边带带宽的一半。以双边带带宽为 10MHz 的接收机为例,此时系统的单边带带宽为 5MHz,因此,只采用吸收系数接收信号时,本振电场的频率与待接收信号的载频的频率差必须要大于 2.5MHz。

本节我们采用 5.6 节中的相干探测和正交解调技术获取铯原子的吸收系数和色散系数，对带宽为 10MHz 的线性调频信号进行接收和脉冲压缩处理。

如第 5 章所述，采用相干探测后的接收信号可以表现为以下形式：

$$S(t) = 2\sqrt{PP_{\rm LO}}\,{\rm e}^{\frac{k_p\chi_{0{\rm im}}(t)L}{2}}\cos\left((\omega_{ab}-\omega_{\rm LO})t - k_p\frac{\chi_{\rm re}(t)}{2}L + \varphi_0\right) \qquad (9.10)$$

式中，$\omega_{\rm LO}$ 是探测本振光的角频率；$\omega_{ab}-\omega_{\rm LO}$ 是探测后的中频频率 $\omega_{\rm IF}$。

$$\chi_{0{\rm im}}(t) = \frac{2N_0\wp_{ab}^2}{\varepsilon_0\hbar\Omega_p}\frac{\wp_{cd}}{\hbar}{\rm Im}(h_1(t)\otimes\mathcal{E}(t) + h_2(t)\otimes\mathcal{E}^*(t))$$

$$\chi_{\rm re}(t) = \frac{2N_0\wp_{ab}^2}{\varepsilon_0\hbar\Omega_p}\frac{\wp_{cd}}{\hbar}{\rm Re}(h_1(t)\otimes\mathcal{E}(t) + h_2(t)\otimes\mathcal{E}^*(t))$$

$$(9.11)$$

我们先设想一下，发射信号是一个单频信号，那么此时接收信号会存在 $\omega_{\rm IF}\pm\omega$ 两个频率（也被称为两个边带）。我们先看一下这两个边带的功率与系统响应函数的关系，当发射信号是单频信号时，经过外差探测的信号可以写成（忽略信号前面的幅度常数）：

$$\begin{aligned}S(t) \approx\ & \cos((\omega_{ab}-\omega_{\rm LO})t+\varphi_0) \\ & -C_1\,{\rm Im}(H_1(\omega){\rm e}^{{\rm i}\omega t}+H_2(-\omega){\rm e}^{-{\rm i}\omega t})\cos(\omega_{\rm IF}t+\varphi_0) \\ & +C_1\,{\rm Re}(H_1(\omega){\rm e}^{{\rm i}\omega t}+H_2(-\omega){\rm e}^{-{\rm i}\omega t})\sin(\omega_{\rm IF}t+\varphi_0)\end{aligned} \qquad (9.12)$$

式中，实部部分代表着密度矩阵元随时间变化的色散系数；虚部部分代表着密度矩阵元随时间变化的吸收系数。

我们注意到：

$$\begin{aligned}{\rm Re}(H_1(\omega){\rm e}^{{\rm i}\omega t}+H_2(-\omega){\rm e}^{-{\rm i}\omega t}) &= (H_1^{\rm r}(\omega)+H_2^{\rm r}(-\omega))\cos\omega t + (H_2^{\rm i}(-\omega)-H_1^{\rm i}(\omega))\sin\omega t \\ {\rm Im}(H_1(\omega){\rm e}^{{\rm i}\omega t}+H_2(-\omega){\rm e}^{-{\rm i}\omega t}) &= (H_1^{\rm r}(\omega)-H_2^{\rm r}(-\omega))\sin\omega t + (H_1^{\rm i}(\omega)+H_2^{\rm i}(-\omega))\cos\omega t\end{aligned}$$

$$(9.13)$$

由此可以看出，色散系数和吸收系数的包络分别为 $\left|H_1(\omega)+H_2^*(-\omega)\right|$ 和 $\left|H_1(\omega)-H_2^*(-\omega)\right|$。式 (9.13) 中的 $H_k^{\rm r}(\omega)$ 和 $H_k^{\rm i}(\omega)$ 分别表示 $H_k(\omega)$ 的实部和虚部，经过化简可以得到：

$$S(t) = \left|H_2(-\omega)\right|\cos((\omega_{\rm IF}+\omega)t+\varphi_1) + \left|H_1(\omega)\right|\cos((\omega_{\rm IF}-\omega)t+\varphi_2) \qquad (9.14)$$

由此可见，当发射单频信号时，经过相干探测后频率为 $\omega_{\rm IF}+\omega$ 和 $\omega_{\rm IF}-\omega$ 的边带功率为 $\left|H_2(\omega)\right|^2$ 和 $\left|H_1(\omega)\right|^2$。

在实验中，本振探测光通过 AOM 移频获得，移频后的探测光与穿过铯泡的探测光进行相干外差探测。实验参数为图 9.6 中的最佳参数，使用的探测器是 Thorlabs PDB465A，驱动 AOM 信号的频率为 100MHz。通过改变信号电场的频率,利用频谱仪观测 100MHz 附近两个边带的输出功率。我们将频率低于 100M 的信号称为左边带,高于 100M 的信号称为右边带。

图 9.7 所示为改变不同的待测电场频率,在载频 100MHz 附近的左右两个边带功率的实验结果和仿真结果。我们先考察左边带功率,当失谐 ω 为正数时,左边带 $100\text{MHz}-\omega/(2\pi)$ 处的功率正比于 $|H_1(\omega)|^2$;当 ω 为负数时,左边带 $100\text{MHz}-\omega/(2\pi)$ 处的功率正比于 $|H_2(\omega)|^2$。因此,左边带功率是由 $|H_2(\omega)|^2$ 的负频部分和 $|H_1(\omega)|^2$ 的正频部分组成的,同理,右边带功率是由 $|H_1(\omega)|^2$ 的负频部分和 $|H_2(\omega)|^2$ 的正频部分组成的,而由于 $|H_1(\omega)|^2$ 和 $|H_2(\omega)|^2$ 是关于 ω 对称的,我们就观测到了如图 9.7(a) 所示的边带功率的镜像对称性。图 9.7(b) 给出了相应的仿真结果,表明左边带功率和右边带功率变化的趋势与实验结果基本一致。

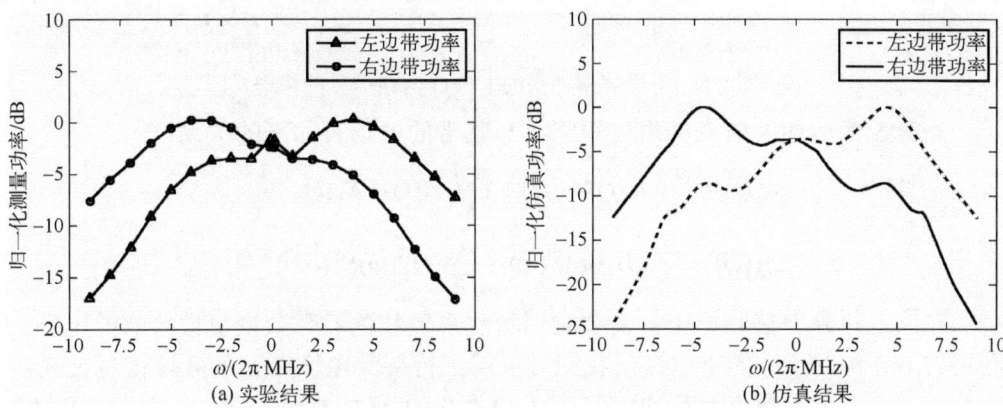

图 9.7 外差探测时载频的左边带和右边带功率的实验结果和仿真结果对比

上面的分析表明,当微波本振频率与待接收的信号的载波频率相等时,左右边带会产生混叠现象,这种混叠现象会影响信号的恢复,这时要恢复微波信号,需要利用正交解调技术提取色散系数和吸收系数共同恢复信号。在正交解调时需要一个与外差探测后的中频载波信号完全同步的单频正弦波。如 9.1.4 节所述,有两种方法产生这个解调本振信号,我们采用的是 AOM 的移频系统产生本振信号的方法。

我们对雷达系统常用的线性调频(Linear frequency modulation,LFM)信号进行了接收和恢复实验,LFM 信号的时宽为 2ms,带宽为 10MHz,LFM 信号的载频和微波本振电场的频率相同。利用外差相干探测得到光电信号并进行正交解调处理,我们利用高速采集器采集了铯泡对探测光的吸收系数和色散系数。对采集后的数据进行傅里叶变换得到的色散系数(Q 支路)和吸收系数(I 支路)的频谱如图 9.8 所示,图中的实线表示色散系数和吸收系数的包络,其并不平坦,并且二者差异比较大。从前面的分析可知,这是由于色散吸收系数的包络为 $|H_1(\omega)+H_2^*(-\omega)|$ 和 $|H_1(\omega)-H_2^*(-\omega)|$,因此

二者并不相同。图 9.8 中在零频附近突出的谱线是采集系统的噪声，在没有信号场时仍然存在。

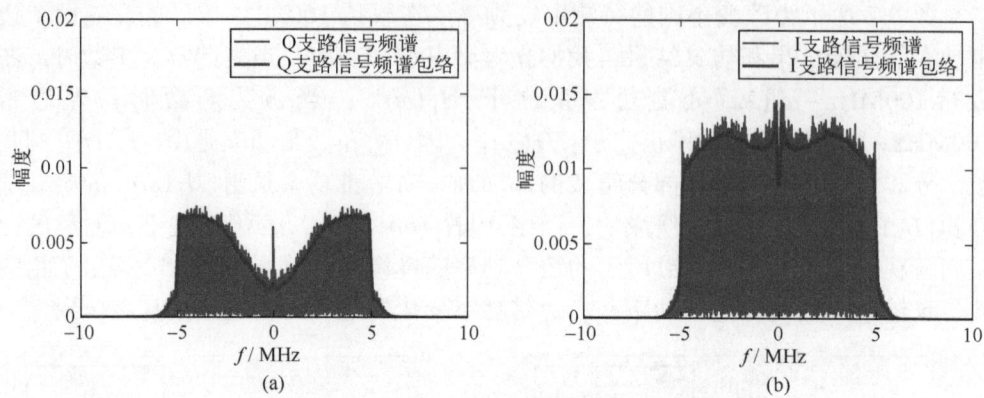

图 9.8 正交解调得到的 I 和 Q 两路信号的频谱

如第 5 章所述，时变的密度矩阵元与基带的电场有如下的关系：

$$\rho_{ba}(t) = \frac{\wp_{cd}}{\hbar} h_1(t) \otimes \mathcal{E}(t) + \frac{\wp_{cd}}{\hbar} h_2(t) \otimes \mathcal{E}^*(t)$$
$$\rho_{ba}(\omega) = \frac{\wp_{cd}}{\hbar} H_1(\omega)\mathcal{E}(\omega) + \frac{\wp_{cd}}{\hbar} H_2(\omega)\mathcal{E}^*(-\omega) \tag{9.15}$$

在四能级外差接收机中，需要利用吸收系数和色散系数恢复被接收的电场，利用 $H_1(\omega)$ 和 $H_2(\omega)$ 的奇偶性，我们可以得到待接收电场 $E(t)$ 的频域恢复公式：

$$\mathcal{E}(\omega) = F_1(\omega) \cdot \mathcal{F}(\rho_{re}(t)) + F_2(\omega) \cdot \mathcal{F}(\rho_{im}(t)) \tag{9.16}$$

式中，两个滤波器函数 $F_1(\omega) = (H_1(\omega) - H_2(\omega))^{-1}$；$F_2(\omega) = i(H_1(\omega) + H_2(\omega))^{-1}$；$\mathcal{F}()$ 表示傅里叶变换。式 (9.16) 表明，仅利用原子介质的吸收特性 $\rho_{im}(t)$ 无法完整地恢复信号场，我们只有同时利用吸收特性 $\rho_{im}(t)$ 和色散特性 $\rho_{re}(t)$ 才能实现 $\mathcal{E}(t)$ 的幅度和相位误差矫正。

由于实际测量中实验环境的复杂性和仿真模型的局限性，虽然仿真计算所得的带宽特性与实际测量结果符合得较好，但是其幅度值与实际测量值有一些差异。并且通过式 (9.16) 进行滤波恢复时，对 $F_1(\omega)$ 和 $F_2(\omega)$ 的准确性要求非常高，仿真计算的误差会影响恢复精度。因此，我们可以通过发射已知信号，采用利用接收的信号提取滤波器函数 $F_1(\omega)$ 和 $F_2(\omega)$ 的方法，如下所示：

$$F_1(i\omega) = i\frac{\mathcal{F}(\mathcal{E}_i(t))}{\mathcal{F}(\rho_{re}(t))}$$
$$F_2(i\omega) = \frac{\mathcal{F}(\mathcal{E}_r(t))}{\mathcal{F}(\rho_{im}(t))} \tag{9.17}$$

式中，$\mathcal{E}_i(t)$ 和 $\mathcal{E}_r(t)$ 分别为已知发射信号 $\mathcal{E}(t)$ 的实部和虚部。

图 9.9 展示了实际接收系统的两个滤波器函数 $|F_1(i\omega)|$ 和 $|F_2(i\omega)|$，其中灰色数据是利用式 (9.17) 得到的接收线性调频信号数据经过多次接收时域平均后傅里叶变换的结果，可以看出这样得到的滤波函数并不光滑，其根本原因是式 (9.17) 是一个逆滤波的信号恢复方法，由于分母有零点，因此，其会将采集到的噪声放大。但这些噪声点仍然包含了有用的相位信息，我们仍然能够用得到的滤波函数对数据进行处理恢复。图 9.9 中的黑色曲线是对灰色数据进行中值滤波的结果，但由于中值滤波会损失相位信息，利用中值滤波后的结果并不能用来恢复信号。

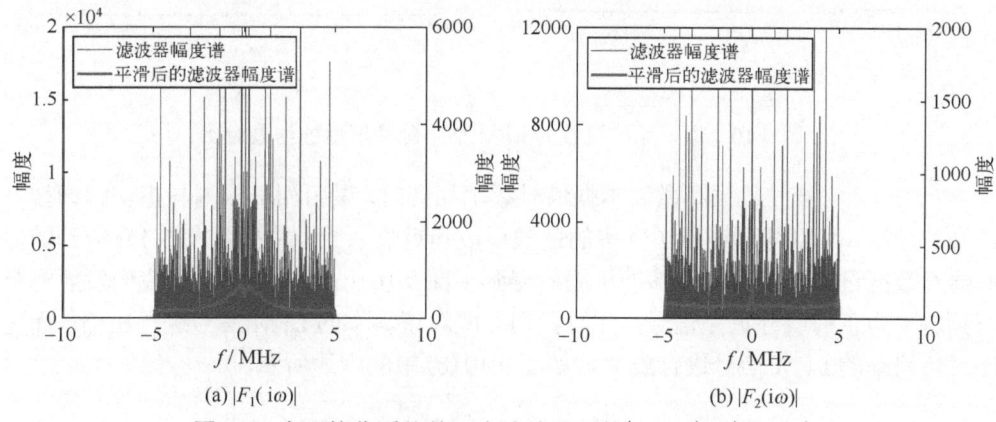

图 9.9　实际接收系统的两个滤波器函数 $|F_1(i\omega)|$ 和 $|F_2(i\omega)|$

利用第 1 秒的数据得到滤波器函数 $F_1(i\omega)$ 和 $F_2(i\omega)$ 后，我们利用这两个滤波器对第 2 秒的信号进行脉冲压缩 (pulse compression，PC) 处理来检验信号恢复的效果。首先我们处理 I 支路信号 (对应于直接探测的结果) 以进行对比，如图 9.10 (a) 所示，发射的 LFM 信号的调频斜率为 K，但我们分别利用 K 和 $-K$ 对应的 PC 函数处理 I 支路信号，都可以实现脉冲压缩，这从式 (9.13) 中 ρ_{ba} 的虚部表达式可以看出端倪，当发射线性调频信号时，式 (9.13) 中的 $\cos\omega t$ 和 $\sin\omega t$ 将会变成 $\cos(\pi K t^2)$ 和 $\sin(\pi K t^2)$，其本身就包含着正负两个调频斜率的调频信号。这说明直接探测得到的是基带 LFM 信号，其频谱是左右混叠的，并不能完全体现发射线性调频信号的频谱。在采用直接探测时，除非我们调整 LFM 信号的载频和微波本振信号之间存在的频率差，且保证该差值至少大于 LFM 信号的带宽的一半，才不会引起频谱混叠，直接脉冲压缩就会只存在一个理想的结果，但是这会导致原本就有限的带宽资源损失至少一半。另外，经过原子系统接收的信号的相位发生了非线性变化，使构造的匹配滤波器失配，导致了信号残留，因此出现了脉冲压缩结果左右不对称的情况，如图 9.10(a) 中的小图所示。

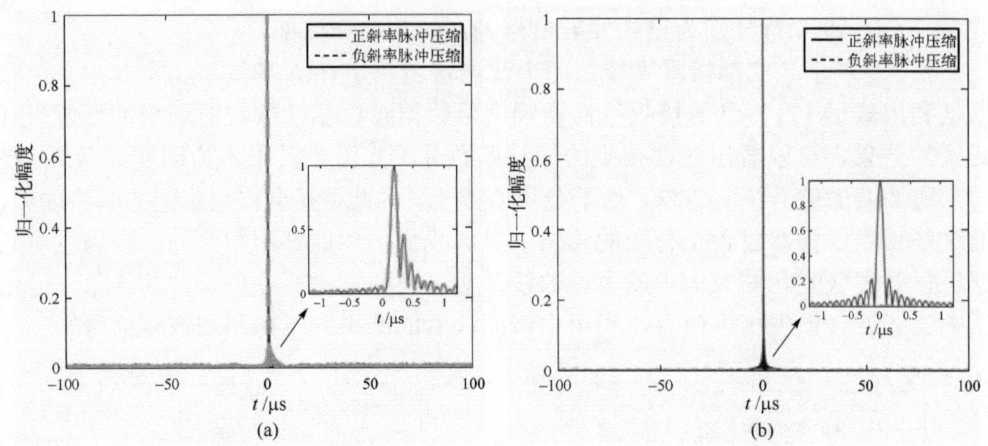

图 9.10 原子系统接收的 LFM 信号脉冲压缩的结果对比

当 LFM 信号的载频和微波本振信号频率相同时,采用相干探测与正交解调技术结合的方法,可以得到铯原子气室的色散系数和吸收系数,并利用式(9.17)得到的滤波器对数据进行滤波,经过脉冲压缩后得到了图 9.10(b) 的结果。由于我们发射的是调频斜率为正的线性调频信号,此时我们只能对正斜率的 LFM 信号进行压缩,而无法对负斜率的 LFM 信号进行压缩,如图 9.10(b) 中的虚线所示。

9.4 四能级外差里德堡接收机电场灵敏度测量

四能级外差里德堡接收系统的灵敏度是一项关键的性能指标,其受到了多个因素的影响。根据式(9.5),当四个原子能级和待测电场的功率确定之后,与有用功率相关的参数除了三个拉比频率,还包括气室温度和探测光的吸收长度 L。

9.4.1 拉比频率的影响

9.2 节仿真和测量了不同拉比频率下的系统幅频响应特性,其更多的是展示接收机的输出信号功率随待测电场失谐变化的关系。本节固定待测电场的失谐为 1MHz,采用直接探测的方法来测量不同拉比频率下的接收机灵敏度。

我们测量探测光为 $1.4\mu W$,耦合光为 $250mW$,本振电场为 $-45dBm$ 时的接收机灵敏度,使用的探测器为 APD410A。图 9.11 是频谱仪的观测结果,频谱仪的分辨率带宽(resolution bandwidth, RBW)设置为 1kHz,视频带宽(video bandwidth, VBW)设置为 1Hz。此时接收机的灵敏度 S 按照如下公式计算:

$$S = P_{in} - (P_{out} - N_{floor} + 10\log_{10}(RBW)) \tag{9.18}$$

式中，P_{in} 为波导内的待测电场功率，我们固定为 −70dBm；P_{out} 和 N_{floor} 为频谱仪在 1MHz 处的峰值和底噪功率，式中这三个功率的单位都是 dBm。利用式(9.18)，我们得到接收机的灵敏度为 −131.7dBm/Hz。

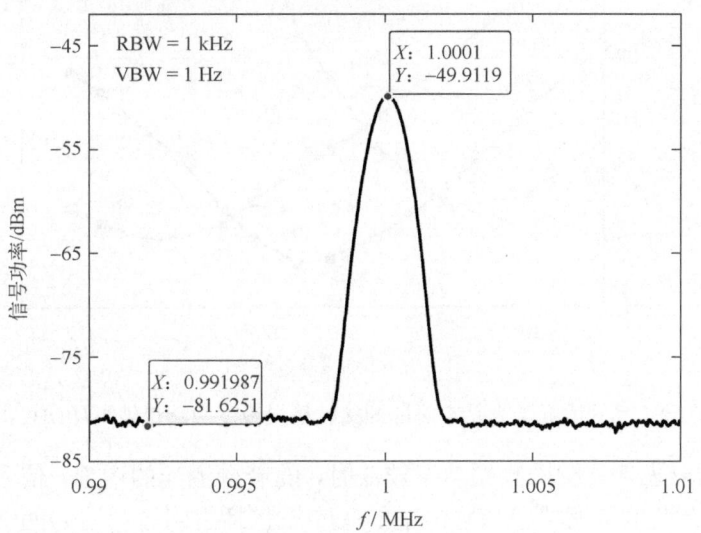

图 9.11　频谱仪的测量结果

在测量探测光、耦合光和本振电场的拉比频率对接收机灵敏度的影响时，我们只改变三个功率的一个参数，同时固定其他两个参数进行测量。由于 APD410A 对 852nm 的激光的转换增益高达 1.25MV/W（M=10，50Ω），当透射光功率超过 1.6μW 时，就会达到饱和电压 2V，因此，我们在改变探测光的功率进行测量时，首先用增益相对小的 PDB210A 探测器，其转换增益约为 100kV/W。

不同的探测光功率对应的接收机灵敏度的测量结果如图 9.12 所示。其中本振电场功率固定为 −45dBm，耦合光功率分别固定为 20mW、80mW 和 320mW，探测光功率在 0.5～64μW 间变化。图 9.12 表明，随着探测光功率的增加，接收机的灵敏度呈现先增高后降低的趋势(图中曲线的值越小意味着灵敏度越高)，采用 PDB210A 探测器，1MHz 处的最高灵敏度在 −120dBm/Hz 左右。此外，耦合光的功率越大，接收机的最高灵敏度(每条曲线的最小值)对应的探测光的功率就越低，但过高的耦合光功率对应的最高灵敏度会有所降低。

由于更高的耦合光功率意味着更大的接收机带宽，我们综合考虑带宽和增益特性，选择 250mW 的耦合光功率继续进行测量，此时最高灵敏度对应的探测光功率较小。考虑到探测器 APD410A 的增益更大，我们采用 APD410A 探测器继续测量。不同的探测光功率如图 9.13 所示。

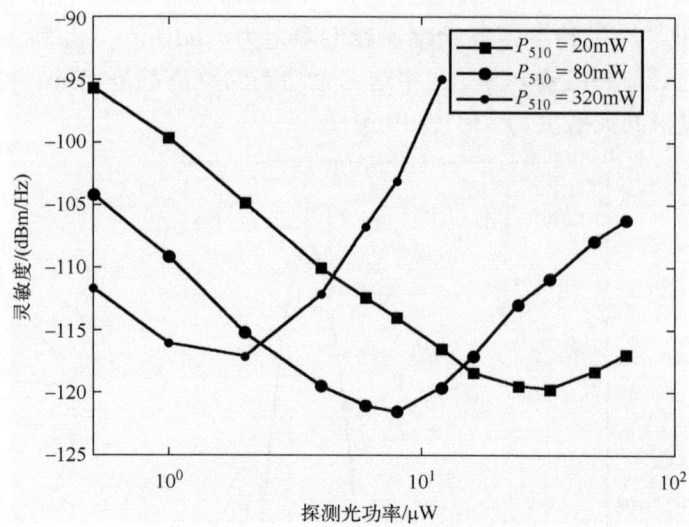

图 9.12 不同的探测光功率对应的接收机灵敏度的测量结果(PDB210A)

图 9.13(a)表明,在探测光功率较低时,随着探测光的增强,信号的功率也在增强,但由于光电探测器 APD410A 的底噪还包括雪崩过程引起的附加噪声,因此,虽然其增益比 PDB210A 高 22dB,但底噪的功率也会随着探测光的增强而增加得更多。图 9.13(b)表明,在这种情况下,探测光的功率在 1.4μW 附近时的灵敏度最高,达到 $-131.7\,\mathrm{dBm/Hz}$。

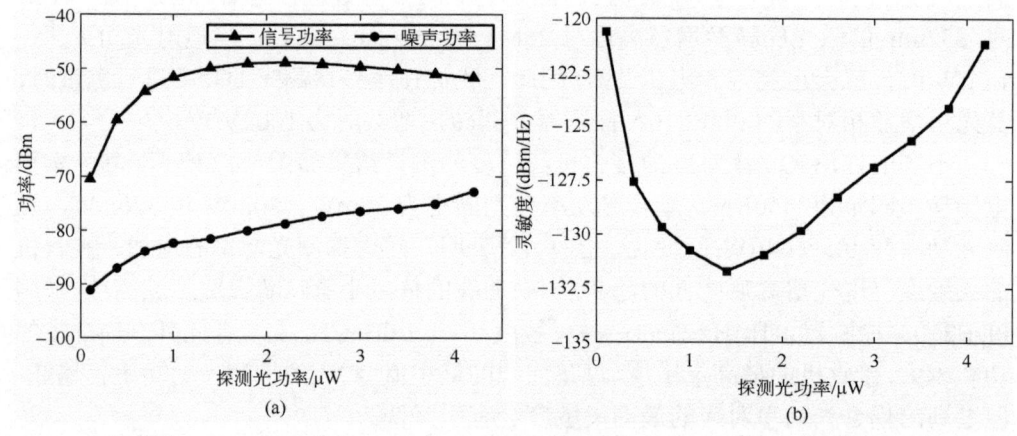

图 9.13 不同的探测光功率对应的接收机灵敏度的测量结果(APD410A)

最后我们固定探测光的功率为 1.4μW,耦合光的功率为 250mW,改变本振电场的功率进行测量。图 9.14(a)表明,本振电场功率比较低时,随着电场强度的增加,待测信号的幅度也增加,但场强超过最优功率后,信号的幅度就会大幅降低,同时,探测器的底噪没有明显变化。图 9.14(b)表明,在这种情况下,本振电场的功率在 $-50\mathrm{dBm}$($\varOmega_L = 2\pi \cdot 3.5\mathrm{MHz}$)附近的灵敏度最高,达到 $-135\mathrm{dBm/Hz}$,利用式(9.1)可以计算出场强的幅值,一般来说灵敏度都是用有效值来描述的,利用式(9.1)的计算结果还要除以 $\sqrt{2}$,由此可以计算出有效值场强灵敏度为 $5.23\mu\mathrm{V}/(\mathrm{m}\cdot\sqrt{\mathrm{Hz}})$。

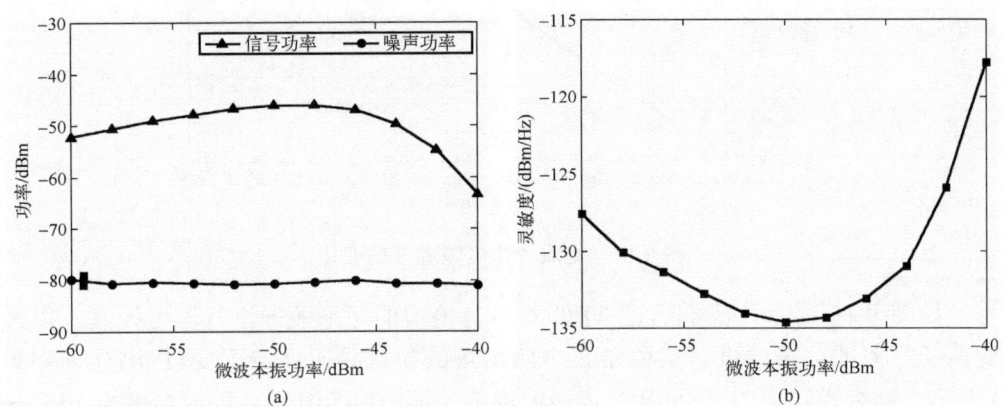

图 9.14 本振电场功率的影响

9.4.2 气室温度的影响

铯金属的熔点是 28.5℃,沸点是 671℃,因此在常温下铯都是以固体形态出现的,即便我们对铯泡进行加热,其也是液态的形式,本书中都是在稀薄铯蒸气的情况下计算的铯介质的电极化率,铯泡内的铯蒸气其实是铯固体挥发的结果,此时铯泡内的铯蒸气压强是铯固体挥发的饱和蒸气压,铯的饱和蒸气压可以由式(9.19)计算[2]:

$$\begin{aligned}\log_{10} P_V &= 2.881 + 4.771 - \frac{3999}{T} (\text{固态})\\ \log_{10} P_V &= 2.881 + 4.165 - \frac{3830}{T} (\text{液态})\end{aligned} \quad (9.19)$$

式中,P_V 的单位是托(torr,1torr=133.322Pa)。原子浓度和压强的关系为 $P = N_0 k_B T$,我们通过改变铯泡的环境温度 T 可以改变铯泡中铯蒸气原子的浓度。在真空气室中,N_0 随温度的变化如图 9.15 所示,温度越高,原子浓度就会越大,室温为 25℃时的原子浓度为 $4.89\times10^{10}\mathrm{cm}^{-3}$。

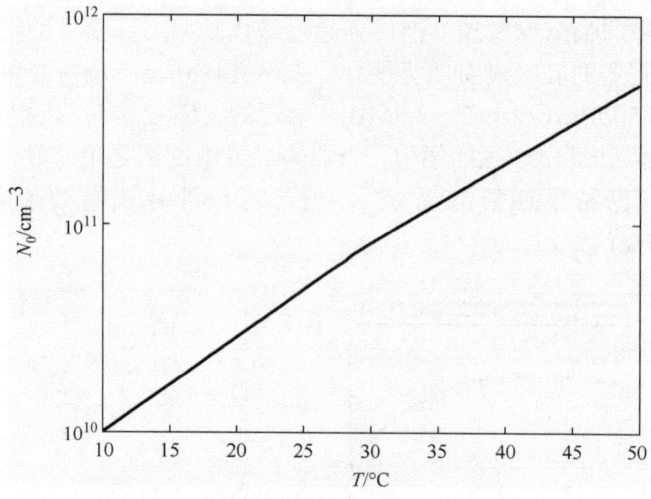

图 9.15　铯原子浓度随温度的变化

如图 9.16 所示，我们通过 TEC 对装有铯泡的矩形波导进行温度控制，以改变原子气室的环境温度。实验中三个驱动场的拉比频率保持不变（探测光功率为 1.4μW，耦合光功率为 250mW，本振电场的功率为 –45dBm），环境温度为 15℃～35℃，在 1MHz 处的测量结果如图 9.17 所示。

图 9.16　波导置于温控夹具中

图 9.17 表明，随着气室内温度的升高，铯原子的浓度不断增加，因此，探测光的透射功率不断减小，对应的直流电压也在持续降低。然而，即使平均功率减小，由于温度升高到一定程度后，里德堡原子浓度到达饱和值，此时有效功率和底噪功率的变化并不大，接收机的灵敏度在 –131dBm/Hz 附近波动，在室温 25℃ 附近的灵敏度最高。

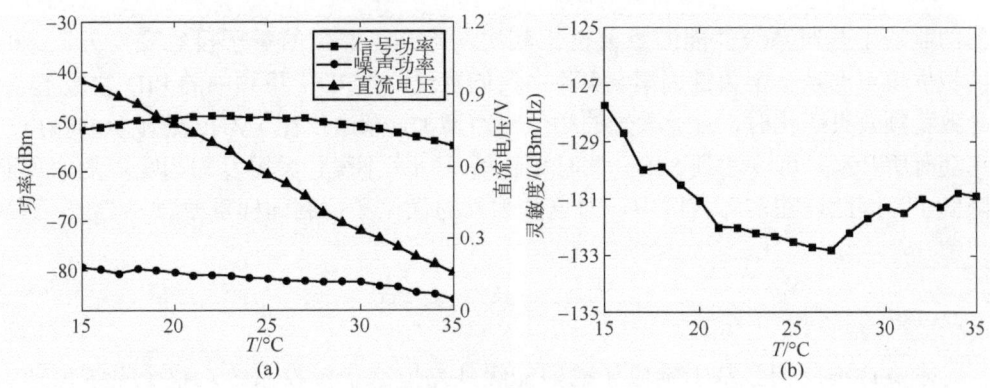

图 9.17 改变环境温度对灵敏度的影响

9.4.3 吸收长度的影响

本节我们测量吸收长度 L 不同时的接收机灵敏度,选择的铷泡长度分别为 15mm、50mm 和 100mm,实验均在室温 25℃下进行。表 9.1 展示了在不同吸收长度时,接收机最高灵敏度对应的探测光功率、耦合光功率和本振电场功率的大小。结果表明,探测光的吸收路径变长对提高接收机的灵敏度是有益的。最高灵敏度对应的探测光和耦合光的功率也会增加,但本振电场的功率保持不变。另外,L 从 15mm 增加到 50mm 时,灵敏度增加了 9dB,L 从 50mm 增加到 100mm 时,灵敏度增加了 4dB,受真实接收机的物理尺寸限制,吸收长度不能无限制地增加。最终,我们得到接收机在 1MHz 处的最高灵敏度为 −148dBm/Hz,对应的有效值场强灵敏度为 $1.70\mu V/(m\cdot\sqrt{Hz})$。

表 9.1 不同吸收长度时的最大灵敏度对比

铷泡长度/mm	探测光功率/μW	耦合光功率/mW	本振电场功率/dBm	灵敏度/(dBm/Hz)	灵敏度 $\mu V/(m\cdot\sqrt{Hz})$
15	1.4	250	−50	−135	5.23
50	6.3	300	−50	−144	2.72
100	8.0	430	−50	−148	1.71

9.4.4 其他影响

驱动场的拉比频率、气室温度和吸收长度主要通过改变待测信号的功率来影响接收机的灵敏度。除此之外,还有一些因素同样对灵敏度产生重要影响。首先,原子气室的质量是一个不可忽视的因素。图 9.6 不仅展示了不同铷泡对幅频响应特性的影响,也说明了原子气室质量对信号大小的关键作用,这反映了原子传感的制造工艺对系统性能的重要性。其次，除不可避免的量子投影噪声外，激光的相位噪声也是一个关键因素。实验中我们发现，当 PDH 稳频中的 PID 参数不当，导致稳频效果恶化时，由于激光的相位噪声增加，频谱仪在 1MHz 处显示的噪声功率会有所升高，可以达到 5dB。此时尽管信号功率不变，灵敏度却因噪声的增加而降低了。因此，在实际应用中，对这些因素的优化和控制同样重要。

9.5 小　　结

本章详细介绍了基于铯原子的四能级外差里德堡接收系统，整个系统可分为激光系统、测量光路系统、时钟同步系统、微波系统和功率稳定系统等组成部分。在此基础上，我们首先测量了接收机在不同拉比频率下的幅频响应特性，并给出了最佳参数下的理论和实验结果，此时双边带带宽可达到 12 MHz，同时还展示了不同质量的铯泡对灵敏度的影响，反映了原子传感器的制造工艺对系统性能的重要性。其次，我们演示了接收机对调制信号的接收和复原过程，以常用的 LFM 信号为例，我们通过脉冲压缩来验证信号恢复的质量，证明了待测信号重建算法的有效性。最后，我们测量了不同系统参数下的接收机灵敏度，包括拉比频率、原子气室温度、探测光吸收长度等因素的影响，最终得到接收机在 1MHz 处的最高灵敏度为 $-148\,\mathrm{dBm/Hz}$，对应的有效值场强灵敏度为 $1.7\,\mathrm{\mu V/(m\cdot\sqrt{Hz})}$。该项指标与传统电子学接收机的灵敏度相比，仍存在一定差距。因此对于接收机而言，进一步缩小二者之间的差异，并尽可能达到理论上的极限灵敏度，仍然是一件有挑战性的工作。

参 考 文 献

[1]　杨雪霞，宸梓轩. 微波技术基础[M]. 3 版. 北京: 清华大学出版社, 2021.
[2]　Steck D A. Cesium D Line Data[R]. Eugene: University of Oregon, 2010.